U0287531

能量桩技术原理与应用

Energy Pile Technology Principles and Applications

刘汉龙　孔纲强　王成龙　著

科学出版社

北　京

内 容 简 介

本书阐述了作者在能量桩技术理论与应用方面的探索，创新发展了传统桩基础与浅层地热能高效利用相结合的能量桩技术，并将其成功应用于高海拔地区桥墩混凝土抗裂、主动式桥面工程除冰融雪、建筑制冷/供暖等领域。本书汇集了作者及其创新团队近年来在该领域的主要研究成果，是一部反映该技术研究成果和发展概况的专著。

本书可供土木、水利、建筑、交通、能源等部门的勘察、设计、施工及科研使用，也可供高等院校有关专业的师生参考。

图书在版编目（CIP）数据

能量桩技术原理与应用 / 刘汉龙，孔纲强，王成龙著. -- 北京 ：科学出版社, 2024. 9. -- ISBN 978-7-03-079486-4

Ⅰ. TU83

中国国家版本馆 CIP 数据核字第 2024SQ8837 号

责任编辑：刘信力　杨　探 / 责任校对：彭珍珍

责任印制：张　伟 / 封面设计：无极书装

科学出版社 出版

北京东黄城根北街 16 号

邮政编码: 100717

http://www.sciencep.com

中煤（北京）印务有限公司印刷

科学出版社发行　各地新华书店经销

*

2024 年 9 月第　一　版　开本：720×1000　1/16

2024 年 9 月第一次印刷　印张：18

字数：359 000

定价：148.00 元

(如有印装质量问题，我社负责调换)

序　一

随着社会的发展和进步，人类对能源的需求快速增长。传统能源如煤炭、石油等在生产和使用过程中会产生环境污染和生态破坏，成为当前能源发展面临的主要问题之一。根据国际能源消费结构分析，建筑用能约占总能耗的 40%，可再生能源在中国整体能源结构中的比例仍然较低。随着“双碳”目标的提出，我国已进入能源战略转型的关键期，高效开发与利用地热能等可再生能源，是我国实现能源低碳转型、实现“双碳”目标的重要途径。目前我国地热资源开发利用已经起步，但是利用率尚不足可利用潜力的 2%，开发利用潜力巨大。浅层地热能具有分布广、储量大、零排放、可再生、热能转换率高等优点，是一种极具开发利用价值的可再生能源。

刘汉龙教授长期坚持工程技术创新与实践，积极探索产学研用一体化实践的创新之路，为我国岩土工程学科的持续发展和国民经济建设做出了积极贡献。近年来，刘汉龙教授及其创新团队将传统地埋管地源热泵技术与桩基工程技术相结合，系统、全面地开展了能量桩理论机理、技术创新与工程实践研究，揭示了能量桩的热力学响应机制，研发了多种能量桩新型埋管工艺，率先将能量桩技术推广应用于桥面工程温控、建筑供暖/制冷、隧道洞口除冰和高海拔地区桥墩混凝土温控等领域，拓展了能量桩技术的应用范围。相关工作得到国内外同行的广泛关注与认可，具有重要的理论和实践意义。

该书汇集了刘汉龙教授及其创新团队近 10 余年来关于能量桩方面的系列研究成果，包括绪论、土体热力学特性及热本构模型研究、温控桩—土界面仪研制与能量桩—土界面热力学特性、能量桩单桩换热效率及热力响应特性、能量桩群桩换热性能及热力响应特性、承台效应对能量桩换热效率及热力响应特性的影响、能量桩新型埋管形式探讨，以及典型示范工程应用等内容。该书内容系统、丰富，我相信该书的出版，将进一步促进能量桩技术的应用发展，对推动地下空间综合开发与浅层地热能高效利用的融合发展具有积极的作用。期待该书的正式出版，并乐为作序。

钱七虎

中国工程院院士

国家最高科学技术奖获得者

2023 年 12 月

序

序　二

19 世纪末到 20 世纪初，随着热泵技术理论的提出、第一台热泵系统的安装，地热能高效利用被引入到现代工程实践。20 世纪 80 年代末，受到环境和经济因素的推动，奥地利和瑞士的地热能利用经历了迅猛的发展。2006 年，H. Brandl 教授在朗肯讲座上发表了一篇备受瞩目的报告，介绍了地下热传递、循环液与混凝土 (或土体) 之间的热传递、温度引起的土体特性变化，并就能量桩的设计及运维提出了一些有益的建议。2010 年以来，L. Laloui 教授等通过收集和总结欧洲和北美地区的研究成果及应用，合作出版了 *Energy Geostructures* 和 *Analysis and Design of Energy Geostructures* 著作，概述有关能源地下结构研究进展，总结了过去他们多年关于能源地下结构方面的研究成果。

刘汉龙院士及其团队面向国家绿色低碳战略需求，长期致力于交叉学科研究，将浅层地温能利用与桩基工程相结合形成能量桩技术，有效地降低了工程造价，提高了浅层地温能的利用效率，大力推动该技术在我国的推广应用，使其达到了国际领先水平。尤其值得注意的是，在工程实践方面，他们通过光热系统与能量桩及钻孔埋管的互动，调整夏冬季节的地层温度平衡，解决了热堆积问题，实现了跨季节热能存储。尤其难得的是，他们还成功将能量桩技术应用于建筑室内温度调控、桥面除冰融雪系统、高海拔地区桥墩混凝土温差裂缝防控系统以及寒冷地区隧道洞口除冰系统等领域。这些重要的工作不仅在理论上有着重要意义，在实际应用中也展示出卓越的效果，引起了国际同行的广泛关注与认可，为浅层地热能高效利用的发展奠定了新的基石。这本书的内容独具特色，是研究生和工程师的必读之作，读后必定受益良多。

我相信该书的出版将在推动新技术的应用、创新岩土工程绿色低碳发展、促进多学科交叉发展等方面发挥积极作用。期待该书的正式问世，我荣幸为其作序。

吴宏伟

国际土力学与岩土工程学会前主席 (2017—2022)

英国皇家工程院院士

香港科技大学讲席教授

2023 年 12 月

前　言

高效开发利用绿色可再生能源是实现能源低碳转型的重要途径，地热能作为一种可持续绿色可再生能源，在能源发展中占据着重要的地位。能量桩 (又称能源桩) 技术，是指将地源热泵技术和桩基础施工相结合，通过预埋在桩基内部的换热管实现地层与上部建 (构) 筑物之间的热交换，实现建 (构) 筑物供暖/制冷需求。该技术不需要专门钻孔埋管，不额外占用地下空间资源，且可有效降低工程造价，符合节能、减碳、环保的理念和我国“双碳”目标需求。该技术可服务于建(构) 筑物等国家重大基础设施的能源供应，还可应用于高海拔或高寒地区桥墩温控、桥面或隧道洞口除冰等工程中，已逐渐得到了工程界和学术界的重视。能量桩服役期间，桩—土之间热能的传递会引起桩体与土体的温度变化。受温度影响，桩体会产生膨胀或收缩，引起桩—土荷载传递发生变化。能量桩桩侧摩阻力和桩端阻力的变化，会进一步影响桩基的承载性能和结构安全性。土体温度发生变化时，水分会发生转移，引起有效应力的变化或产生二次固结沉降，继而土体性质也会发生改变。热力耦合作用下，土体强度、剪胀和应力的变化问题，循环温度作用下土体的残余变形累积问题，以及土体变形引起的上部建 (构) 筑物沉降问题等都涉及复杂的温度—应力—渗流多场耦合问题。

本书著者在多项国家自然科学基金项目的资助下，围绕能量桩技术的“承载安全”和“换热效率”两大核心问题，开展了十余年的科学研究，形成了系统的研究成果，并成功应用于桥面除冰融雪、高海拔地区桥墩混凝土温控及建筑供暖/制冷等多项重点工程。为了进一步推广该技术，迫切需要一部对其机理和应用进行综合阐述的专著。

本书共 8 章，具体内容如下：第 1 章绪论，第 2 章土体热力学特性及热本构模型，第 3 章能量桩—土界面热力学特性，第 4 章能量桩单桩换热效率及热力响应特性，第 5 章能量桩群桩换热性能及热力响应特性，第 6 章能量桩换热效率及热力响应特性承台效应，第 7 章能量桩埋管技术与工艺，第 8 章能量桩工程应用。

本书汇集了著者及其创新团队成员近年来的主要研究成果，主要包含了黄旭、王成龙、刘红、吴迪、彭怀风、李春红、陈鑫、张鑫蕊、陈玉、郝耀虎、方金城、吕志祥、陆浩杰、王言然、刘大鹏、季伟伟等硕士/博士研究生的工作。承蒙钱七虎院士、吴宏伟院士认真审阅，提出了宝贵意见和建议，并在百忙之中作序，著者在此谨表示衷心感谢。

鉴于能量桩技术涉及多学科交叉研究属性，有些问题研究尚浅，加之限于著者水平，阐述的内容难免有不足和疏漏之处，恳请各位专家和读者批评指正。

著　者
2024 年 3 月

目　　录

符 号 表

A_r	无积雪面积
A_{heated}	桥面融雪总面积
α	降温温度—桩顶位移关系的平均变化模量
α'	升温温度—桩顶位移关系的平均变化模量
α_s	土体导热系数
α_v	压缩系数
D_R	相对密实度
D_{50}	砂土的平均粒径
D	桩径
d_b	钻孔的直径
$d\varepsilon^{Te}$	温度引起的弹性应变增量
$d\varepsilon^{me}$	应力引起的弹性应变增量
$d\sigma'$	应力增量
$d\varepsilon_v^{p,dev}$	偏应力塑性体积应变
E_t	温度—桩顶位移关系中的切线模量
ep	湍流耗散率
e_{cs}	临界状态下饱和砂土的孔隙比
F_0	傅里叶数
g	塑性势函数
H_0	饱和砂土力学固结后的高度
I	指数积分公式
k	湍流动能
M	临界状态应力比
m_w	循环液体的质量流量

p_{B}	力学固结结束时的应力
p'_{c}	土体前期固结应力
$p_{\mathrm{c}T}$	目标温度作用下的前期固结应力
$p_{\mathrm{c}T0}$	初始温度作用下的前期固结应力
p_{D}	等效应力
p'	有效压力
p'_0	周围有效压力参考值
p'_{cyc}	最后一次加卸载变化时的平均应力值
Q_{M}	工作荷载作用时桩体轴力
Q_{T}	温度作用时桩体轴力
Q_{Total}	工作荷载和温度共同作用时桩体轴力
q_0	融雪面所需的热流密度
q_{h}	面对流和辐射热流密度
q_{l}	导热液体流速
q_{m}	融雪潜热
q_{s}	融雪显热
q_{z}	水蒸发所需的热流密度
q'	融雪所需热流密度
R_{b}	钻孔灌浆回填材料的热阻
R_{f}	传热介质与 U 型管内壁的对流换热热阻
R_{n}	归一化粗糙度
R_{s}	地层热阻
R_{sp}	短期连续脉冲负荷引起的附加热阻
$r^{\mathrm{e}}_{\mathrm{iso}}$	定义弹性核大小的材料参数
T_{r}	上一段相邻温度变化的终点温度
u_{ps}	当前温度作用下饱和砂土试样的峰值孔隙水压力
u_{ps0}	初始温度作用下饱和砂土试样的峰值孔隙水压力
u_{sr}	上一段终点温度对应的桩顶位移
u_{w}	温控三轴试验反压值

V_0	不排水剪切阶段开始时三轴试样的初始体积
x_i	第 i 个钻孔与所计算钻孔之间的距离
$\varepsilon_{\mathrm{d}}^{\mathrm{p}}$	塑性偏应变
$\varepsilon_{\mathrm{free}}$	自由应变
$\varepsilon_{\mathrm{obs}}$	实际轴向应变
$\varepsilon_{\mathrm{res}}$	约束应变
$\varepsilon_{\mathrm{v}}^{\mathrm{p,iso}}$	等应力塑性体积应变
$\varepsilon_{\mathrm{v}}^{\mathrm{p,cys,iso}}$	最后一次加卸载变化后累计产生的等应力塑性体积应变
$\varepsilon_{\mathrm{v}}^{p}$	塑性体积应变
λ_{b}	灌浆材料导热系数
λ_{s}	岩土体的平均导热系数
φ_{cs}	临界状态下饱和砂土试样的内摩擦角
φ_{sp}	界面峰值摩擦角
φ_{sr}	界面残余摩擦角
ϕ'	临界状态黏土的内摩擦角
τ_{s}	界面剪切应力
τ_{sf}	界面剪切强度
δ	铺管深度
δ_{ice}	冰层厚度
$\delta_{T,i}$	热致桩顶位移
$\varOmega_{w}^{j,i}$	位移相互作用因子
$\varOmega_{T}^{j,i}$	温度相互作用因子
$\varOmega_{\sigma}^{j,i}$	应力相互作用因子
$\boldsymbol{u}$	速度场矢量
σ_{th}	桩体热应力
$[H]$	硬化模量矩阵
Δe^{e}	弹性阶段的孔隙比变化量
$\Delta p'_{\mathrm{cs}}$	饱和砂土试样在临界状态下的平均有效应力
Δs	两对角桩间的桩顶位移差

ΔT	能量桩排桩换热液体进、出口水温差
ΔT_j	桩 i 在相邻桩 j 的影响下产生的温度
ΔT_i	桩 i 在同样的荷载下作为孤立的单桩时的温度
$\Delta T_{\text{s-w}}$	换热管进口水温与地温之差
Δw_j	桩 i 在相邻桩 j 的影响下产生的额外桩顶位移
Δw_i	桩 i 在同样的荷载下作为孤立的单桩时的桩顶位移
$\Delta \sigma_j$	桩 i 在相邻桩 j 的影响下产生的桩身应力
$\Delta \sigma_i$	桩 i 在同样的荷载下作为孤立的单桩时的桩身应力
ε_{a}	饱和砂土试样由温度变化引起的实际轴向热应变
$\Delta \varepsilon_i$	z_i 深度处的桩身实测变形
ΔV_{de}	温控试验系统中由排水系统产生的热膨胀变形
ΔV_{ep}	桩体热膨胀体积变化
ΔV_{es}	排水系统热胀冷缩产生的体积变化

第 1 章 绪　论

1.1 浅层地热能开发与利用

能源是人类社会赖以生存和发展的重要物质基础，伴随着世界人口数量的急剧增加以及人们生活水平的提高，人类对能源的需求迅速增大，能源短缺问题也日趋严重。在目前的能源结构中，传统化石能源 (即煤、天然气和石油等) 仍占据很大的比例，并长期在生产消费中处于主导位置。但化石能源不可再生，燃烧过程中会产生空气污染物 SO_2，造成酸雨，且伴随着大量 CO_2 温室气体的排放造成全球变暖。2020 年 9 月，习近平主席在第七十五届联合国大会上郑重宣布“中国将提高国家自主贡献力度，采取更加有力的政策和措施，二氧化碳排放力争于 2030 年前达到峰值，努力争取 2060 年前实现碳中和”。全面实现“双碳”目标的愿景并非一蹴而就，在过去一段时间内，我国逐渐向区域型低碳转型，已经初步形成各具特色的地方低碳发展模式。“十四五”期间国家对能源转型变革提出了新规划 [1]，表示在较大的环境资源约束和碳减排压力下，一次能源消费结构持续优化，煤炭消费比例将逐步下降，可再生能源比例将逐步提升。《中国能源革命进展报告：能源消费革命 (2023)》[2] 显示，截至 2022 年我国煤炭消费占一次能源消费总量的比重为 56.2%，石油占 17.9%，天然气占 8.4%，可再生能源占 17.5%。《中国能源展望 2060》[3] 指出，预计到 2030 年、2060 年我国煤炭消费占比将分别降至 46.0%、4.7%，可再生能源的利用占比将在 2030 年、2060 年分别达到 25.2%、80.0%。中国碳排放量将显著降低，我国能源消费结构预期调整如图 1-1 所示。

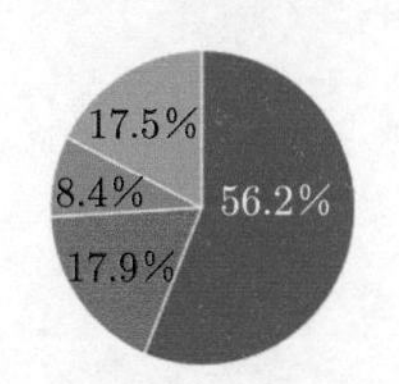

(a)

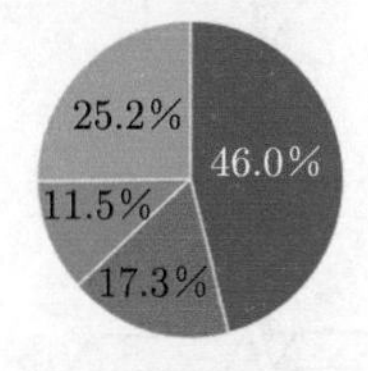

(b)

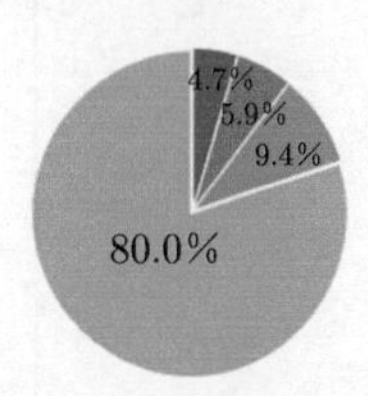

(c)

图 1-1　能源消费结构调整 [2,3]

(a) 2022 年；(b) 2030 年；(c) 2060 年

目前，建筑能耗是我国能源消耗的三大“能耗大户”之一，占全社会能耗的 30%左右。建筑能耗中 80%左右的能源消耗为建筑运行能耗，其中采暖和制冷占比最大，约为 60%。长期以来，我国建筑物供暖采取燃烧煤炭甚至天然气的方法。实际的建筑物采暖对于温度要求并不高，采用低品位的能源对建筑供暖和制冷则有利于提高能源利用效率、改善我国能源消费结构、缓解高品位能源短缺和减少 CO_2 排放等。

以太阳能、风能、地热能和生物质能为代表的可再生能源，在自然界中是可以不断再生、永续利用的能源，适宜就地开发利用，其对环境无害或危害极小的独特优势越来越受到人们的重视和关注。地热能作为一种绿色低碳、可循环利用的低品位能源，可直接利用，不受风能和太阳能等所面临的昼夜与季节性变化的限制，且具有储量大、清洁环保、稳定可靠等特点，其最重要的优势是在时间域连续稳定，在空间域面广量大。因此，地热能是一种现实可行且具竞争力的连续稳定可再生能源。地热能资源从地表往下，沿深度依次可以分为：浅层地热能，一般温度低于 25℃，深度小于 200 m；中深层地热能，一般温度高于 25℃，深度小于 3 km；深层地热能，一般温度高于 150℃，深度大于 3 km。

浅层地表 10~15 m 埋深以下土体温度一年四季基本恒定，其与冬夏两季环境温度存在较大的反向温差，这种温差即为潜在的可利用的浅层地热能 (图 1-2)。相比中深层的地热能，浅层地热能开发难度小且成本低，被广泛应用于建筑物供暖/制冷，已在建筑行业累积一定程度的应用经验。我国浅层地热能资源十分丰富，据自然资源部中国地质调查局 2015 年调查评价结果，全国 336 个地级以上城市浅层地热能年可开采资源量折合 7 亿 t 标准煤，可实现供暖或制冷面积为 320 亿 m^2。截至 2020 年底，全国实现浅层地热能建筑供暖 (制冷) 面积约 8.1 亿 m^2，仍有巨大的开发潜力。

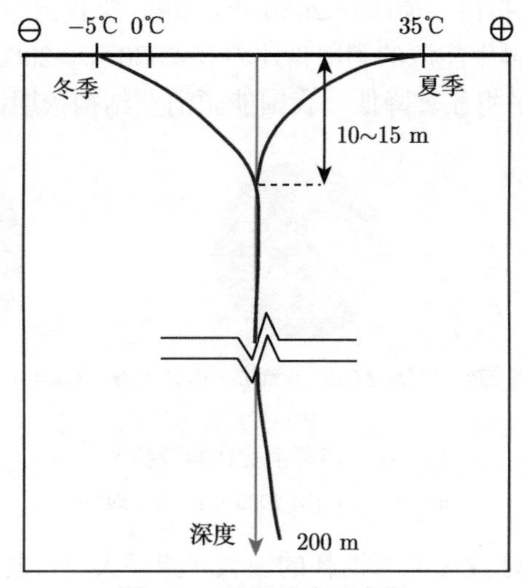

图 1-2 地温分布示意图

1.2 地源热泵系统

目前，浅层地热能的开采主要依赖地源热泵系统，通过消耗少量电能，将低品位的能源转换成可以利用的高品位能源。地源热泵 (ground source heat pump，GSHP) 系统由地热能交换系统、热泵机组、建筑物室内空调系统组成，通过在土体内部埋设换热管并与热泵机组相连，利用地表以下一定深度内土体温度常年相对恒定的特性，通过导热液体的循环实现建筑物与地下岩土体之间的热交换。冬季时，地源热泵系统代替传统锅炉等从土体及地下水中吸取热能，向建筑物供暖；夏季时代替传统空调向土体及地下水中放热从而实现建筑物的制冷 (图 1-3)。此外，地源热泵系统还可以提供生活热水，从而实现高效的能源利用。地源热泵系统在使用过程中不受室外气候条件的影响，无污染、无噪声。在冬季供暖模式下，地源热泵技术比传统锅炉技术节约 70%以上的能源和 40%~60%的运行费用；在夏季制冷时，比传统空调系统节约 40%~50%的能源，运行费用可降低 40%以上 [4]。

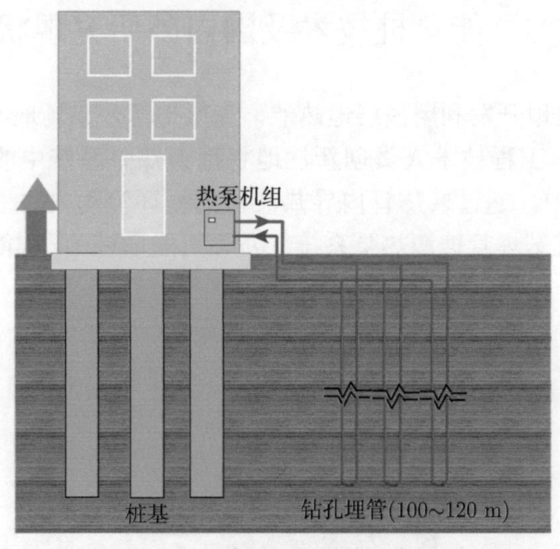

图 1-3 地源热泵系统示意图

根据浅层地热能交换系统形式的不同，地源热泵系统可以分为地埋管地源热泵系统、地下水地源热泵系统和地表水地源热泵系统。地下水和地表水地源热泵系统分别以地下水和地表水为热源，换热效率较高，在地源热泵发展初期应用较多，但是易对水环境造成污染，并引发沉降塌陷等可能的地质问题，同时对系统布置的自然和地理条件要求较高。地埋管地源热泵系统将地下岩土体作为热源，通过埋于地下的封闭环路，注入循环液 (水或者防冻液)，经由换热器与岩土体交换能量，不受地下水位、水质等因素影响，适用性最广。根据地埋管布置方式的不同，地埋管地源热泵系统又可分为水平埋管和竖直埋管两种。水平埋管地源热泵系统一般将地埋管水平埋置在土体中，深度较浅，开挖相对方便，但是占地面积大，又因埋深浅导致换热效果较差。竖直埋管地源热泵系统通过竖直钻孔的方式埋置换热管，埋深相对较深，换热效率较高，且占地面积小，工作性能稳定，是地源热泵系统最常见的形式。

地源热泵系统，具有经济节能、环保、一机多用、应用范围广、系统维护费用低等诸多优点，但其在实际应用过程中的缺点也较为明显。该技术需要足够大的地下空间来钻孔安装换热管，且该换热区的地下空间一般无法再做他用，而现阶段社会发展受到地铁、地下商圈等对地下空间资源大量开发与利用的工程影响，能够用来进行换热管埋设的空间非常有限，因此在一定程度上制约了该技术的发展。另外相较于传统空调系统，其钻孔费用较高，受不同地质条件影响，钻孔费用占到整个热泵系统造价的 1/3~1/2。这些不足大大限制了地源热泵的应用场景和进一步的推广，如何克服这些缺点对于进一步高效开发与利用浅层地热能具有重要意义。

1.3　能量桩技术及国内外研究现状

为了因地制宜地开发利用浅层地热能，克服地源热泵场地不足以及钻孔费用相对较高等缺点，工程技术人员创新性地将地源热泵系统中的换热管埋设在建(构) 筑物桩基础中，通过换热管内导热液体的循环流动来与桩基周围地层进行能量交换，形成桩基埋管地源热泵系统，亦称为能量桩 (又称能源桩)(图 1-4)[5]。

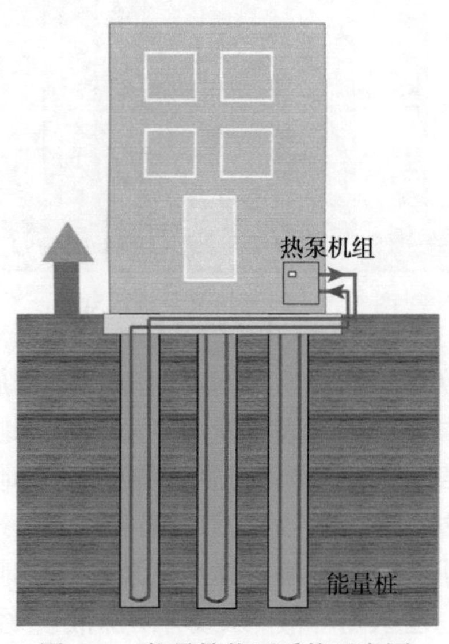

图 1-4　能量桩热泵系统示意图

利用能量桩技术开发浅层地热能，除可以满足常规桩基的力学功能以外，还可以通过桩体与浅层土体进行热交换，起到桩基和地源热泵埋管换热器的双重作用。由于使用了桩基础进行埋管，因此可大量减少额外的钻孔数量，这样既节约了土地，缩短了施工工期，又克服了地源热泵钻孔费用高昂的缺点，降低工程建设成本，还可以避免后期扩建工程对地下换热器的损坏。此外，混凝土较高的热传导性以及和土体较大的接触面积也有利于提高桩基的换热性能，已有研究表明单位长度桩基埋管换热器的换热量远大于钻孔埋管换热器 [6]。能量桩施工时，通常是将换热管绑扎在钢筋笼上，包裹在混凝土内部，可以避免其遭受地下水中腐蚀性物质的破坏，同时桩基础较大的横截面积也有利于各种复杂形式热交换管的布置(图 1-5)。

图 1-5 能量桩钢筋笼内换热管布置

1.3.1 土体热力学特性及能量桩—土界面热力学特性

1. 土体热力学特性及热本构模型

能量桩在实际应用过程中，与桩周土体发生热传导，土体温度场会发生变化，从而引起土体的物理力学性质发生改变。对土体热力学性质的研究，目前主要是通过开展考虑温度影响的室内试验，即温控试验，探索温度场和应力场耦合作用下土体的应力与变形特性。Demars[7] 针对饱和黏土和砂土开展了一系列各向同性温控三轴压缩试验，发现在一个温度循环作用 (25℃-50℃-25℃) 下，随着温度的增加，砂土未发现明显的体积变形，而黏土则有 1.8%的体积压缩变形，且该体积变形随着黏土塑性指数的增加而增加。Ng 等 [8] 发现饱和砂土在热固结过程中，发生的体积变形与砂土的相对密实度和有效应力有关。有效应力一定时，随着相对密实度的增加，试样逐渐从热压缩向热膨胀转化；相对密实度一定时，随着有效应力的增加，试样从热膨胀转变为热压缩。Cekerevac 和 Laloui[9] 发现饱和黏土的体积热应变与土体的应力历史有关，随着超固结比 (OCR) 的增大，饱和黏土的体积热变形从热压缩变形逐渐向热膨胀变形过渡。Abuel-Naga 和 Bouazza[10] 对饱和黏土开展了考虑温度效应的单向固结试验、三轴试验、渗透试验，得出饱和黏土的热体积应变不仅与应力历史有关，还与塑性指数有关，并且弹性区域随着温度的增加而减少。

根据温控试验结果，基于不同的弹塑性理论框架，建立合理的土体热力学本构关系，并可将热力学本构模型应用于数值软件中进行拓展研究。Hueckel 等 [11] 首先利用临界状态土力学理论，提出能考虑热软化现象的饱和黏土热力学弹塑性本构模型。Laloui 等 [12,13] 通过引入一个参数，得到先期固结应力与温度之间的关系式，提出热塑性屈服准则，并应用临界状态理论，提出一种能考虑热硬化的热弹塑性土体本构模型。Abuel-Naga 等 [14] 利用临界状态土力学理论，在修正剑桥模型框架下，提出一种同时适用于各向同性和各向异性饱和黏土的热弹塑性力学模型。姚仰平等 [15] 在传统 UH(unified herdening) 模型中，引入温度作为变量，并且通过 Mises 准则变换应力，将模型三维化，提出一种能考虑温度影响的统一硬化三维超固结土热弹塑性本构模型。Zhou 和 Ng[16] 运用边界面理论，考虑屈服面的形状和尺寸皆随温度变化而发生相应变化，提出了一种可考虑小应变和大应变的饱和土体热弹塑性模型。

尽管近年来国内外学者针对土体的热力学特性进行了大量研究，并取得了一些研究成果；但是，对于温度和应力耦合作用下土体整体的物理力学变化特性的研究仍然存在一些不足。已有的热力学本构模型，建模过程大多较为复杂，参数不易确定，只适用于某些特定加载条件下土体的应力—应变响应，因此需要开展更为精细的土体温控三轴试验，提出适合于具体工程应用场景的土体热力学本构关系。

2. 温度对桩—土界面力学特性的影响

桩—土界面的摩擦力是桩基承载力的重要组成部分。温度作用引起能量桩桩体膨胀或者收缩，周围土体在温度作用下也会产生热固结，因此桩—土界面上的摩擦特性也可能发生变化。研究温度作用下的桩—土界面特性变化是分析能量桩侧摩阻力变化机理的基础之一，也将为与能量桩相关的数值模拟界面参数提供参考。目前，针对温度作用对桩—土界面力学特性影响的研究，主要通过室内试验展开，大多集中在对界面剪切强度的研究方面。通过改进室内直剪装置，将直剪装置的下剪切盒表面替换成结构物，上剪切盒内放置土体试样，以此模拟桩—土界面，并在下剪切盒内部设置传热通道，通过液体循环的方式传热改变下剪切盒的温度，从而改变桩—土界面温度 [17]；也有试验将整个装置放置在恒温箱内达到控温目的 [18]。Di Donna 等 [19] 通过温控直剪试验观察到砂—混凝土界面强度特性不受温度的影响，认为砂土具有热弹性。Maghsoodi 等 [20] 在温度为 5℃、22℃和 60℃ 的直剪装置中，对砂—结构界面进行恒定法向荷载 (CNL) 和恒定法向刚度 (CNS) 试验，温度变化对砂和砂—结构界面的抗剪强度的影响可以忽略不计。但是饱和砂土—混凝土界面试样的体积会随着温度升高而减小以及温度降低而增大；升温循环温度作用下，体积呈现出收缩的特性，并且法向应力越小，砂土相对密实度越小，这种温度作用下的体积收缩特性越明显 [21]。

关于温度对正常固结黏土—结构物界面力学特性的影响，部分学者得出一些不同的试验结果。Di Donna 等 [19] 对不同温度下混凝土—伊利土界面强度试验结果表明，界面强度随温度的升高而增加；界面摩擦角在高温下略有减小，但最显著的热效应是界面黏聚力增加。Yavari 等 [22] 研究发现温度对混凝土—高岭土界面抗剪强度参数的影响可以忽略不计，温度升高后，混凝土—高岭土界面黏聚力降低，内摩擦角略有增加。Li 等 [18] 在不同温度 (2℃、15℃、38℃) 下进行了红黏土—结构界面剪切试验，发现温度对于红黏土—结构界面的摩擦角影响不大，而黏聚力随着温度的升高而增加，与 Di Donna 等 [19] 所得结果一致。Yazdani 等 [23] 使用直剪仪研究了超固结高岭黏土—混凝土界面，研究发现，随着温度的升高，界面峰值抗剪强度降低；随着超固结比的增加，界面峰值抗剪强度呈现上升趋势。

目前为止，温度作用对桩—土界面力学特性影响的相关研究尚不全面，室内试验较少，测试仪器相对单一，大多通过改进传统直剪仪、构建桩—土界面、增加温度控制装置，从而达到研究不同温度作用下的桩—土界面力学特性的目的。但是直剪仪本身具有固有缺陷，例如无法精确控制不排水条件、无法测量孔压变化、无法测量温度作用下的结构物位移等。因此非常有必要丰富室内试验仪器装置，使其能够满足更多试验工况要求，测量温度作用下桩—土界面更多规律变化。此外，针对桩—土界面温度效应的研究，多集中在温度对界面剪切强度的影响方面。然而，实际能量桩桩—土界面除了摩擦强度变化外，界面上的桩顶位移也是评估能量桩安全性能的重要方面，仍需要进一步研究。

1.3.2　能量桩传热性能

能量桩的传热是一个复杂的水—热耦合过程，以热传导为主，仅在渗透性强且存在地下水渗流的土体中，热对流才可能起主导作用。当前常用的能量桩传热模型主要有线热源模型、圆柱热源模型、线圈热源模型、螺旋线热源模型等。早期的竖向地埋管埋设较深，直径较小，多采用线热源模型分析。线热源模型可分为无限长线热源模型与有限长线热源模型，无限长线热源模型将钻孔和换热管看作一个整体，假定为均匀散热的无限长线热源。有限长线热源模型考虑了钻孔深度方向的传热，能更好地描述地源热泵系统长时间运行状况下的传热过程，与现实情况更为一致。由于地埋管和能量桩具有不可完全忽视的横截面积，且其钻孔回填材料与周围岩土体热学特性存在一定的差异，而这些情况在线热源模型中均被进行了简化，因此该模型存在一定的误差。圆柱热源模型分为空心和实心两类。空心圆柱热源模型将热源简化为圆柱面，较为适合能量桩的传热分析，但是这种模型忽略了内部回填介质的热容 [24]。而实心圆柱模型将热源简化为三维圆柱体，模型更接近实际情况，可用于螺旋型埋管的传热分析 [25]。线圈热源模型和螺旋线热源模型是基于实心圆柱面模型进行的改进，把螺旋型埋管分别简化为分离的圆环和连续的螺旋线，可反映螺旋埋管螺距的影响。此外，部分学者建立了考虑地下水流动的传热模型 [26−28]。

能量桩的换热效率反映了能量桩的实际换热性能，是反映桩—土热交换性能的重要依据。研究表明，能量桩换热管埋管形式、间距、桩身材质、尺寸、传热液体流速、运行模式等均可能对能量桩传热效率产生影响。Gao 等 [29] 通过现场试验对比分析了单 U 型、并联双 U 型、并联双 W 型、并联三 U 型四种埋管形式能量桩的换热性能，试验表明，能量桩内埋 W 型换热管最具换热性能优势。Lee 和 Lam[30] 的理论研究表明，换热管间距会随着能量桩内埋管数量的增加而逐渐减小，较小的管道间距会导致相邻管道间产生热干扰，进而影响能量桩的换热量。能量桩的几何尺寸和桩身材质也是影响换热量的关键因素 [31]。Kramer 等 [32] 针对换热液体流速的影响开展了砂土中能量桩热泵系统的模型试验，结果表明能量桩换热效率会随换热液体流速的增加而变大，且能量桩在相同温度变化 (升高或降低) 作用下换热效率相近。Qu 等 [33] 基于模型试验和数值模拟方法，通过在桩身混凝土中添加相变材料，发现添加相变材料能够提升能量桩的换热效率。Faizal 等 [34] 通过对比连续运行和间歇运行下能量桩的传热性能，发现相较于连续运行，间歇运行下能量桩对土体温度的影响作用更小，但对应的换热量却更高。

有关能量桩群桩的传热性能研究较少，由于能量桩群桩传热过程中，各单桩运行之后于周围土体中形成一定范围的温度影响区域，位于该区域附近的能量桩传热容易受到干扰，从而降低群桩的传热效率，这种热交互作用成为较为关注的问题。恒定温度加热条件下的现场试验，通过比较群桩和单桩的热注入率和热提取率，发现群桩的热注入率高于单桩，但是热提取率低于单桩，能量桩群桩运行时单个桩体的热交换率低于单桩能量桩工况，据此研究者给出了针对其现场桩型的群桩布置桩间距的建议 [35]。基于数值模拟方法的研究也表明，能量桩群桩同时工作时会导致整体土层的温度改变，从而降低群桩整体传热效率 [36]。基于提出的适用于群桩的温度响应方程，理论计算结果显示，能量桩群桩同时运行，相互之间会产生不利的热交互作用，但是通过减小能量桩的长径比，可以降低这种热交互作用 [37]。

能量桩的换热效率体现了能量桩的能源供给能力，尽管国内外学者已经针对能量桩的换热效率进行了较多的研究工作，但对于不同土体类型中能量桩的换热效率以及群桩热干扰形式下能量桩的换热效率仍值得进一步研究。

1.3.3 能量桩热力响应特性

1. 单桩热力响应特性

与常规桩基础不同，能量桩承载上部结构时，与外界发生持续的换热作用，热量的转移将改变桩体温度，使桩体膨胀 (收缩)，受限于桩周围岩土体的约束，桩基无法发生自由变形，在桩内部会产生额外的温度应力 (图 1-6)。夏季时，需要释放室内热量，桩基埋管内循环液体温度较高，热量向土体转移，桩体和土体温度逐渐升高。混凝土受热膨胀，引起桩周侧摩阻力和桩端阻力发生变化，桩体上部和下部分别产生向下和向上的侧摩阻力，桩体底部则会产生向上的桩端阻力。冬季时，室内温度较低，桩基埋管内循环液体温度较低，热量由土体向循环液体转移，桩体受冷收缩，此时由制冷引起的侧摩阻力和桩端阻力变化方向与加热时相反。桩体加热或制冷引起的应力场会与建筑荷载引起的应力场叠加，达到新的力学平衡。

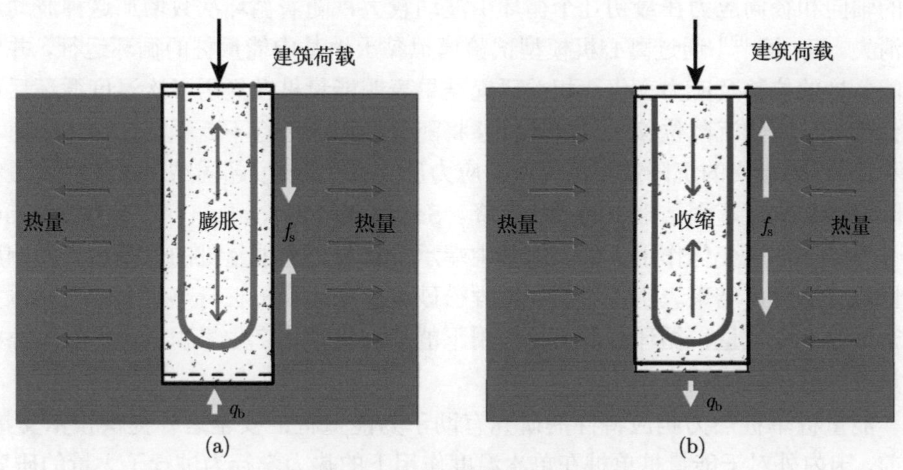

图 1-6 能量桩的热力响应

(a) 桩体加热 (夏季模式)；(b) 桩体制冷 (冬季模式)[38]

近年来，能量桩技术得到了越来越广泛的关注，并被应用于越来越多的实际工程当中。Brandl[39] 率先在奥地利开展了能量桩现场试验研究，通过模拟冬季工况表明能量桩受冷后会产生额外的热应变，因温度作用产生的桩顶位移变化可以忽略不计。随后 Laloui 等 [40] 和 Bourne-Webb 等 [41] 也先后在洛桑以及伦敦等地通过现场试验实测能量桩桩身温度、热致应变、应力等来分析其热力学响应特性的规律。国内桂树强等 [42] 在河南信阳开展了能量桩单桩热—力响应现场试验，试验结果表明桩身温差较大时会产生较大热致应力，桩身膨胀和收缩受温度变化和桩周约束影响较大。路宏伟等 [43] 通过江苏昆山某三层办公楼建筑开展现场试验，研究发现加热工况引起桩身上、中部多处出现负摩阻力，但荷载的增加有利于减小升温引起的负摩阻力效应；制冷工况下，桩端附近产生负摩阻力，能源桩荷载传递特征受荷载—温度耦合作用而改变。能量桩模型试验研究主要包括常规模型和离心机模型试验。Goode 和 McCartney[44] 通过开展离心机模型试验，系统研究了桩端和桩顶的约束条件对能量桩热力学响应的影响，结果表明摩擦型能量桩的最大热应力和中性点产生于桩身中部附近，而端承型能量桩在桩端附近；能量桩在被加热后承载能力将会提高。Ng 等 [45] 开展了饱和砂土中能量桩的热力学响应特性研究，发现当能量桩桩身温度升高后，位移零点将会向桩端移动。此外，部分学者 [46−48] 用 Comsol Multiphysics、Abaqus、Lagamine 等数值软件对能量桩单桩的热力学响应特性进行了模拟分析。

能量桩在运行过程中会根据建筑类型与能源需求进行多次循环，多次循环温度下的热力行为反映了其长期性能。Faizal 等 [49] 通过开展现场试验分析了不同温度循环形式对能量桩轴向应力及径向应力的影响，发现温度循环作用下，能量桩的轴向和径向应力在最初几个循环中波动较大，随着循环次数增加这种波动逐渐消失。Ng 等 [50] 通过离心机模型试验模拟黏土地基中能量桩的循环运行，并监测能量桩的位移及应力变化。相关研究结果表明能量桩在经历多次温度循环后可能会产生一定的沉降位移，且沉降位移将随着循环的进行不断积累，但沉降速率将不断降低；最终的沉降量与桩周土的应力历史有关，轻度超固结土中的桩体最终沉降将高于重度超固结土中的最终沉降。Saggu 和 Chakraborty[51] 通过 Abaqus 软件对循环温度变化作用下砂土地基中端承型和摩擦型能量桩的长期热力学响应特性进行研究，结果表明每轮循环过程松砂地基中能量桩桩身热应力的变化量小于密砂中的变化量；循环温度变化作用下能量桩桩顶均产生累积沉降，且摩擦型能量桩的累积沉降更大。

能量桩单桩热力响应特性的研究有助于为能量桩的安全运行提供技术支撑。目前，国内外对于能量桩单桩在单次温度作用下的热力学行为进行了大量的研究，但主要还是通过模型试验与数值模拟等手段进行，因此需要开展更多的现场试验来更好地指导能量桩的工程设计。此外，长期多次温度循环下能量桩的热力学特性仍值得进一步研究。

2. *群桩热力响应特性*

实际工程中能量桩基础多为排桩、群桩基础。能量桩在运行过程中受到其他相邻桩基影响，导致其本身热力学响应特性与能量桩单桩运行期间有所不同。国内外相关学者针对能量桩群桩的热力学特性开展了试验及数值模拟研究，为能量桩群桩基础的设计计算提供一定的参考数据。Murphy 等 [52] 在一个桩—筏基础内建立了 8 根能量群桩并研究了能量桩的热力响应，但并未关注到群桩与筏板之间的相互作用。Mimouni 和 Laloui[53] 通过开展现场试验针对性地研究了能量桩群桩中不同位置能量桩之间的相互作用，当对能量桩群桩基础中某单根能量桩进行加热时，也将影响到其他非加热桩的力学特性；当群桩中全部能量桩同时加热时，能量桩受到其他能量桩热干扰，其桩身热致应变大于群桩中单根能量桩加热时的热致应变。Rotta Loria 和 Laloui[54,55] 通过现场试验结合数值模拟研究了能量桩运行对邻桩的影响，并比较了群桩中单桩运行和全部运行的实测结果，用于说明相邻运行桩之间存在的相互影响。Di Donna 等 [56] 通过将模型计算结果与现场试验结果进行对比验证，表明能量桩群桩中能量桩、传统非加热桩之间存在相互作用的主要原因是二者之间产生了差异位移。

目前针对能量群桩在循环运行过程中的研究，一方面针对能量群桩的长期换热性能，另外一方面则针对群桩基础整体热力性能展开。Olgun 等 [57] 基于数值软件进行了能量桩在不同气候条件下长达 30 年的模拟分析，并对比了单桩、2×2、3×3、4×4 及 5×5 布置形式的群桩长期传热性能，研究结果表明长期循环运行时，桩周土的温度响应与季节性能量需求直接相关，其中，在冬季和夏季能量需求平衡的地区，桩周土体温度的变化是微小的；但在冷热需求不平衡的地区，长期运行可能导致桩基换热效率的降低，甚至失去换热能力，这种影响在数量较多的群桩布置中会更加突出。针对群桩基础整体热力学响应，Wu 等 [58] 通过缩尺的模型试验，比较分析了单根能量桩、无承台两桩、含承台两桩的循环运行结果，用于说明能量桩与相邻非运行桩及承台之间的相互作用。Ng 和 Ma[59] 搭建了 2×2 模型桩—筏基础，并通过仅运行单根桩的形式，对整个基础非对称循环运行 10 次，用以探究能量群桩的差异沉降及其引发的桩顶荷载重分布等问题，研究结果显示，在连续的非对称循环温度作用下，能量群桩的差异沉降将逐渐累积，并导致桩顶荷载从运行桩逐渐向非运行桩转移。

群桩运行往往是能量桩热泵系统的实际运行模式。既有研究主要是依托模型试验或数值模拟等手段分析能量桩群桩的热力响应。需对能量桩群桩开展更多的现场试验来为能量桩群桩的运行优化提供参考依据。此外，群桩热干扰、桩—筏板、桩承台之间的相互作用机理仍不明确，需要开展进一步的研究工作。

1.4 本书研究内容

第 1 章为绪论，主要介绍浅层地热能开发与利用、地源热泵系统、能量桩技术及国内外研究现状。

第 2 章土体热力学特性及热本构模型，基于温控三轴试验仪，研究饱和砂土在不同温度和有效应力下的强度和变形特性，探究不同温度和围压对正常固结黏土和超固结黏土强度及变形的影响，并提出考虑温度影响的非关联弹塑性饱和黏土本构模型。

第 3 章能量桩—土界面热力学特性，基于温控三轴压力室装置，研制能量桩—土温控界面仪；研究单向温度和循环温度作用下能量桩—砂土界面、能量桩—黏土界面的力学特性演化规律；以桩—砂土界面为例，建立考虑循环温度作用的桩—土界面温度与桩顶位移关系。

第 4 章能量桩单桩换热效率及热力响应特性，基于模型试验、现场试验、数值模拟等方法，针对砂土和黏土地基中能量桩单桩的换热效率和热力响应特性开展研究，考虑埋管形式、外部荷载、温度循环及土体应力水平等影响因素，分析能量桩单桩热力学特性。

第 5 章能量桩群桩换热性能及热力响应特性，针对砂土地基中能量桩单桩、2×2 和 3×3 群桩的热力响应特性开展模型试验研究，探讨桩数、温度、温度与结构荷载联合作用等因素对能量桩群桩荷载传递机理的影响；进行双侧热干扰下黏土地基中能量桩群桩现场试验，分析夏季工况下能量桩群桩的进/出口水温及换热功率，探究热干扰对于能量桩群桩的桩身温度、桩身热致应变、桩身热致轴向应力以及热致桩顶位移等热力响应特性分布规律的影响。

第 6 章能量桩换热效率及热力响应特性承台效应，基于现场试验和数值模拟方法，研究单次温度作用下能量桩排桩中能量桩、承台和非加热桩的相互作用机理，探究能量桩排桩中能量桩组合形式、承台刚度和桩间距对能量桩排桩的热力响应特性的影响；开展埋深条件夏季运行模式下，能量桩的热力响应特性现场试验，分析能量桩及承台的热力响应特性，并探讨有/无基础埋深对其换热效率及热力响应特性的影响规律。

第 7 章能量桩埋管技术与工艺，基于灌注桩施工工艺，提出 PCC 能量桩，也称为现浇混凝土大直径管桩 (large diameter pipe pile by using cast-in-place concrete) (封底式或不封底式)、灌注桩钢筋笼内埋管等埋管技术与工艺；基于预应力管桩施工工艺，提出预应力管桩埋管技术与工艺；继而，以 PCC 能量桩为例，初步探讨了其换热性能及热力响应特性。

第 8 章能量桩工程应用，介绍著者团队近年来完成的代表性能量桩工程应用，包括高海拔地区能量桩桥墩温度全寿命调控、桥面除冰融雪、建筑供暖/制冷等工程案例，简要介绍其设计、施工与效果；同时提出能量桩综合能源站技术，以期为后续能量桩技术的推广应用提供参考。

第 2 章　土体热力学特性及热本构模型

2.1　概　　述

能量桩在持续换热过程中，在桩周土体周围产生温度场，这势必引起土体水分迁移使含水率变化，从而使得土体内部应力重分布，发生热固结，进一步影响土体的强度和变形。本章通过温控三轴试验，研究饱和砂土在不同温度和有效应力下的强度和变形特性；探究不同温度和围压对正常固结黏土和超固结黏土强度及变形的影响，并提出考虑温度影响的非关联弹塑性饱和黏土本构模型。

2.2　温控三轴试验简介

空心圆柱剪切试验仪可分别针对空心、实心圆柱形三轴试样，同时或单独施加轴向和环向的循环动力荷载，以及施加轴向的静力荷载，可分析饱和土体在静动荷载作用下的力学特性，从而为岩土工程实践提供有力的依据。该试验仪的轴向驱动器、扭/剪驱动器，外围压、内围压 (用于空心试样) 和反压 (孔压) 控制器，可由数字伺服分别进行控制。对于空心圆柱形三轴试样而言，利用数字伺服可使外围压和内围压不同、作用于空心试样的径向和环向应力不同、对应的中主应力和最小主应力不同，从而实现“真正”的三轴试验。该试验仪还可以施加或模拟现场大多数的平面应变、直接剪切和小应变等工况，可以测量动态剪切强度、变形、剪切模量和阻尼比等，并进行液化分析，加载频率可以达到 20 Hz。

温度控制系统可以对试样进行加热或温度循环，可施加的温度范围广，降温低至 −20℃，升温高至 +80℃，且温度分辨率达 0.01℃。高效率的循环泵和加热系统可以缩短饱和试样加热或冷却至目标温度的时间，从而大幅度提高整个温度控制试验的效率。此外，为了节约能源，减少温控过程中的热量消耗，可以在该装置中人为设置冷却程度的比例，还可以在整个温度范围内选择 ACC(active cooling control)，提供主动冷却。为了减少温控过程中发生的不可避免的灰尘积聚，该装置具有通风格栅，且通风格栅易于移除，易于清理。为了保证内部循环液体的干净清洁，提高其加热效率，该装置还有一个排水龙头，可以轻松排出液体，方便温度控制器内部循环液体的定期更换。

通过组装空心圆柱剪切试验仪和温度控制系统，形成可考虑温度效应的温度控制空心圆柱剪切试验仪。该温度控制空心圆柱剪切试验仪主要包括四个部分，分别为压力控制柜、压力室、荷载架和温度控制系统，如图 2-1 所示。

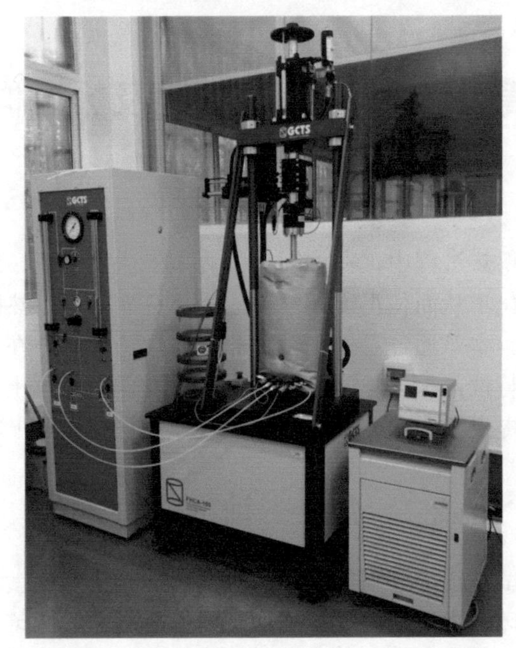

图 2-1 温度控制空心圆柱剪切试验仪 [60]

2.3 砂土强度与变形特性温度效应

在温度试验过程中，除了试验系统会产生热膨胀变形外，在饱和砂土试样内部同样也会产生一定量的热膨胀变形，从而导致对该试样进行轴向和体积热变形计算时产生不可忽略的误差。试验系统的热膨胀变形，可以通过金属试样进行温度循环验证试验，定量计算试验系统对试样轴向和体积变形的影响。而饱和砂土试样内部的热膨胀变形，则分为试样内部孔隙水和试样内部土体颗粒两部分，并通过下列式子进行计算 [60]：

$$\Delta V_{\mathrm{w}} = \beta_{\mathrm{w}} (T - T_0) V_{\mathrm{wc}} \tag{2-1}$$

$$\Delta V_{\mathrm{s}} = \beta_{\mathrm{s}} (T - T_0) V_{\mathrm{sc}} \tag{2-2}$$

式中，ΔV_{w} 为饱和砂土试样内部孔隙水的热膨胀体积；β_{w} 为饱和砂土试样内部孔隙水的体积热膨胀系数；T 为目标温度；T_0 为室内温度；V_{wc} 为饱和砂土试样经历力学固结后，试样内部孔隙水的体积；ΔV_{s} 为饱和砂土试样内部土体颗粒的热膨胀体积；β_s 为饱和砂土试样内部土体颗粒的体积热膨胀系数，取值为 -3.5×10^{-5}℃$^{-1}$；V_{sc} 为饱和砂土试样经历力学固结后，试样内部土体颗粒的体积。

针对饱和砂土试样，在开展温控三轴试验时，量程为 100 mm、精度为 0.1%的 LVDT(linear variable displacement transducer) 位移传感器位于荷载架顶端，距离砂土试样较远，约 1.5 m，并且在整个温控试验过程中，加热速率较慢 (5℃/h)，从而可以认为温度变化对 LVDT 传感器本身影响较小，以至于可以忽略不计。然而，温度变化将导致压力室内部的顶盖和轴向传力杆产生相应的热膨胀变形，因此，需要利用金属试样进行温度循环验证试验，定量计算试验系统 (顶盖和轴向传力杆) 对轴向热应变的影响。结果表明，经历温度循环后，试验系统的不可逆轴向应变非常小，几乎可以忽略不计，因此认为压力室中的顶盖和轴向传力杆产生的热膨胀变形对砂土试样的轴向应变影响非常小，可以忽略不计。因此，饱和砂土试样的实际轴向热应变可表示为 [60]

$$\varepsilon_a = \frac{\Delta h}{H_0} \times 100\% \tag{2-3}$$

式中，ε_a 为饱和砂土试样由温度变化引起的实际轴向热应变；Δh 为饱和砂土试样的轴向位移，由 LVDT 直接测量得到；H_0 为饱和砂土试样加热前的初始高度，即饱和砂土试样进行力学固结后的高度。

针对饱和砂土试样，进行温控三轴试验时，在排水加热过程中，出现一定水量排出试样外部，令该排水量为 ΔV_{dr}，且可由精度为 0.01 cm^3 的反压体积控制器直接测量得到。在整个温控试验系统中，由透水石、滤纸、排水管等排水系统产生的热膨胀变形 ΔV_{de}，表示温控试验系统误差对试样实际体积热应变的影响。因此，在排水条件下，在加热过程中，饱和砂土试样内部的孔隙水和土颗粒体积分别为 [60]

$$V_w = V_{wc} - \Delta V_{dr} - \Delta V_{de} \tag{2-4}$$

$$V_s = V_{sc} \tag{2-5}$$

式中，V_w 为经历热固结 (加热) 后，饱和砂土试样内部孔隙水的体积；V_s 为经历排水加热后，饱和砂土试样内部的土颗粒体积。

运用饱和砂土试样内部的孔隙水体积 V_w 和土颗粒体积 V_s，分别结合式 (2-1) 和式 (2-2)，可以得到随着温度的增加，饱和砂土试样内部的孔隙水和土颗粒相应的热膨胀变形，并分别由 ΔV_w 和 ΔV_s 表示。

随着温度的变化，饱和砂土试样产生的体积变化量为整个系统的排水量减去试验系统的热膨胀变形，同时减去砂土试样内部的热膨胀变形，具体可表示为 [60]

$$\Delta V = \Delta V_{dr} - \Delta V_{de} - \Delta V_w - \Delta V_s \tag{2-6}$$

在排水加热过程中，饱和砂土试样的实际体积热应变为 [60]

$$\varepsilon_{\mathrm{v}} = -\frac{\Delta V}{V_{\mathrm{c}}} \times 100\% \tag{2-7}$$

式中，ε_{v} 为饱和砂土试样由温度变化引起的实际体积热应变；ΔV 为饱和砂土试样的体积变化量；V_{c} 为饱和砂土试样加热前的初始体积，即砂土试样进行力学固结后的体积，也为力学固结完成时，饱和砂土试样内部的孔隙水和土颗粒体积的总和。

2.3.1 试验方案

初始相对密实度为 90%的空心圆柱三轴试样安装完成后，首先，通过二氧化碳、水头和反压三种饱和方法使试样达到饱和状态，其饱和度均大于 0.95。随后，在常温情况下 ($T = 25$℃)，排水条件时，反压保持不变 (300 kPa)，内压和外压以 50 kPa/h 的加载速率从 320 kPa 逐渐增加至不同目标应力值 (350 kPa/400 kPa/500 kPa)，即有效应力分别为 50 kPa/100 kPa/200 kPa，如图 2-2 中 0-1、0-5 和 0-9 路线。然后，有效应力保持不变，在排水条件下，打开温度控制器，饱和试样内、外腔的温度以 5℃/h 的速率从 25℃ 逐渐加热至不同目标温度 (35℃/45℃/55℃)，如图 2-2 中 1-2、5-6 和 9-10 路线。最后，温度和有效应力均保持不变，在不排水条件和位移控制作用下，轴向荷载传递杆以 0.1 mm/min 的速率向下移动，饱和砂土试样在常温和不同目标温度作用下，发生不排水剪切，直至轴向应变达到 20%为止 (图 2-2 中 1-4、2-3、5-8、6-7、9-12 和 10-11 路线)。

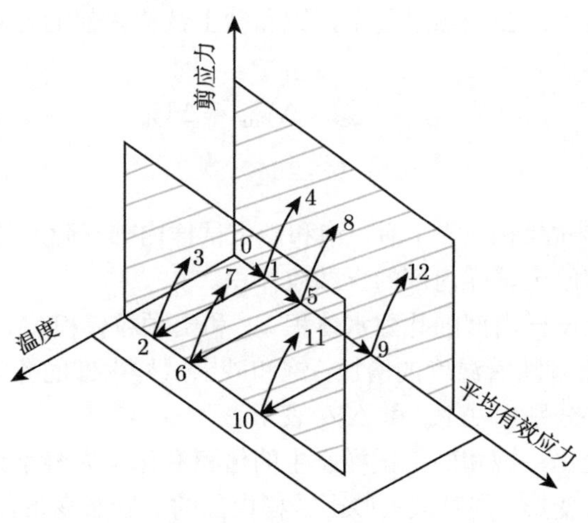

图 2-2 不同有效应力作用下温控三轴试验方案 [61]

2.3.2 轴向变形特性

当经历有效应力为 50 kPa 的力学固结后，在整个排水加热过程 (热固结阶段) 中，由温度传感器 T1 和 T2 的平均值所得到的饱和砂土试样外腔温度，以及由式 (2-3) 计算得到的实际轴向热应变随加热进程的变化关系如图 2-3 所示。

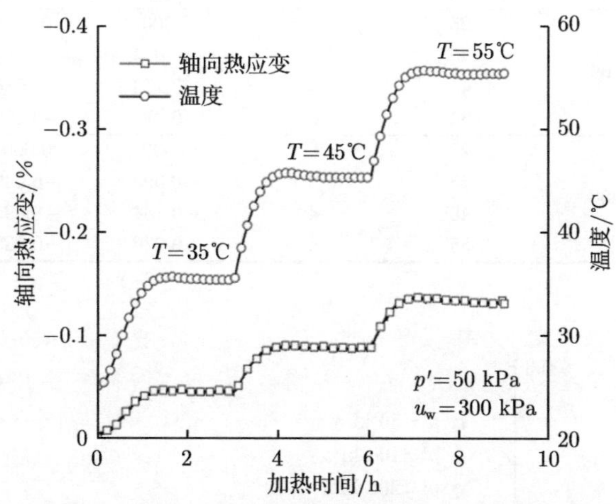

图 2-3 轴向热应变和温度随加热时间的变化关系 [60]

在排水条件下，随着加热的不断进行，饱和砂土试样的温度不断增加，并且在加热 2 h 后，逐渐达到热平衡状态。在整个排水加热过程中，饱和砂土试样的轴向热应变随着加热时间的增加而增加，其值始终为负值，说明饱和试样在轴向发生了热膨胀现象。此外，在每个加热阶段，当温度达到稳定状态时，饱和砂土试样的轴向热应变也保持稳定，随着加热时间变化而不发生显著变化。

对于相对密实度为 90%，处于密实状态下的饱和砂土试样而言，当试样内部温度处于热平衡，试样轴向变形趋于稳定时，由 LVDT 位移传感器直接测量得到的轴向位移为 Δh(以向下移动为正，向上移动为负)，按式 (2-3) 确定其轴向热应变。对于同一种密实程度下的饱和砂土试样，经历不同有效应力作用下的力学固结后，在排水条件和不同目标温度作用下进行热固结，此时，试样的轴向热变形特性如表 2-1 所示。

为了便于比较，特将温度进行归一化处理，并用目标温度 (T) 与室内温度 (T_0) 的比值进行表示，则在不同温度和有效应力作用下，饱和砂土试样的轴向热应变与温度比之间的关系如图 2-4 所示。

表 2-1 不同有效应力作用下饱和砂土试样的轴向热变形特性 [60]

编号	有效应力 p'/kPa	温度 T/°C	时间 t/h	轴向位移 Δh/mm	轴向应变 ε_a/%	拟合参数 k_a
1	50	25	0	0.000	0.0000	−0.112
2		35	2	−0.086	−0.0428	
3		45	4	−0.171	−0.0856	
4		55	6	−0.265	−0.1325	
5	100	25	0	0.000	0.0000	
6		35	2	−0.084	−0.042	
7		45	4	−0.173	−0.0865	
8		55	6	−0.271	−0.1356	
9	200	25	0	0.000	0.0000	
10		35	2	−0.098	−0.0492	
11		45	4	−0.184	−0.0921	
12		55	6	−0.276	−0.1381	

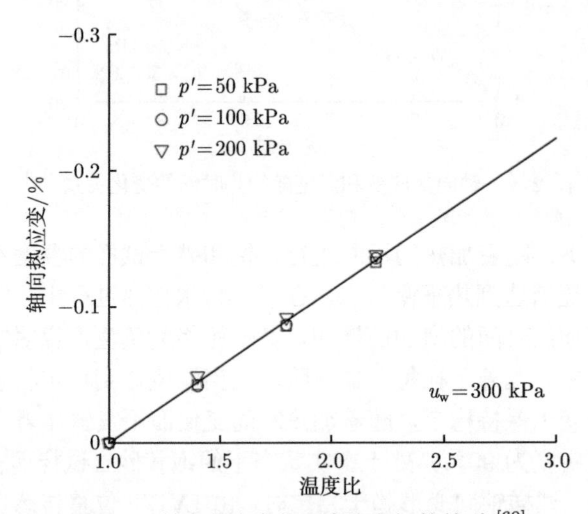

图 2-4 轴向热应变与温度比之间的关系 [60]

随着温度的不断增加，饱和砂土试样的轴向热应变也随之增加。此外，在不同有效应力作用下，饱和砂土试样的轴向热应变高度重合，说明在排水加热条件下，有效应力对饱和密实砂土试样的轴向应变无显著影响。另外，在整个温度控制三轴试验过程中，饱和砂土试样的轴向热应变均为负值，说明饱和密实砂土试样发生了热膨胀现象，且该膨胀现象可由式 (2-8) 表示 [60]：

$$\varepsilon_a = k_a (T/T_0 - 1) \tag{2-8}$$

式中，k_a 为拟合参数，具体值可参考表 2-1。

2.3.3 体积热变形特性

当经历有效应力 50 kPa 的力学固结后，在整个热固结阶段，饱和砂土试样外腔温度，以及由式 (2-7) 计算得到的实际体积热应变随着加热进程的变化关系如图 2-5 所示。随着加热阶段的进行，饱和砂土试样的温度和体积热应变均逐渐增加，并且当温度达到热平衡时，饱和砂土试样在温度作用下产生的体积热应变也达到稳定状态，不随加热时间变化而发生明显变化。此外，在整个热固结过程中，在密实状态下，饱和砂土试样的体积热应变始终为负值，这表明整个饱和砂土试样在温度作用下，发生了热膨胀现象。

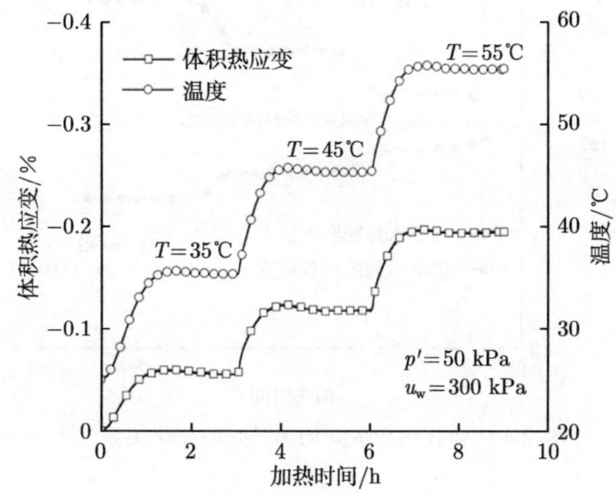

图 2-5 体积热应变和温度随加热时间的变化关系 [60]

根据式 (2-1)、式 (2-2)、式 (2-6) 和式 (2-7)，可推导出饱和砂土试样的体积热应变为 [60]

$$\begin{aligned}\varepsilon_{\mathrm{v}} &= -\frac{\Delta V}{V_{\mathrm{c}}} = -\frac{\Delta V_{\mathrm{dr}} - \Delta V_{\mathrm{de}} - \Delta V_{\mathrm{w}} - \Delta V_{\mathrm{s}}}{V_{\mathrm{c}}} \\ &= -\frac{\Delta V_{\mathrm{dr}}}{V_{\mathrm{w}}} \cdot \frac{V_{\mathrm{w}}}{V_{\mathrm{c}}} + \frac{\Delta V_{\mathrm{de}}}{V_{\mathrm{w}}} \cdot \frac{V_{\mathrm{w}}}{V_{\mathrm{c}}} + \frac{\Delta V_{\mathrm{w}}}{V_{\mathrm{w}}} \cdot \frac{V_{\mathrm{w}}}{V_{\mathrm{c}}} + \frac{\Delta V_{\mathrm{s}}}{V_{\mathrm{s}}} \cdot \frac{V_{\mathrm{s}}}{V_{\mathrm{c}}} \\ &= \varepsilon_{\mathrm{vdr}} \cdot n + \varepsilon_{\mathrm{vde}} \cdot n + \varepsilon_{\mathrm{vw}} \cdot n + \varepsilon_{\mathrm{vs}} \cdot (1-n)\end{aligned} \tag{2-9}$$

式中，$\varepsilon_{\mathrm{vdr}}$ 为排水加热条件下，饱和砂土试样排出体外的水量所产生的体积应变，该排水量由反压体积控制器直接测量得到；$\varepsilon_{\mathrm{vde}}$ 为温度作用下，透水石、排水管等排水系统的热膨胀所产生的体积应变，该热膨胀量由试验系统的误差决定；$\varepsilon_{\mathrm{vw}}$ 和 $\varepsilon_{\mathrm{vs}}$ 分别为温度作用下，饱和砂土试样内部孔隙水和土体颗粒的热膨胀所产生的体积应变，该热膨胀量由试样的内部误差决定；n 为加热前饱和砂土试样的孔隙率。

由式 (2-9) 可知，饱和砂土试样的体积热应变主要分为四个部分，分别为排水加热过程中，试样排出水量的体积应变，以及排水系统、试样内部孔隙水、土体颗粒的热膨胀所产生的体积应变。在排水条件下，在整个加热过程中，饱和砂土试样实际体积热应变及其各部分组成随加热时间的变化关系如图 2-6 所示。

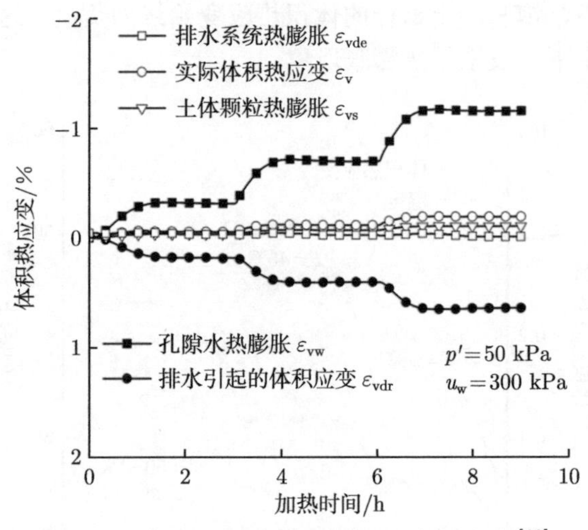

图 2-6 体积热应变随加热时间的变化关系 [60]

由图 2-6 可见，在排水加热过程中，由排水系统、试样内部孔隙水和土体颗粒产生的体积热应变均为负值，表明在温度作用下，该三个组成部分均发生热膨胀变形。由于孔隙水的热膨胀系数远大于土体颗粒的热膨胀系数，因此相应试样内部孔隙水产生的体积热应变将大于土体颗粒的体积热应变，并且有多余的水量从砂土试样内部排出。排水量产生的体积应变 ε_{vdr} 为正值，代表着该组成部分发生热压缩变形。由于排水量产生的热压缩体积应变小于排水系统、孔隙水和土体颗粒三部分产生的热膨胀变形，因而整个饱和砂土试样的体积热变形为负值，表明密实状态下，在温度控制试验过程中，尽管有水体排出，但整个饱和砂土试样仍然产生热膨胀现象。

对于密实状态下的饱和砂土试样而言，当试样内部温度处于热平衡，试样体积变形趋于稳定时，在不同有效应力和目标温度的作用下，饱和砂土试样的体积热变形特性如表 2-2 所示。其中，关于排水加热阶段，饱和砂土试样的体积热变形的具体计算过程如表 2-3 所示。

表 2-2 不同有效应力和目标温度的作用下饱和砂土试样的体积热变形特性 [60]

编号	有效应力 p'/kPa	目标温度 T/℃	时间 t/h	初始孔隙比 e_0	体积应变 ε_v/%	拟合参数 k_v	拟合参数 k_{av}	拟合参数 β/℃$^{-1}$
1	50	25	0	0.372	0.000	−0.176	0.628	−0.00007
2		35	2	0.370	−0.073			
3		45	4	0.375	−0.141			
4		55	6	0.371	−0.221			
5	100	25	0	0.376	0.000			
6		35	2	0.375	−0.074			
7		45	4	0.373	−0.132			
8		55	6	0.370	−0.170			
9	200	25	0	0.375	0.000			
10		35	2	0.372	−0.072			
11		45	4	0.370	−0.145			
12		55	6	0.374	−0.242			

表 2-3 不同有效应力和目标温度的作用下饱和砂土试样的体积热变形计算过程 [60]

有效应力 p'/kPa	目标温度 T/℃	时间 t/h	系统排水量 ΔV_{dr} /cm^3	系统热变形 ΔV_{de} /cm^3	孔隙水体积变化量 ΔV_w /cm^3	土颗粒体积变化量 ΔV_s /cm^3	试样体积变化量 ΔV /cm^3	体积应变 ε_v /%
50	25	0	0.000	0.000	0.000	0.000	0.000	0.000
	35	2	0.430	0.090	0.816	0.254	−0.730	−0.073
	45	4	1.020	0.070	1.852	0.511	−1.413	−0.141
	55	6	1.740	0.040	3.146	0.777	−2.223	−0.221
100	25	0	0.000	0.000	0.000	0.000	0.000	0.000
	35	2	0.450	0.120	0.818	0.256	−0.743	−0.074
	45	4	1.130	0.090	1.850	0.512	−1.323	−0.132
	55	6	2.260	0.060	3.133	0.776	−1.709	−0.170
200	25	0	0.000	0.000	0.000	0.000	0.000	0.000
	35	2	0.420	0.080	0.810	0.254	−0.724	−0.072
	45	4	0.950	0.060	1.832	0.510	−1.452	−0.145
	55	6	1.530	0.040	3.131	0.779	−2.420	−0.242

当饱和砂土试样温度达到稳定状态时，将试样的当前温度 T 归一化，并定义为温度比值 (当前温度 T 与初始温度 T_0 的比值)，则饱和砂土试样的体积热应变与该比值的变化关系如图 2-7 所示。当温度比值不变时，在不同的有效应力作用下，饱和砂土试样的体积热应变基本重合，并无明显的差异，说明在排水加热条件下，有效应力对饱和密实砂土的体积热应变的影响可以忽略不计。当有效应力不变时，在不同温度比值作用下，饱和砂土试样的体积热应变均为负值，且随着温度比值的增加而增加，与温度比值之间呈线性关系。该线性关系可由式 (2-10) 表示 [60]：

$$\varepsilon_v = k_v (T/T_0 - 1) \tag{2-10}$$

式中，k_v 为拟合参数，具体值可参考表 2-2。

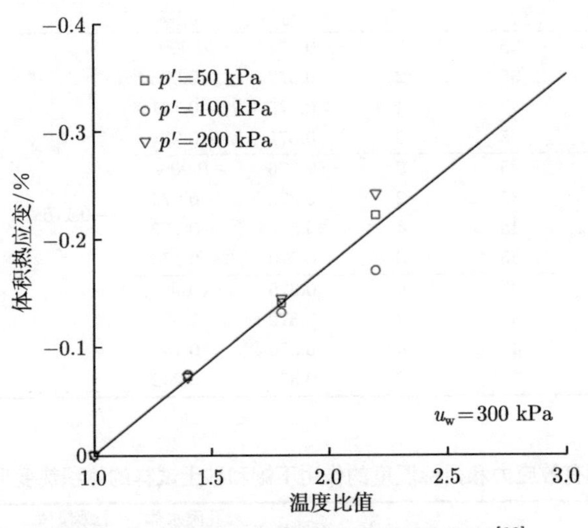

图 2-7　体积热应变与温度比值关系曲线 [60]

随着温度的不断变化，饱和砂土试样所产生的轴向热应变和体积热应变之间的关系如图 2-8 所示。在排水加热过程中，饱和砂土试样的轴向热应变和体积热应变均为负值，并且饱和试样体积应变的增加将导致轴向方向的变形呈线性增加，表明在排水加热时，饱和砂土试样轴向和体积均发生热膨胀现象，且该膨胀现象是各向同性的。在密实状态下，饱和砂土试样的轴向热应变和体积热应变之间的

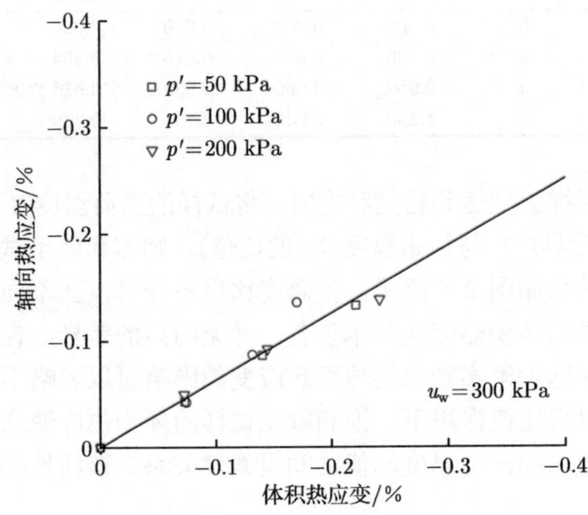

图 2-8　轴向热应变和体积热应变关系曲线 [60]

线性关系可由式 (2-11) 表示 [60]：

$$\varepsilon_{\mathrm{a}} = k_{\mathrm{av}} \varepsilon_{\mathrm{v}} \tag{2-11}$$

式中，k_{av} 为拟合参数，具体值可参考表 2-2。

2.3.4 热膨胀系数随有效应力的变化规律

将当前温度与初始温度之间的差值 ΔT 作为变量，则不同有效应力作用下，饱和砂土试样的体积热应变随温度变化量的变化规律如图 2-9 所示。

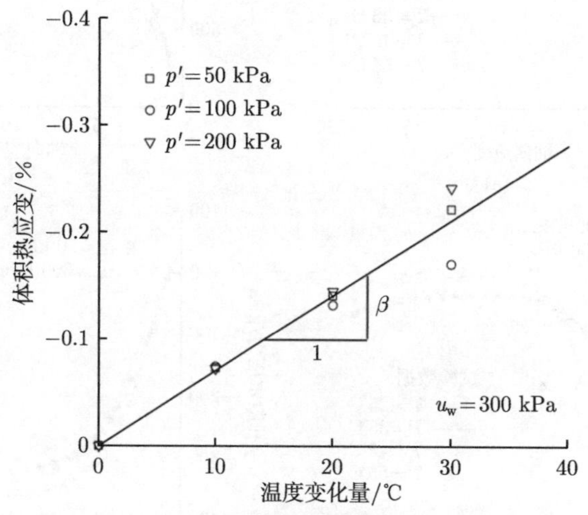

图 2-9 体积热应变与温度变化量关系曲线 [60]

由图 2-9 可见，对于同一个有效应力作用下的饱和砂土试样而言，在排水加热过程中，随着温度的增加，其体积热应变也随之增加。对于同一个温度作用下的饱和砂土试样而言，在热固结阶段，其体积热应变与有效应力无关。不同有效应力作用下的饱和砂土试样，其体积热应变基本重合，且均为负值，表明试样在温度作用下发生热膨胀现象，该现象可由式 (2-12) 确定 [60]：

$$\varepsilon_{\mathrm{v}} = \beta \left(T - T_0\right) \tag{2-12}$$

式中，β 为拟合参数，是饱和砂土试样的体积热应变随温度变化关系的斜率，即整个饱和砂土试样的热膨胀系数，见表 2-2。此外，整个饱和砂土试样的热膨胀系数 (-7×10^{-5}℃$^{-1}$) 为负值，且与土体颗粒的热膨胀系数 (-3.5×10^{-5}℃$^{-1}$) 处于同一个量级，说明密实状态下的饱和砂土，其体积热应变主要取决于土体颗粒的作用。

2.3.5　应力—应变特性

在应变控制不排水剪切过程中，不同有效应力作用下饱和砂土随温度变化的应力—应变关系如图 2-10 所示。

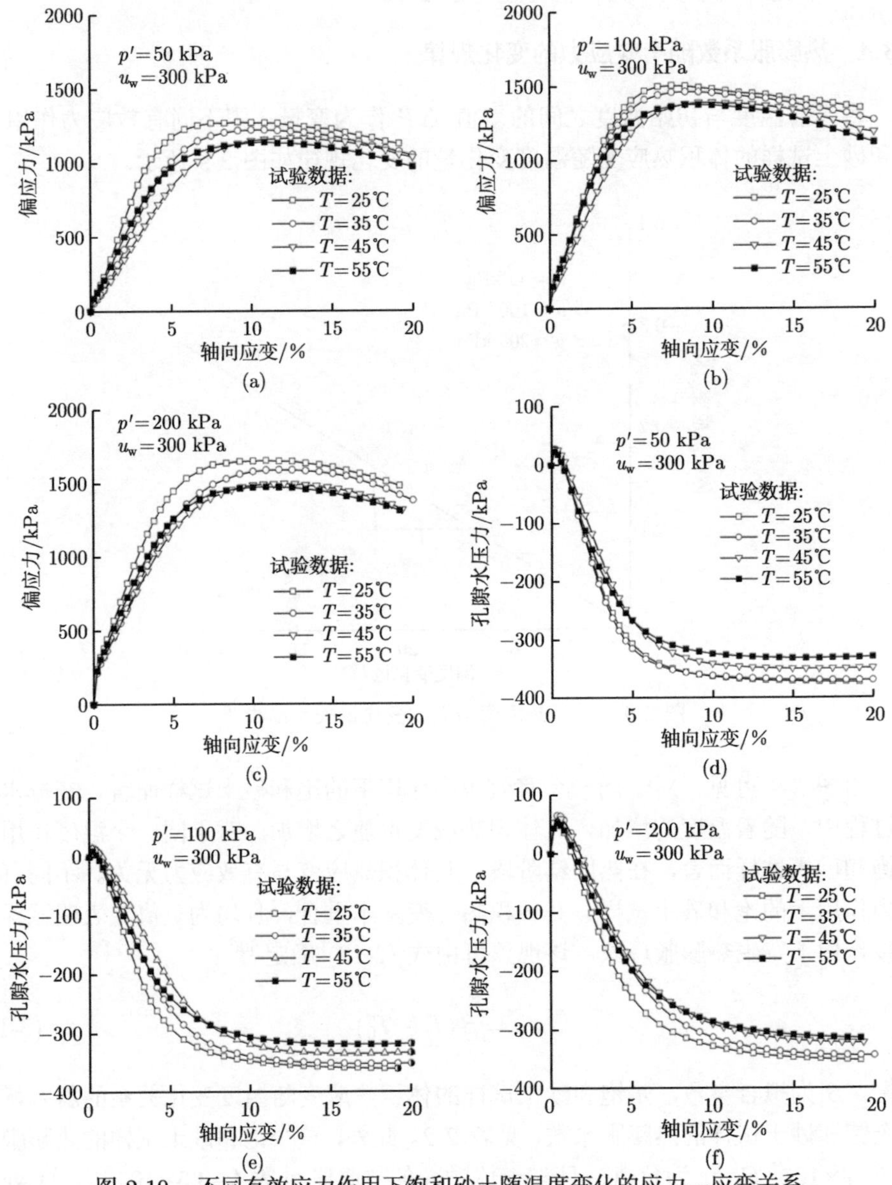

图 2-10　不同有效应力作用下饱和砂土随温度变化的应力—应变关系

(a) 偏应力 ($p' = 50$ kPa)；(b) 偏应力 ($p' = 100$ kPa)；(c) 偏应力 ($p' = 200$ kPa)；(d) 孔隙水压力 ($p' = 50$ kPa)；(e) 孔隙水压力 ($p' = 100$ kPa)；(f) 孔隙水压力 ($p' = 200$ kPa)[60]

由图 2-10 可见，随着不排水剪切阶段的进行，饱和砂土试样的轴向应变逐渐增加，并且随着轴向应变的增加，饱和砂土试样的偏应力先随之增加，然后随之逐渐减少，出现峰值，但未出现明显的软化现象。同时，当轴向应变较小时，饱和砂土试样的孔隙水压力 u 为正值，并且随着轴向应变的增加，饱和砂土试样的孔隙水压力先随之增加，然后随之逐渐减少，出现峰位；随着轴向应变的增加，饱和砂土试样的孔隙水压力为负值，并且随着轴向应变的增加而逐渐增加，最后达到稳定状态。此外，在同一个有效应力作用下，随着温度的增加，饱和砂土试样的峰值偏应力逐渐减少。在剪切初期，饱和砂土试样由于不排水剪切所产生的孔隙水压力为正值，砂土试样发生剪缩现象。随着剪切阶段的不断进行，饱和砂土试样内部的孔隙水压力逐渐从正值向负值过渡，并且随着负值的孔隙水压力逐渐增大，饱和砂土试样发生越来越显著的剪胀现象。此外，饱和砂土试样峰值偏应力对应得到的孔隙水压力随着温度的增加而呈现增加的趋势。

在应变控制不排水剪切过程中，不同温度作用下饱和砂土随有效应力变化的应力—应变关系如图 2-11 所示。

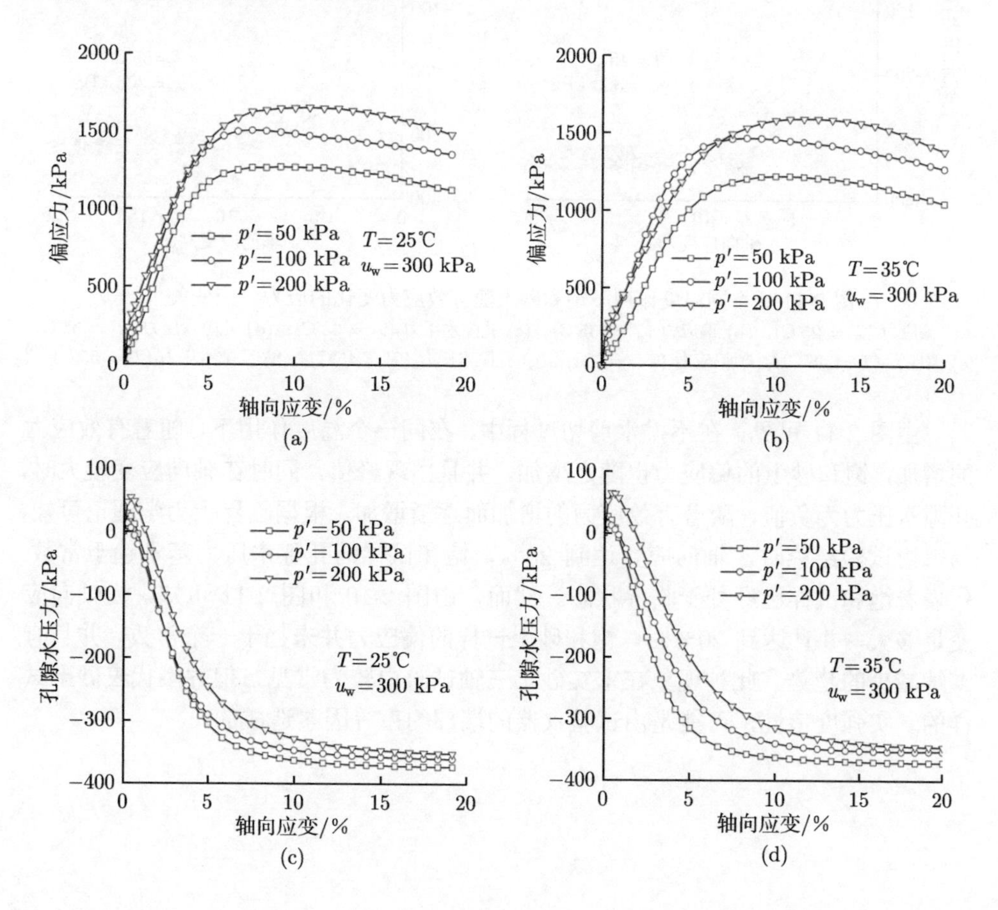

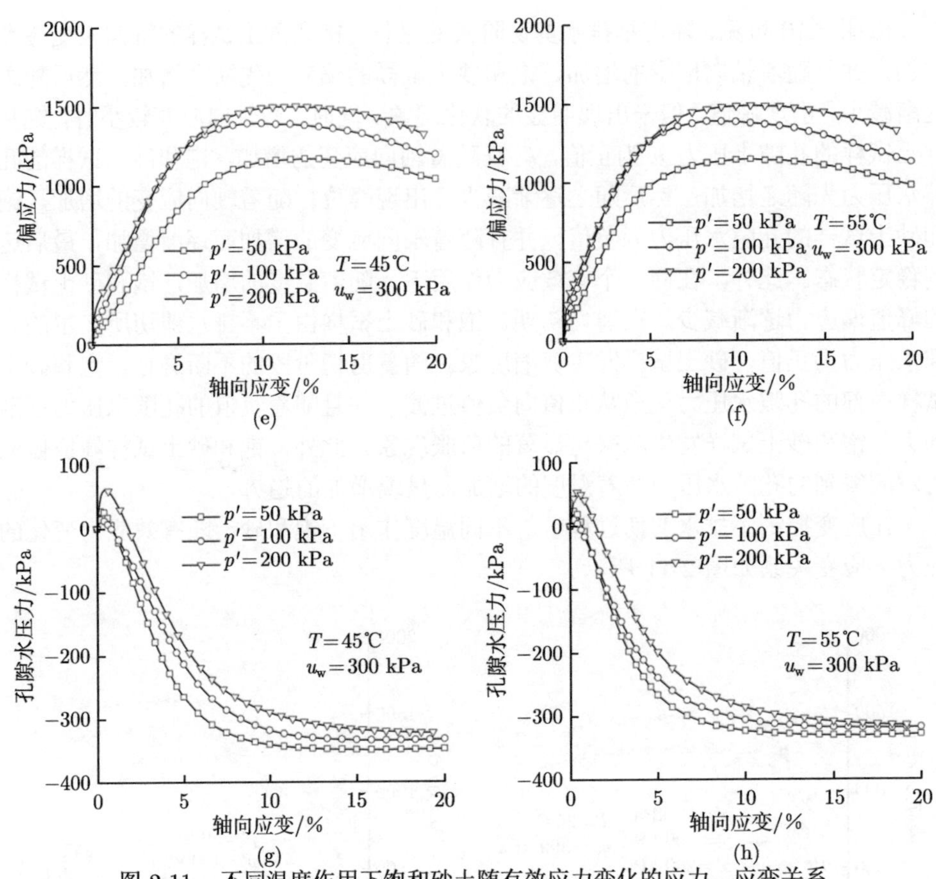

图 2-11 不同温度作用下饱和砂土随有效应力变化的应力—应变关系

(a) 偏应力 ($T=25$℃); (b) 偏应力 ($T=35$℃); (c) 孔隙水压力 ($T=25$℃); (d) 孔隙水压力 ($T=35$℃); (e) 偏应力 ($T=45$℃); (f) 偏应力 ($T=55$℃); (g) 孔隙水压力 ($T=45$℃); (h) 孔隙水压力 ($T=55$℃)[60]

由图 2-11 可见，在不排水剪切过程中，在同一个温度作用下，随着有效应力的增加，饱和砂土的偏应力也随之增加，并且出现峰值，同时在轴向应变较大时，孔隙水压力为负值，随着有效应力的增加而逐渐增加。根据临界土力学理论可知，当每组试验结束时，轴向应变达到 20%，饱和试样的孔隙水压力基本趋于常数，代表着饱和试样已经处于临界状态。然而，由图 2-10 和图 2-11 可知，当轴向应变足够大，并且达到 20%时，饱和砂土试样的偏应力并未趋于一个常数，并且有继续减少的趋势。此种现象在密实砂土三轴试验中较为常见，但并不代表砂土试样的真实强度特性，可能是由试验仪器的端部约束等因素造成的。

2.3.6 峰值状态随温度的变化规律

针对相对密实度为 90%的饱和砂土试样，从图 2-10 和图 2-11 所示的不同有效应力和目标温度作用下的应力—应变曲线出发，分别求出每个目标温度作用下，处于峰值状态时，饱和砂土试样的偏应力和孔隙水压力。砂土试样的峰值偏应力和峰值孔隙水压力的具体值见表 2-4。在不排水条件下，应变控制剪切过程中，不同有效应力作用下饱和砂土试样的峰值偏应力与温度变化量之间的关系如图 2-12 所示。在不排水剪切条件下，对于同一个温度作用下，密实饱和砂土试样的峰值偏应力随着有效应力的增加而呈增加的趋势。对于同一个有效应力作用下，密实饱和砂土试样的峰值偏应力随着温度的增加而呈线性减少的趋势。这表明，加热后的密实饱和砂土的峰值偏应力比加热前的峰值偏应力小，同时说明经历排水加热过程后，饱和密实砂土试样的不排水剪切强度降低。该线性减少的趋势可由式 (2-13) 表示 [60]：

$$q_{\mathrm{ps}} = q_{\mathrm{ps0}} + a\,(T - T_0) \tag{2-13}$$

式中，q_{ps} 和 q_{ps0} 分别为当前温度和初始温度作用下，饱和砂土试样的峰值偏应力；a 为拟合参数。q_{ps0} 和 a 的值如表 2-4 所示。

表 2-4 不同有效应力作用下饱和砂土试样的峰值状态特性 [60]

编号	有效应力 p'/kPa	温度 T /°C	峰值状态				拟合参数		
			轴向应变 ε_{a} /%	峰值偏应力 q_{ps} /kPa	峰值孔隙水压力 u_{ps}/kPa	初始峰值偏应力 q_{ps0}/kPa	a /(kPa/°C)	初始孔隙水应力 u_{ps0}/kPa	b /(kPa/°C)
1	50	25	9.17	1273.14	−360.10	1270.60	−4.68	−377.85	1.45
2		35	10.00	1221.36	−361.90				
3		45	12.50	1166.47	−347.50				
4		55	10.83	1140.63	−325.70				
5	100	25	7.50	1506.85	−332.50	1506.84	−4.68	−363.45	
6		35	8.33	1466.08	−327.30				
7		45	10.00	1393.54	−318.80				
8		55	8.33	1380.08	−294.80				
9	200	25	10.83	1655.39	−333.60	1625.65	−4.68	−354.93	
10		35	11.67	1591.76	−326.20				
11		45	11.67	1496.45	−303.50				
12		55	10.83	1478.20	−292.20				

在不排水剪切条件和不同有效应力作用下，饱和砂土试样的峰值孔隙水压力与温度变化量之间的关系如图 2-13 所示，在应变控制的不排水剪切过程中，饱和砂土试样的峰值孔隙水压力随着温度的增加而呈线性降低的趋势。该线性增加的趋势可由式 (2-14) 表示 [60]：

$$u_{\mathrm{ps}} = u_{\mathrm{ps0}} + b\left(T - T_0\right) \tag{2-14}$$

式中，u_{ps} 和 u_{ps0} 分别为当前温度和初始温度作用下，饱和砂土试样的峰值孔隙水压力；b 为拟合参数。u_{ps0} 和 b 的值如表 2-4 所示。

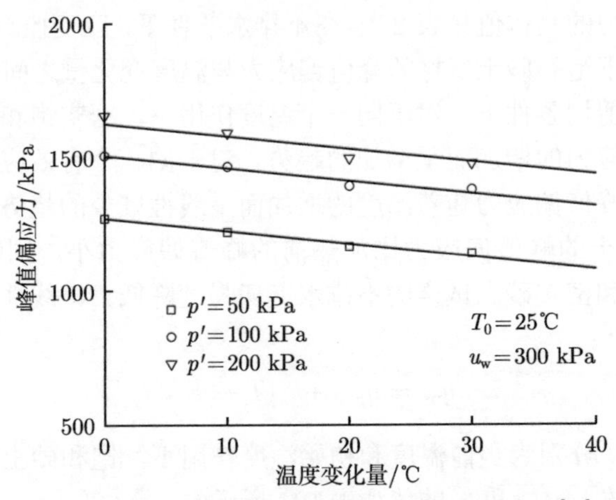

图 2-12　峰值偏应力随温度变化量的变化关系 [60]

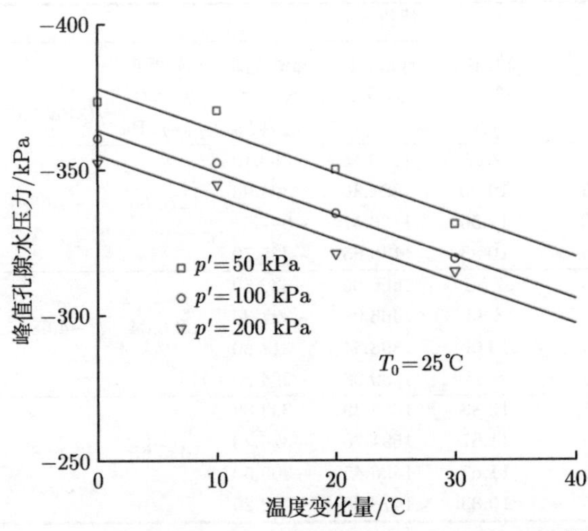

图 2-13　峰值孔隙水压力随温度变化量的变化关系 [60]

在应变控制不排水剪切过程中，平均有效应力可由式 (2-15) 进行确定：

$$\Delta p' = \frac{1}{3}\left(\Delta\sigma_1' + 2\Delta\sigma_3'\right) = \frac{1}{3}\left(\Delta\sigma_1 + 2\Delta\sigma_3\right) - \Delta u \tag{2-15}$$

式中，$\Delta p'$ 为不排水剪切过程中，饱和砂土试样内部的有效应力变化量；$\Delta\sigma_1'$ 和 $\Delta\sigma_3'$ 分别为最大、最小有效主应力的变化量；$\Delta\sigma_1$ 和 $\Delta\sigma_3$ 分别为最大、最小总主应力的变化量。

在不排水剪切过程中，三轴试样的围压保持不变，即

$$\Delta\sigma_3 = 0 \tag{2-16}$$

将式 (2-16) 代入式 (2-15) 可得

$$\begin{aligned}\Delta p' &= \frac{1}{3}\Delta\sigma_1 - \Delta u \\ &= \frac{1}{3}(\Delta\sigma_1 - \Delta\sigma_3) - \Delta u \\ &= \frac{1}{3}\Delta q - \Delta u\end{aligned} \tag{2-17}$$

随着轴向应变的增加，土体骨架的体积将不断减少，减少量与土体内部有效应力有关，可由式 (2-18) 确定：

$$\Delta V_{\mathrm{s}} = m_{\mathrm{s}} V_0 \Delta p' \tag{2-18}$$

式中，ΔV_{s} 为土体骨架体积的减少量；V_0 为不排水剪切阶段开始时，三轴试样的初始体积。

结合式 (2-17) 和式 (2-18) 可得

$$\Delta V_{\mathrm{s}} = m_{\mathrm{s}} V_0 \left(\frac{1}{3}\Delta q - \Delta u\right) \tag{2-19}$$

在不排水剪切过程中，由于排水阀门始终关闭，试样内部将逐渐形成超孔隙水压力，即孔隙水压力将增加，且增加量为

$$\Delta V_{\mathrm{w}} = m_{\mathrm{w}} V_{\mathrm{w}} \Delta u = m_{\mathrm{w}} n V_0 \Delta u \tag{2-20}$$

式中，ΔV_{w} 为三轴试样中孔隙水体积的变化量；n 为孔隙率；V_{w} 为三轴试样内部孔隙水的初始体积。

此外，土体骨架体积的减少也等于孔隙水体积的减少，即

$$\Delta V_{\mathrm{s}} = \Delta V_{\mathrm{w}} \tag{2-21}$$

结合式 (2-19)~ 式 (2-21) 得

$$m_{\mathrm{s}}\left(\frac{1}{3}\Delta q-\Delta u\right)=m_{\mathrm{w}}n\Delta u \tag{2-22}$$

式 (2-22) 也可表示为 [61]

$$\Delta u=\frac{\Delta q}{3\left[1+n\left(m_{\mathrm{w}}/m_{\mathrm{s}}\right)\right]} \tag{2-23}$$

在不排水剪切过程中，当轴向应变较小时，饱和砂土试样的变形尚属于弹性阶段，此时，饱和砂土试样内部的孔隙水压力的变化量与孔隙水和土体颗粒的压缩性能有关，并且可由式 (2-23) 表示，随着温度的增加，饱和砂土试样内部的孔隙水压力也随之增加，该变化趋势主要是由于砂土试样内部孔隙水体积和土体颗粒的压缩性随温度变化而发生相应的变化。温度控制三轴试验过程中，当温度从 25℃ 增至 55℃ 时，自由水的体积模量也随着温度的增加而增加，那么相应式 (2-23) 中孔隙水的体积压缩系数将随着温度的增加而出现减少的趋势。土体颗粒的热膨胀系数只与材料类型有关，与温度大小无关，并不随着温度变化而发生变化。对于同一种材料而言，该材料在不同温度作用下的热膨胀系数始终为一个常数。因此，可以认为式 (2-23) 中土体颗粒的体积压缩系数也与温度无关，不随温度变化而变化。综上可以得出，随着温度的增加，土体颗粒的体积压缩系数不变，孔隙水的体积压缩系数减少，由式 (2-23) 可以推断出，对于同一种相对密实度作用下的饱和砂土试样而言，在同一个有效应力作用下，经历不排水剪切过程后，该饱和砂土试样内部的孔隙水压力将随着温度的增加而呈增加的趋势。

基于不同有效应力和温度作用下的应力—应变曲线，在不排水剪切过程中，当轴向应变为 0.5%时，饱和砂土试样的偏应力与轴向应变的比值作为初始割线模量，并用 $E_{0.5}$ 表示。为了便于比较和统计饱和砂土试样的割线模量随温度的变化规律，还求出轴向应变为 2%时，饱和砂土试样对应的割线模量，并用 E_2 表示。此外，还得出偏应力为峰值偏应力的一半时，饱和砂土试样对应的割线模量，并用 E_{50} 表示。三种不同的轴向应变对应着不同的剪切阶段，其对应的三种割线模量随有效应力和温度变化量的变化关系如图 2-14 所示。由图 2-14 可见，在不排水剪切阶段，对于同一个温度而言，随着有效应力的增加，密实饱和砂土试样的初始割线模量 $E_{0.5}$ 也随之增加，割线模量 E_2 和 E_{50} 则变化不明显。在同一个有效应力作用下，对于密实状态下的饱和砂土试样而言，随着温度的增加，三种割线模量均有一定程度的波动，但并未发生明显的变化。

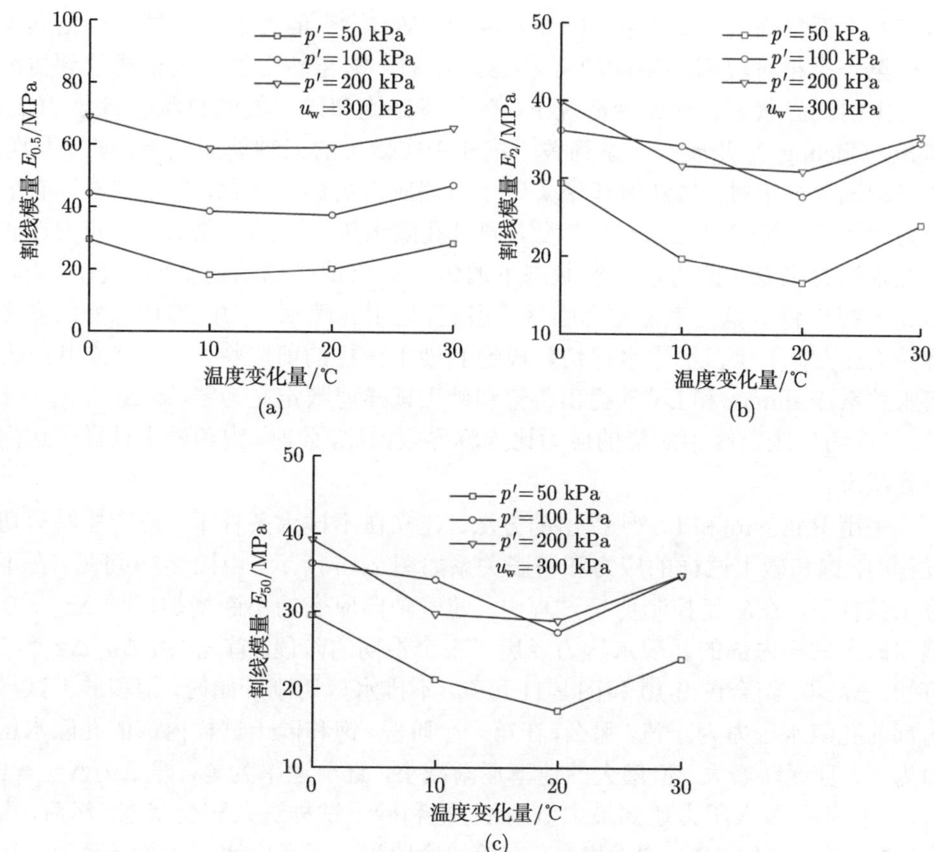

图 2-14 不同有效应力作用下饱和砂土割线模量随温度变化量的变化关系

(a) $E_{0.5}$；(b) E_2；(c) E_{50}[62]

2.3.7 临界状态随温度的变化规律

由不同有效应力和温度作用下饱和砂土试样的应力—应变曲线 (图 2-10 和图 2-11) 可见，当不排水剪切阶段结束时，饱和砂土试样的孔隙水压力已经趋于稳定，而试样的偏应力并未达到稳定状态，随着轴向应变的增加，仍然呈现出减少的趋势。就孔隙水压力而言，饱和砂土试样已达到临界状态，但是就偏应力而言，饱和砂土试样并未达到临界状态，因此，无法利用常规的临界状态土力学知识确定其临界状态。对于密实状态下的饱和砂土来说，常常由于不均匀变形和端部约束等试验方面的影响，饱和砂土试样很难达到真正的临界状态。

因此，Charles 和 Watts[63] 通过将试验数据按照其趋势向外进行延伸，从而使饱和试样达到一种最有可能的临界状态。然而，对于密实或者非常疏松的饱和砂土试样而言，尽管按照 Charles 和 Watts[63] 的方法，将试验数据向外延伸至一个相对较高的轴向应变 (大约 30%)，饱和砂土试样也很难达到传统意义上的临界状态。在此种情况下，为了确定饱和砂土的临界状态参数，Chu 和 Sik-Cheung[64] 开展了一系列关于饱和密实砂土的三轴剪切试验。研究发现，在三轴试验结束时，虽然饱和密实砂土的偏应力仍然在变化，但是在不同有效应力作用下，其应力比为一个常数，同时孔隙水压力也趋于常数。从应力比和孔隙水压力来看，此时，密实状态下的饱和砂土试样已达到临界状态，因此，Chu[65] 提出将试验结束点作为临界状态点。运用孔隙水压力随剪切应变的变化特性 ($\Delta u/\Delta\varepsilon_{\rm a}$) 代表不排水剪切阶段饱和砂土试样的剪胀特性，并建立其应力剪胀关系，Rahman 和 Lo[66] 提出将饱和砂土试样剪胀定义为零，即 $\Delta u/\Delta\varepsilon_{\rm a}=0$ 时，其应力剪胀曲线中对应的应力比为临界应力比，此时，饱和砂土试样已达到临界状态。

采用 Rahman 和 Lo[66] 提出的方法，建立在不排水条件下，应变控制剪切过程中，饱和砂土试样的应力和剪胀关系如图 2-15 所示。由图 2-15 可见，在不排水条件下，在应变控制剪切过程中，随着轴向应变的不断增加，即 $\Delta\varepsilon_{\rm a}>0$，饱和砂土试样内部的孔隙水压力经历了三个不同的阶段。首先，由 $\Delta u/\Delta\varepsilon_{\rm a}>0$ 可知，Δu>0，结合图 2-10 和图 2-11 可知，不排水剪切刚开始时，饱和砂土试样内部的孔隙水压力为正值。那么，在第一个阶段，饱和砂土试样内部的孔隙水压力为正，且逐渐增大，但增大的速率逐渐减小，直至速率为零，即 $\Delta u/\Delta\varepsilon_{\rm a}=0$ 时，正值的孔隙水压力达到最大值，此时饱和砂土试样进入相变状态。然后，由 $\Delta u/\Delta\varepsilon_{\rm a}<0$ 可知，Δu<0。那么，在第二个阶段，当孔隙水压力为正值时，饱和砂土试样内部的孔隙水压力将逐渐减小，并且向负值进行过渡，但减小的速率逐渐增大，直到速率达到最大值，此时对应着饱和砂土试样的最大剪胀点。在第三个阶段，当孔隙水压力为负值时，饱和砂土试样内部的孔隙水压力将逐渐增大，但增大的速率将逐渐减小，直至速率为零，即 $\Delta u/\Delta\varepsilon_{\rm a}=0$ 时，饱和砂土试样内部的孔隙水压力达到最大值，且随着轴向应变的增加不发生明显变化，此时饱和砂土试样达到临界状态。由图 2-15 还可见，在不排水剪切过程中，随着轴向应变的增加，饱和砂土试样的应力比先增加、再减少，直至与零剪胀轴相交，饱和砂土试样进入临界状态，此时对应的应力比则为临界应力比。

随着不排水剪切阶段的不断进行，在不同温度作用下，饱和砂土试样的偏应力随着平均有效应力的变化规律如图 2-16 所示。通过不同温度作用下，饱和砂土试样的临界状态应力比，即 $(q/\Delta p')_{\rm cs}$，从而做出 $\Delta p'$-q 平面内的临界状态线，随后，得出不同温度作用下，饱和砂土试样在临界状态下的平均有效应力和偏应力，即 $\Delta p'_{\rm cs}$ 和 $q_{\rm cs}$。同时，运用传统土力学相关知识可以得出临界状态不同有效应力和温度作用下，饱和砂土试样内部的最大和最小有效主应力。在临界状态下，饱和砂土试样的内摩擦角可由式 (2-24) 进行确定 [62]：

$$\sin\varphi_{\mathrm{cs}} = \frac{\sigma'_{1\mathrm{cs}} - \sigma'_{3\mathrm{cs}}}{\sigma'_{1\mathrm{cs}} + \sigma'_{3\mathrm{cs}}} \tag{2-24}$$

式中，$\sigma'_{1\mathrm{cs}}$ 和 $\sigma'_{3\mathrm{cs}}$ 分别为临界状态下饱和砂土试样的最大和最小有效主应力；φ_{cs} 为临界状态下饱和砂土试样的内摩擦角，其值如表 2-5 所示。

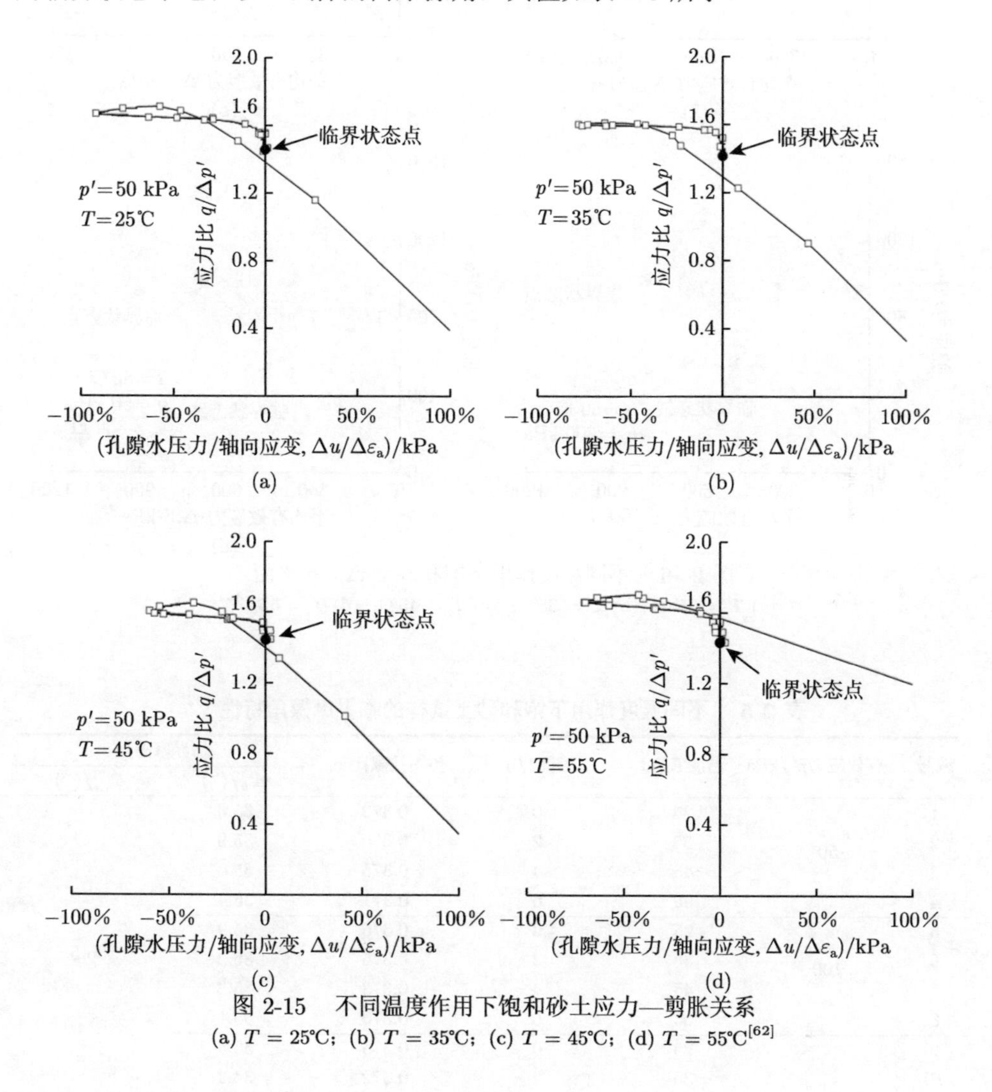

图 2-15　不同温度作用下饱和砂土应力—剪胀关系

(a) T = 25℃；(b) T = 35℃；(c) T = 45℃；(d) T = 55℃[62]

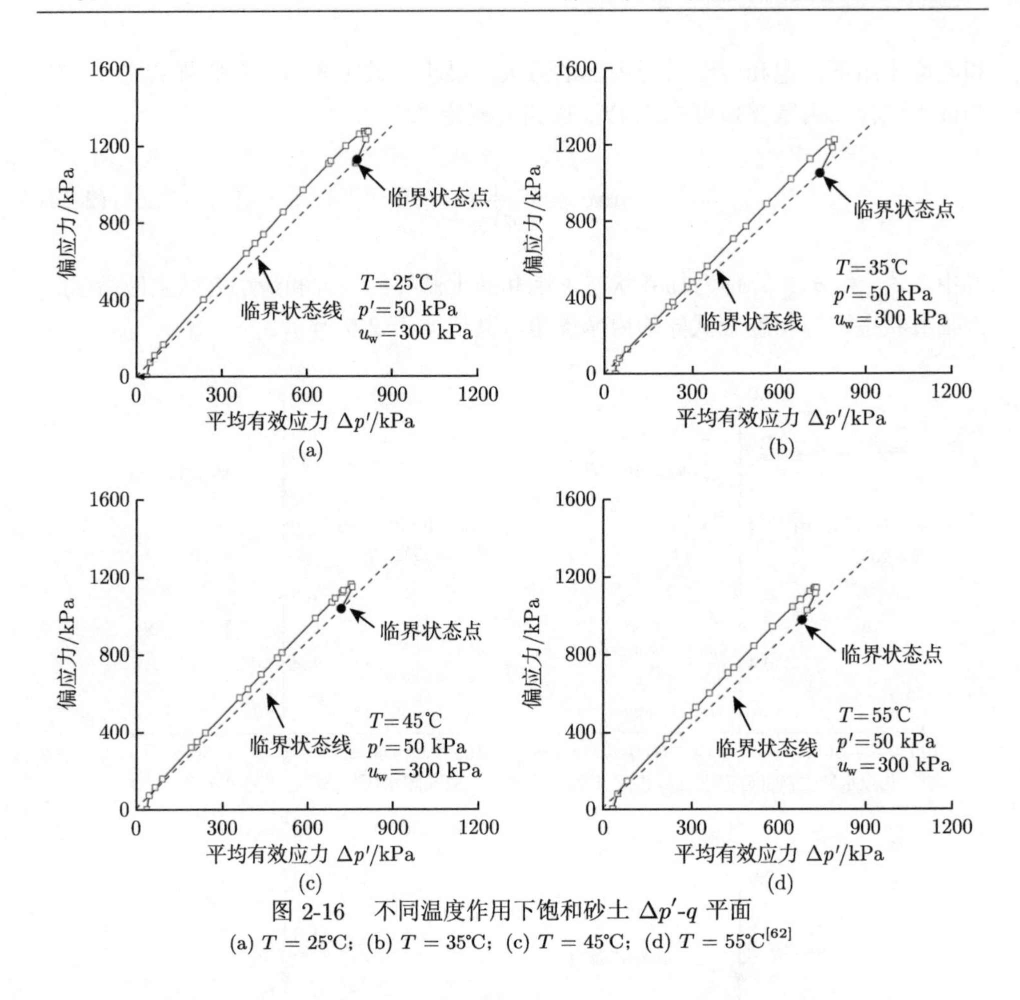

图 2-16　不同温度作用下饱和砂土 $\Delta p'$-q 平面

(a) T = 25°C；(b) T = 35°C；(c) T = 45°C；(d) T = 55°C[62]

表 2-5　不同温度作用下饱和砂土试样的临界摩擦角特性 [62]

编号	有效应力p'/kPa	温度T/℃	时间t/h	初始孔隙比 e_0	临界摩擦角	
					$\varphi_{cs}/(°)$	$\overline{\varphi}_{cs}/(°)$
1	50	25	0	0.372	35.6	35.5
2		35	2	0.370	35.0	
3		45	4	0.375	35.6	
4		55	6	0.371	35.4	
5	100	25	0	0.376	35.9	
6		35	2	0.375	36.2	
7		45	4	0.373	35.3	
8		55	6	0.370	35.1	
9	200	25	0	0.375	35.4	
10		35	2	0.372	34.4	
11		45	4	0.370	35.7	
12		55	6	0.374	35.8	

在不同温度和有效应力作用下，处于临界状态时，饱和砂土试样的有效应力和偏应力在 $\Delta p'$-q 平面内做出的临界状态线如图 2-17 所示。由图 2-17 可见，在不同温度作用下，饱和砂土试样的临界状态线是唯一的，并不随温度的变化而发生变化，说明饱和砂土试样在 $\Delta p'$-q 平面内的临界状态线与温度无关，并且可由式 (2-25) 表示 [62]：

$$q = M\Delta p' \tag{2-25}$$

式中，M 为临界状态应力比，是饱和砂土试样在 $\Delta p'$-q 平面内的临界状态线的斜率，其大小与温度无关。

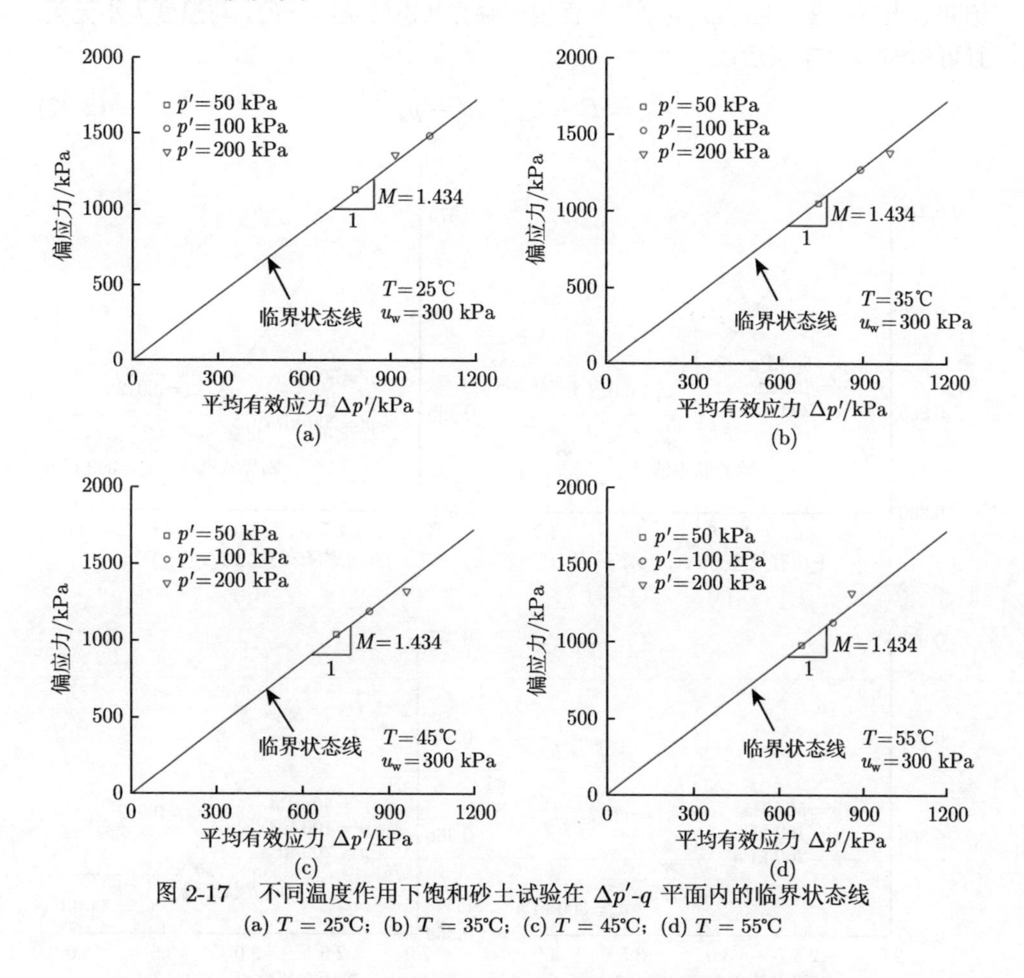

图 2-17 不同温度作用下饱和砂土试验在 $\Delta p'$-q 平面内的临界状态线

(a) T = 25℃; (b) T = 35℃; (c) T = 45℃; (d) T = 55℃

当饱和砂土试样处于临界状态时，其平均临界内摩擦角可表示为 [62]

$$\sin\overline{\varphi}_{\mathrm{cs}} = \frac{3M}{6+M} \tag{2-26}$$

由临界应力比计算得到的平均临界内摩擦角与式 (2-24) 计算得到不同温度作用下的临界内摩擦角的平均值非常接近，从而验证了该临界状态的正确性。

对于应变控制的不排水剪切阶段而言，由于排水阀门关闭，在剪切过程中，试样内部无水体排出，故饱和砂土试样的体积不变，其孔隙比不变，所以，不排水剪切结束时，饱和砂土试样的临界孔隙比与热固结结束时的孔隙比相同。那么，在 $e\text{-}\lg(\Delta p'/p_\mathrm{a})^{0.5}$ 平面中 (p_a 为一个标准大气压，取 101 kPa)，饱和砂土试样的临界状态线，如图 2-18 所示。由图 2-18 中可见，在 $e\text{-}\lg(\Delta p'/p_\mathrm{a})^{0.5}$ 平面内，随着温度的不断增加，饱和砂土试样临界状态线的截距和斜率都无明显的变化，说明饱和砂土试样在 $e\text{-}\lg(\Delta p'/p_\mathrm{a})^{0.5}$ 平面内的临界状态线是唯一的，与温度大小无关，且可由式 (2-27) 表示：

$$e_\mathrm{cs} = \varGamma - \lambda_\mathrm{cs}\left(\Delta p' - p_\mathrm{a}\right)^{0.5} \tag{2-27}$$

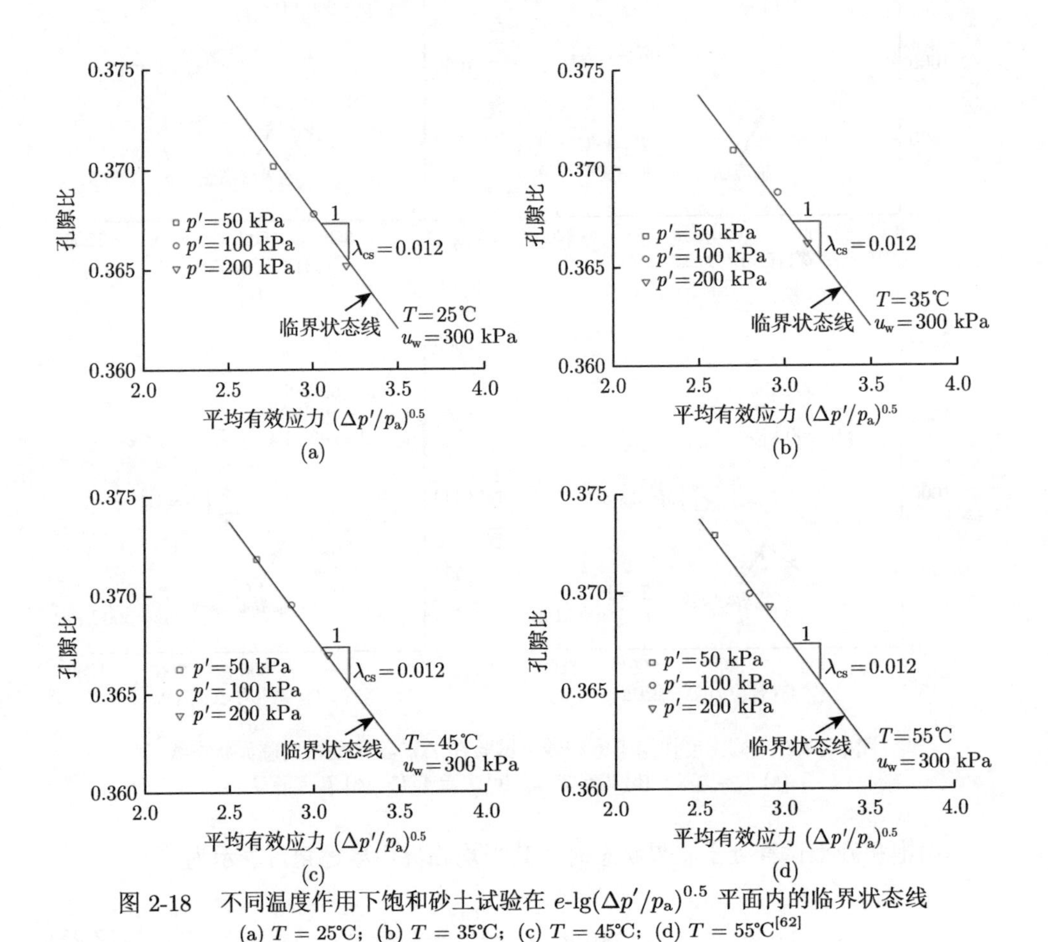

图 2-18　不同温度作用下饱和砂土试验在 $e\text{-}\lg(\Delta p'/p_\mathrm{a})^{0.5}$ 平面内的临界状态线

(a) T = 25℃; (b) T = 35℃; (c) T = 45℃; (d) T = 55℃[62]

式中，e_{cs} 为临界状态下，饱和砂土试样的孔隙比，其大小与 e_{h} 相同；Γ 和 λ_{cs} 分别为临界状态线在 e-lg $(\Delta p'/p_{\mathrm{a}})^{0.5}$ 平面内的截距和斜率，其大小均与温度无关。

由图 2-10 和图 2-11 可见，温度变化对于饱和砂土应力—应变关系的影响较小，故本章未考虑饱和砂土的热本构模型。

2.4 黏土强度与变形特性温度效应

2.4.1 试验方案

控制围压范围为 50~200 kPa，温度从 5℃ 变化到 25℃ 和 45℃，温度循环次数为 1 次、4 次、10 次，超固结比 (OCR) 为 1 和 4，对黏土进行固结不排水剪切试验 (CU)，研究温度对黏土强度与变形特性的影响，试验工况如表 2-6 所示。

表 2-6 试验工况

试验序号	加热和剪切方式	有效围压 p'/kPa	温度 T/℃	OCR	循环次数
1	CU	50、100、200	5	1	—
2	CU	50、100、200	25	1	—
3	CU	50、100、200	45	1	—
4	CU	50	5、25、45	4	—
5	CU	50	25、45	4	1
6	CU	50	45	4	4、10

试验应力路径如图 2-19 所示。A-Bn 代表加围压到指定围压值：A 点围压为 0 kPa，$B1$ 为 50 kPa，$B2$ 为 100 kPa，$B3$ 为 200 kPa；Bn-Bn' 代表在 5℃ 的环境温度下进行不排水剪切试验。以上过程代表 1 号试验组的应力路径。应力施加 A-Bn 后，进行升温 Bn-Cn，然后进行剪切 Cn-Cn'，代表 2 号试验组的应力路径。应力施加 A-Bn 后，进行升温 Bn-Dn，然后进行剪切 Dn-Dn'，代表 3 号试验组的应力路径。

先将试样加压到 200 kPa 然后卸载到 50 kPa(A-$B3$-$B1$)，使得试样 OCR = 4，然后升温到指定温度进行剪切：直接在 5℃ 的环境温度下不排水剪切 ($B1$-$B1'$)；升温到 25℃ 后不排水剪切 ($B1$-$C1$-$C1'$)；升温到 45℃ 后不排水剪切 ($B1$-$D1$-$D1'$)。以上代表 4 号试验组的应力路径。

先将试样加压到 200 kPa 然后卸载到 50 kPa(A-$B3$-$B1$)，使得试样 OCR = 4，然后升温到指定温度又降温到初始温度，进行剪切：$B1$-$C1$-$B1$-$B1'$(5℃-25℃-5℃)；$B1$-$D1$-$B1$-$B1'$(5℃-45℃-5℃)。以上代表 5 号试验组的应力路径。

先将试样加压到 200 kPa 然后卸载到 50 kPa(A-$B3$-$B1$)，使得试样 OCR = 4，然后升温到指定温度又降温到初始温度，进行 1 次、4 次、10 次温度循环后，进行剪切：温度循环 $B1$-$D1$-$B1$(5℃-45℃-5℃)。以上代表 6 号试验组的应力路径。

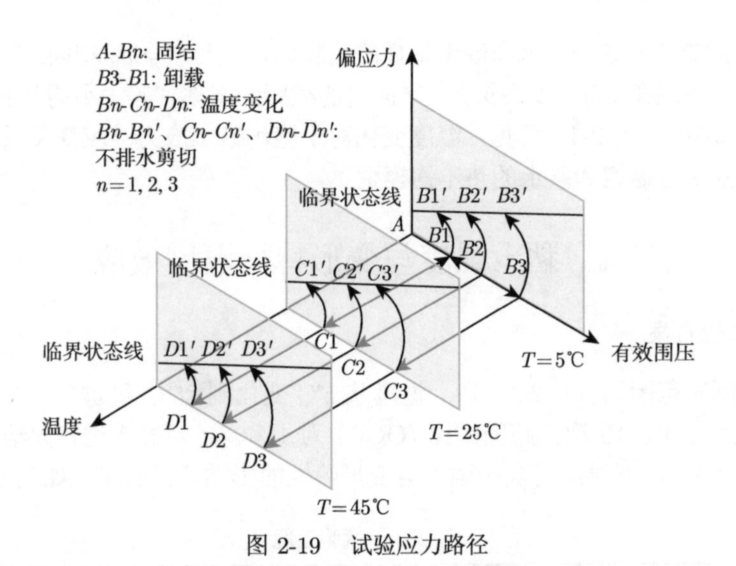

图 2-19　试验应力路径

2.4.2　正常固结黏土热致体积变化

正常固结的黏土升温过程中实测的体积热应变随时间的变化如图 2-20 所示。正的热应变代表体积缩小，往外排水，土的体积变小；负的热应变代表体积膨胀，土样吸水，土样体积变大。升温时测得试样为单一排水，黏土试样体积变小，温度稳定后，排水体积也趋于稳定。在相同的围压 100 kPa 下，不同的升温梯度对排水体积应变的变化如图 2-20(a) 所示，升温梯度越大，排水体积越大；对于不同的升温梯度，刚开始时排水体积随时间的变化曲线是重合的，且排水曲线的曲率

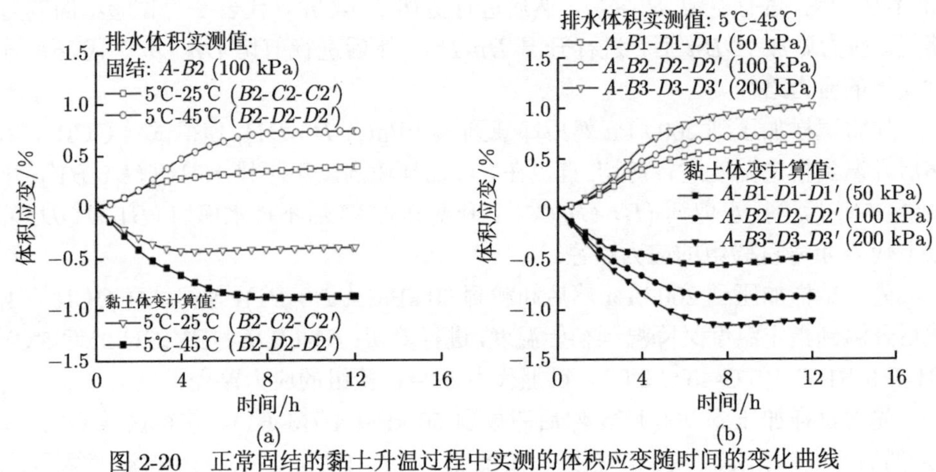

图 2-20　正常固结的黏土升温过程中实测的体积应变随时间的变化曲线

(a) 不同升温梯度；(b) 不同围压

较低，后随时间的增长排水曲线的曲率也增长，再到最后曲率趋于稳定。在不同的围压下，相同的升温梯度时，排水体积应变的变化如图 2-20(b) 所示，随着围压的增加，排水体积增加。图 2-20 中还显示了计算得到的黏土体积应变的变化。计算得到的试样体积变化为负值，表现为体积膨胀。随着温度梯度的增加，黏土的体积膨胀增加。随着围压增加，黏土的体积膨胀增加。

2.4.3 温度对正常固结黏土剪切过程的影响

根据表 2-6 的 1~3 号试验方案进行了正常固结黏土的温控三轴试验，得到试样在不同温度作用下的剪切应力变化如图 2-21 所示。由图 2-21(a) 可见，在同一围压下，抗剪强度随着温度的升高而升高，即黏土所处环境温度越高，不排水抗剪强度越大；在剪切的初始阶段，曲线斜率较大，后逐渐趋于平缓；黏土在整个剪切过程中没有明显的峰值应力，呈剪切硬化。在剪切之前，前期温度越高，黏土的孔隙比下降变化越大，孔隙比越小。其不排水强度提高的原因是在固结阶段，较高温度下黏土的排水体积较大，固结系数较大，在较高温度下试样的固结度更高。图 2-21(b) 显示，不排水抗剪强度随有效围压的增加而增加。有效围压越大，黏土在固结过程中排出的孔隙水越多，黏土固体颗粒间的接触越密切，试样破坏所需要的应力就越大。

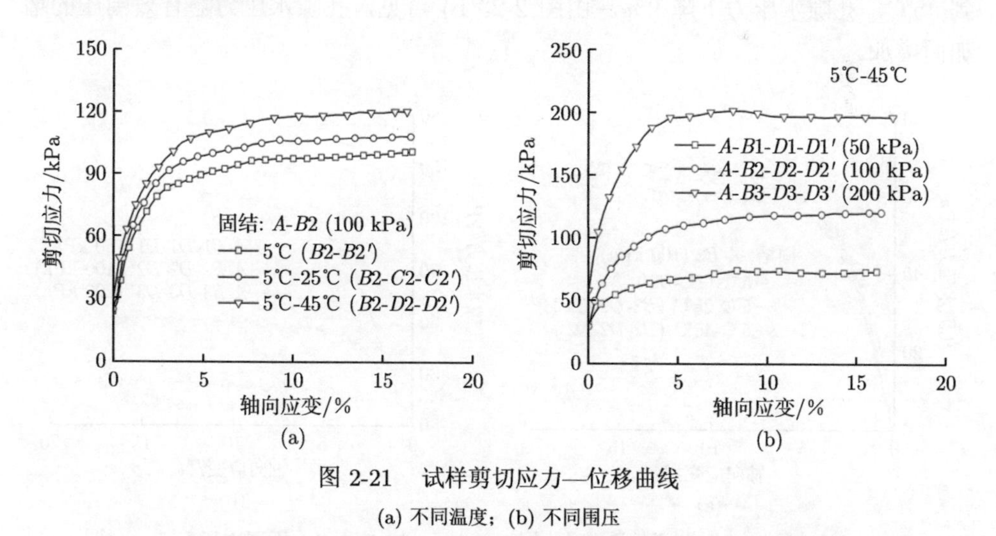

图 2-21 试样剪切应力—位移曲线

(a) 不同温度；(b) 不同围压

不同温度和不同围压下黏土的割线模量-轴向应变关系如图 2-22 所示。由图 2-22(a) 可见，不同温度的割线模量几乎重合，割线模量随着轴向应变的增加而降低，最后趋于一致，仅初始阶段有明显的区别。可知，在相同围压下，温度只影响黏土的初始割线模量。由图 2-22(b) 可见，割线模量随有效围压的增加而增加。

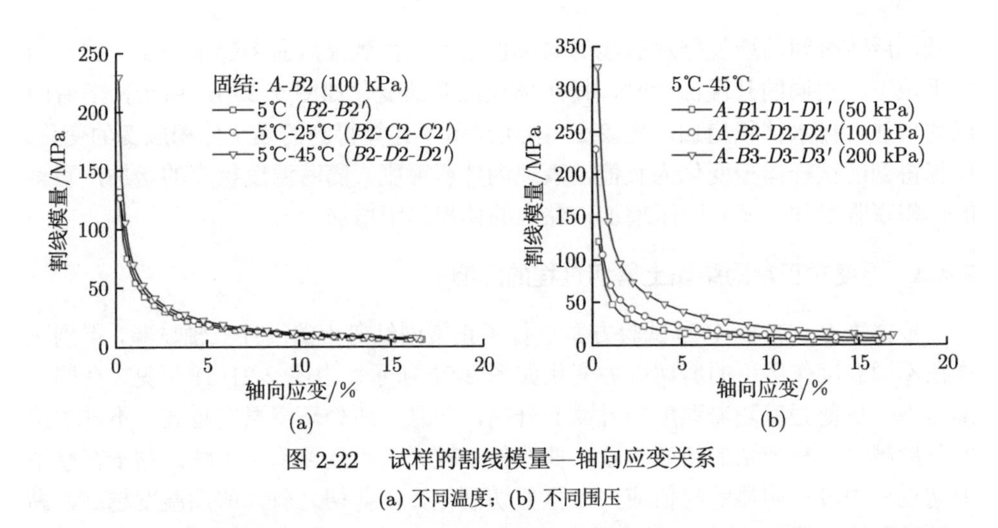

图 2-22　试样的割线模量—轴向应变关系

(a) 不同温度；(b) 不同围压

温度对不排水剪切过程中孔隙水压力变化的影响如图 2-23(a) 所示，超孔隙水压力不包括因轴向应力增加而引起的部分。孔隙水压力随着轴向应变的增加而增加，当轴向应变大于 8%时，孔隙水压力变化趋于平缓。孔隙水压力随着温度的升高而下降，但其影响并不明显，从 5℃ 到 25℃，孔隙水压力下降 4%；从 5℃ 到 45℃，孔隙水压力下降 9%。由图 2-23(b) 可见，孔隙水压力随有效围压的增加而增加。

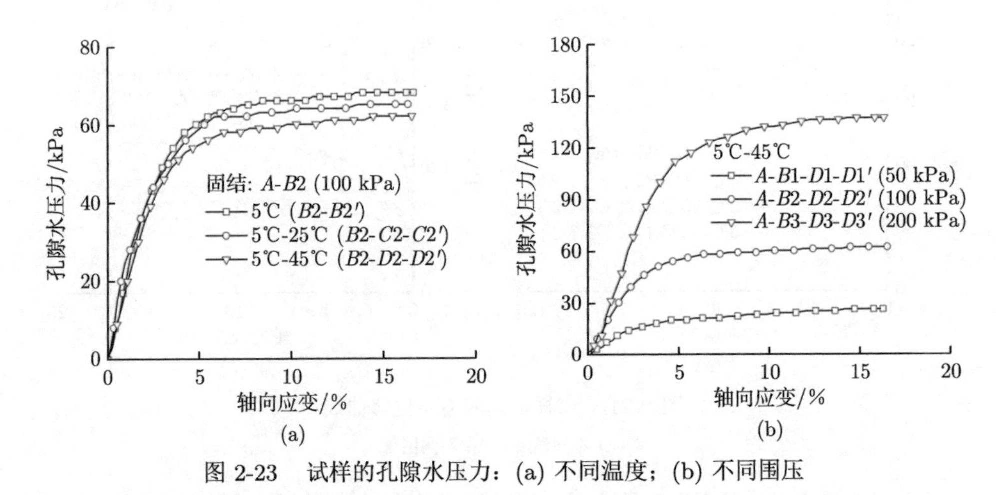

图 2-23　试样的孔隙水压力：(a) 不同温度；(b) 不同围压

不同温度的黏土抗剪强度与有效应力曲线如图 2-24 所示。图中拟合曲线的线性相关系数 R^2 均大于 0.99。在 5℃ 和 25℃ 时，黏聚力为 11 kPa；在 45℃ 时，黏聚力为 12 kPa。在不同的温度下，得到的黏聚力基本不变，说明温度对黏土的黏聚力影响小。而内摩擦角在 5℃、25℃ 和 45℃ 时分别为 15.24°、16.30° 和

17.09°，意味着升温过程改变了土体结构，且加热引起的变化是渐进的。当围压为 50 kPa 时，温度升高到 25℃，黏土抗剪强度提高了 6.2%；温度升高到 45℃，黏土抗剪强度提高了 15.7%。当围压为 100 kPa 时，温度升高到 25℃，黏土抗剪强度提高了 8.0%；温度升高到 45℃，黏土抗剪强度提高了 20.0%。当围压为 200 kPa 时，温度升高到 25℃，黏土抗剪强度提高了 14.4%；温度升高到 45℃，黏土抗剪强度提高了 20.6%。

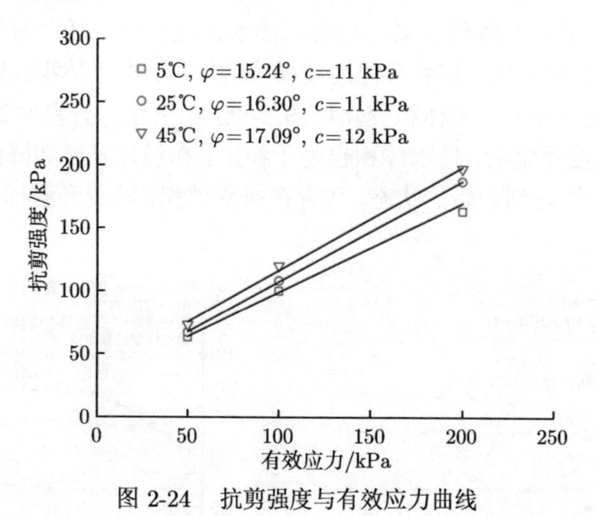

图 2-24 抗剪强度与有效应力曲线

三种温度下黏土的平均有效主应力—广义剪应力曲线如图 2-25 所示。图中拟合所得临界状态线 (critical state line，CSL) 的线性相关系数 R^2 均大于 0.99。黏土剪切时温度越高，临界状态线的斜率 M 值就越大。

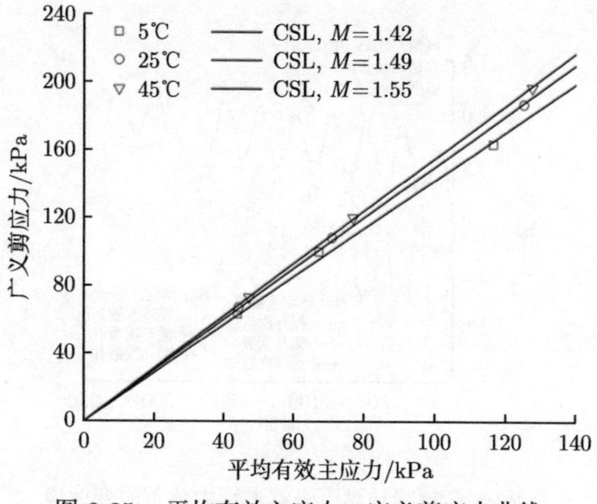

图 2-25 平均有效主应力—广义剪应力曲线

2.4.4　超固结黏土热致体积变化

超固结黏土在升温过程中体积应变变化如图 2-26(a) 所示；随着温度升高，试样的体积变化同正常固结状态一样，皆为排水。温度变化初始，排水体积不变，后随时间增加 (温度增加) 排水体积增大，最后排水体积稳定。随着升温温度梯度的升高，排水体积增加，超固结状态黏土的排水体积低于正常固结状态的排水体积。计算得到的黏土的体积变化，与实际排水情况相反，随着时间增加 (温度增加) 黏土发生了体积膨胀。随着升温温度梯度的增加，黏土体积膨胀增加。超固结黏土在单次温度循环中排水体积变化如图 2-26(b) 所示；升温时试样排水，降温时试样进水；温度稳定后，排水体积也趋于稳定。在经过升温和降温后，试样的排水体积没有完全恢复到初始的状态，还存在排水体积。随着升温梯度的增加，排水

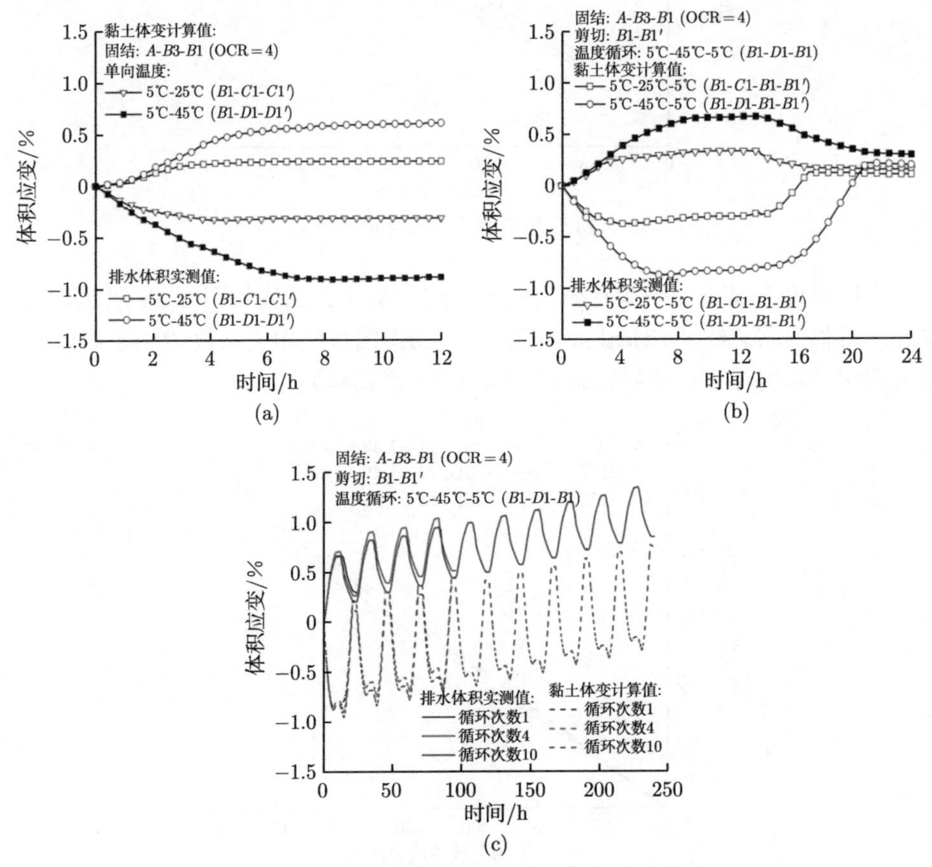

图 2-26　超固结黏土升温过程中体积应变曲线

(a) 单向温度；(b) 单次温度循环；(c) 多次温度循环

体积增加。计算得到的黏土体积变化在升温过程中发生体积膨胀，在降温过程中，发生体积收缩，经过 1 次温度循环后，试样体积表现为收缩状态。温度循环梯度越大，试样体积收缩越大。超固结黏土在温度循环中排水体积变化如图 2-26(c) 所示；试样的排水体积随温度的升高而增加，随温度的下降而下降。试样的累计排水体积随循环次数的增加而增加，呈现排水体积累积增加的趋势。1 次循环和 4 次循环的第 1 次循环、10 次循环的第 1 次循环结果趋势一致，数值上基本相同；同样，10 次循环的前 4 次循环和 4 次循环的结果曲线趋势一致，升温排水体积增加，降温吸水，排水体积数值上基本相同。计算得到的黏土的体积在升温过程中发生体积膨胀，在降温过程中，发生体积收缩，经过 1 次温度循环后，试样体积表现为收缩状态。随着温度循环次数的增加，试样体积收缩呈现增加趋势。

2.4.5 温度对超固结黏土剪切过程的影响

根据表 2-6 的 4~6 号试验方案进行了黏土超固结状态下的 CU 试验。在 5℃下分级加载围压到 200 kPa，进行固结。孔隙水压消散达 95%以上时，认为固结完成，卸压到 50 kPa，使得黏土处于 OCR = 4 的超固结状态。根据表 2-6 的 4~6 号工况设置，改变温度。

图 2-27 为超固结状态下施加不同温度作用后黏土的剪切应力与轴向应变之间的关系。单向温度变化作用下，温度为 5℃ 的剪切应力—应变曲线为应变软化，黏土温度升高到 25℃ 和 45℃ 后，应力—应变曲线为应变硬化。随着温度的升高，超固结黏土抗剪强度变小。对于超固结状态黏土，随着温度的升高，土体先期固结应力降低，抗剪强度变低。温度升高到 25℃，黏土抗剪强度降低了 1.9%；温度升高到 45℃，黏土抗剪强度降低了 3.9%。进行 1 次温度循环后，即黏土温度变化为 5℃-25℃-5℃，然后进行剪切，抗剪强度高于 5℃ 时的抗剪强度；改变循环温度为 5℃-45℃-5℃，抗剪强度进一步提高。1 次温度循环后，循环的温度越高，排水体积越多，黏土密度越大，抗剪强度越大。经过温度循环 5℃-25℃-5℃后，黏土抗剪强度比 5℃ 时提高了 7.0%；经过温度循环 5℃-45℃-5℃ 后，黏土抗剪强度比 5℃ 时提高了 11.9%。黏土经过多次温度循环 5℃-45℃-5℃ 后，发现循环次数越多，抗剪强度越高；随着温度循环次数的增加，黏土持续排水，固结程度继续增加，黏土的抗剪强度持续变大。1 次温度循环后抗剪强度比 0 次循环抗剪强度提高了 11.9%；4 次温度循环后抗剪强度比 0 次循环抗剪强度提高了 13.8%；10 次温度循环后抗剪强度比 0 次循环抗剪强度提高了 17.8%。温度循环次数低时，剪切曲线为应变硬化；当温度循环次数为 10 时，剪切曲线为应变软化。

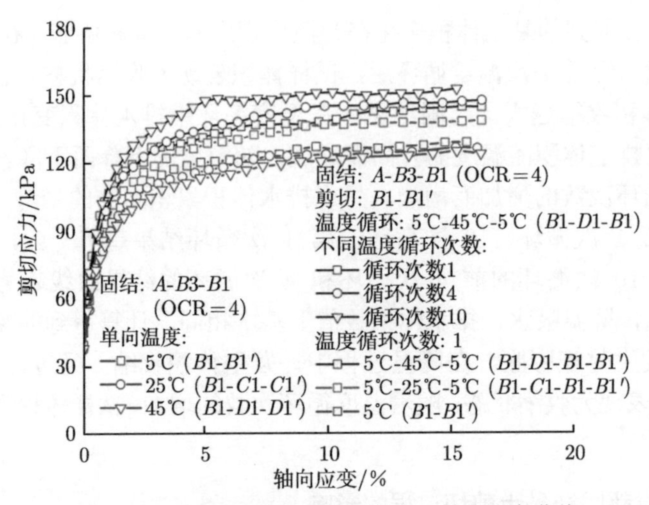

图 2-27　超固结状态下剪切应力—轴向应变曲线

图 2-28 为超固结状态、不同温度循环作用下黏土的割线模量与轴向应变之间的关系，所有的割线模量曲线几乎重合，轴向模量随着轴向应变增加而趋近于 0 kPa，温度变化影响初始割线模量。孔隙水压力在剪切过程中的变化如图 2-29 所示。单向温度作用下，温度越高，孔隙水压力越小。1 次温度循环作用后，再经历高温循环，孔隙水压力变化较小。多次温度循环后对剪切过程中孔隙水压力的影响不大。

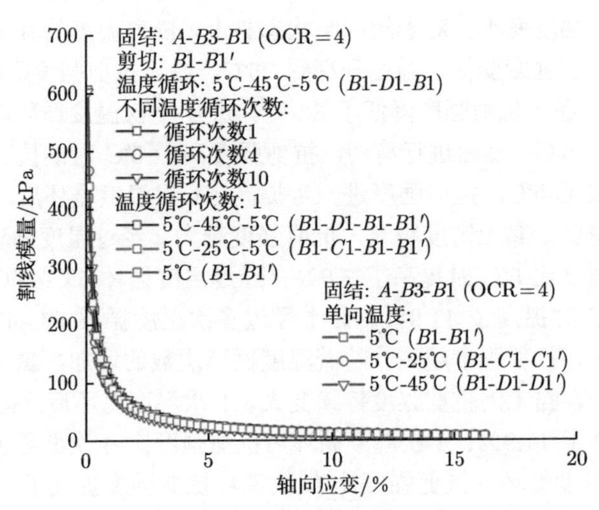

图 2-28　超固结状态下剪切过程中割线模量变化曲线

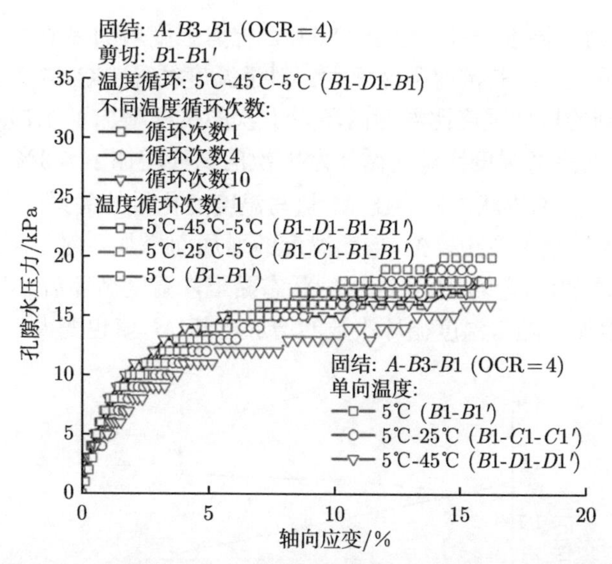

图 2-29　超固结状态下试样剪切过程中孔隙水压力变化曲线

2.4.6　温度梯度对黏土强度和刚度的影响

图 2-30 总结了不同的温度作用下剪切应力与温度变化量的关系 (以室温 25℃ 为基准)。正常固结黏土试样在不同温度下加热后剪切，其剪应力随温度升高而增加。对于超固结状态的黏土，温度升高后，造成了抗剪强度的下降，25℃ 时的抗剪强度相比 5℃ 时的抗剪强度下降 1.9%，45℃ 时的抗剪强度相比 5℃ 时的抗剪强度下降 3.2%。在温度升高后再将温度缓慢降低到初始温度，超固结黏土抗剪强度随循环温度梯度的升高而增大。对于温度循环 5℃-25℃-5℃，抗剪强度增加幅

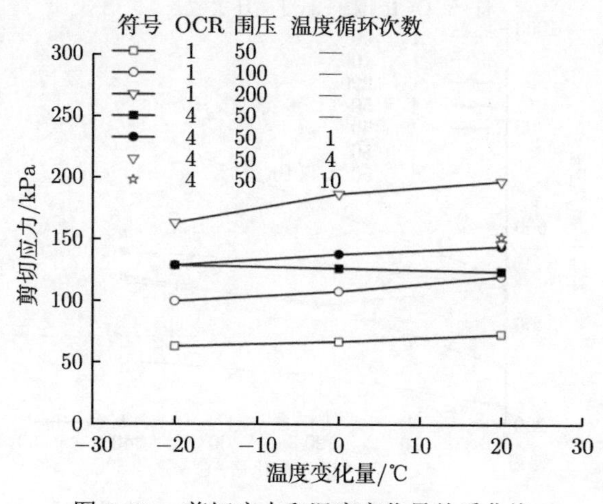

图 2-30　剪切应力和温度变化量关系曲线

值为 1.3%，而对于温度循环 5℃-45℃-5℃，抗剪强度增加幅值为 5.1%。黏土在进行多次温度循环后，其抗剪强度增大。对于温度循环 5℃-45℃-5℃，温度循环次数为 4 次得到的抗剪强度比温度循环为 1 次的试样增加了 1.7%；温度循环次数为 10 次得到的抗剪强度比温度循环为 1 次的试样增加了 5.3%。

图 2-31 所示为临界状态应力比 M 值与温度变化量的关系。在单向温度变化时，对于正常固结状态黏土，M 值随温度的增加而增加；对于超固结状态黏土，M 值随温度的增加而减少。对于超固结状态黏土，温度循环后，其 M 值随循环温度的增加而增加；随着温度循环次数的增加，其 M 值也变大。

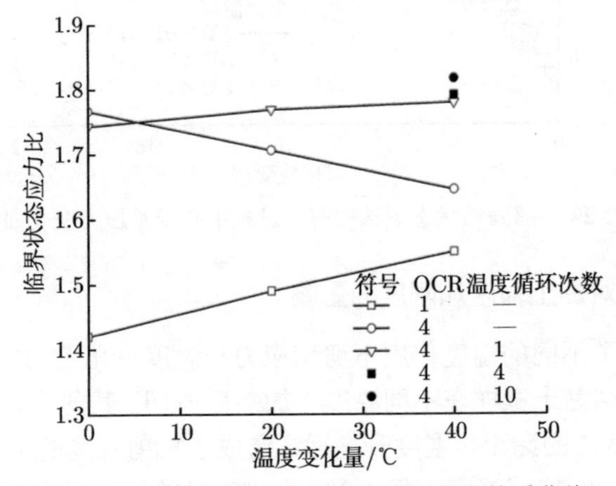

图 2-31　临界状态应力比和温度变化量关系曲线

图 2-32 显示了 0.1%的应变所对应的割线模量 (初始割线模量) 与温度变化

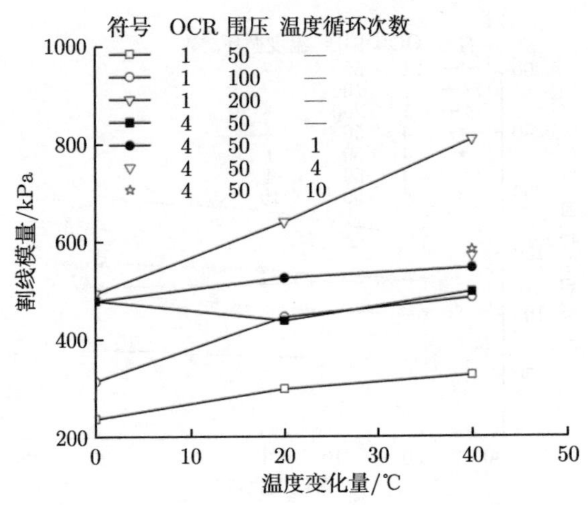

图 2-32　初始割线模量和温度变化量关系曲线

量的关系。对于正常固结黏土，初始割线模量随温度的升高而升高；对于超固结黏土，初始割线模量随温度的升高而降低。对于超固结状态黏土，1 次温度循环后，其初始割线模量随循环温度的增加而增加，增加幅度较小；随温度循环次数的增加，初始割线模量增加。

2.4.7 考虑温度影响的非关联弹塑性饱和黏土本构模型

1. 模型建立

1) 模型的提出

本章建立考虑温度影响的非关联弹塑性饱和黏土本构模型。由图 2-33 可知，正常固结饱和黏土首先在应力作用下进行力学固结，土体发生体积压缩现象 (A-B)；然后，应力保持不变，在排水条件下进行加热，土体发生热固结现象 (B-C)；最后，温度保持不变，在排水条件下进行剪切试验。在整个固结试验过程中 (A-B-C)，应力和温度都将引起土体发生屈服，从而产生弹塑性变形。目前已有的热力学模型，主要是在力学固结 (A-B) 和热固结 (B-C) 阶段提出不同的屈服函数，然后在临界状态理论框架内，建立新的考虑温度影响的本构模型，求解过程通常较为复杂 [67]。由图 2-33 可见，虽然力学固结和热固结的作用机理不同，但热固结 (B-C) 阶段和常温时的力学固结 (B-D) 阶段的变形相同。因此，在常规温控三轴试验中，土体的热力学固结 (A-B-C) 过程可以等效为纯力学固结 (A-B-D) 过程。

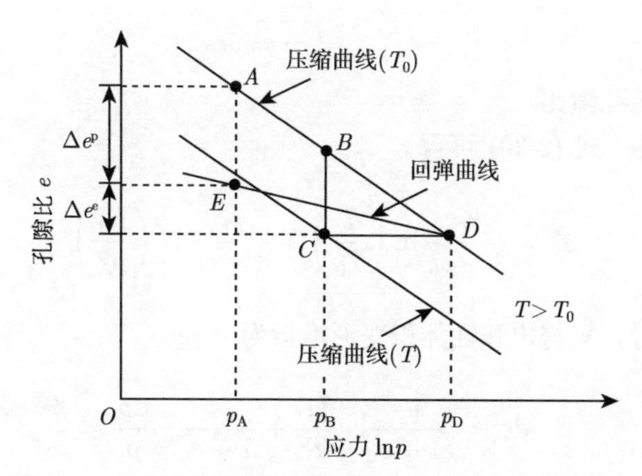

图 2-33 不同温度作用下饱和黏土压缩曲线和回弹曲线

2) 弹性变形

纯力学固结 (A-B-D) 阶段的弹性变形可用式 (2-28) 表示：

$$
\begin{aligned}
\Delta e^{\mathrm{e}} &= \kappa \ln\left(\frac{p_{\mathrm{D}}}{p_{\mathrm{A}}}\right) \\
&= \kappa \ln\left(\frac{p_{\mathrm{D}}}{p_{\mathrm{B}}} \cdot \frac{p_{\mathrm{B}}}{p_{\mathrm{A}}}\right) \\
&= \kappa \ln\left(\frac{p_{\mathrm{D}}}{p_{\mathrm{B}}}\right) + \kappa \ln\left(\frac{p_{\mathrm{B}}}{p_{\mathrm{A}}}\right)
\end{aligned}
\tag{2-28}
$$

式中，Δe^{e} 为弹性阶段的孔隙比变化量；κ 为回弹曲线 (DE) 的斜率，大小与温度无关；p_{A} 为初始应力；p_{B} 为力学固结结束时的应力；p_{D} 为等效应力，其对应的体积应变 (或孔隙比) 与热固结结束时的值相同。

对于应力 p_{B} 和 p_{D} 的关系，可认为先期固结应力与温度之间呈指数关系，即

$$
\frac{p_{\mathrm{D}}}{p_{\mathrm{B}}} = \frac{p_{\mathrm{c}T}}{p_{\mathrm{c}T_0}} = \left(\frac{T}{T_0}\right)^{\theta} \tag{2-29}
$$

式中，$p_{\mathrm{c}T}$ 和 $p_{\mathrm{c}T_0}$ 分别为目标温度和初始温度作用下的先期固结应力；T 为目标温度，即土体经历加热或温度循环后所达到的温度，主要在 5~90℃；T_0 为初始温度，即归一化处理目标温度 T 的一个参考温度，为一组常规温控三轴试验中几个目标温度的最小温度值，通常取试验时的室内温度；θ 为材料参数，可通过常规温控三轴试验求得。

弹性体积变形:

$$
\varepsilon_{\mathrm{v}}^{\mathrm{e}} = \frac{\Delta e^{\mathrm{e}}}{1+e_0} \tag{2-30}
$$

式中，e_0 为初始孔隙比。

由式 (2-28)~ 式 (2-30) 可得

$$
\varepsilon_{\mathrm{v}}^{\mathrm{e}} = \frac{\theta\kappa}{1+e_0} \ln\left(\frac{T}{T_0}\right) + \frac{\kappa}{1+e_0} \ln\left(\frac{p_{\mathrm{B}}}{p_{\mathrm{A}}}\right) \tag{2-31}
$$

对式 (2-31) 求导，可得出弹性体积变形增量为

$$
\mathrm{d}\varepsilon_{\mathrm{v}}^{\mathrm{e}} = \frac{\theta\kappa}{1+e_0} \cdot \frac{\mathrm{d}T}{T} + \frac{\kappa}{1+e_0} \cdot \frac{\mathrm{d}p}{p} \tag{2-32}
$$

式中，p 为有效应力；$\mathrm{d}p$ 为有效应力增量；$\mathrm{d}T$ 为温度增量。

弹性剪切变形增量为 [68]

$$
\mathrm{d}\varepsilon_{\mathrm{s}}^{\mathrm{e}} = \frac{\mathrm{d}q}{3G} \tag{2-33}
$$

$$G=\frac{3\left(1-2\nu\right)}{2\left(1+\nu\right)}\cdot\frac{\left(1+e_0\right)p}{\kappa} \tag{2-34}$$

式中，$\mathrm{d}q$ 为偏应力增量；G 为剪切模量，可由泊松比和体积模量求得；ν 为泊松比，取 0.3，且大小与温度无关。

3) 塑性变形

纯力学固结 (A-B-D) 阶段的塑性变形可用式 (2-35) 表示：

$$\Delta e^{\mathrm{p}}=\left(\lambda-\kappa\right)\ln\left(\frac{p_{\mathrm{D}}}{p_{\mathrm{A}}}\right) \tag{2-35}$$

将式 (2-29) 代入式 (2-35) 可得

$$\begin{aligned}\Delta e^{\mathrm{p}}&=\left(\lambda-\kappa\right)\left[\ln p_{\mathrm{B}}+\theta\ln\left(\frac{T}{T_0}\right)-\ln p_{\mathrm{A}}\right]\\&=\left(\lambda-\kappa\right)\left[\ln\left(\frac{p_{\mathrm{B}}}{p_{\mathrm{A}}}\right)+\theta\ln\left(\frac{T}{T_0}\right)\right]\end{aligned} \tag{2-36}$$

塑性体积变形为

$$\varepsilon_{\mathrm{v}}^{\mathrm{p}}=\frac{\lambda-\kappa}{1+e_0}\left[\ln\left(\frac{p_{\mathrm{B}}}{p_{\mathrm{A}}}\right)+\theta\ln\left(\frac{T}{T_0}\right)\right] \tag{2-37}$$

由式 (2-37) 可得应力 p_{B} 满足式 (2-38)：

$$\ln p_{\mathrm{B}}=\ln p_{\mathrm{A}}+\frac{1+e_0}{\lambda-\kappa}\varepsilon_{\mathrm{v}}^{\mathrm{p}}-\theta\ln\left(\frac{T}{T_0}\right) \tag{2-38}$$

根据传统的临界状态理论可知，屈服函数可由式 (2-39) 表示：

$$f=q^2+M^2p^2-Cp=0 \tag{2-39}$$

式中，f 为屈服函数；q 为偏应力；M 为临界状态应力比；C 为材料参数。

当土样处于固结阶段 (力学固结或热固结)，偏应力 q 为 0，有效应力 $p=p_{\mathrm{B}}$ 时，材料参数 C 可表示为

$$C=M^2p_{\mathrm{B}} \tag{2-40}$$

将式 (2-40) 代入式 (2-39) 可得

$$\begin{aligned}&f=q^2+M^2p^2-M^2p_{\mathrm{B}}p=0\\&\Rightarrow\frac{q^2}{M^2p^2}+1-\frac{p_{\mathrm{B}}}{p}=0\\&\Rightarrow\ln p_{\mathrm{B}}-\ln p=\ln\left(1+\frac{q^2}{M^2p^2}\right)\end{aligned} \tag{2-41}$$

假设：

$$c_{\mathrm{p}}=\frac{\lambda-\kappa}{1+e_0} \tag{2-42}$$

结合式 (2-38) 和式 (2-41)，可知屈服函数为

$$f=c_{\mathrm{p}}\ln\left(1+\frac{q^2}{M^2p^2}\right)+c_{\mathrm{p}}\ln\left(\frac{p}{p_{\mathrm{A}}}\right)-\varepsilon_{\mathrm{v}}^{\mathrm{p}}+c_{\mathrm{p}}\cdot\theta\cdot\ln\left(\frac{T}{T_0}\right) \tag{2-43}$$

对式 (2-43) 求导，可得

$$\mathrm{d}f=\frac{\partial f}{\partial p}\mathrm{d}p+\frac{\partial f}{\partial q}\mathrm{d}q+\frac{\partial f}{\partial \varepsilon_{\mathrm{v}}^{\mathrm{p}}}\mathrm{d}\varepsilon_{\mathrm{v}}^{\mathrm{p}}+\frac{\partial f}{\partial T}\mathrm{d}T=0 \tag{2-44}$$

其中，

$$\frac{\partial f}{\partial p}=c_{\mathrm{p}}\cdot\frac{1}{p}\cdot\left(\frac{M^2p^2-q^2}{M^2p^2+q^2}\right) \tag{2-45}$$

$$\frac{\partial f}{\partial q}=c_{\mathrm{p}}\cdot\left(\frac{2q}{M^2p^2+q^2}\right) \tag{2-46}$$

$$\frac{\partial f}{\partial \varepsilon_{\mathrm{v}}^{\mathrm{p}}}=-1 \tag{2-47}$$

$$\frac{\partial f}{\partial T}=c_{\mathrm{p}}\cdot\frac{\theta}{T} \tag{2-48}$$

由式 (2-43)～ 式 (2-48) 得出塑性体积应变增量表达式为

$$\mathrm{d}\varepsilon_{\mathrm{v}}^{\mathrm{p}}=c_{\mathrm{p}}\cdot\frac{1}{p}\cdot\left(\frac{M^2p^2-q^2}{M^2p^2+q^2}\right)\mathrm{d}p+c_{\mathrm{p}}\cdot\left(\frac{2q}{M^2p^2+q^2}\right)\mathrm{d}q+c_{\mathrm{p}}\cdot\frac{\theta}{T}\mathrm{d}T \tag{2-49}$$

采用非关联流动法则，即塑性势函数和屈服函数不同，但两函数之间存在式 (2-50) 所示关系：

$$g\left(p,q,\varepsilon_{\mathrm{v}}^{\mathrm{p}},T\right)=H_{\mathrm{a}}\cdot f\left(p,q,\varepsilon_{\mathrm{v}}^{\mathrm{p}},T\right) \tag{2-50}$$

式中，g 为塑性势函数；H_{a} 为比例因子。

塑性体积变形和塑性剪切变形之间的关系式为

$$\frac{\mathrm{d}\varepsilon_{\mathrm{v}}^{\mathrm{p}}}{\mathrm{d}\varepsilon_{\mathrm{s}}^{\mathrm{p}}}=\frac{\partial g/\partial p}{\partial g/\partial q}=H_{\mathrm{a}}\cdot\frac{\partial f/\partial p}{\partial f/\partial q}=H_{\mathrm{a}}\cdot\frac{M^2-\eta^2}{2\eta} \tag{2-51}$$

$$\eta = \frac{q}{p} \tag{2-52}$$

因此，塑性剪切变形为

$$\begin{aligned} \mathrm{d}\varepsilon_{\mathrm{s}}^{\mathrm{p}} = \frac{2\eta}{H_{\mathrm{a}} \cdot (M^2 - \eta^2)} \cdot \Bigg[c_{\mathrm{p}} \cdot \frac{1}{p} \cdot \left(\frac{M^2p^2 - q^2}{M^2p^2 + q^2} \right) \mathrm{d}p \\ + c_{\mathrm{p}} \cdot \left(\frac{2q}{M^2p^2 + q^2} \right) \mathrm{d}q + c_{\mathrm{p}} \cdot \frac{\theta}{T} \mathrm{d}T \Bigg] \end{aligned} \tag{2-53}$$

4) 总变形为 [68]

$$\mathrm{d}\varepsilon_{\mathrm{v}} = \mathrm{d}\varepsilon_{\mathrm{v}}^{\mathrm{e}} + \mathrm{d}\varepsilon_{\mathrm{v}}^{\mathrm{p}} \tag{2-54}$$

$$\mathrm{d}\varepsilon_{\mathrm{s}} = \mathrm{d}\varepsilon_{\mathrm{s}}^{\mathrm{e}} + \mathrm{d}\varepsilon_{\mathrm{s}}^{\mathrm{p}} \tag{2-55}$$

2. 模型参数分析

在考虑温度影响的非关联弹塑性本构模型中，有 λ、κ、ν、θ、M 和 H_{a} 共 6 个参数，这些参数都可以根据常规温控三轴试验数据得到。

1) 参数 λ、κ

在常规温控三轴试验中，参数 λ 和 κ 分别为饱和黏土在不同温度作用下的压缩曲线和回弹曲线的斜率。不同温度作用下，黏土的压缩曲线和回弹曲线相互平行，其斜率不随温度变化。

2) 指数 θ

由式 (2-29) 可知，指数 θ 与不同温度作用下的先期固结应力有关。对于先期固结应力的求解，采用 Abuel-Naga 等 [69] 的方法，具体求解过程如图 2-34 所示。首先，将温度 T_0(常温) 状态下土体压缩曲线中的拐点 (直线段的起点) 作为常温状态下的先期固结应力 $p_{\mathrm{c}T_0}$；然后，将回弹曲线平移至该拐点，并将温度 T 作用下的压缩曲线直线段延长，延长段与回弹曲线的交点作为加热后的先期固结应力 $p_{\mathrm{c}T}$。通过此方法可求出不同温度作用下的先期固结应力。最后，利用式 (2-56) 将求得的先期固结应力比和温度比在双对数坐标系中进行线性拟合，斜率即为参数 θ[68]

$$\ln\left(\frac{p_{\mathrm{c}T}}{p_{\mathrm{c}T_0}}\right) = \theta \ln\left(\frac{T}{T_0}\right) \tag{2-56}$$

由图 2-34 可见，随着温度的增加，先期固结应力逐渐减少；因此，式 (2-43) 表示的屈服函数在三维空间中的变化趋势如图 2-35 所示。

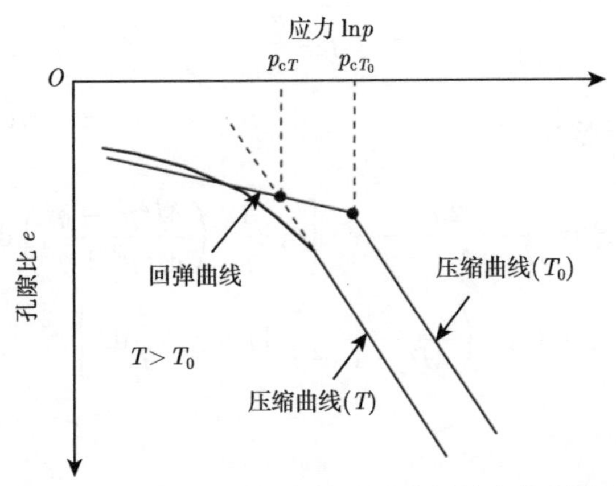

图 2-34　不同温度作用下饱和黏土的先期固结应力求解示意图

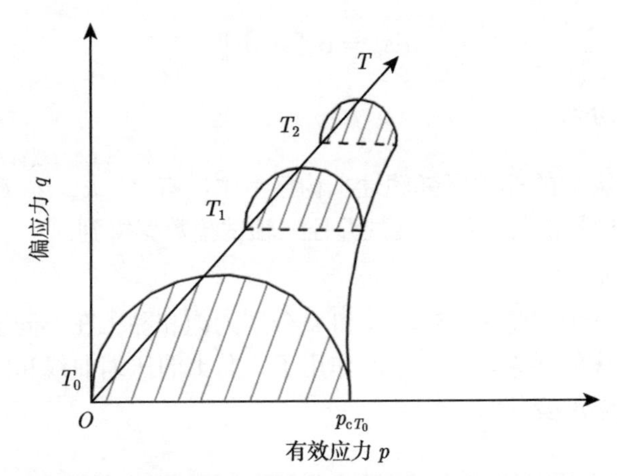

图 2-35　不同温度作用下饱和黏土的屈服固结应力函数示意图

3) 临界状态应力比 M

在常规三轴试验中，当轴向应变继续增加，偏应力和体变不发生变化，即增量为 0 时，土体在应力的作用下达到临界状态。根据临界状态理论，可求出不同应力和温度作用下，土体达到临界状态时的有效应力 p_{cs} 和偏应力 q_{cs}，然后将一系列 p_{cs}、q_{cs} 在 p-q 平面内进行线性拟合，该直线的斜率便为临界状态应力比 M(图 2-36)。

4) 比例因子 H_{a}

首先假定比例因子 H_{a} 为 1，此时塑性势函数和屈服函数相同，对试验数据进行模拟，并将试验值、模拟值进行对比分析。若 $H_{\mathrm{a}}=1$，计算得到的模拟值小于试验值，则逐渐增大 $H_{\mathrm{a}}(H_{\mathrm{a}}>1)$，重新计算模拟值，并与试验值进行比较，直至模拟值和试验值较为接近，且相对误差小于 0.5%。若 $H_{\mathrm{a}}=1$，求得的模拟值大于试验值，则逐渐减少 $H_{\mathrm{a}}(H_{\mathrm{a}}<1)$，试算方法与 $H_{\mathrm{a}}<1$ 类似。

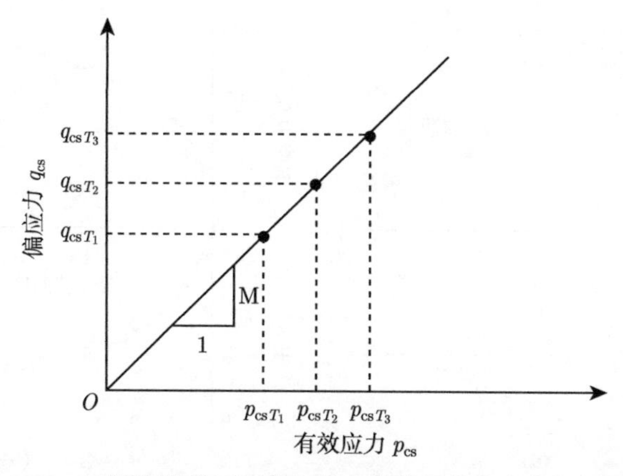

图 2-36 不同温度作用下饱和黏土的临界状态应力比示意图

3. 模型验证

为了验证模型的有效性，对一组高岭土 [9] 和 Bourke 粉质黏土 [70] 的温控三轴排水剪切试验结果进行模拟，并分别与 Yao 等 [71] 和 Hamidi 等 [72] 提出的弹塑性本构模型进行对比分析。试验材料的基本物理性质指标如表 2-7 所示。高岭土正常固结状态下的有效应力为 600 kPa，温度分别为 22℃ 和 90℃，Bourke 粉质黏土正常固结状态下的有效应力为 150 kPa，温度分别为 25℃、40℃ 和 60℃，试验得到的应力—应变曲线如图 2-37 和图 2-38 所示。

表 2-7 黏土的基本物理性质指标 [68]

名称	含水率/%	比重	液限/%	塑限/%	塑性指数/%
高岭土	53.44	—	70.0	29.0	41
Bourke 粉质黏土	12.50	2.65	20.5	14.5	6

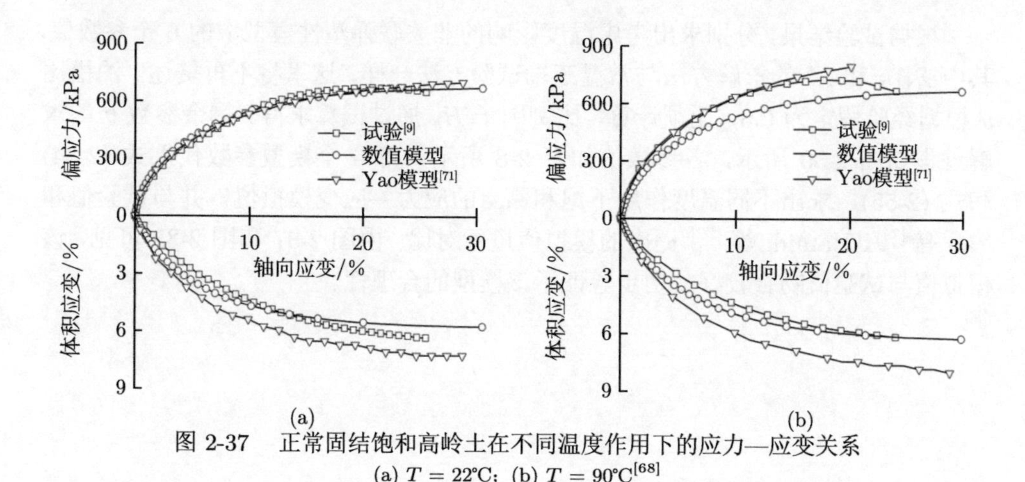

图 2-37 正常固结饱和高岭土在不同温度作用下的应力—应变关系

(a) $T = 22$℃；(b) $T = 90$℃[68]

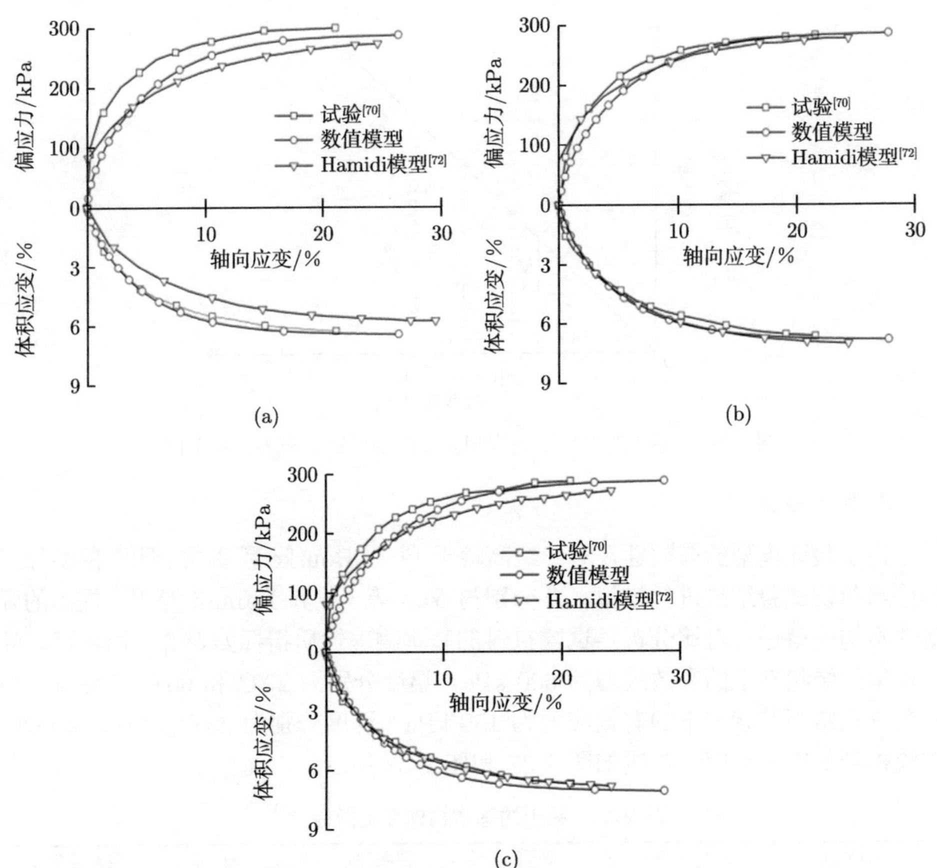

图 2-38　正常固结饱和 Bourke 粉质黏土在不同温度作用下的应力—应变关系

(a) T = 25℃; (b) T = 40℃; (c) T = 60℃[68]

根据试验结果，分别求出考虑温度影响的非关联弹塑性模型中的 6 个参数值，其中 λ、κ 和 M 的求解方法与常温三轴试验方法一样，这里将不再赘述。泊松比 ν 根据经验假定为 0.3，无须计算，比例因子 H_{a} 通过试算求得。剩余参数 θ 的求解过程如图 2-39 所示，各参数值如表 2-8 所示。将 6 个模型参数代入式 (2-54) 和式 (2-55)，求出不同温度作用下饱和黏土的应力—应变模拟值，并与试验值和 Yao 等 [71]、Hamidi 等 [72] 提出的模拟值进行对比。由图 2-37 和图 2-38 可见，该模拟值与试验值吻合较好，初步验证了该模型的合理性。

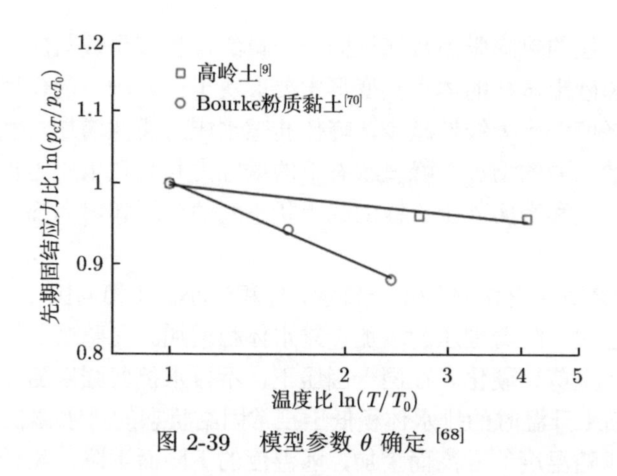

图 2-39 模型参数 θ 确定 [68]

表 2-8 饱和黏土的模型参数 [68]

模型参数	高岭土	Bourke 粉质黏土
λ	0.102	0.090
κ	0.020	0.006
ν	0.30	0.30
θ	0.034	0.142
M	0.82	1.17
H_a	1.30	1.50

考虑温度影响的土体本构模型能够反映能量桩实际运行中桩周土体的强度与变形情况，Ng 等 [67] 提出了一个先进的热力耦合边界面软黏土本构模型，该模型被二次开发到有限元代码中，用于研究 2×2 规模的摩擦型能量群桩和桩筏中的热—水—力 (THM) 耦合作用，重点关注非对称热循环造成的群桩效应，Ng 等 [67] 首次发现并用理论证明了能量桩附近土体的不可逆收缩体应变会随着每次热循环而累积，并导致水平应力下降，从而进一步造成摩擦型能量桩的侧摩阻力下降。在热循环过程中，能量桩身周围土体和桩端下方土体的应力状态沿不同路径接近临界状态线。

2.5 本章小结

本章针对不同有效应力和温度作用下的饱和密实砂土、不同温度和围压作用下的正常固结和超固结黏土开展温控三轴不排水剪切试验，建立了考虑温度影响的非关联弹塑性饱和黏土本构模型，可以得出如下几点结论：

(1) 密实状态下的饱和砂土试样的轴向和体积热变形均为负值，且随着温度的增加而线性增加，随着有效应力的增加而无明显的变化。整个砂土试样的热膨胀系数与土体颗粒的热膨胀系数属于同一个量级，且该系数与应力水平无关。密实状态下的饱和砂土试样的体积热变形主要取决于土体颗粒的作用。此外，随着温度的增加，峰值偏应力线性减少，峰值孔隙水压力线性增加，割线模量无明显变化，随着有效应力的增加，峰值状态下的偏应力和孔隙水压力也随之增加。随着温度的增加，饱和密实砂土试样的临界状态线的截距和斜率都不变，临界状态线是唯一的。

(2) 正常固结黏土升温时为单一排水，体积变小。在相同围压下，升温梯度越大，排水体积越大。随着围压的增加，排水体积增加。在整个剪切过程中没有明显的峰值应力，呈剪切硬化。在同一围压下，不排水抗剪强度随着温度的升高而升高；超固结黏土升温时的排水体积低于正常固结状态的排水体积。温度循环中，试样的排水体积随温度的升高而增加，随温度的下降而下降，累计排水体积随循环次数的增加而增加。随着温度的升高，不排水抗剪强度变小。进行 1 次温度循环后不排水抗剪强度提高，温度循环次数越多，不排水抗剪强度越高。温度循环梯度越大，不排水抗剪强度越高。

(3) 从不同温度作用下的压缩曲线和回弹曲线出发，利用等效的力学固结代替热固结，将常规温控三轴试验过程中复杂的热力学特性转化为纯力学特性，然后结合传统的临界状态理论，运用非关联流动法则，提出考虑温度影响，适用于正常固结饱和黏土的非关联弹塑性本构模型。模型包含 6 个独立参数，各参数的物理意义明确，且可由常规的温控三轴试验确定。

第 3 章　能量桩—土界面热力学特性

3.1　概　述

能量桩应用过程中，传热液体循环流动使得桩—土界面受到温度变化作用，引起能量桩桩体膨胀或者收缩，周围土体在温度作用下也会产生热固结，导致桩—土界面上的力学特性发生变化，从而影响桩基承载性能。本章基于应变控制式三轴试验装置，研制可以测量桩—土界面力学特性的温控界面仪；研究单向温度和循环温度作用下能量桩—砂土界面与能量桩—黏土界面的力学特性变化规律；以桩—砂土界面为例，建立考虑循环温度作用的桩—土界面温度与桩顶位移关系式，并通过试验结果加以验证。

3.2　能量桩—土温控界面仪的研制与验证

3.2.1　仪器研制

1. *研发思路*

桩—土界面力学特性温度效应的土工测试仪器，大多都是基于传统直剪仪增设温控系统实现。此类的温控直剪装置，具有操作简单、易于实现等优点，但是仍存在几点不足：

(1) 只考虑了单一温度控制情况，对桩体、土体无法独立控温，即无法控制土体的温度边界条件。

(2) 直剪仪具有一些固有缺陷，影响温控条件下桩—土界面力学特性实测精度，例如边界效应对试验结果的影响等。

(3) 直剪仪可以考虑的热力学应力路径较为有限，主要为剪切强度相关的参数变化，难以深入研究某一种剪切应力状态下的温度效应。

(4) 尚未有针对温控条件下桩—土界面测试中，土体孔隙水压力、土体体积变形等参数指标的定量测定。

针对上述情况，基于南京土壤仪器厂有限公司的饱和土体三轴试验装置，搭建桩—土界面构件、增设控温系统，研制能量桩—土温控界面仪。基本思路如下：

(1) 通过改变三轴压力室土样底座和顶盖的结构，在土样内部设置桩体，形成桩—土界面，作为测试对象。

(2) 桩体内部开设 U 型通道，与温度控制装置相连，控制桩体温度。

(3) 土体试样外部设置双层有机玻璃密封罩，密封罩内侧安装螺旋形传热铜管，与温度控制装置连接，实现土体边界温度控制。

2. 仪器构造

改造后的能量桩—土温控界面仪主要包括以下部分 (图 3-1)：能量桩—土温控界面仪试验机、量测控制仪、温度控制系统、控制与采集系统等。能量桩—土温控界面仪核心的部分是对传统三轴压力室内部的改造，试验机基座主要作用为推动压力室上下运动，内置抬升装置，可以控制运动速率，与传统应变控制式三轴仪无明显差别。改造后的压力室实物图与结构示意图分别如图 3-1(b) 和 (c) 所示。

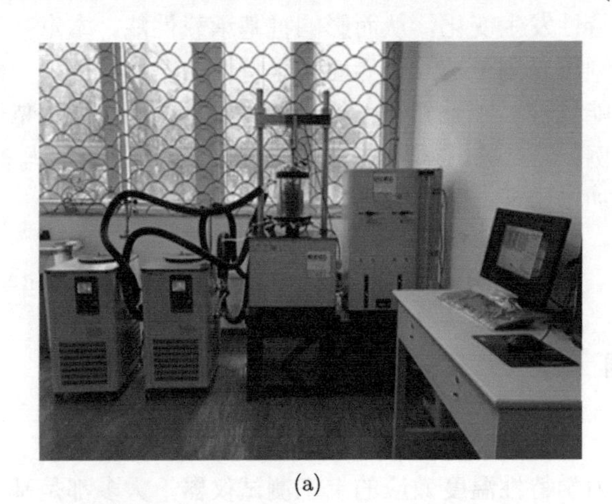

(a)

(b)

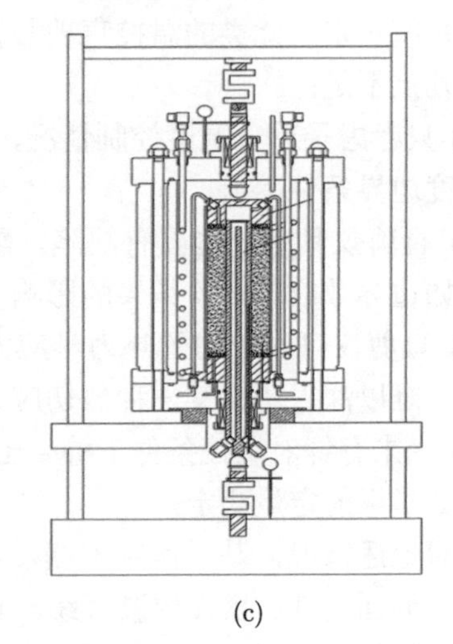

(c)

图 3-1　能量桩—土温控界面仪

(a) 设备整体实物图；(b) 压力室实物图；(c) 压力室结构示意图 [73]

与传统饱和土体应变控制式三轴试验仪相比，温控桩—土界面三轴试验系统，在构造上进行了以下几个方面的改进：

(1) 压力室内部搭建了桩—土界面构件。土样塑料底座中心位置和顶盖位置，均设有同一直径的圆柱形开孔，作为桩体预留位置；桩体穿过顶盖以及空心圆柱形土样，与土样一起形成桩—土界面，桩体可在一定范围内上下移动。

(2) 桩体内部设有 U 型通道，通道两端为桩体控温进/出液口，通过 (聚氯乙烯)(PVC) 管分别连接到压力室底板，并与外部控温装置连接，底板内部预先设置了通道以供换热液体通过。如此，可利用外部的控温装置调节桩体的温度。

(3) 压力室外侧设有双层有机玻璃密封罩，利用密封罩中间的空气夹层起到“保温”作用；密封罩内侧壁附近安装有螺旋铜管，螺旋铜管覆盖压力室整个腔体，铜管两端通过压力室顶板与外部控温装置连接，形成压力室传热系统，可控制土样的边界温度。从内部采用管道传热对三轴压力室进行控温，这种方式在温控三轴仪上已经得到了有效的应用 [74]。

(4) 压力室内增设了桩体、土体、压力室温度传感器。桩体上部，U 型通道旁插有桩体温度传感器；土样塑料底座侧边中心位置，设有土样温度传感器，传感器探头插入到土样底部；压力室温度传感器位于螺旋铜管内侧以及土样外侧位置。三个温度传感器用于实时监测仪器的温度状况。

(5) 桩底增设了孔压传感器。在塑料底座中心圆柱形开孔之下，开设孔压测量通道，外接孔压阀和孔压传感器，用于测量桩底部的超静孔隙水压力。对于桩—饱和黏土界面，当温度梯度存在时，桩体底部的孔压可能与侧边土体的孔压不一致。桩底增设孔压传感器，以满足更广泛的测试需求。

(6) 增设了上部密封结构。由于桩—土界面试样结构的特殊性，桩体穿过顶盖处为保持密封并且令桩体可活动，设置了桩顶橡皮膜，包裹顶盖上边缘和桩体交接处，在顶部形成密封结构；当桩—土界面剪切时，给桩体施加位移，桩体可在桩顶橡皮膜收缩范围内运动。

(7) 增加了气压施加围压的加载方式。空气的导热率小于纯水，为了降低压力室上部桩体传热的损耗，在压力室内注入一定高度的纯水之后，采用空气介质施加围压；在压力室顶板上设置了进气口，与气压比例阀及外部气泵连接，达到该目的，同时降低温度变化对传力杆量测的影响。

3. 仪器参数指标与技术优势

系统中外部控温装置采用的低温恒温反应搅拌浴，可实现的温度范围为 $-40 \sim 100$℃，控温误差为预设温度的 ±2℃，温度传感器量测精度为 0.1℃，液体循环时实测流速约为 71.4 mL/s，可以满足一般试验要求。研制的能量桩—土温控界面仪，主要指标见表 3-1 所示。

表 3-1 能量桩—土温控界面仪系统指标 [75]

土样外径/内径/mm	土样高度/mm	桩体直径 × 高度/(mm×mm)	最大围压/kPa	最大竖向压力/N	有效控温范围/°C
61.8/25	110	25×200	400	3000	0～60

改进后得到的能量桩—土温控界面仪具有如下技术优势：

(1) 桩体和土体边界分别连接两个独立的温控系统，不仅可以同步改变桩—土试样的温度，还能实现桩、土不等温情况下界面相关测试，使之更符合能量桩实际运行过程中桩—土温度分布情况。实际能量桩运行过程中，换热管内温度变化最为明显，沿着桩体径向方向，温度变化量逐渐减小，并趋向于 0。

(2) 基于传统三轴试验仪器，采用应力控制边界，可实现桩—土界面剪切应力、体积变形、孔隙水压力、桩顶位移等物理量的量测。不仅考虑到指标变化，更可以多方面考虑温度对桩—土界面剪切特性的影响，丰富和完善桩—土界面力学特性温度效应的测试范畴。

(3) 可施加不同应力条件，控制剪切类型；结合温控系统，可改变温度—应力加载路径，深入研究不同工况下桩—土界面热—力耦合特性的具体表现，例如单向温度作用或循环温度作用和应力加载耦合的路径，为建立温控桩—土界面模型提供数据支撑。

(4) 若将塑料底板内部开孔填平，配以完整的顶盖，即可对土体试样开展常规/温控三轴相关试验，切换方便。这对研究同一土体的桩—土界面温度效应具有重要作用，可以为之提供土体温度效应相关的基本信息。

3.2.2 温控系统性能验证

为了验证能量桩—土温控界面仪传热的可靠性，针对桩—砂土界面试样，开展了同一净围压 (100 kPa) 下，压力室降温传热测试和桩体升温传热测试，验证新仪器温度控制性能。其中，砂土材料是在福建 ISO 标准砂基础上进行部分级配筛选后获得的，筛选后的福建 ISO 标准砂不再是标准砂，这里简称为福建砂。

1. 试验方案

所选桩—土界面试样均为桩—饱和砂试样，分别测试压力室温控系统性能和桩体温控系统性能。试验在室温为 29°C 时进行，控制周围有效压力 (有效围压) 为 100 kPa。

试验一：装样结束后，只运行压力室温控系统，低温恒温搅拌反应浴预设温度为 22°C，观测传热结果。

试验二：在试验一的基础上，控制压力室温控系统连接的低温恒温搅拌反应浴预设温度恒定为 22°C，同时运行桩体温控系统，预设温度为 50°C，观测传热结果。即对桩体温控系统和压力室温控系统施加不同的温度作用，观察传热结果 [75]。

2. 传热结果与分析

针对试验一，单独运行压力室温控系统后，压力室各部分温度随时间变化曲线如图 3-2(a) 所示。由图 3-2(a) 可见，整个压力室温度降低至 22℃ 附近需要 1 h 左右时间，土体和桩体的实测温度最终可以稳定在 22℃ 附近且长期保持该趋势，桩体和土体温度控制在 (22 ± 1)℃；体现了压力室温控系统的有效性及稳定性。

压力室腔体的实测温度略有波动，这主要是因为降温过程依赖于低温恒温搅拌反应浴中的制冷机制冷，制冷压缩机的工作原理会导致制冷过程温度控制不如加热精度高。但是，整体看来这种波动对桩体和土体温度的影响很小。

针对试验二，两个温度控制系统同时运行时，压力室各部分温度变化如图 3-2(b) 所示。由图 3-2(b) 可见，压力室内各部分温度达到稳定值大约也仅需要 1 h 的时间；稳定后，在土体内部形成明显的温度梯度，压力室腔体平均温度约为 22℃，土体温度为 33℃，桩体温度为 50℃，体现了桩体和压力室温控系统可以有效且稳定地单独控制桩体温度和土样外边界温度。

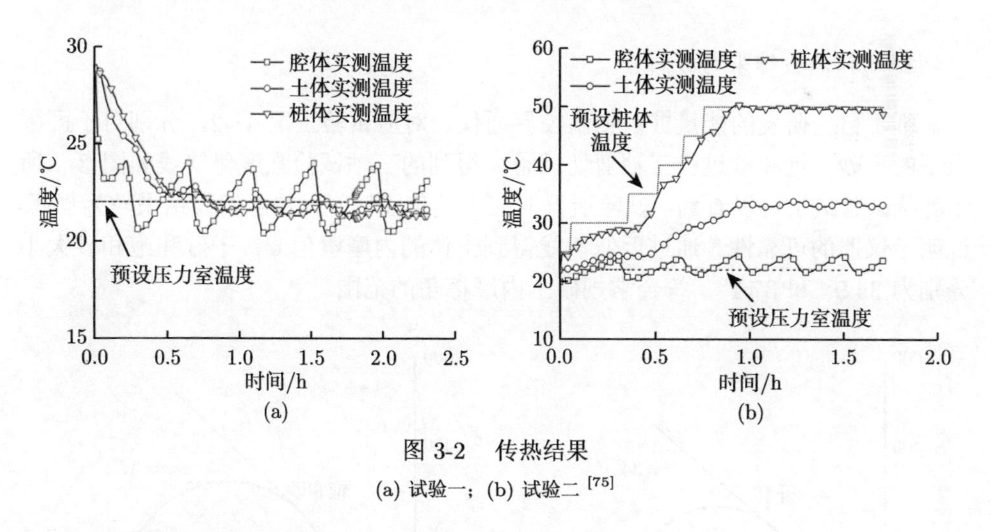

图 3-2 传热结果

(a) 试验一；(b) 试验二 [75]

3.2.3 力学加载性能验证

1. 工况设计

为了验证能量桩—土温控界面仪力学加载性能的可靠性，室温下分别开展砂土本身的三轴剪切特性试验、不同恒定轴向初始剪应力条件下的界面 CD 剪切试验，以及不同恒定轴向初始条件下的界面 CU 剪切试验，验证力学加载性能。其中，CD 剪切表示固结排水剪切，CU 剪切表示固结不排水剪切。

试验工况设计如表 3-2 所示。根据《土工试验规程》(SL237—1999)[76]，为了满足排水需求，砂土的 CD 剪切速率取 0.2 mm/min。试验工况 3~5 对应测试新仪器的轴向初始条件控制功能以及控制排水条件的功能。考虑两种轴向初始条件，“无”表示施加围压后直接剪切桩—土界面试样，得到界面的剪切强度参数，表征界面最基本的力学特性；恒定剪应力是恒定轴向初始剪应力的简称，对应的工程背景为实际能量桩桩—土界面在受到温度作用之前，往往已经承受部分剪切应力，这部分先于温度作用的剪切力在室内试验中简化成一个恒定的初始剪应力，这种简化在文献中已有广泛认同 [77]。恒定剪应力对应的试验操作为：只施加围压、施加围压之后再通过传力杆施加轴向的初始恒定剪应力。

表 3-2 力学验证试验工况 [73]

工况	试验对象	有效围压 p'/kPa	轴向初始条件	剪切类型
1	干砂	50/100/200	—	—
2	饱和砂	50/100/200	—	CD
3	桩—饱和砂	50/100/200	无	CD
4	桩—饱和砂	50/100/200	恒定剪应力	CD
5	桩—饱和砂	50/100/200	恒定剪应力	CU

2. 三轴试验结果与分析

基于自主研发的能量桩—土温控界面仪，对应试验工况 1~2，分别对不同围压下的干砂、饱和砂进行三轴剪切试验，得到的三轴试验强度包络线如图 3-3 所示。从试验结果可以看到，试验所得的应力莫尔圆较好，拟合切线结果较为理想，说明了仪器的可靠性。通过近似切线得到土体的内摩擦角 φ，干砂和饱和砂大小分别为 34.9° 和 37.1°，符合常规砂土内摩擦角的范围。

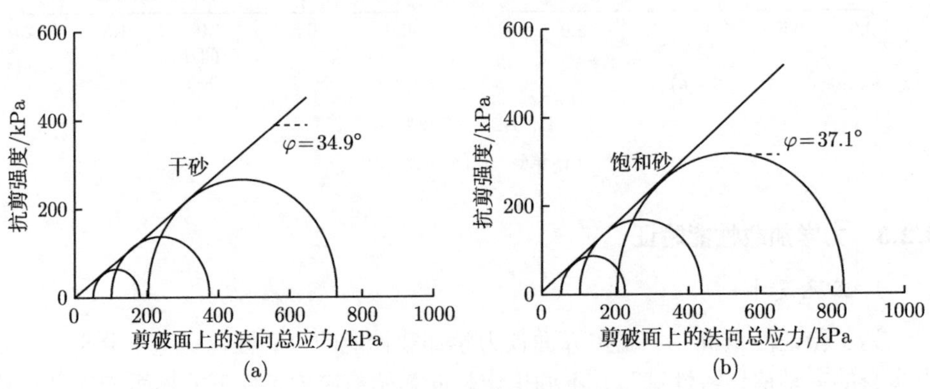

图 3-3 三轴试验强度包络线

(a) 干砂；(b) 饱和砂

3. 界面试验结果与分析

对应工况 3~4，桩—饱和砂界面试验结果如图 3-4 所示。普通剪切即桩—土界面试样在围压施加完成之后，稳定约 1 h，再按照 0.2 mm/min 的速度直接剪切。参照已有文献相关研究 [19]，界面剪切速率取 0.2 mm/min 可以满足桩—砂土界面剪切不产生超静孔隙水压力的要求。恒定剪应力后剪切，指的是在施加围压完成之后，利用传力杆在轴向给桩顶施加初始恒定剪应力，该剪应力约等于剪切应力测量值峰值的一半，保持 2 h 后按照 0.2 mm/min 匀速剪切。τ_s 表示实际的界面剪切应力。φ_{sp}、φ_{sr} 分别表示界面峰值摩擦角和界面残余摩擦角。剪切应力测量值代表轴向压力 ΔF_1 对应的剪应力，通过 ΔF_1 除以桩—土界面面积获得。实际的界面剪切应力 τ_s 由界面摩擦力 F_s 除以桩—土界面面积获得。需要注意的是，施加恒定剪应力条件后剪切，剪切应力随位移发展的曲线不从零开始，而是从施加的恒定剪应力值处算起。

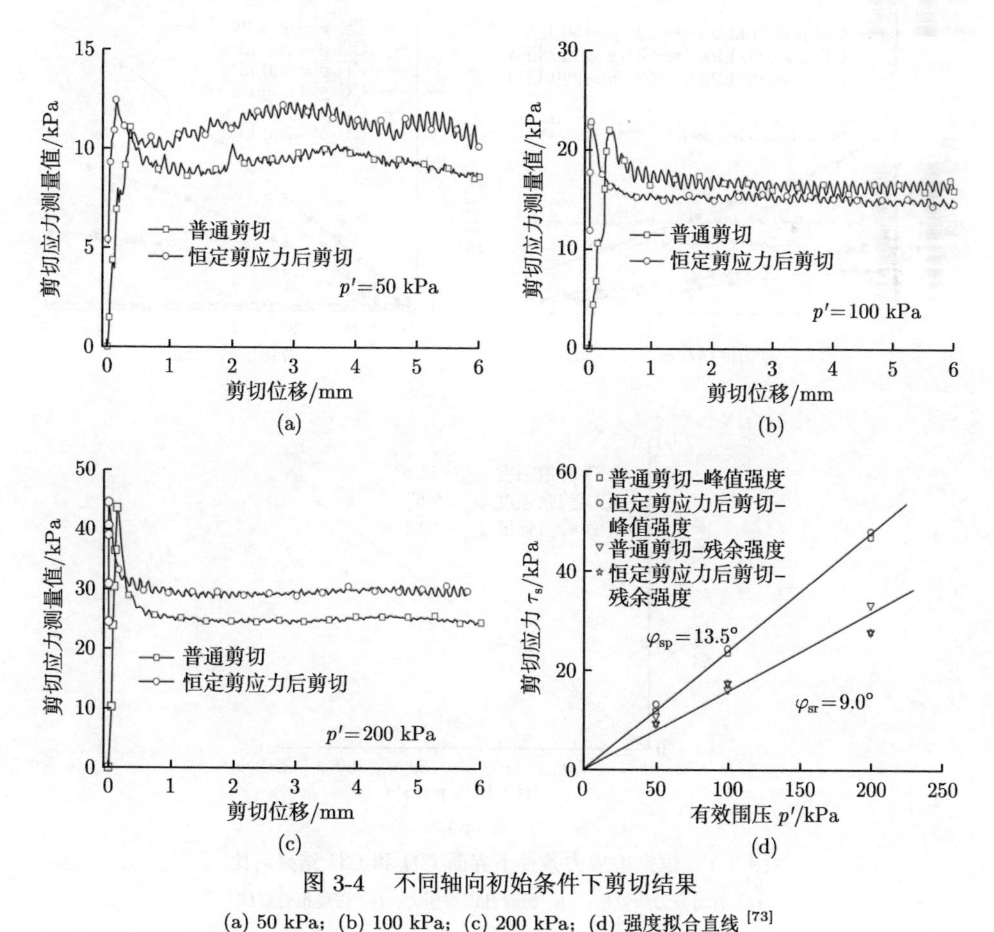

图 3-4 不同轴向初始条件下剪切结果

(a) 50 kPa；(b) 100 kPa；(c) 200 kPa；(d) 强度拟合直线 [73]

由图 3-4 可见，光滑的桩—土界面剪切时呈现出明显的应变软化特性，峰值之后剪切位移增加，剪切应力保持相对稳定，体现了该仪器力学加载性能的稳定性；从周围有效压力和实际的界面剪切应力拟合得到的莫尔强度线可见，桩—土界面摩擦力的测量效果良好；同一围压，对于桩—砂土界面试样，不同的轴向初始条件下剪切结果无明显差别，可知室温下轴向初始条件对剪切结果无明显影响。

对应工况 4~5，桩—饱和砂界面试验结果如图 3-5 所示。为了方便对比，界面试样 CU 试验的剪切速率也控制为 0.2 mm/min，与界面 CD 试验剪切速率保持一致。结果中考虑了施加恒定轴向初始剪应力后的桩顶位移情况，室温条件下，该结果体现的物理意义有限，但若考虑温度作用，则会发现，该情况对应能量桩受到温度作用后的桩体沉降问题。界面承受恒定的剪切应力，无温度作用时，桩顶位移十分有限。图 3-5(a) 和 (b) 描述了利用本仪器进行界面 CD 和 CU 剪切时得

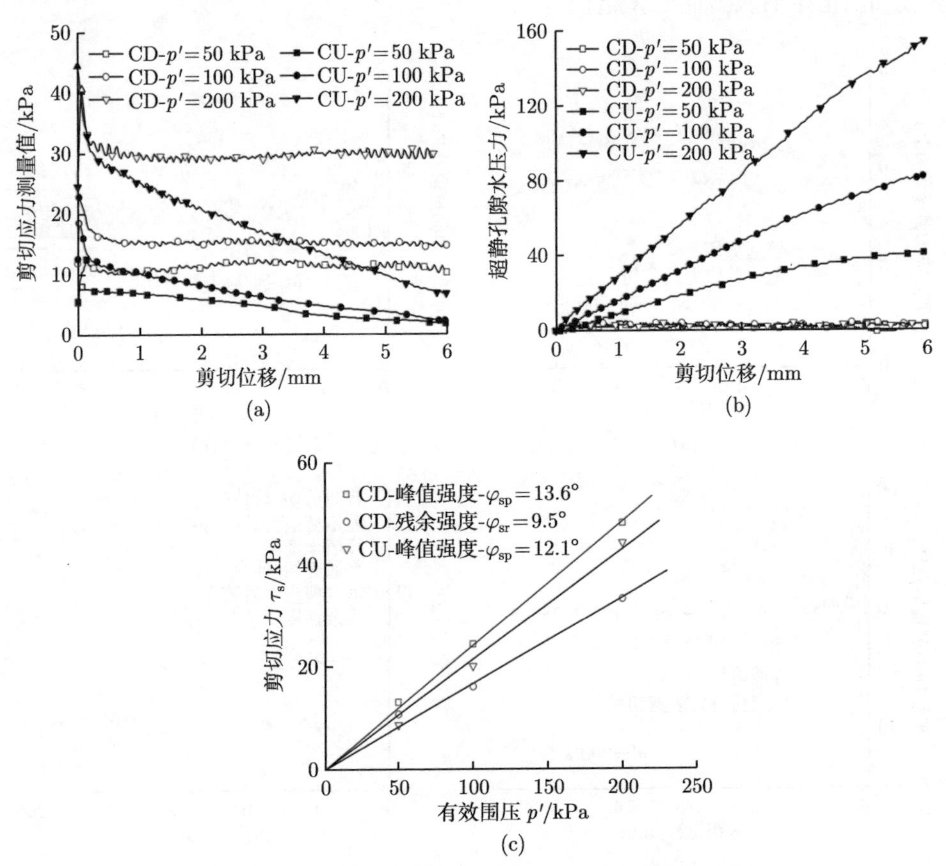

图 3-5　恒定剪应力条件下界面 CD 和 CU 结果对比

(a) 剪切应力测量值；(b) 超静孔隙水压力；(c) 强度拟合直线

到的剪切应力测量值和超静孔隙水压力的变化情况，图 3-5(a) 中剪切应力测量值已减去超静孔隙水压力。图 3-5(c) 则描述了两种剪切得到的强度拟合直线。能量桩—土温控界面仪在排水条件控制方面具有优越性，并且试验所得结果规律较好，体现了仪器力学加载和量测方面的可靠性。

3.3 能量桩—砂土界面特性试验

3.3.1 单向温度对桩—砂土界面力学特性的影响

1. 试验方案

为了研究单向温度作用对桩—砂土界面力学特性的影响，主要考虑两种轴向初始应力条件：普通 (只有围压，不施加轴向初始剪应力) 和恒定剪应力的情况，分析不同温度等级的影响。

桩—土界面施加的热力学加载路径如图 3-6 所示，分为 O-A-B 和 O-A-C-D。O-A 过程指在初始的温度条件下，施加周围有效压力；O-A-B 表示在围压施加完成之后，开始施加单向温度作用，即改变桩—土界面的温度，然后在最终温度状态下剪切试样；此试验记为 M0。路径 O-A-C-D 表示围压施加完成之后，在轴向施加初始的恒定剪应力 (A-C)，初始剪应力稳定后施加单向温度作用改变界面的温度 (C-D)，观测可能的力学特性变化，然后在最终温度状态下剪切试样，此路径记为 M1，大小为 24 kPa。M1 施加的轴向初始剪应力大小约为界面剪切强度 (τ_{sf}) 的 1/2。施加了恒定剪应力的试样，剪切时应力发展曲线从恒定剪应力点开始算起 [78]。

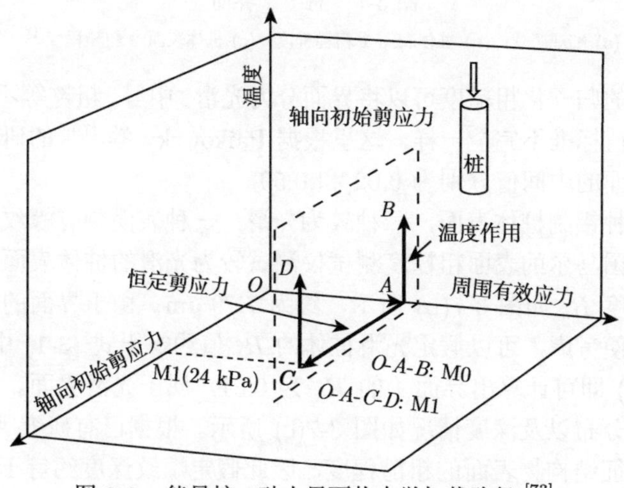

图 3-6 能量桩—砂土界面热力学加载路径 [73]

考虑界面粗糙度的时候选用了福建砂及两种铝桩表面，构建了两种粗糙级别的界面，分别记作界面 I、Ⅱ。界面 I、Ⅱ 的组成情况如图 3-7 所示。针对砂土—结构物的界面粗糙度一般认为是个相对值，不同的研究中有不同的定义方式，认可度比较高的是 Uesugi 和 Kishida 提出来的归一化粗糙度 (R_n) 的概念，以此来表征界面的粗糙程度 [74]，公式表达为

$$R_n = \frac{R_{max}}{D_{50}} \tag{3-1}$$

式中，D_{50} 表示砂土的平均粒径；R_{max} 表示在 D_{50} 长度范围内界面上波峰 (最高点) 到波谷 (最低点) 的纵向距离。

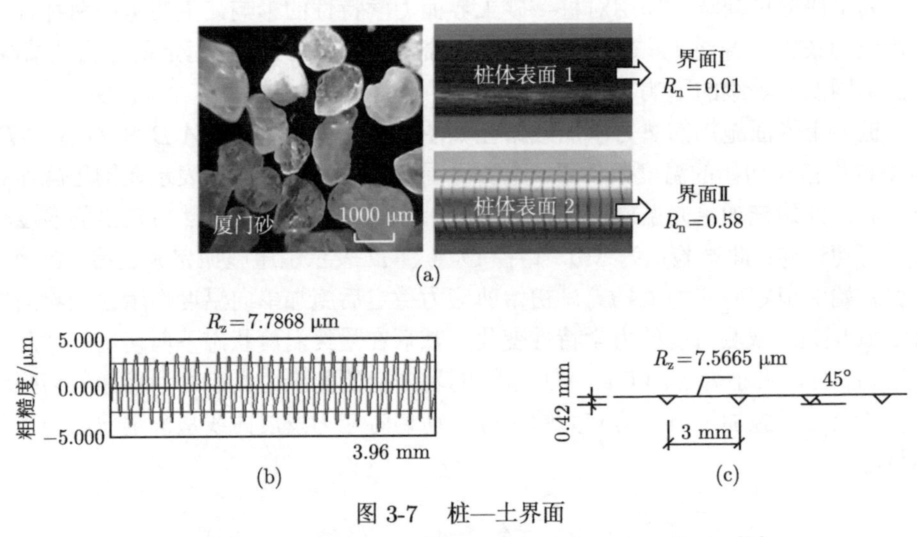

图 3-7　桩—土界面

(a) 细观照片；(b) 桩体表面 1 粗糙程度；(c) 桩体表面 2 粗糙程度 [73]

根据界面的归一化粗糙度可以将界面分为光滑、中等、粗糙等不同的等级。不同分类中，数值标准不完全一样，这里根据 Paikowsky 等 [79] 的研究，区分光滑界面和粗糙界面的中间值分别为 0.02 和 0.50。

用到的两种铝制桩体表面，一种较为光滑，一种表面刻有螺纹，如图 3-7(a) 所示。利用德国马尔的表面粗糙度测试仪测试较为光滑的桩体表面，测得的微观不平度十点高度 R_z 如图 3-7(b) 所示，约为 7.79 μm；由于界面的粗糙程度比较均匀，为了简便考虑，可以假定光滑桩体的 R_z 值约等于式 (3-1) 中的 R_{max}；这样根据式 (3-1) 即可计算出界面 I 的 R_n 为 0.01，属于光滑界面。表面刻有螺纹的桩体，螺纹分布以及深度情况如图 3-7(c) 所示。根据已有研究 [80]，螺纹的深度可以用来表征结构物表面的粗糙程度，因此假定螺纹深度约等于式 (3-1) 中的 R_{max} 值，根据计算，可以得到界面 Ⅱ 的 R_n 值为 0.58，属于粗糙界面。

考虑有效围压为 200 kPa，界面为 I，单向温度改变主要有 19~6℃、19℃、19~32℃、19~45℃ 四种情况，此处认为温度偏离初始值的大小为温度等级，偏离初始值越多，温度等级越高，试验工况如表 3-3 所示；为了方便表达，施加的温度等级 19~6℃、19℃、19~32℃、19~45℃ 分别用 T_6、T_{19}、T_{32}、T_{45} 表示。

表 3-3 单向温度作用下试验工况

序号	试验对象	有效围压 p'/kPa	界面/轴向	温度 T/℃	序号	试验对象	有效围压 p'/kPa	界面/轴向	温度 T/℃
1	桩—干砂	200	I/M0	19~6	9	桩—干砂	200	I/M1	19~6
2	桩—干砂	200	I/M0	19	10	桩—干砂	200	I/M1	19
3	桩—干砂	200	I/M0	19~32	11	桩—干砂	200	I/M1	19~32
4	桩—干砂	200	I/M0	19~45	12	桩—干砂	200	I/M1	19~45
5	桩—饱和砂	200	I/M0	19~6	13	桩—饱和砂	200	I/M1	19~6
6	桩—饱和砂	200	I/M0	19	14	桩—饱和砂	200	I/M1	19
7	桩—饱和砂	200	I/M0	19~32	15	桩—饱和砂	200	I/M1	19~32
8	桩—饱和砂	200	I/M0	19~45	16	桩—饱和砂	200	I/M1	19~45

2. 桩顶位移方向及大小

M1 初始条件下，温度作用引起的桩顶位移结果如图 3-8 所示，可以很明显观察到随着温度改变，桩顶均会产生不同方向的位移。图中位移正值表示位移向下，负值表示位移向上。温度不变时，桩顶位移很小。升温时桩顶表现出明显向上的位移，降温时则表现出明显向下的位移，当温度开始稳定时，桩顶位移也逐渐稳定。升温时温度等级越高，桩顶位移越大。桩—干砂界面与桩—饱和砂界面表现出来的规律类似。温度作用下桩顶产生位移，与桩体的轴向热膨胀具有相关性。升温时桩体产生轴向和径向的热膨胀，很明显桩体轴向有膨胀的趋势时，位移传感器测量到的桩顶位移值会呈现正值，即桩顶有一个向上的位移；桩体轴向有收缩的趋势时，位移传感器测量到的桩顶位移值会呈现负值，即桩顶有一个向下的位移。

桩顶位移和温度变化量之间的关系如图 3-9 所示。温度变化量用 ΔT 表示，负值代表温度降低；正值代表温度升高。由图 3-9 可见，降温时的斜率大于升温，即使同样的温度变化量，降温引起的向下的位移绝对值大于升温引起的向上的位移绝对值。对于升温情况，桩顶向上的位移与温度变化量近似呈正比关系。比较桩体自由热膨胀和桩顶位移结果，可以发现，降温产生的位移斜率和桩体自由热膨胀 (实测值) 斜率接近，约是升温位移斜率的两倍。相同的温度变化量下升温产生的向上的桩顶位移小于向下的位移，这可能和温度作用过程中桩体径向的热膨胀相关。当温度升高时，虽然周围有效压力保持不变，但桩—土界面上的法向应力可能会随着桩体的径向热膨胀有增大的趋势，这样桩体产生轴向膨胀时的周围约束力增大，产生的轴向向上的位移相对受限；当温度降低时，桩—土界面上的法向应力可能会随着桩体的径向收缩有减小的趋势，这样桩体产生轴向收缩时的周围约束力反而减小，产生轴向向下的位移相对更容易。因此，相同的温度变化量下，升温产生的向上的位移绝对值小于降温产生的向下的位移绝对值。

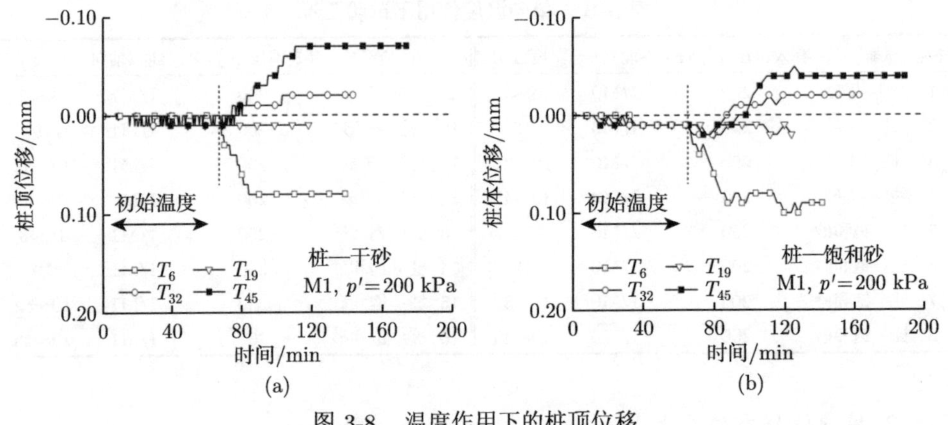

图 3-8　温度作用下的桩顶位移

(a) 桩—干砂界面；(b) 桩—饱和砂土界面

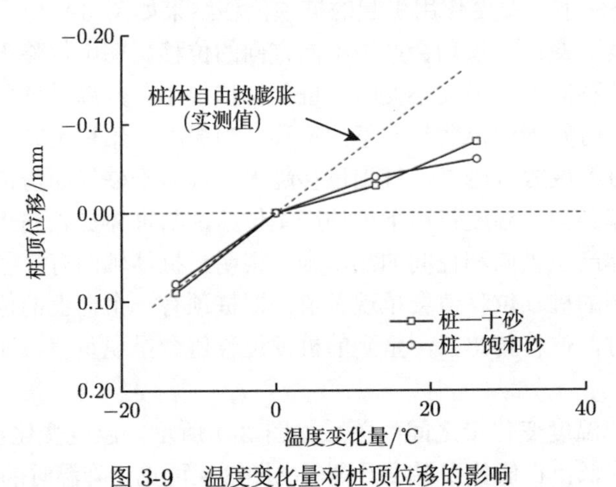

图 3-9　温度变化量对桩顶位移的影响

3. 试样体积变化

桩—饱和砂界面温度效应产生的试样体积变化如图 3-10 所示。纵坐标热应变指温度作用下试样体积变化相对值，等于体积变化绝对值比上固结完成后的界面试样的土体总体积。图中描述了温度作用下的两种体积变化，一种为界面试样实际排水体积变化，另一种为计算得到的砂土体积变化。砂土体积变化计算按照式 (3-2) 考虑 [81]：

$$\Delta V = \Delta V_{\mathrm{dr}} - \Delta V_{\mathrm{ep}} - \Delta V_{\mathrm{es}} - \Delta V_{\mathrm{w}} - \Delta V_{\mathrm{s}} \tag{3-2}$$

式中，ΔV_{dr} 表示界面试样实际排水体积；ΔV_{ep} 表示桩体热膨胀体积变化；ΔV_{es} 表示装置排水系统热胀冷缩产生的体积变化；ΔV_{w} 表示界面试样中孔隙水的热膨胀体积变化；ΔV_{s} 表示土颗粒骨架的热膨胀体积变化。

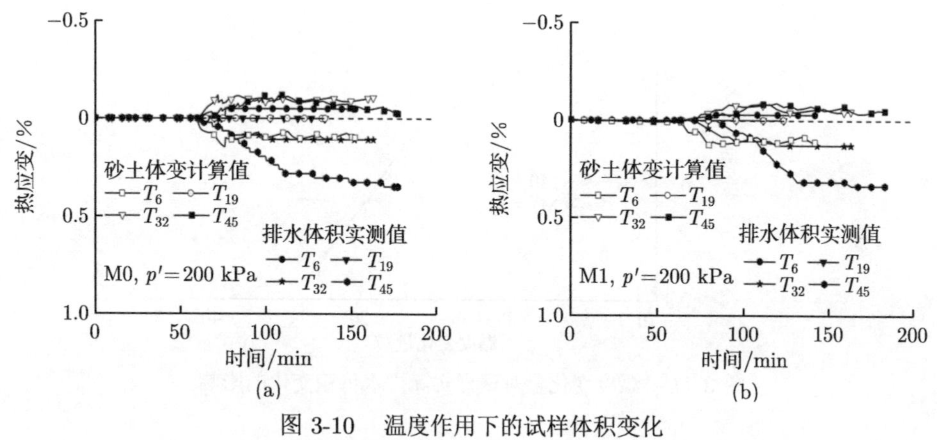

图 3-10 温度作用下的试样体积变化

(a) M0 初始条件；(b) M1 初始条件

由于桩—砂土试样周围的压力室温度一直保持恒定，接近室温，所以 ΔV_{es} 可以认为等于 0。参考 Liu 等 [82] 的研究，式中 (3-2) 中的每一项 (除了 ΔV_{ep}) 都有具体的介绍以及计算方法。其中，砂土颗粒的体积膨胀系数为 35×10^{-6}℃$^{-1}$；水的体积膨胀系数近似按照线性公式 $(6.1\times10^{-6}T+1.39\times10^{-4})$℃$^{-1}$ 取值，T 代表当前温度；桩体的热膨胀系数按照实测值 33.1×10^{-6}℃$^{-1}$ 取值；由此砂土的体积变化量可以计算。此处不考虑温度作用下桩顶位移对试样实际排水体积的影响。

界面试样实际排水体积变化和砂土的体积变化计算值如图 3-10 所示。热应变正值代表排水 (体积收缩)，负值代表进水 (体积膨胀)。由图 3-10 可见，M0 和 M1 初始条件下，界面试样实际的排水规律较为类似，升温排水，温度等级越高，排水体积越大；降温时试样稍微进水；温度稳定以后排水体积也趋于稳定。对于桩—土试样整体而言，升温会引起公式 (3-2) 中各个部分的热膨胀，温度越高热膨胀越明显，因此排出的孔隙水越多。而根据计算得到的砂土体积变化，与实际排水情况相反，升温时砂土发生体积膨胀；降温时体积收缩。这与 Liu 等 [82] 的研究结果规律一致。砂土体积随着温度改变发生变化，与砂土的相对密实度相关，Ng 等 [8] 研究表明，不同密实度的砂土试样，温度作用下的体积变化规律各有不同：松散的以及中等相对密实度的砂土试样在温度升高时表现出体积收缩的特性，而密实的砂土表现出明显的体积膨胀特性。本章中的砂土试样密实度较高，属于密实砂土，所以升温时体积变化表现出膨胀特性，与已有的研究一致。

界面试样实际排水体积和温度变化量之间的关系如图 3-11 所示。由图 3-11 可见，M0 和 M1 初始条件下的排水体积曲线类似，同样的温度变化量下升温时的排水体积大于降温时的进水体积；温度变化量越大，排水体积越大。

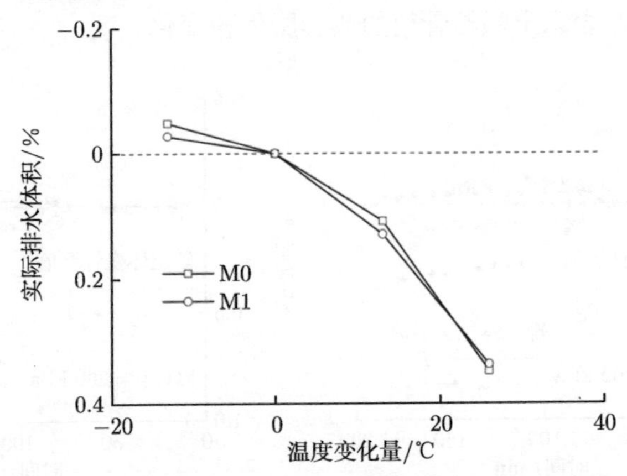

图 3-11 温度变化量对试样实际排水体积变化的影响

4. *剪切应力发展曲线及强度变化*

不同温度等级下的剪切应力测量值—剪切位移如图 3-12 所示。由图 3-12 可见，对于界面粗糙度为 0.01 的桩—砂土光滑界面，桩—干砂和桩—饱和砂的界面剪切应力发展曲线十分类似，均表现出明显的应变软化特性：剪切位移很小的时候达到峰值，之后快速下降至稳定值。界面剪切应力曲线的软化与周围砂土为密实状态相关，类似密实砂土本身的剪切，峰值位移之后砂土颗粒重新排列，趋向于一个稳定的临界状态，对于密实砂土，临界状态的砂土颗粒排列会变得松散；对于松散砂土，临界状态的砂土颗粒排列会趋于密实。本章中桩—砂土界面在达到峰值剪切强度之后，界面上颗粒重新排列，重新排列的颗粒趋于松散，导致界面剪切应力下降，并趋于稳定。不同温度等级下桩—砂土界面剪切曲线比较靠近，可见温度等级对剪切曲线几乎没有影响，图 3-12(b) 表现尤为突出，曲线几乎重合。

不同温度变化量下的界面剪切强度 (峰值) 比较如图 3-13 所示。由图 3-13 可见，不同温度等级下，桩—砂土界面剪切强度有升有降，小范围内波动，温度等级的影响并不明显。Di Donna 等 [19] 的研究也表明砂土—结构物界面剪切强度温度效应不明显，认为这与砂土本身剪切强度受温度作用不明显相关，对于砂土—结构物，结构物在 5~60℃ 温度范围内的表面特性变化十分微小，对于砂土本身也类似，因而砂土—结构物界面物理力学性质受影响不明显，界面在不同温度下剪切时得到的剪切强度与该温度范围内的温度变化不相关。

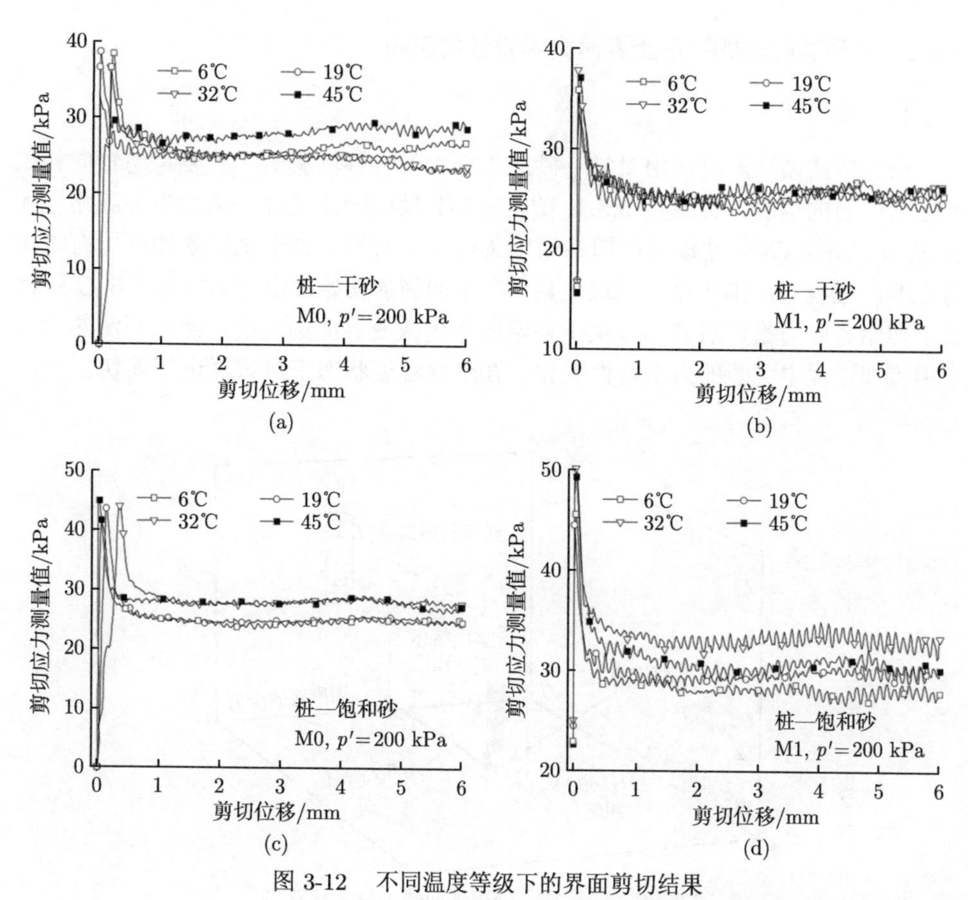

图 3-12 不同温度等级下的界面剪切结果

(a) M0 条件下桩—干砂；(b) M1 条件下桩—干砂；(c) M0 条件下桩—饱和砂；(d) M1 条件下桩—饱和砂

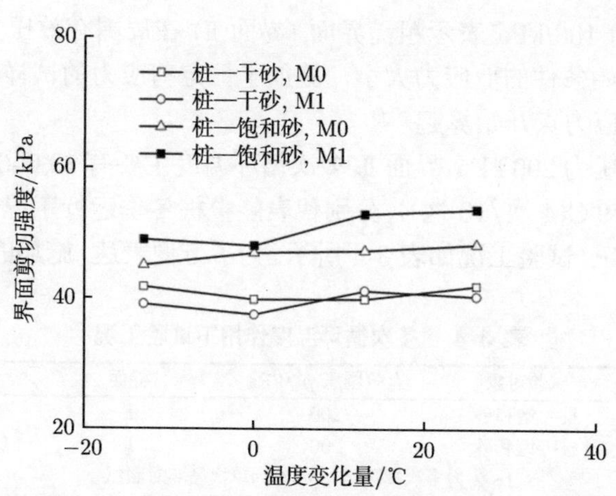

图 3-13 温度变化量对界面剪切强度 (峰值) 的影响

3.3.2 循环温度对桩—砂土界面力学特性的影响

1. 试验方案

研究多次循环温度作用对桩—砂土界面力学特性的影响，主要考虑轴向初始剪应力恒定的情况，也就是 3.3.1 节中的 M1 轴向初始条件，热力学加载路径如图 3-14 所示。*O*-*A* 过程指在初始温度条件下，对桩—砂土试样施加周围有效压力；*A*-*B* 过程表示围压施加完成之后，在轴向施加初始的恒定剪应力；*B*-*C* 过程表示初始剪应力稳定后施加多次循环温度作用改变界面的温度，然后观测热力学作用施加过程中可能的力学特性变化，在最终温度状态下对试样进行剪切。

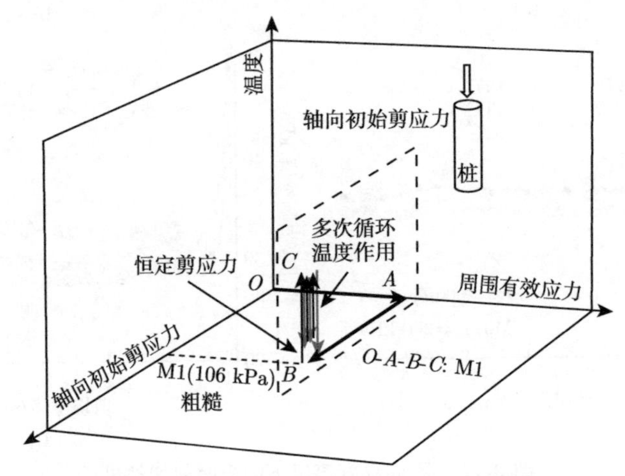

图 3-14　能量桩—砂土界面热力学加载路径

图 3-14 中的 106 kPa 表示粗糙界面 (界面 Ⅱ) 在周围有效压力为 200 kPa 时对应 M1 轴向初始条件的剪应力大小，施加了恒定剪应力的试样，剪切时应力发展曲线从恒定剪应力点开始算起。

考虑有效围压为 200 kPa，界面 Ⅱ，多次循环温度主要有 19℃-6℃-19℃(4 次/10 次)、19℃-45℃-19℃(4 次/10 次)，分别代表能量桩冬季运行工况和夏季运行工况下的桩体温度情况，试验工况如表 3-4 所示。为了方便表达，施加的温度作用 19℃-

表 3-4　多次循环温度作用下试验工况

序号	试验对象	有效围压 p'/kPa	界面	温度 T /℃
1	桩—饱和砂	200	Ⅱ	19-6-19(4 次/10 次)
2	桩—饱和砂	200	Ⅱ	19-45-19(4 次/10 次)
1~2 为多次循环组，3~4 为单次循环对照组				
3	桩—饱和砂	200	Ⅱ	19-6-19
4	桩—饱和砂	200	Ⅱ	19-45-19

6℃-19℃(4 次)、19℃-6℃-19℃(10 次)、19℃-45℃-19℃(4 次)、19℃-45℃19℃(10 次) 分别用 $T_{\mathrm{c}6}^{4}$、$T_{\mathrm{c}6}^{10}$、$T_{\mathrm{c}45}^{4}$、$T_{\mathrm{c}45}^{10}$ 表示。

2. 桩顶长期累积位移大小

多次循环温度作用引起的界面 (桩顶) 位移某种程度上可以反映能量桩运行过程中受到多次循环温度作用导致的桩顶位移/沉降问题。对于单次循环温度作用，一般在循环结束后产生的位移均为向下的累积位移 (沉降)。而多次循环温度作用，桩顶产生的位移不是单次循环温度作用下桩顶累积位移的简单叠加。针对桩—饱和砂界面 Ⅱ，桩顶位移结果如图 3-15 和图 3-16 所示。可以明显观察到温度循环次数越多，桩顶产生的累积位移越大；升温循环 $T_{\mathrm{c}45}^{4}$ ($T_{\mathrm{c}45}^{10}$) 最终产生的桩顶累积位移大于 $T_{\mathrm{c}6}^{4}$ ($T_{\mathrm{c}6}^{10}$)。并且，对多次循环温度升温或者多次循环温度降温情况，首个温度循环产生的累积位移均大于其他单个温度循环产生的累积位移。

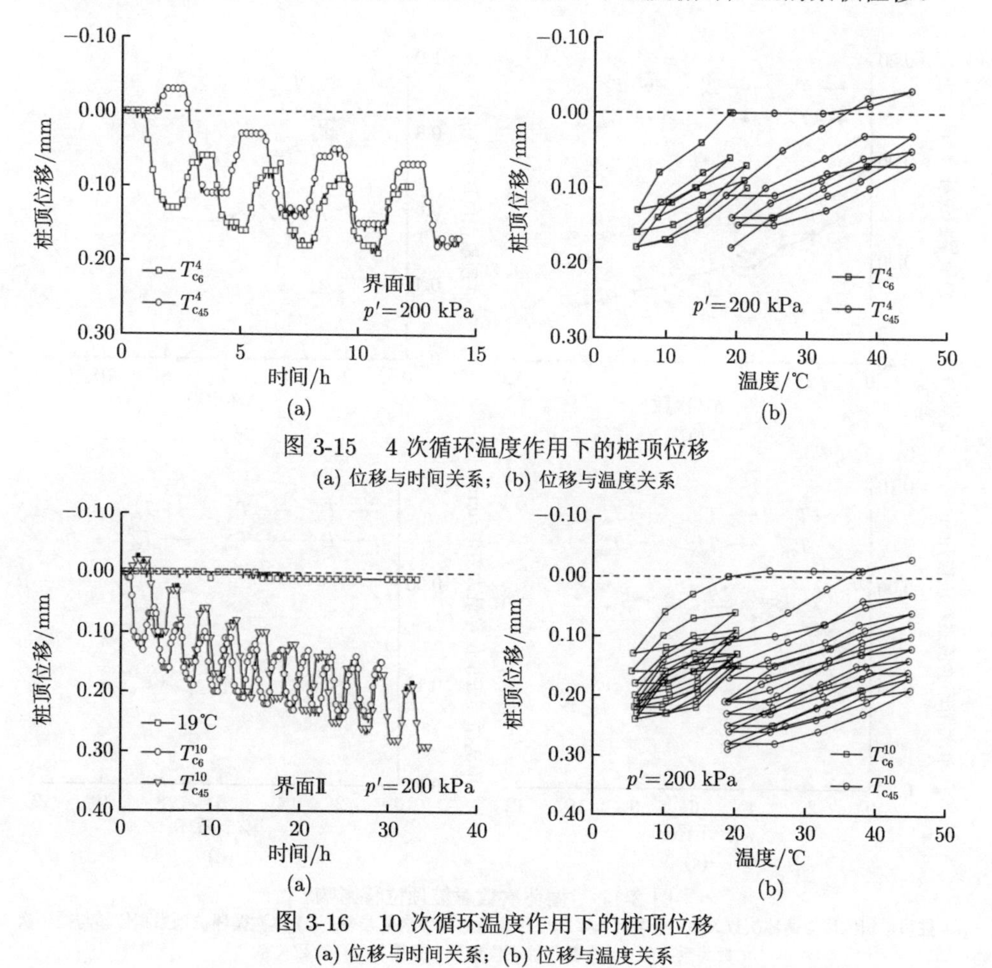

图 3-15 4 次循环温度作用下的桩顶位移

(a) 位移与时间关系；(b) 位移与温度关系

图 3-16 10 次循环温度作用下的桩顶位移

(a) 位移与时间关系；(b) 位移与温度关系

更为明显的温度循环次数对桩顶位移的影响如图 3-17 所示。图 3-17(a) 描述了桩顶累积位移随温度循环次数变化的过程，从桩顶累积位移的变化趋势看，随着温度循环次数增加，桩顶累积位移增加总体趋于平缓，特别是对 T_{c6}^{10} 情况，在最后 3 个循环，桩顶累积位移已经不增加；而在循环次数较少（T_{c6}^{4} 和 T_{c45}^{4}）时，这种变缓的趋势则不明显。与图 3-15 和图 3-16 中结果对应，首个循环温度作用下的桩顶累积位移增加最为明显。将多次循环温度降温作用下的桩顶累积位移与多次循环温度升温作用下的结果作比，比值记为η_1，见图 3-17(b)，可以发现，其值在 0.5~0.7，且温度循环次数影响不明显。考虑多次循环温度作用下桩顶累积位移增量变化，即每个单次循环中的桩顶累积位移，其随循环次数的变化如图 3-17(c) 所示，可以清楚地看到在第 1 个循环中，产生的桩顶累积位移最大，随着循环次数增加，每个单次循环产生的累积位移减小，在第 3 个循环之后单次

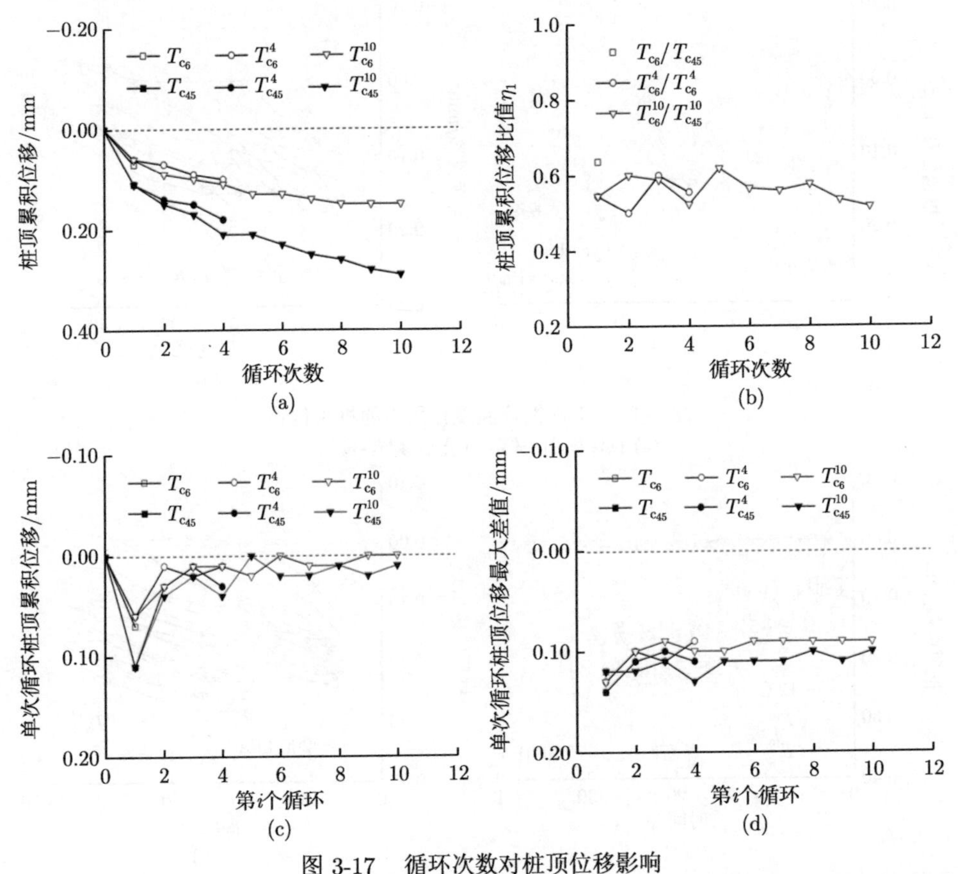

图 3-17　循环次数对桩顶位移影响

(a) 桩顶累积位移与循环次数关系；(b) 桩顶累积位移比值与循环次数关系；(c) 单次循环桩顶累积位移与循环次数关系；(d) 单次循环桩顶位移最大差值与循环次数关系

循环产生的累积位移即变得较小，在 10 次温度循环后接近 0。而对于每个单次循环，其循环过程中的桩顶位移最大差值变化如图 3-17(d) 所示。由图 3-17(d) 可见，对于不同的多次循环温度作用，第 1 个温度循环的桩顶位移最大差值最大；在第 3 个循环之后，对于 T_{c6}^{10}，此差值趋于稳定，变化很小；对于 T_{c45}^{10}，此差值依旧呈现略微减小的趋势。单次循环位移最大差值可以体现每个单次循环过程中桩顶的位移变化幅度，以此表征每个单次循环中产生的桩顶位移的差异性。

在多次循环温度作用中，显然随着循环次数的增加，每个单次循环中产生的桩顶累积位移逐渐减小，甚至不再变化 (T_{c6}^{10})。这里考虑多次循环过程中，桩—土界面产生了循环剪切，根据已有的关于界面循环剪切的室内试验研究 [83]，循环剪切可以导致界面剪切强度的衰减，即使在恒定法向应力的情况下依旧可能发生，归咎于界面剪切时砂土颗粒的滑动距离变化。对应本试验的情况，循环剪切导致剪切强度衰减，即可以视作在循环剪切发生的小范围距离内，界面的摩擦系数减小。因此在升温过程中，虽然桩—土界面上的法向应力可能会随着桩体的径向热膨胀有增大的趋势，但是界面摩擦系数减小。与首个温度循环比，此时桩体产生轴向膨胀时的约束力减小，因此产生的向上的位移量较之首次温度循环有所增加，与试验结果一致，如图 3-15(a) 和图 3-16(a) 所示。类似地，在降温过程中，虽然桩—土界面上的法向应力可能会随着桩体的径向收缩有减小的趋势，但是界面摩擦系数减小，与首个温度循环比，此时桩体产生轴向收缩时的约束力反而增大，这就导致降温产生的向下的位移量较之首次温度循环有所减小，与试验结果一致，如图 3-15(a) 和图 3-16(a) 所示。随着小范围内界面剪切强度的衰减，循环温度作用下的桩顶向上的位移增大，向下的位移减小，此时产生的桩顶累积位移自然减小。Mortara 等 [83] 的研究表明，剪切强度的衰减并不是直线关系，而是随着循环剪切次数的增加，呈现逐渐减小的趋势，且在第 1 个循环处衰减的幅度最大 (以相同位移不循环时的强度作为比较标准)，与本章中桩顶累积位移变化趋势类似。因此，本试验中在首个温度循环之后，单次循环温度产生的桩顶累积位移衰减最为严重，而后逐渐减小，这与界面循环剪切时的强度衰减高度一致。当界面剪切强度不再衰减时，每个单次循环温度产生的桩顶累积位移则不再变化。只有当界面剪切强度衰减停止，并且在某个特殊的值时，循环温度作用下桩—土界面上桩顶才会不再产生累积位移。

3. 试样长期累积排水体积变化

桩—饱和砂土界面试样体积应变如图 3-18 和图 3-19 所示。多次循环温度作用下的试样体积变化也不是单次循环作用下的试样体积变化的简单叠加。多次循环温度升温作用下的界面试样实际累积排水体积随着循环次数的增加而增加，并且增量逐渐增大 (图 3-19(a))。对于 T_{c45}^{4} 温度情况，每个循环温度引起的累积排水

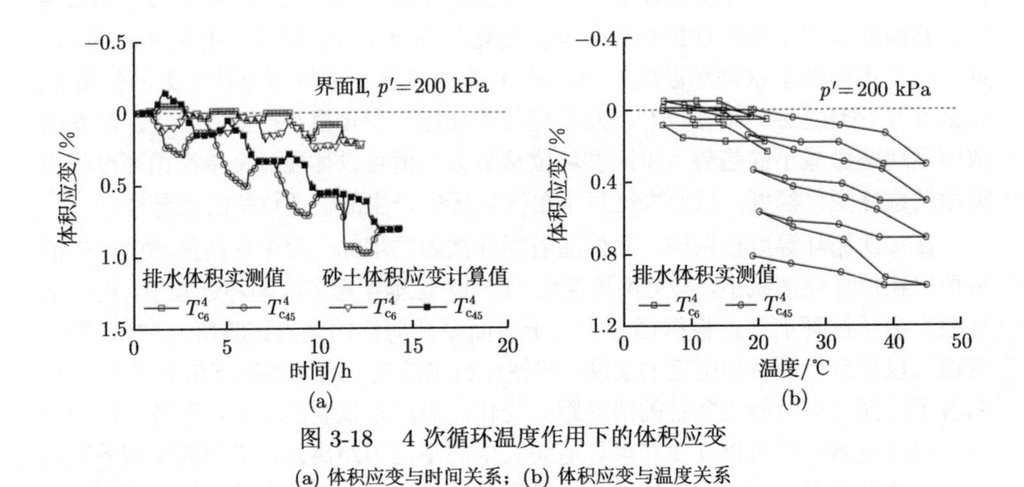

图 3-18　4 次循环温度作用下的体积应变

(a) 体积应变与时间关系；(b) 体积应变与温度关系

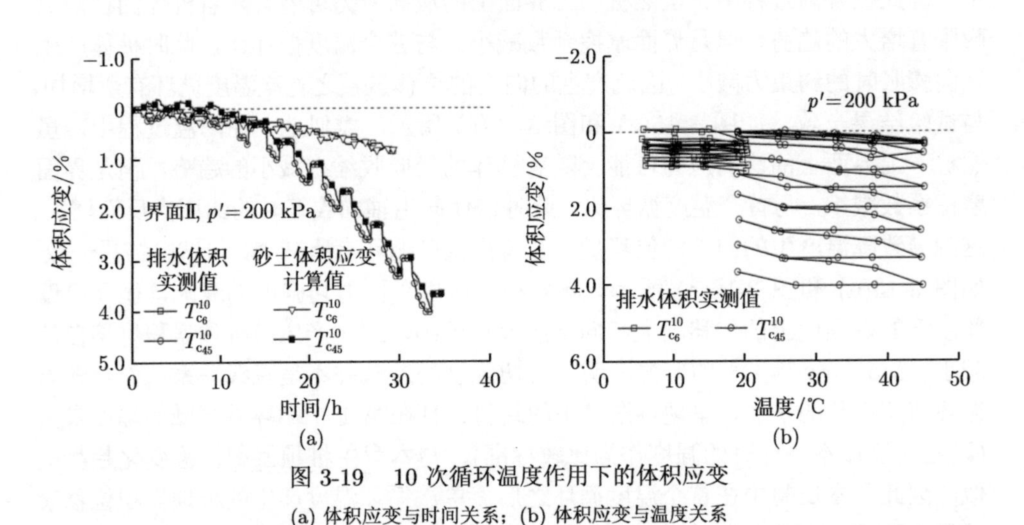

图 3-19　10 次循环温度作用下的体积应变

(a) 体积应变与时间关系；(b) 体积应变与温度关系

体积较为相似，但是在 T_{c45}^{10} 温度情况下，循环次数增加到一定程度，可以明显发现每个循环温度作用下的试样实际累积排水体积越来越大；对于多次循环温度降温作用，最终也均呈现出较为明显的累积排水体积。并且，多次循环温度升温作用下的累积排水体积远大于多次循环温度降温作用下的结果，最终对应的砂土体积变化计算值均呈现出明显的体积收缩现象。这和已有的对温度作用下的砂土体积变化研究结果不太一致，已有研究表明，随着循环次数的增加，砂土试样排水体积增量逐渐减小，而本试验中有增大的趋势，一个可能是由于循环次数不够多，还有可能是由于本试验中桩底是水，界面试样中孔隙水的分布形式和普通的砂土试样存在区别，导致试验结果差异。

选取典型的温度过程，以温度即将改变时的体积作为体积变化零点，图 3-18(b) 和图 3-19(b) 描述了界面试样实际体积应变随温度变化的发展情况。可以看到，随着循环次数的增加，试样实际排水体积逐渐增大，并且增加量在循环次数较少时较小，在循环次数较多时较大。对于多次循环温度降温作用，界面试样实际排水体积也逐渐增大，但是总值明显小于多次循环温度升温作用产生的实际排水体积。

更为明显的温度循环次数对试样实际排水体积的影响如图 3-20 所示。图 3-20(a) 描述了试样实际累积排水体积随温度循环次数变化的过程，从试样实际累积排水体积的变化趋势看，随着温度循环次数增加，不管对多次循环温度升温作用还是降温作用，试样实际累积排水体积均是越来越大，特别是对于 $T_{c_{45}}^{10}$ 情况，从第 4 个循环开始，累积排水体积增加愈加明显。将多次循环温度降温作用下的

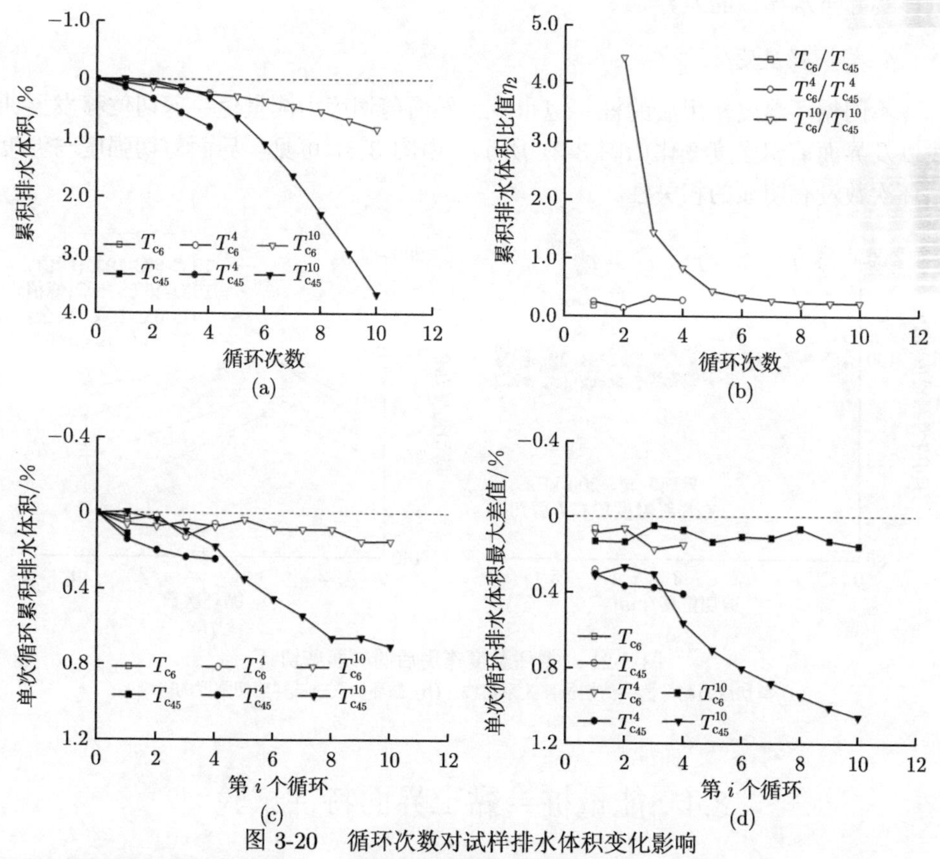

图 3-20 循环次数对试样排水体积变化影响

(a) 累积排水体积与循环次数关系；(b) 累积排水体积比值与循环次数关系；(c) 单次循环累积排水体积与循环次数关系；(d) 单次循环排水体积最大差值与循环次数关系

试样实际累积排水体积与多次循环温度升温作用下的结果作比，比值记为 η_2(图 3-20(b))，可以发现，循环次数较少时，该比值不稳定；但是随着温度循环次数的增加，最后趋于较为稳定的比值，在 0.2~0.4。考虑多次循环温度作用下试样实际累积排水体积增量变化，其随循环次数的变化如图 3-20(c) 所示，循环次数增加，每个单次循环中产生的试样实际累积排水体积逐渐增大，对于温度循环降温的情况，每个单次循环中实际累积排水体积增加量并不十分明显，对于升温的情况，在第 4 个单次循环之后，试样实际累积排水体积增加量陡增，并且，随着循环结束没有变小的趋势。而对每个单次循环，其循环过程中的试样实际排水体积最大差值变化如图 3-20(d) 所示。由图 3-20(d) 可见，对于 $T_{c_6}^{10}$ 和 $T_{c_6}^{4}$ 情况，此差值总体较小且稳定；而对于 $T_{c_{45}}^{10}$ 情况，此差值在第 3 个循环之后逐渐增加，随着循环结束也没有平稳的趋势。单次循环试样实际排水体积最大差值可体现每个单次循环过程中试样实际排水体积的变化幅度，以此表征每个单次循环中产生的试样实际排水体积的差异。

4. 剪切强度变化

不同循环温度作用后的桩—饱和砂土界面剪切应力测量值—剪切位移发展曲线以及界面剪切强度变化如图 3-21 所示。由图 3-21 可见，界面剪切强度与温度循环次数没有明显的相关性。

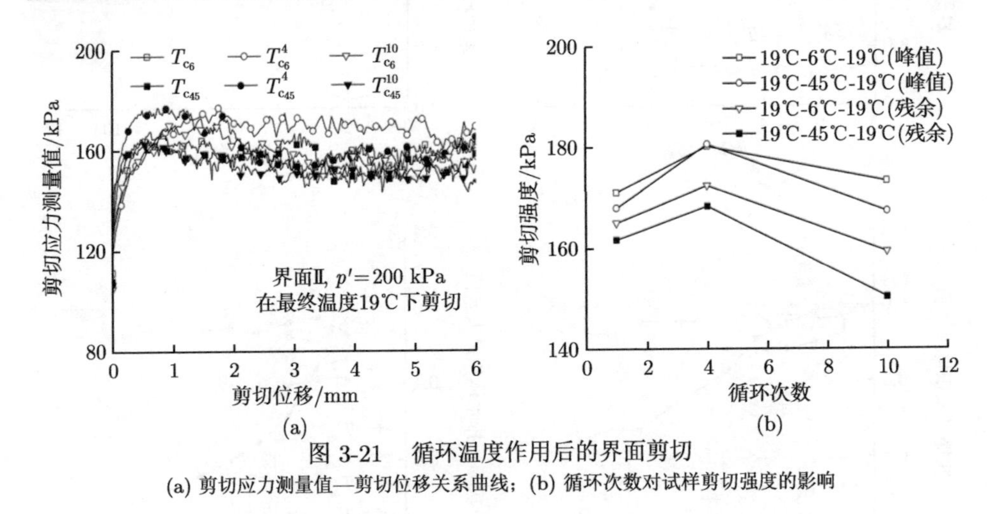

图 3-21　循环温度作用后的界面剪切

(a) 剪切应力测量值—剪切位移关系曲线；(b) 循环次数对试样剪切强度的影响

3.4　能量桩—黏土界面特性试验

通过试验分析能量桩—黏土界面特性，温度从 5℃ 变化到 25℃ 和 45℃，并施加 0 次、0.5 次、1 次、4 次和 10 次温度循环，具体的试验工况如表 3-5 所示。

能量桩—黏土界面的热力加载路径如图 3-22 所示，土样在 200 kPa、300 kPa 和 400 kPa 有效围压下固结 (从 O 到 A)。在围压和排水稳定后，降低围压，使样品的 OCR 为 4(从 A 到 B)。稳定后，桩的温度变化 (从 B 到 B' 或 C 到 C') 将根据剪切前的试验条件进行。在温度变化期间，给桩施加恒定压力 (从 B 到 C)，观察温度变化对桩体膨胀的影响。

表 3-5 能量桩—黏土界面特性试验工况

序号	OCR	加热和剪切方式	有效围压 p'/kPa	温度 T/℃	温度作用时是否为恒定剪应力
1	1	CU	50	5-45	否
2	1	CU	400	5-45	否
3	4	CU	50	5-45	否
4	4	CU	50	5	是
5	4	CU	50	5-25	是
6	4	CU	50	5-45	是
7	4	CU	75	5-45	是
8	4	CU	100	5-45	是
9	4	CU	50	5-25-5	是
10	4	CU	50	5-45-5	是
11	4	CU	50	5-45-5	是
12	4	CU	50	5-45-5	是

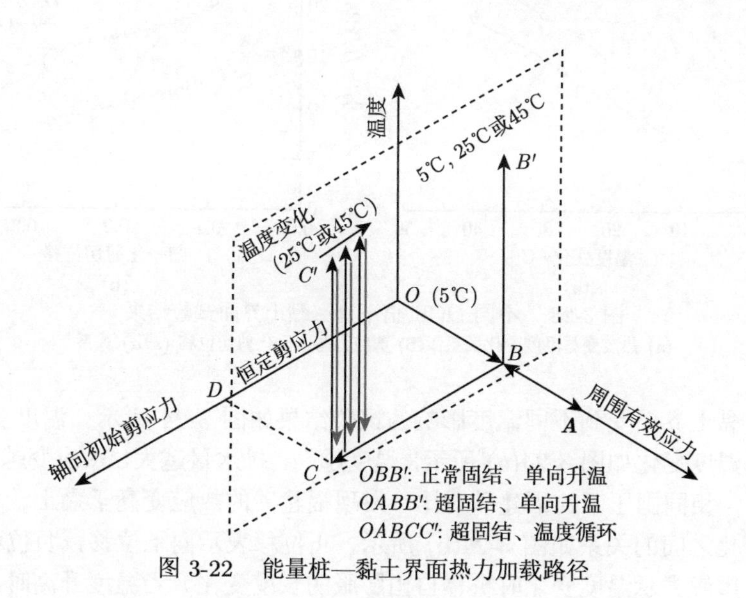

图 3-22 能量桩—黏土界面热力加载路径

3.4.1 单向温度对桩—黏土界面力学特性的影响

试验结果分为两部分，一部分是温度变化期间的体积变化和桩顶位移变化，另一部分是剪切期间的剪应力和位移关系。

桩—黏土界面在不同 OCR 值下的试验结果如图 3-23 所示。在温度变化期间热应变随温度变化如图 3-23(a) 所示。在温度变化过程中，热应变曲线呈上升趋势，黏土往外排水，呈收缩趋势。对于黏土，正常固结时的热应变大于超固结时的热应变。体积热应变取决于应力历史 (OCR)，在正常固结状态下，受温度影响，土体呈现收缩趋势，随着 OCR 的增加，土体的热应变由收缩状态变为膨胀状态。图 3-23(b) 显示了剪切期间桩—黏土界面剪应力随归一化剪切位移 (s/d) 的变化曲线。界面剪切行为表现出明显的应变软化特征。随着归一化剪切位移的增加，桩—黏土界面的抗剪强度先达到峰值，然后剪应力开始不断减小。在相同围压下，超固结时的界面剪应力高于正常固结时的界面剪应力。在相同围压下，超固结时的界面剪应力比正常固结时高 58.3%。对于处于超固结状态的桩—黏土界面，由于早期有效围压较大，故黏土含水量较低，黏土密度增加。与正常固结相比，超固结黏土-桩界面之间的薄层厚度较小，这导致剪切阻力增加 [18]。OCR 的增加将导致黏土的多孔介质更加致密，界面处土体发生相对位移更难，联锁力更大。

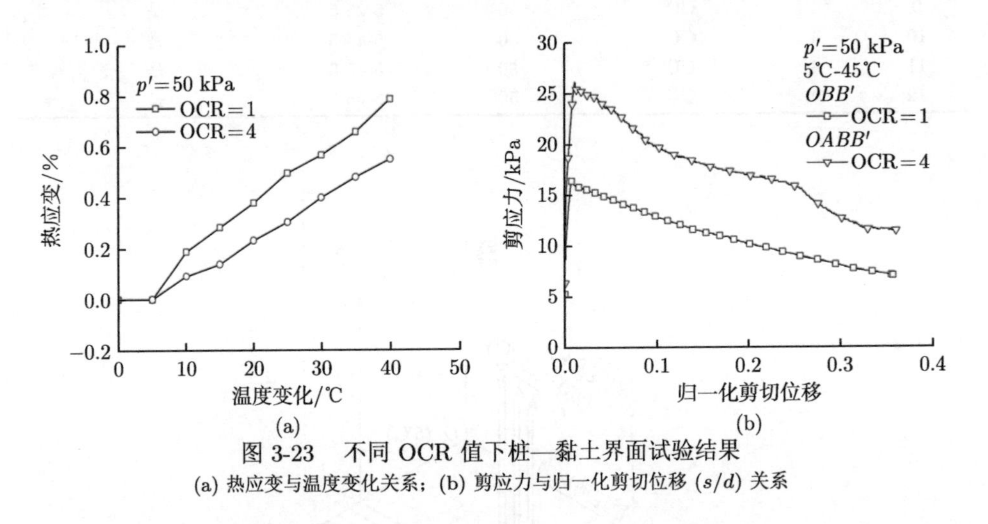

图 3-23 不同 OCR 值下桩—黏土界面试验结果

(a) 热应变与温度变化关系；(b) 剪应力与归一化剪切位移 (s/d) 关系

桩—黏土界面受到不同温度影响的试验结果如图 3-24 所示。温度变化期间，热应变随温度变化如图 3-24(a) 所示，温度越高，排水量越大，热应变越大，与李春红等 [73] 相同围压下的福建砂对比，发现福建砂的热应变高于黏土。桩顶位移和温度变化之间的关系如图 3-24(b) 所示。正位移表示向下位移，负位移表示向上位移。虚线表示温度变化时桩体自由膨胀的长度变化。当温度升高时，桩会发生纵向和径向膨胀。由于桩和桩周土样的相互作用，当桩发生纵向膨胀时，桩周围的约束力变大，从而限制了桩的径向膨胀。当桩周围是福建砂和黏土时，纵向热膨胀不一致，原因是两种土体与桩界面处的摩擦力不同，导致界面约束力不同，桩受到温度变化时纵向膨胀不同。图 3-24(c) 显示了剪切过程中不同温度变化下桩—黏土界面剪应力试验值随归一化剪切位移的变化曲线。曲线表现出明显的应力软化特征：当剪切位移很小时，剪应力试验值快速达到峰值，然后降低。温度越高，剪应力峰值越大。这与加热过程中的排水有关，导致桩和黏土之间的薄层厚度减小。可知水可以充当润滑剂的作用，界面薄层厚度的减少导致界面摩擦阻力增加。同时，桩的径向膨胀随着温度的升高而增大。桩径向膨胀的增加会导致土体和界面联锁力的增加，抗剪强度随着土体和界面联锁力的增加而增加。界面温度升高到 25℃，黏土界面抗剪强度提高了 16.8%；界面温度升高到 45℃，黏土界面抗剪强度提高了 26.9%。

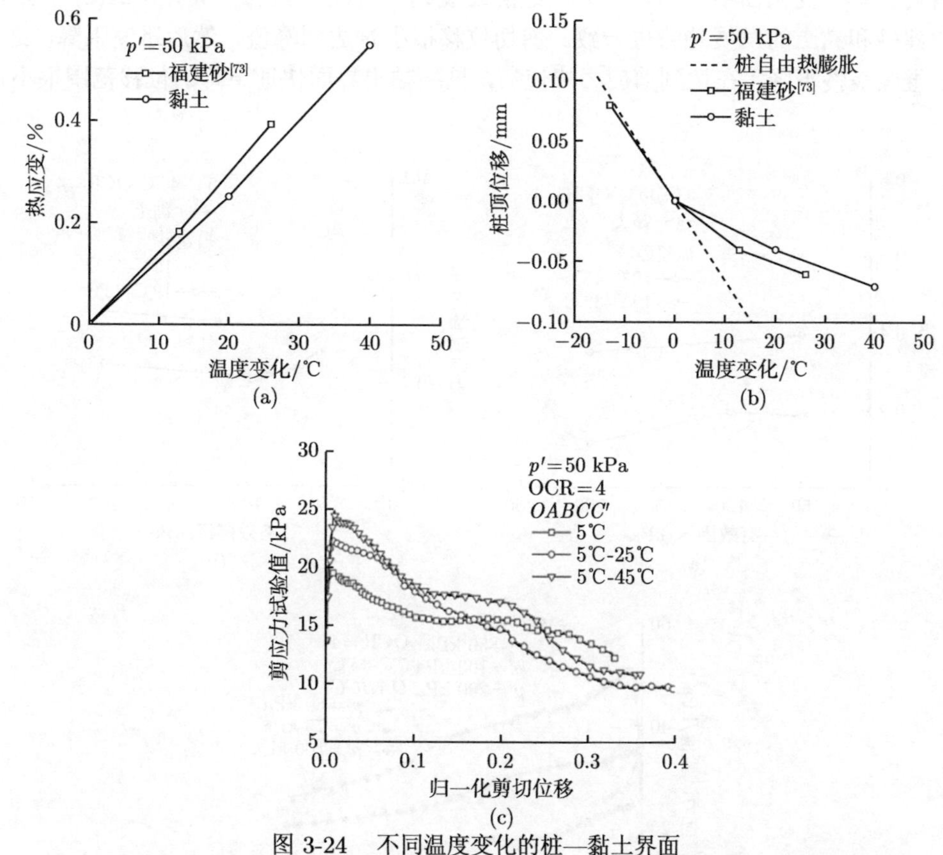

图 3-24 不同温度变化的桩—黏土界面

(a) 热应变与温度变化关系；(b) 桩顶位移与温度变化关系；(c) 剪应力试验值与归一化剪切位移关系

不同有效围压下桩—黏土界面的试验结果如图 3-25 所示。热应变随有效围压的变化如图 3-25(a) 所示。随着围压的增加，桩—黏土界面的热应变呈上升趋势，对于黏土，当温度升高时，更大应力水平造成试样的排水固结。桩—福建砂界面呈现下降趋势，减少 11%~30%，较高的有效围压在固结阶段使得土样排出了更多的水，土样的含水率降低，从而受到温度变化后，热应变也降低。桩顶位移与有效围压之间的关系如图 3-25(b) 所示。福建砂在有效围压作用下的桩顶位移变化不明显，是因为施加的初始轴向剪切应力约为相应界面抗剪强度的一半。因此，对于不同的周围有效应力，施加的初始轴向剪应力的相对值是相同的。因此，在温度作用下，桩的轴向和周围约束比相似，从而导致桩在温度作用下的位移相似。本试验中，桩顶位移值呈上升趋势，这组试验施加的初始剪应力是一致的，即在高有效围压下，桩的相对约束力变小，桩顶位移值随有效围压的增加呈上升趋势。图 3-25(c) 显示了剪切过程中不同有效围压下桩—黏土界面剪应力试验值随归一化剪切位移的变化曲线。剪切应力曲线的发展趋势与图 3-23(b) 和图 3-24(c) 一致，福建砂和黏土的发展趋势也一致。剪切位移很小时达到峰值，然后迅速下降，之后继续缓慢下降。在达到剪应力峰值后，桩—黏土界面快速下降的位移范围很小，

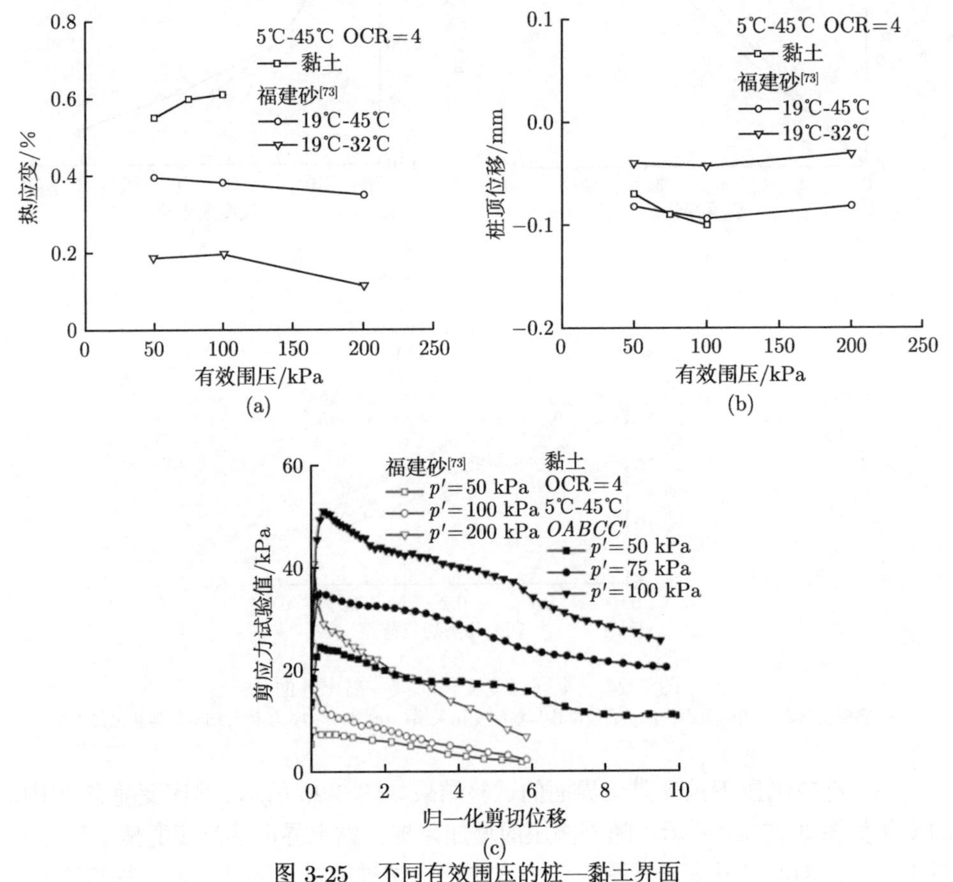

图 3-25　不同有效围压的桩—黏土界面

(a) 热应变与有效围压关系；(b) 桩顶位移与有效围压关系；(c) 剪应力试验值与归一化剪切位移关系

通常可以忽略，福建砂的这一过程比黏土的过程更为明显，福建砂需要更多的时间来重新对土粒进行排列。图 3-25(c) 还显示了界面抗剪强度随有效围压的增加而增加。这是因为界面剪切面上有效围压的增加导致黏土和桩之间的摩擦阻力增加，从而导致界面峰值抗剪强度增加。周围的有效应力越大，界面剪应力越大。

图 3-26 显示桩—黏土界面在不同 OCR 下的典型抗剪强度包络线 (峰值界面强度包络线)。采用莫尔-库仑理论获得了有效围压范围内的界面摩擦角 (φ) 值。对于黏土，峰值抗剪强度随着有效围压的增大而增大，界面摩擦角 (φ) 随着 OCR 值的增加而增加。

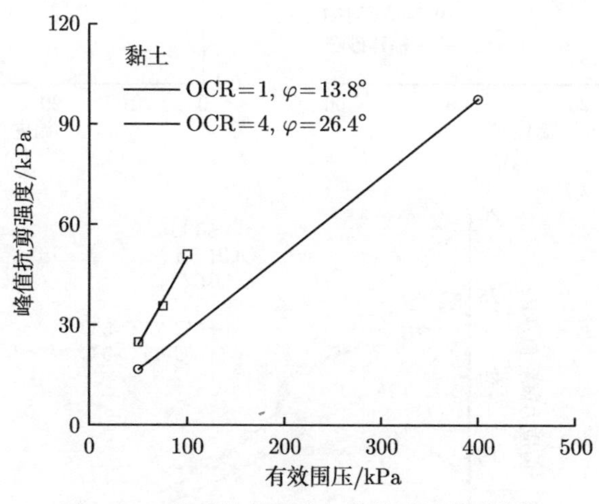

图 3-26 峰值抗剪强度与有效围压关系曲线

3.4.2 循环温度对桩—黏土界面力学特性的影响

图 3-27 显示了桩—黏土界面在单次温度循环下的试验结果。温度循环期间热应变和温度关系如图 3-27(a) 所示。两种土样的热应变随温度的升高而增大，随温度的降低而减小。温度循环后，热应变不会返回原点。黏土在 5℃-45℃-5℃ 的累积体积应变是 5℃-25℃-5℃ 的两倍。桩顶位移随温度的变化如图 3-27(b) 所示。当温度升高时，桩顶表现出向上位移；当温度降低时，桩顶表现出向下位移；温度循环后，黏土和福建砂中的桩顶位移均未恢复到初始值；桩顶呈现不可恢复的向下 (累积) 位移；循环温度振幅越大，向下累积位移越大。

图 3-27(c) 显示了剪切过程中不同单次温度循环下桩—黏土界面剪应力试验值随归一化剪切位移的变化曲线，均表现出应力软化的趋势。循环温度越高，剪应力越大。这与温度循环过程中的热应变有关。循环温度振幅越大，累积热应变越大，黏土密度越大，导致黏土与桩之间的水薄层厚度减小。黏土与桩之间的水薄层起到润滑作用，薄层厚度减小，导致黏土—桩界面的摩阻力增大。界面温度

进行 1 次温度循环 5℃-25℃-5℃ 后，黏土界面抗剪强度提高了 14.7%；界面温度进行 1 次温度循环 5℃-45℃-5℃ 后，黏土界面抗剪强度提高了 31.1%。

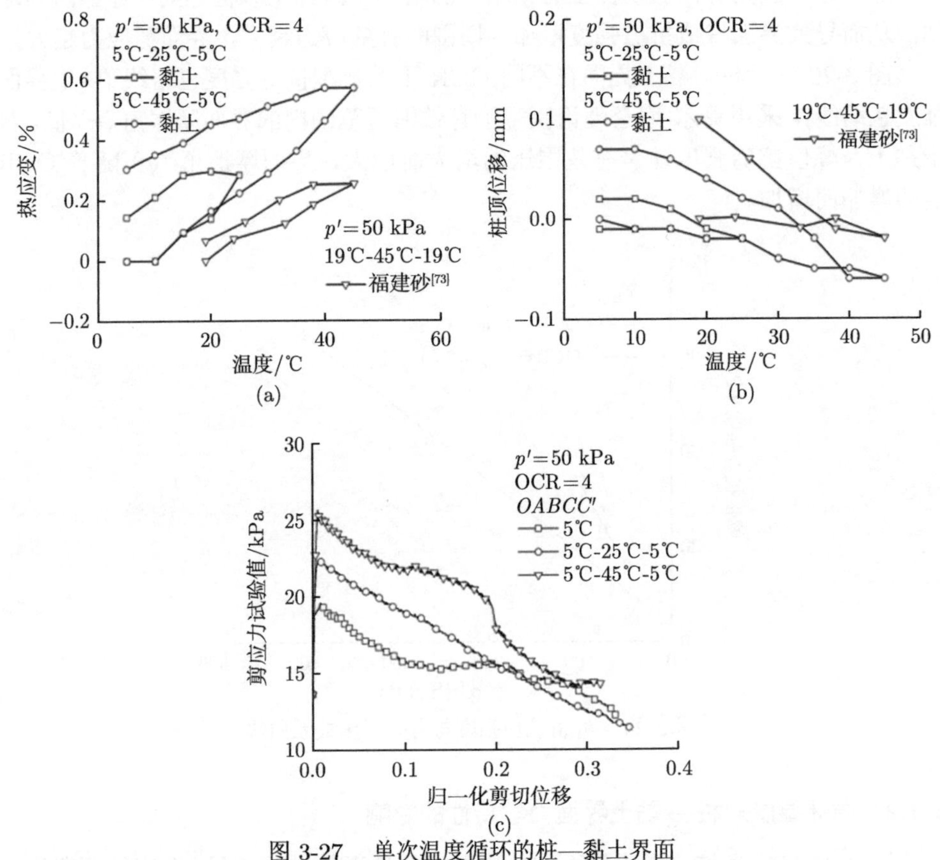

图 3-27　单次温度循环的桩—黏土界面

(a) 热应变与温度变化关系；(b) 桩顶位移与温度变化关系；(c) 剪应力试验值与归一化剪切位移关系

多次温度循环后的桩—黏土界面的试验结果如图 3-28～ 图 3-32 所示。图 3-28 显示了黏土经过 4 次温度循环的热应变变化规律。图 3-28(a) 显示了温度循环累积热应变随着温度循环次数的增加而增加，图 3-28(b) 显示了每个温度循环中累积的热应变。在这 4 个循环中，累积热应变持续增加。

图 3-29 显示了 4 次温度循环下桩顶位移的变化。如图 3-29(a) 所示随着温度循环次数的增加，桩顶位移累积持续增加，且增加趋势减缓。图 3-29(b) 显示了每个循环中的累积桩顶位移。随着循环次数的增加，每次循环中累积位移变小。图 3-30(a) 显示了 10 次温度循环期间的热应变变化。热应变一直在增加，但没有减缓。由图 3-30(b) 中可见，热应变在后期循环中开始增加。随着温度循环次数的增加，桩顶的累积位移减小，并逐渐趋于 0(图 3-31)。

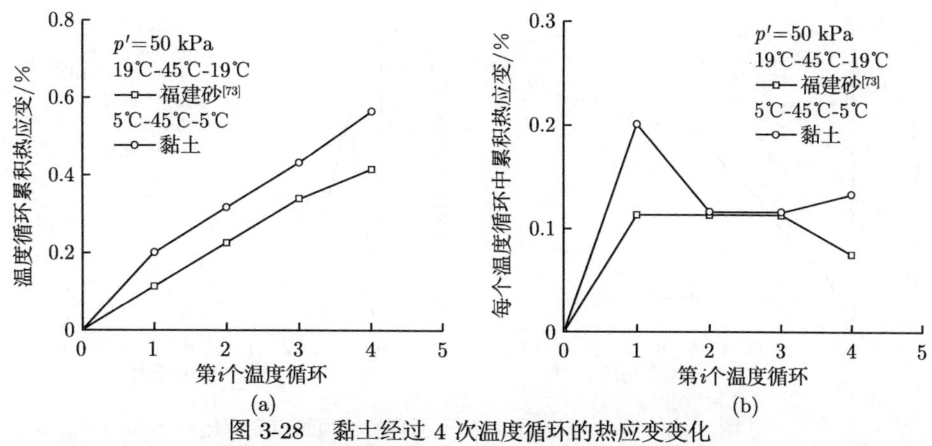

图 3-28 黏土经过 4 次温度循环的热应变变化

(a) 温度循环累积热应变与第 i 个温度循环关系；(b) 每个温度循环中累积热应变与第 i 个温度循环关系

温度循环后，剪应力试验值与归一化剪切位移的关系如图 3-32 所示。循环次数对界面剪应力几乎没有影响。应力在开始时迅速增加，达到峰值后迅速降低，然后下降速度减慢。多次温度循环后，超固结黏土界面抗剪强度变化较小。界面温度进行 4 次温度循环后 (5℃-45℃-5℃)，比 1 次温度循环黏土抗剪强度降低了 3.7%；界面温度进行 10 次温度循环后 (5℃-45℃-5℃)，比 1 次温度循环黏土抗剪强度降低了 3.7%。

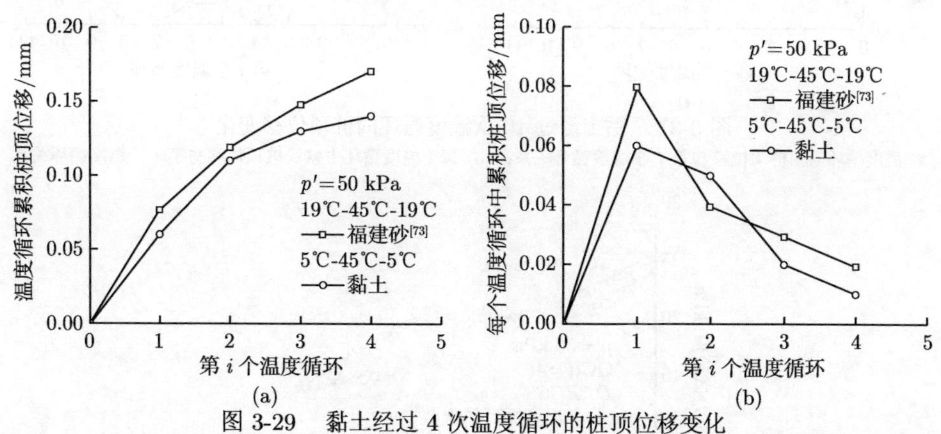

图 3-29 黏土经过 4 次温度循环的桩顶位移变化

(a) 温度循环累积桩顶位移与第 i 个温度循环关系；(b) 每个温度循环中累积桩顶位移与第 i 个温度循环关系

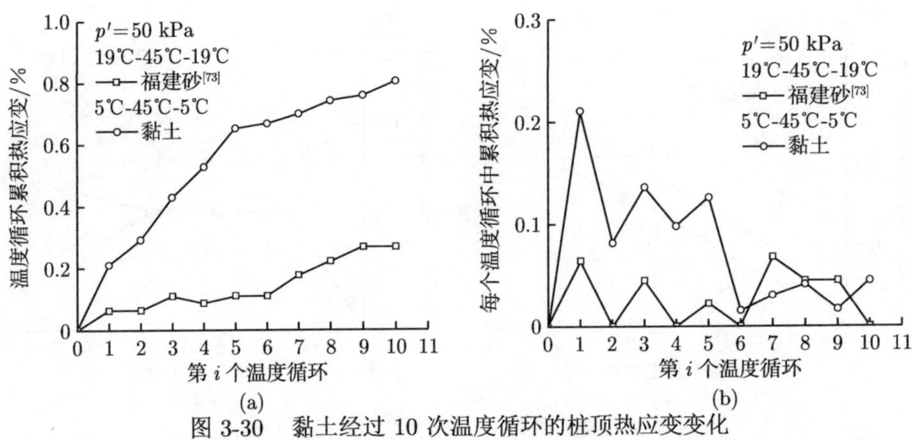

图 3-30　黏土经过 10 次温度循环的桩顶热应变变化

(a) 温度循环累积热应变与第 i 个温度循环关系；(b) 每个温度循环中累积热应变与第 i 个温度循环关系

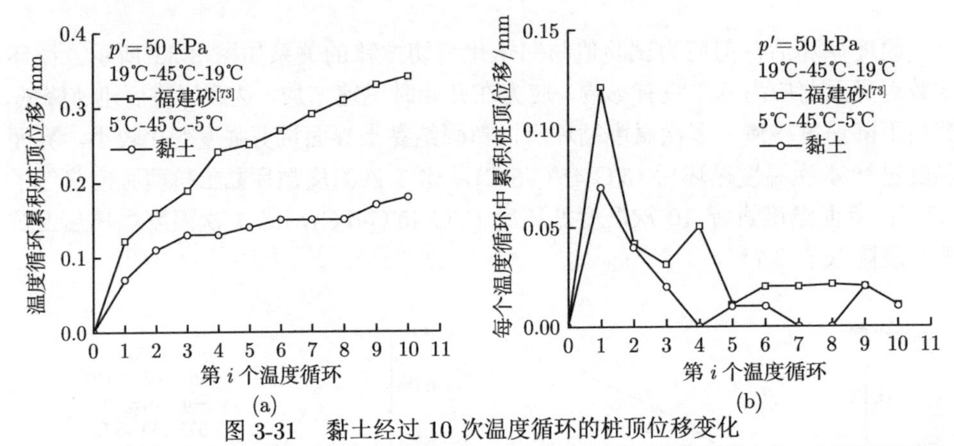

图 3-31　黏土经过 10 次温度循环的桩顶位移变化

(a) 温度循环累积桩顶位移与第 i 个温度循环关系；(b) 每个温度循环中累积桩顶位移与第 i 个温度循环关系

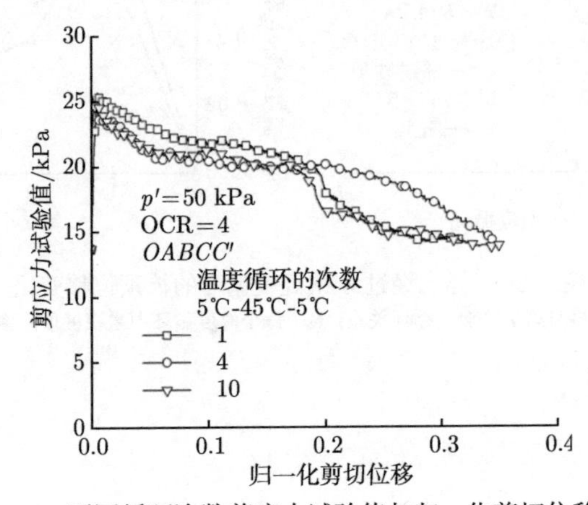

图 3-32　不同循环次数剪应力试验值与归一化剪切位移关系

3.5 能量桩—土界面温度—桩顶位移关系

实际工程中，对桩体结构安全性的评价，主要集中在桩体的承载力以及桩体结构使用过程中的桩顶位移情况。桩—土界面结构在承受恒定的剪切应力时，随着界面温度的变化，会引起桩顶位移的变化。本章以桩—砂土界面为例，基于桩—砂土粗糙界面多次循环温度下的桩顶位移研究结果，参考邓肯-张双曲线模型，采用非线性弹性的理论，建立桩—土界面温度—桩顶位移关系式，并通过桩—砂土界面的其他试验结果验证关系式的可行性。

3.5.1 降温循环阶段

1. 研究方案

根据实测的温度和桩顶位移间的关系得到如图 3-33(a) 所示的降温循环时温度差值—桩顶位移关系曲线。温度差值正值代表升温、负值代表降温；桩顶位移正值代表向下的位移、负值代表向上的位移。测量得到的桩顶位移均指桩体顶部相对位置变化结果，由于桩体的膨胀/收缩，桩身各部分的位移不一定等于桩顶位移。

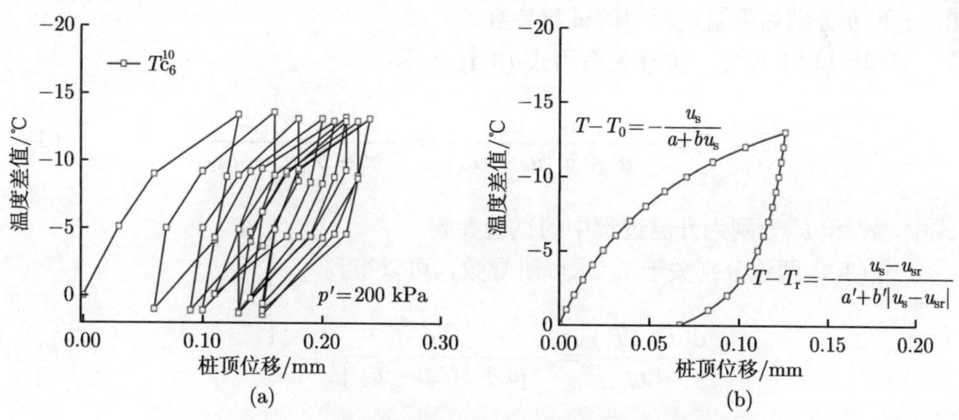

图 3-33 降温循环温度差值和桩顶位移双曲线关系

(a) 实测结果；(b) 双曲线拟合型式

观察降温时温度差值—桩顶位移的关系，发现两者之间比较符合双曲线型的非线性关系，如图 3-33(b) 所示。T 代表当前温度；T_0 代表起始温度；u_s 代表桩顶位移，取相对值，将桩顶位移量除以桩长后得到；a 和 b 分别为试验参数。

对于降温循环过程，温度差值的绝对值首先增大，然后减小至 0，温度回到初始值附近，桩顶产生累积位移，之后的循环重复该过程。与邓肯—张双曲线模型类似的双曲线只能考虑温度差值绝对值增大的部分，而减小至 0 的部分则可以用图 3-33(b) 中右下方公式表示。T_r 代表上一段相邻温度变化的终点温度，u_{sr} 代表上一段终点温度对应的终点位移，a' 和 b' 分别为试验参数。在第 1 次循环温度结束之后，继续开始的循环温度作用 (包括温度差值的绝对值增大过程)，位移关系均可用图 3-33(b) 中右下方的公式表达。此公式其实描述的是温度或者位移有不为 0 的初始值时，温度 (或位移) 发生变化，对应的位移 (或温度) 如何变化。

2. 降温循环阶段控制方程

考虑到每个循环温度降温作用包含了降温和升温两个过程，为了逻辑清晰，将同一循环中的降温和升温两个过程分开定义。降温过程中温度—位移关系用如式 (3-3) 表示：

$$T - T_r = -\frac{u_s - u_{sr}}{a + b\left|u_s - u_{sr}\right|} = -\frac{u_s - u_{sr}}{a + b(u_s - u_{sr})} \tag{3-3}$$

式中，T 代表当前温度；T_r 代表上一段相邻温度变化的终点温度，对于第 1 个降温循环中的降温过程，T_r 等于起始温度 T_0；u_s 代表桩顶位移 (相对值)；u_{sr} 代表上一段终点温度对应的桩顶位移，对于第 1 个降温循环中的降温过程，u_{sr} 等于 0；a 和 b 分别为降温过程中的试验参数。

升温过程中温度—位移关系用式 (3-4) 表示：

$$T - T_r = -\frac{u_s - u_{sr}}{a' + b'\left|u_s - u_{sr}\right|} = -\frac{u_s - u_{sr}}{a' - b'(u_s - u_{sr})} \tag{3-4}$$

式中，a' 和 b' 分别为升温过程中的试验参数。

式 (3-3) 两边分别关于 u_s 求一阶导数，可以得到

$$\frac{\mathrm{d}(T - T_r)}{\mathrm{d}u_s} = -\frac{a}{[a + b(u_s - u_{sr})]^2} = \frac{1}{E_t} \tag{3-5}$$

式中，E_t 表示温度—桩顶位移关系中切线模量，单位为 mm/℃，用 $\mathrm{d}u_s/\mathrm{d}T$ 表示，物理意义上表征单位温度变化下产生的桩顶位移。

在每段降温温度变化的起点处，$u_s = u_{sr}$，$E_t = E_i$，则有

$$E_i = -a \tag{3-6}$$

式中，a 代表的是每段降温温度变化的起始模量 E_i 的相反数，单位为 mm/℃。

式 (3-4) 两边分别关于 u_s 求一阶导数，可以得到

$$\frac{\mathrm{d}(T-T_{\mathrm{r}})}{\mathrm{d}u_{\mathrm{s}}}=-\frac{a'}{[a'-b'(u_{\mathrm{s}}-u_{\mathrm{sr}})]^2}=\frac{1}{E_{\mathrm{t}}'} \tag{3-7}$$

同理，对于每段升温过程，温度变化的起点处，$u_{\mathrm{s}}=u_{\mathrm{sr}}$，$E_{\mathrm{t}}'=E_{\mathrm{i}}'$，则：

$$E_{\mathrm{i}}'=-a' \tag{3-8}$$

式中，a' 代表的是每段升温温度变化的起始模量 E_{i}' 的相反数，单位为 mm/℃。

由式 (3-3)，可以得到 b 的表达式：

$$b=-\frac{1}{T-T_{\mathrm{r}}}\left(1+a\frac{T-T_{\mathrm{r}}}{u_{\mathrm{s}}-u_{\mathrm{sr}}}\right) \tag{3-9}$$

在式 (3-9) 中，如果 T 等于此段温度变化的终点温度，即 $T=T_{\mathrm{z}}$，$u_{\mathrm{s}}=u_{\mathrm{sz}}$ (u_{sz} 代表此段终点温度对应的桩顶位移)，则有

$$b=-\frac{1}{T_{\mathrm{z}}-T_{\mathrm{r}}}\left(1+a\frac{T_{\mathrm{z}}-T_{\mathrm{r}}}{u_{\mathrm{sz}}-u_{\mathrm{sr}}}\right)=-\frac{1}{T_{\mathrm{z}}-T_{\mathrm{r}}}\left(1+\frac{a}{\alpha}\right) \tag{3-10}$$

式中，α 代表此段降温温度—桩顶位移关系的平均变化模量，单位为 mm/℃；参数 b 的单位为 ℃$^{-1}$。

对式 (3-4) 进行类似式 (3-9) 和式 (3-10) 的变换，可以得到

$$b'=\frac{1}{T_{\mathrm{z}}-T_{\mathrm{r}}}\left(1+a'\frac{T_{\mathrm{z}}-T_{\mathrm{r}}}{u_{\mathrm{sz}}-u_{\mathrm{sr}}}\right)=\frac{1}{T_{\mathrm{z}}-T_{\mathrm{r}}}\left(1+\frac{a'}{\alpha'}\right) \tag{3-11}$$

式中，α' 代表此段升温温度—桩顶位移关系的平均变化模量，单位为 mm/℃；参数 b' 的单位为 ℃$^{-1}$。

对降温过程中的试验参数 a 进行分析，根据试验所得数据，发现第 1 个降温循环中 a 值远大于后面的循环，并且随着循环的进行，试验参数 a 趋向于 0，如图 3-34(a) 所示。N 代表循环次数。为了保证 $\mathrm{d}T/\mathrm{d}u_{\mathrm{s}}$ 存在数学意义，当 a 趋向于 0 时，将 a 取为 0.001。不同周围有效压力下的 a 值随着循环次数的变化近似可以用以下函数表示：

$$a=k_1\mathrm{e}^{-N+1}+0.001 \tag{3-12}$$

式中，k_1 表示试验参数。函数图像如图 3-34(a) 所示。

对于第 1 个循环中的 a 值，记为 a_1，其与周围有效压力的关系如图 3-34(b) 所示，不同次数的循环温度降温作用下，a_1 值与 p' 均呈现较为明显的线性关系，因此可以假设 a_1 值与 p' 的关系式：

$$a_1 = \eta_1^* \frac{p'}{p'_0} + \eta_2^* \tag{3-13}$$

式中，p'_0 为周围有效压力参考值，为了去量纲 kPa，p'_0 可以取为 1 kPa；η_1^* 和 η_2^* 为试验参数。a_1 同时可以在式 (3-12) 中求解，则有

$$k_1 = a_1 - 0.001 = \eta_1^* \frac{p'}{p'_0} + \eta_2^* - 0.001 \tag{3-14}$$

将式 (3-14) 代入式 (3-12)，则有

$$a = \left(\eta_1^* \frac{p'}{p'_0} + \eta_2^* - 0.001\right) \mathrm{e}^{-N+1} + 0.001 \tag{3-15}$$

式中，η_1^* 和 η_2^* 为试验参数。

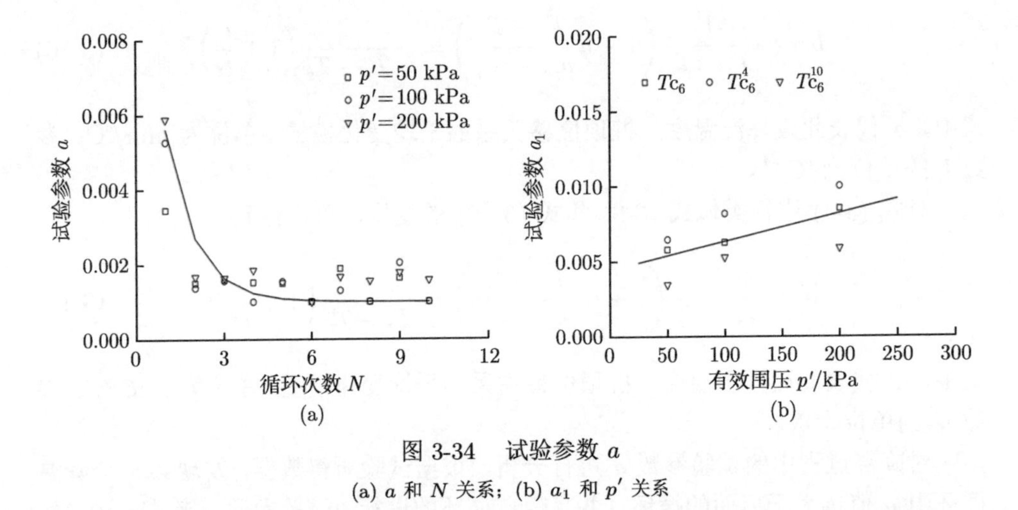

图 3-34　试验参数 a

(a) a 和 N 关系；(b) a_1 和 p' 关系

对升温过程中的试验参数 a' 进行分析，根据试验所得数据，发现降温循环中 a' 值经常趋于 0，并且几乎不随循环次数变化，如图 3-35 所示。为了保证 $\mathrm{d}T/\mathrm{d}u_\mathrm{s}$ 存在数学意义，当 a' 趋向于 0 时，将 a' 取为 0.001。周围有效压力的影响不明显，因此可以将 a' 近似看作常量。a' 实测的取值范围在 0.001~0.002。

试验参数 a 和 a' 分别反映了降温和升温温度变化阶段温度—位移关系的初始模量变化，而试验参数 b 是关于 a 和 α 的函数，b' 是关于 a' 和 α' 的函数，α 和 a' 分别反映了降温和升温温度变化阶段温度—位移关系的平均模量变化。

降温温度变化中的 α 值随着循环次数的变化如图 3-36(a) 所示。由图 3-36(a) 可知，α 值随循环次数 N 的变化规律，可以用类似式 (3-12) 表达 [73]：

$$\alpha = C\mathrm{e}^{-N+1} + D \tag{3-16}$$

式中，C 和 D 为试验参数。对于第 1 个循环中的 α 值，记为 α_1，其与周围有效压力的关系如图 3-36(b) 所示，不同次数的循环温度降温作用下，α_1 值与 p' 均呈现较为明显的线性关系，因此可以假设 α_1 值与 p' 的关系式 [73]：

$$\alpha_1 = A\frac{p'}{p'_0} + B \tag{3-17}$$

式中，p'_0 为周围有效压力参考值，为了去量纲 kPa，p'_0 可以取为 1 kPa；A 和 B 为试验参数。α_1 同时可以在式 (3-17) 中求解，则有

$$\alpha_1 = C + D \tag{3-18}$$

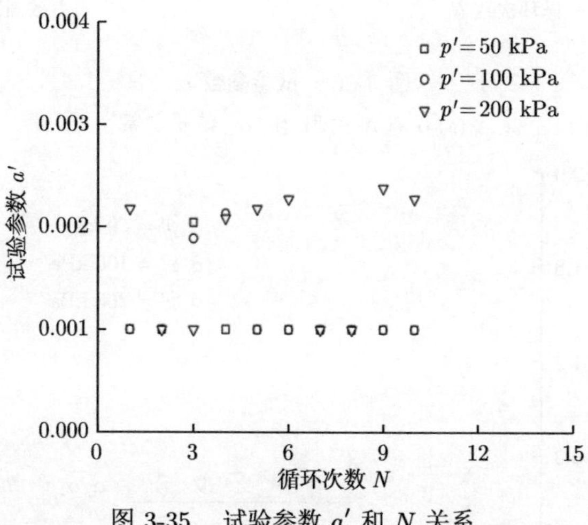

图 3-35　试验参数 a' 和 N 关系

当循环次数 N 增加时，α/α_1 逐渐趋向于一个稳定值 (图 3-37)。将此渐近值记为 R_f。假定 R_f 不受周围有效压力影响。对于式 (3-16)，当 N 足够大时，则有

$$\alpha = D = \alpha_1 R_\mathrm{f} \tag{3-19}$$

将式 (3-19) 代入式 (3-18)，可以得到

$$C = (1 - R_\mathrm{f})\alpha_1 \tag{3-20}$$

将式 (3-17)、式 (3-19)、式 (3-20) 代入式 (3-16)，可以得到

$$\alpha=(1-R_{\mathrm{f}})\left(A\frac{p'}{p_0'}+B\right)\mathrm{e}^{-N+1}+R_{\mathrm{f}}\left(A\frac{p'}{p_0'}+B\right) \tag{3-21}$$

式中，A、B、R_{f} 为试验参数。

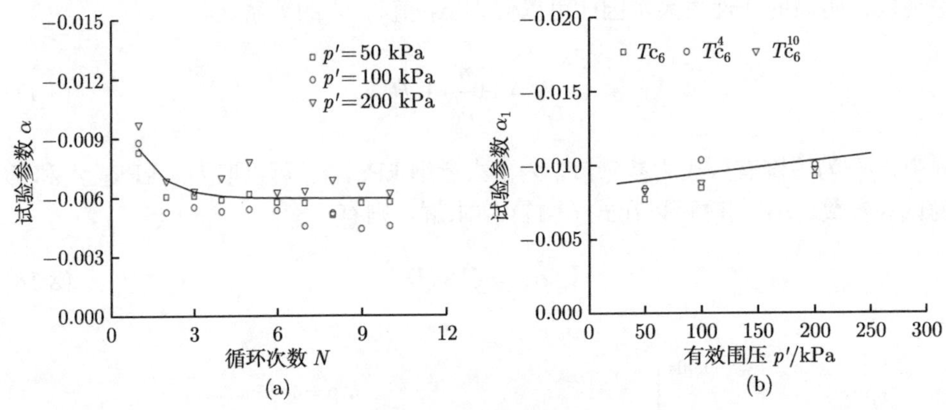

图 3-36　试验参数 α

(a) α 和 N 关系；(b) α_1 和 p' 关系

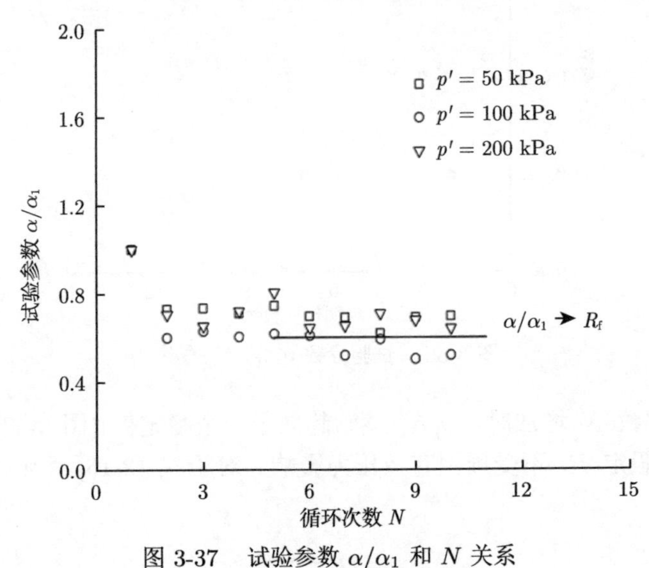

图 3-37　试验参数 α/α_1 和 N 关系

α 和 α' 分别反映了降温和升温温度变化阶段温度—位移关系的平均模量变化，根据试验结果，随着循环次数的增加，每个降温—升温循环产生的桩顶累积位移逐渐减小，甚至接近于 0。这说明，当循环次数 N 增大至一定程度时，同一循环中 α 和 α' 的比值应该趋向于 1。对已有试验结果进行分析，α 和 α' 的比值随循环次数的变化如图 3-38(a) 所示。

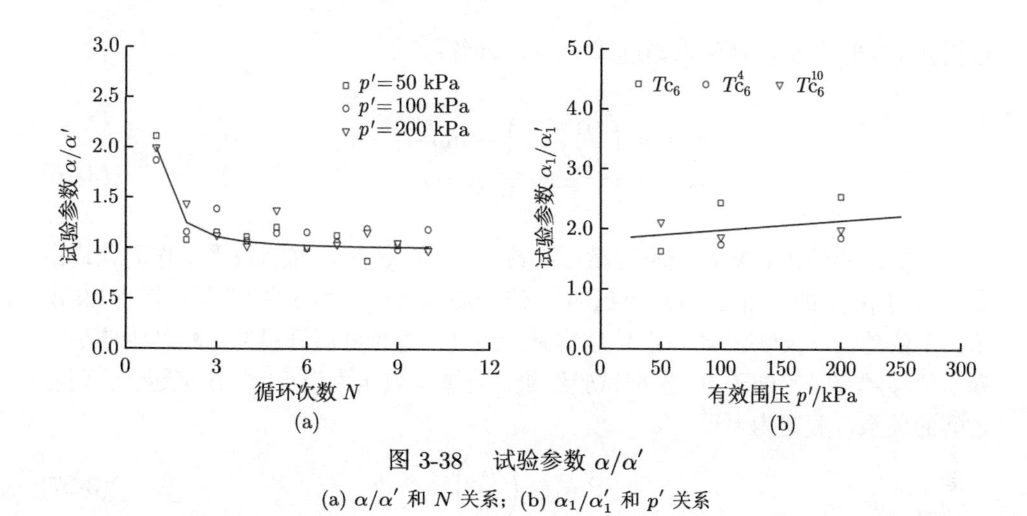

图 3-38 试验参数 α/α'

(a) α/α' 和 N 关系；(b) α_1/α_1' 和 p' 关系

不同周围有效压力下，每个降温、升温的循环产生的桩顶累积位移逐渐减小至 0 所需的循环次数存在差异。对于粗糙界面，周围有效压力越大，桩顶累积位移逐渐减小至 0 所需的循环次数越多。为表征这种特性，同时基本满足 α/α' 和 N 之间的非线性关系，假设式 (3-22) 关系 [73]：

$$\frac{\alpha}{\alpha'} = HN^{-\beta} + 1 \tag{3-22}$$

式中，H 和 β 均为试验参数。

对于第 1 个循环中的 α/α' 值，记为 α_1/α_1'，其与周围有效压力的关系如图 3-38(b) 所示，不同次数的循环温度降温作用下，α_1/α_1' 值与 p' 均呈现近似的线性关系，因此可以得到 α_1/α_1' 与 p' 的关系式 [73]：

$$\frac{\alpha_1}{\alpha_1'} = m\frac{p'}{p_0'} + n \tag{3-23}$$

式中，p_0' 为周围有效压力参考值，为了去量纲 kPa，p_0' 可以取为 1 kPa；m 和 n 为试验参数。α_1/α_1' 值可以在式 (3-22) 中求解，则有

$$H = m\frac{p'}{p_0'} + n - 1 \tag{3-24}$$

将式 (3-24) 代入式 (3-22)，可以得到

$$\frac{\alpha}{\alpha'} = \left(m\frac{p'}{p_0'} + n - 1\right)N^{-\beta} + 1 \tag{3-25}$$

根据式 (3-25)，β 值则可以通过式 (3-26) 计算：

$$\beta = \frac{\ln\left(\frac{\alpha_1}{\alpha_1'} - 1\right) - \ln\left(\frac{\alpha}{\alpha'} - 1\right)}{\ln N} \tag{3-26}$$

通过试验结果计算得到不同循环次数 N 下的 β 值，然后取平均作为此周围有效压力 p' 下的 β 值。实测得到的 β 值与周围有效压力 p' 的关系如图 3-39 所示。β 值越大，反映出 α_1/α_1' 值越容易接近 1，每个降温升温的循环产生的桩顶累积位移越容易趋向于 0。根据试验结果，周围有效压力越小时，β 值越大。两者之间的关系，假定为 [73]

$$\beta = \xi_1 \left(\frac{p'}{p_0'}\right)^{\xi_2} \tag{3-27}$$

式中，p_0' 为周围有效压力参考值，为了去量纲 kPa，p_0' 可以取为 1 kPa；ξ_1 和 ξ_2 为试验参数。

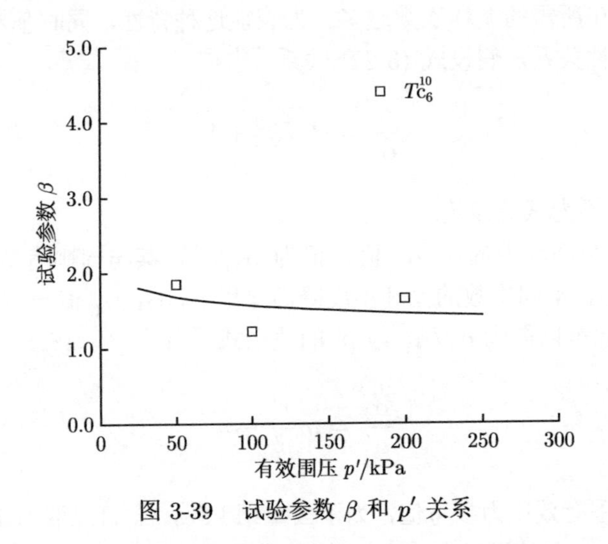

图 3-39　试验参数 β 和 p' 关系

将式 (3-27) 代入式 (3-25) 可以得到

$$\alpha' = \frac{\alpha}{\left(m\frac{p'}{p_0'} + n - 1\right) N^{-\xi_1\left(\frac{p'}{p_0'}\right)^{\xi_2}} + 1} \tag{3-28}$$

式中，m、n、ξ_1、ξ_2 为试验参数。联列式 (3-3)、式 (3-4)、式 (3-10)、式 (3-11)、式 (3-15)、式 (3-21)、式 (3-28) 可以得到 [73]

$$
\left.\begin{aligned}
&u_{\mathrm{s}}=-\frac{a(T-T_{\mathrm{r}})}{1+b(T-T_{\mathrm{r}})}+u_{\mathrm{sr}}\quad(\text{降温阶段})\\
&u_{\mathrm{s}}=-\frac{a'(T-T_{\mathrm{r}})}{1-b'(T-T_{\mathrm{r}})}+u_{\mathrm{sr}}\quad(\text{升温阶段})\\
&b=-\frac{1}{T_{\mathrm{z}}-T_{\mathrm{r}}}\left(1+\frac{a}{\alpha}\right)\\
&b'=\frac{1}{T_{\mathrm{z}}-T_{\mathrm{r}}}\left(1+\frac{a'}{\alpha'}\right)\\
&a=\left(\eta_1^*\frac{p'}{p_0'}+\eta_2^*-0.001\right)\mathrm{e}^{-N+1}+0.001\\
&a'=\mathrm{const}\quad(\text{取值 }0.001\sim0.002)\\
&\alpha=(1-R_{\mathrm{f}})\left(A\frac{p'}{p_0'}+B\right)\mathrm{e}^{-N+1}+R_{\mathrm{f}}\left(A\frac{p'}{p_0'}+B\right)\\
&\alpha'=\frac{\alpha}{\left(m\frac{p'}{p_0'}+n-1\right)N^{-\xi_1\left(\frac{p'}{p_0'}\right)^{\xi_2}}+1}
\end{aligned}\right\}\tag{3-29}
$$

式 (3-29) 代表了循环温度降温作用下的温度—桩顶位移关系方程。其中，η_1^*、η_2^*、A、B、R_{f}、m、n、ξ_1、ξ_2、a'、p_0' 为试验参数。

3. 试验结果模拟

循环温度降温作用下的温度—桩顶位移关系式参数，是根据桩—粗糙砂土界面多次循环温度作用下的试验结果确定的。η_1^*、η_2^* 从各个工况下第 1 个循环中的 a_1 值与周围有效压力 p' 的拟合直线中获得，η_1^* 代表斜率，η_2^* 代表截距 (图 3-34(b))。A、B 从各个工况下第 1 个循环中的 α_1 值与周围有效压力 p' 的拟合直线中获得，A 代表斜率，B 代表截距 (图 3-36(b))。R_{f} 等于不同循环次数 N 下的 α/α_1 趋向的稳定值，如图 3-37 所示。由于循环次数较为有限，因此可以根据循环过程中已经出现的相对稳定值取值，或者在此基础上，取 80%~100%的稳定值，可根据实际计算的结果，适当调整。m、n 从各个工况下第 1 个循环中的 α_1/α_1' 值与周围有效压力 p' 的拟合直线中获得，m 代表斜率，n 代表截距 (图 3-38(b))。ξ_1、ξ_2 从循环温度降温作用 (10 次) 中计算得到的 β 值与周围有效压力 p' 的关系拟合曲线中获得 (图 3-39)。拟合曲线形式见式 (3-27)，ξ_1 代表系数，ξ_2 代表指数。其中 β 值是根据式 (3-26) 计算，并对不同循环次数 N 下的结果取平均获得。a' 为试验常数，根据本试验，取值范围在 0.001~0.002。p_0' 为周围有效压力参考值，为了去量纲取为 1 kPa。

根据上述方法，可以确定粗糙界面 10 次循环温度降温作用下的温度—桩顶位移关系式参数，具体如表 3-6 所示。

表 3-6 粗糙界面 10 次循环温度降温作用下温度—桩顶位移关系式参数

η_1^* /(mm/℃)	η_2^* /(mm/℃)	A /(mm/℃)	B /(mm/℃)	R_{f}	m	n	ξ_1	ξ_2
1.48×10^{-5}	3.14×10^{-3}	-9.46×10^{-6}	-7.82×10^{-3}	0.60	1.60×10^{-3}	1.82	2.51	−0.10

注：a' 取 0.001

不同周围有效压力下的模拟结果如图 3-40 所示。图 3-40(a) 展现了循环次数 N 为 1 时的实测和模拟情况，该非线性弹性的温度—位移式对首个降温循环的桩顶位移模拟效果较好，体现了单个循环内降温升温作用后桩顶产生不可逆的向下的位移。但是从 10 次循环的模拟结果看 (图 3-40(b))，与实测的结果还存在一定的差异性，主要体现在位移随时间变化的轨迹存在差异，在温度变化过程中，模拟结果总体小于实测结果，回到初始温度后，累积的桩顶位移结果较为靠近实测

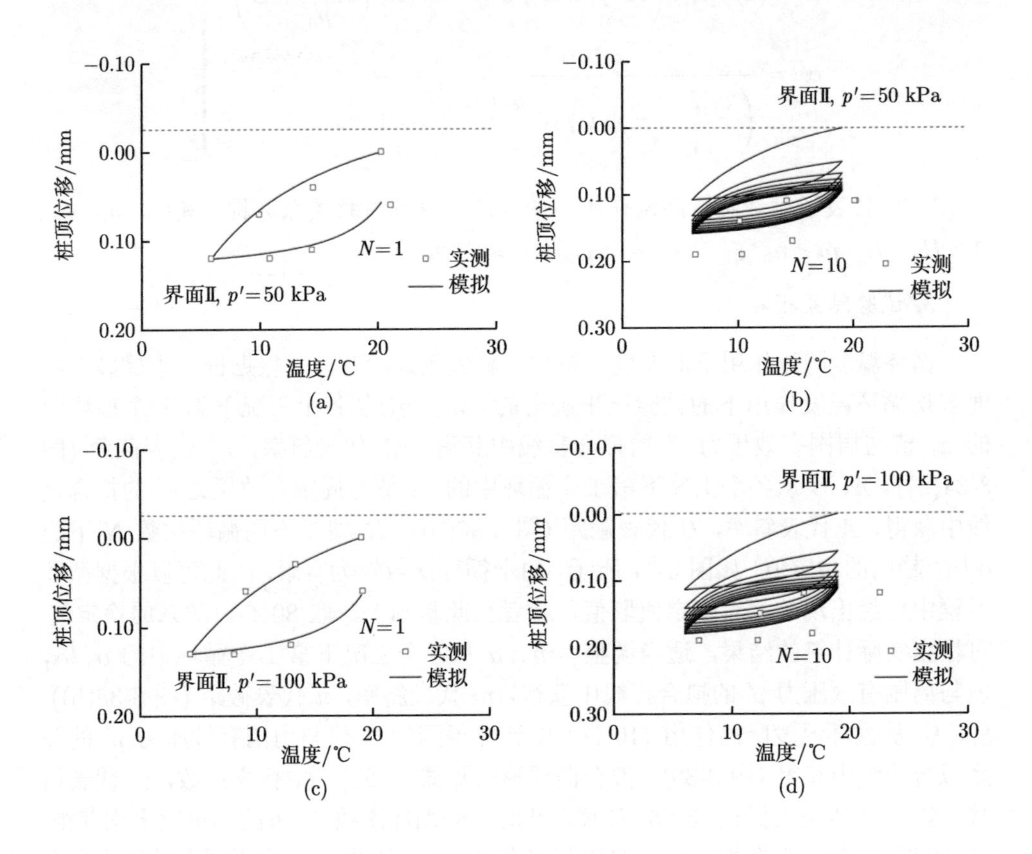

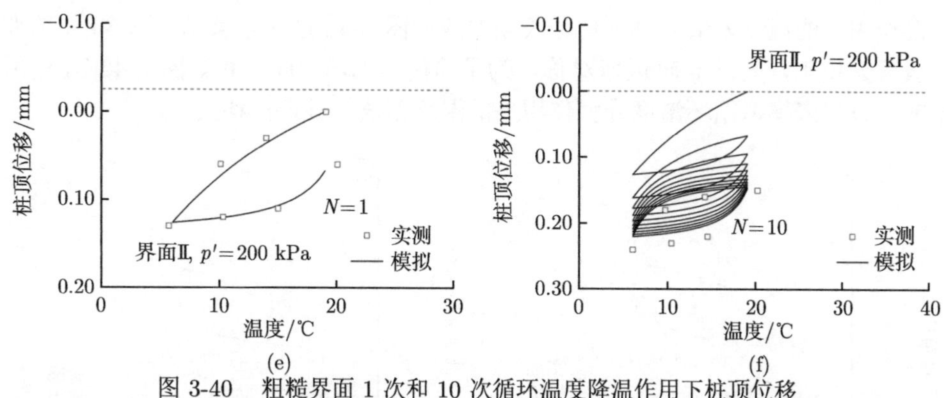

图 3-40 粗糙界面 1 次和 10 次循环温度降温作用下桩顶位移

(a) $p' = 50$ kPa, $N = 1$；(b) $p' = 50$ kPa, $N = 10$；(c) $p' = 100$ kPa, $N = 1$；(d) $p' = 100$ kPa, $N = 10$；(e) $p' = 200$ kPa, $N = 1$；(f) $p' = 200$ kPa, $N = 10$

值。10 次循环位移模拟结果主要可以体现出不同周围有效压力下，每个降温升温的循环产生的桩顶累积位移逐渐减小至 0 所需的循环次数不一样。对于粗糙界面，周围有效压力越大，桩顶累积位移逐渐减小至 0 所需的循环次数越多。

关系式对粗糙界面循环温度降温作用下的桩顶位移结果总体模拟效果较好，这可能是因为在确定关系式时，是参照粗糙界面的结果推演的。因此为了验证关系式的可行性，现对光滑界面循环温度降温作用下的桩顶位移结果进行模拟，参数如表 3-7 所示。

表 3-7 光滑界面循环温度降温作用下温度—桩顶位移关系式参数

η_1^*/(mm/℃)	η_2^*/(mm/℃)	A /(mm/℃)	B /(mm/℃)	R_f	m	n	β
1.87×10^{-5}	7.79×10^{-4}	-1.10×10^{-6}	-7.30×10^{-3}	0.65	2.70×10^{-3}	1.67	4

注：a' 取 0.001；β 为 ξ_1、ξ_2 的函数

不同周围有效压力下的模拟结果如图 3-41 所示。图 3-41(a)~(c) 展现了光滑界面降温循环次数 N 为 1 时桩顶位移实测和模拟情况，从结果可以发现，该关系式对循环温度降温作用下光滑界面的桩顶位移结果模拟较好。10 次循环模拟结果如图 3-41(d) 所示。由图 3-41(d) 可见，模拟的结果曲线与实测的结果较为接近，并且能体现出光滑界面在循环次数很少时即进入了桩顶累积位移接近 0 的阶段，这与实测结果相符。

3.5.2 升温循环阶段

1. 研究方案

参考降温循环温度作用下的温度—桩顶位移关系式，发现双曲线关系型的非线性弹性关系可以对界面桩顶位移结果进行较好的模拟。观察粗糙界面循环温度

升温作用下的温度差值—桩顶位移关系曲线如图 3-42 所示，其与图 3-33 中的双曲线关系相比，关于 y 轴近似对称。为了简便考虑，因此就有如图 3-42(b) 中所示的关系式来模拟循环温度升温作用下的温度差值—桩顶位移关系。

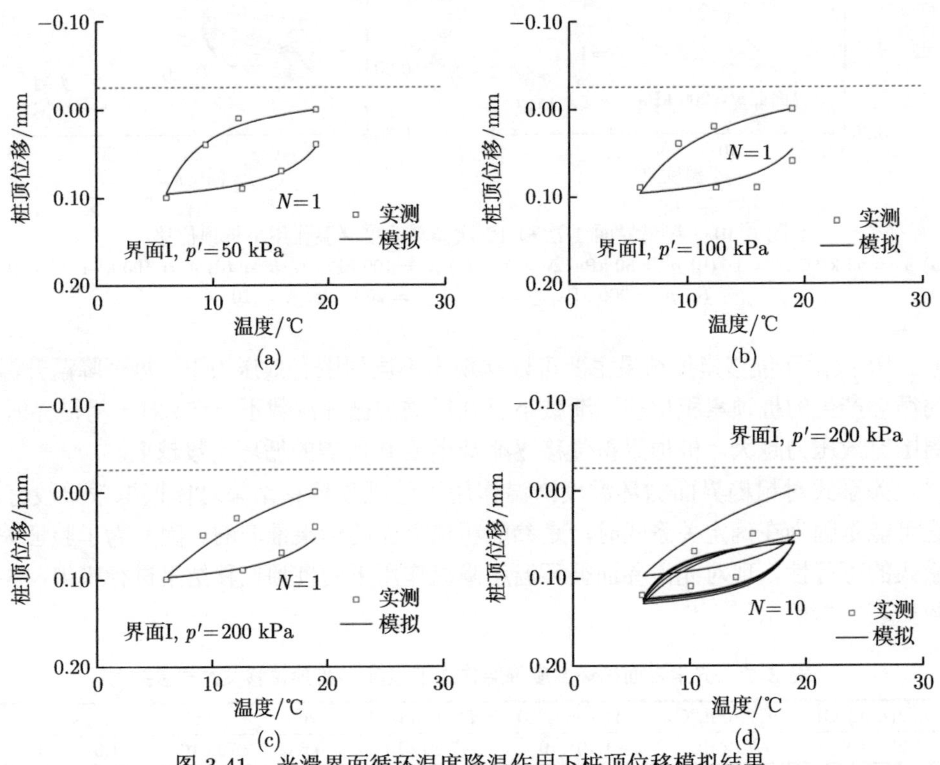

图 3-41　光滑界面循环温度降温作用下桩顶位移模拟结果

(a) $p' = 50$ kPa, $N = 1$；(b) $p' = 100$ kPa, $N = 1$；(c) $p' = 200$ kPa, $N = 1$；(d) $p' = 200$ kPa, $N = 10$

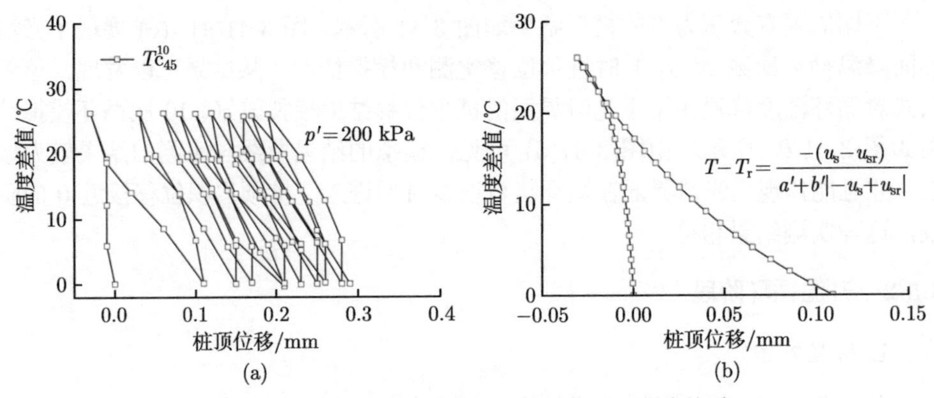

图 3-42　升温循环温度差值和桩顶位移双曲线关系

(a) 实测结果；(b) 双曲线拟合型式

为了与循环温度降温作用下的参数符号对应，将升温过程中与控制方程对应的试验参数用 a' 和 b' 表示，降温过程中与控制方程对应的试验参数用 a 和 b 表示。其余符号定义与降温循环阶段中一致。

2. 升温循环阶段控制方程

循环温度升温作用包含了升温和降温两个过程，为了表达清晰，将同一个循环中的升温和降温两个过程分开定义。升温过程温度—桩顶位移关系如式 (3-30) 表示：

$$T-T_{\mathrm{r}}=\frac{-(u_{\mathrm{s}}-u_{\mathrm{sr}})}{a'+b'\left|-u_{\mathrm{s}}+u_{\mathrm{sr}}\right|}=-\frac{u_{\mathrm{s}}-u_{\mathrm{sr}}}{a'-b'(u_{\mathrm{s}}-u_{\mathrm{sr}})} \tag{3-30}$$

式中，T 代表当下的温度；T_{r} 代表上一段相邻温度变化的终点温度，对于第 1 个升温循环中的升温过程，T_{r} 等于起始温度 T_0；u_{s} 代表桩顶位移；u_{sr} 代表上一段终点温度对应的桩顶位移，对于第 1 个升温循环中的升温过程，u_{sr} 等于 0；a' 和 b' 分别为升温过程中的试验参数。式 (3-30) 与式 (3-4) 完全一致。

降温过程中温度—位移关系如式 (3-31) 表示：

$$T-T_{\mathrm{r}}=\frac{-(u_{\mathrm{s}}-u_{\mathrm{sr}})}{a+b\left|-u_{\mathrm{s}}+u_{\mathrm{sr}}\right|}=-\frac{u_{\mathrm{s}}-u_{\mathrm{sr}}}{a+b(u_{\mathrm{s}}-u_{\mathrm{sr}})} \tag{3-31}$$

式中，a 和 b 分别为降温过程中的试验参数。式 (3-31) 与式 (3-3) 完全一致。

式 (3-30) 和式 (3-31) 分别与循环温度降温作用的升温和降温过程控制方程一致，因此对于 a' 和 a 则有

$$\left.\begin{aligned}E_{\mathrm{i}}'&=-a'\\E_{\mathrm{i}}&=-a\end{aligned}\right\} \tag{3-32}$$

对于 b' 和 b 则有

$$\left.\begin{aligned}b'&=\frac{1}{T_{\mathrm{z}}-T_{\mathrm{r}}}\left(1+\frac{a'}{\alpha'}\right)\\b&=-\frac{1}{T_{\mathrm{z}}-T_{\mathrm{r}}}\left(1+\frac{a}{\alpha}\right)\end{aligned}\right\} \tag{3-33}$$

对 a' 和 a 进行分析，根据试验所得数据 (粗糙界面 10 次升温循环数据) 发现，循环温度升温作用下的 a' 和 a 与循环次数 N 之间关系不明显，与周围有效压力 p' 之间的关联较小，如图 3-43 所示。因此，此处假设：

$$a'=0.002\quad(N\geqslant 2) \tag{3-34}$$

式中，a' 的取值远小于其他循环的情形，主要考虑到第 1 个循环中的升温过程，初始模量需要特别小，模拟出来的曲线才符合实测情况。其余的 a' 和 a 值近似根据数据样本的平均值取值。

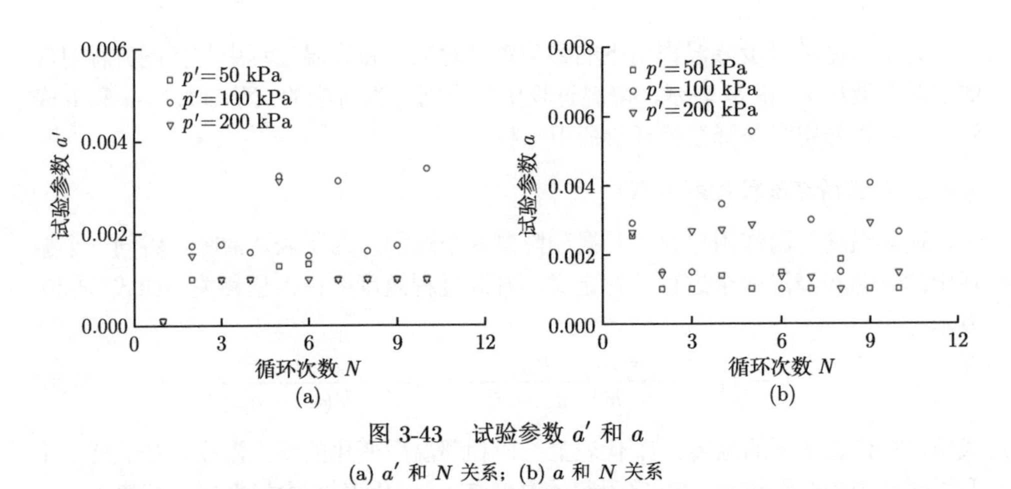

图 3-43　试验参数 a' 和 a

(a) a' 和 N 关系；(b) a 和 N 关系

对 α' 和 α 进行分析，根据试验结果，发现降温过程中的 α 值随循环次数的变化如图 3-44 所示。其规律与图 3-36(a) 类似，可以用式 (3-16) 表达，且对于第 1 个循环中的 α_1，其与周围有效压力的关系如图 3-44(b) 所示，与图 3-36(b) 类似，关系可以用式 (3-17) 表达。则有 [73]

$$\left.\begin{aligned} \alpha &= Ce^{-N+1} + D \\ \alpha_1 &= A\frac{p'}{p'_0} + B \end{aligned}\right\} \tag{3-35}$$

式中，C、D、A、B 为试验参数；p'_0 为周围有效压力参考值，取为 1 kPa。

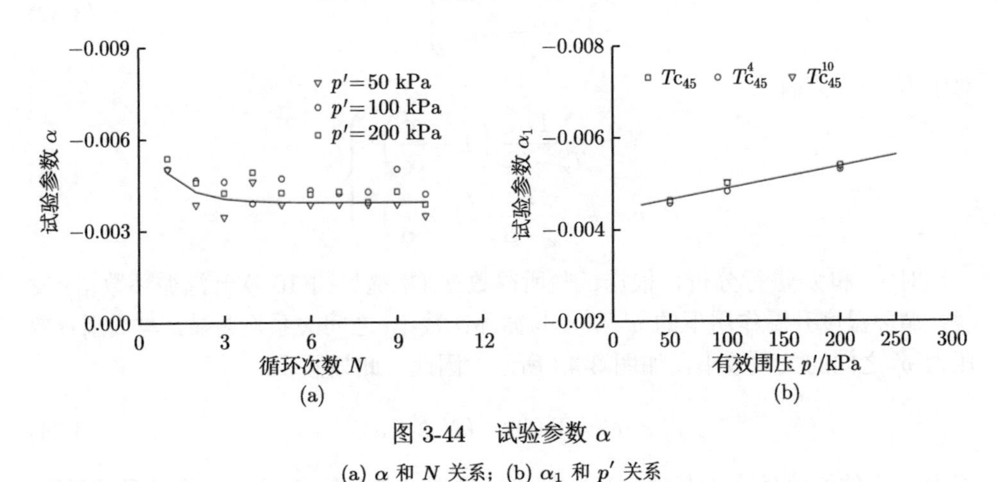

图 3-44　试验参数 α

(a) α 和 N 关系；(b) α_1 和 p' 关系

当循环次数 N 增加时，α/α_1 逐渐趋向于一个稳定值，如图 3-45 所示。对照降温循环的情况，同样将此渐近值记为 R_f，并假定 R_f 不受周围有效压力影响。

根据式 (3-18)~ 式 (3-20) 的推导过程，对于升温循环同样可以得到 [73]

$$\alpha = (1 - R_\mathrm{f})\left(A\frac{p'}{p'_0} + B\right)\mathrm{e}^{-N+1} + R_\mathrm{f}\left(A\frac{p'}{p'_0} + B\right) \tag{3-36}$$

式中，A、B、R_f 为试验参数。

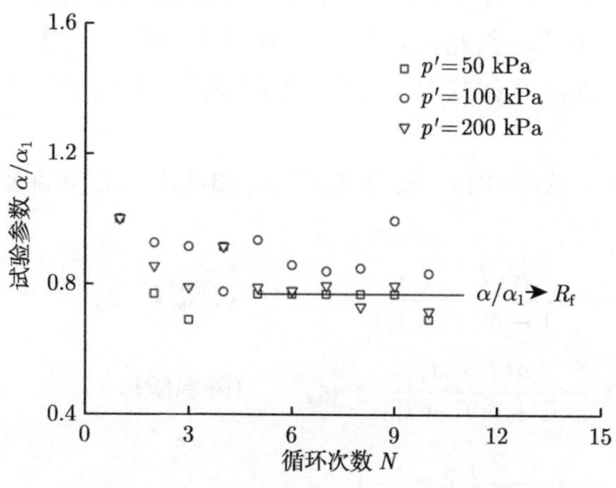

图 3-45 试验参数 α/α_1 和 N 关系

对于升温循环，α/α' 和 N 之间同样存在与图 3-38(a) 类似的非线性关系，如图 3-46(a) 所示。第 1 个循环中的 α_1/α'_1 值与周围有效压力 p' 之间的关系如图 3-46(b) 所示。参照式 (3-22)~ 式 (3-24)，则有 [73]

$$\frac{\alpha}{\alpha'} = \left(m\frac{p'}{p'_0} + n - 1\right)N^{-\beta} + 1 \tag{3-37}$$

式中，m、n、β 为试验参数。

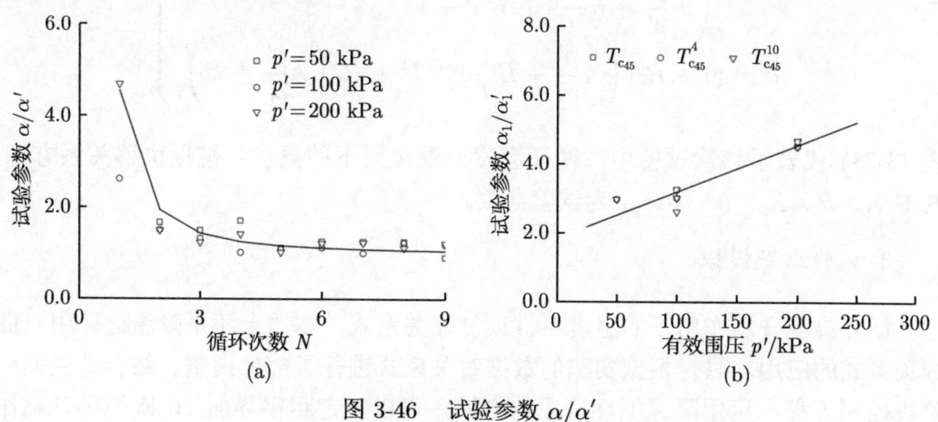

图 3-46 试验参数 α/α'

(a) α/α' 和 N 关系；(b) α/α' 和 p' 关系

根据 10 次循环温度升温作用的实测数据，在 p' 为 50 kPa 时，循环温度升温作用产生的累积位移规律可能存在误差。因为 p' 为 100 kPa 和 200 kPa 时的规律显示，p' 越小，升温循环中，同一升温降温过程循环产生的桩顶累积位移逐渐减小至 0 所需的循环次数越小。循环温度降温作用下的规律也验证了这一点。但是在 p' 为 50 kPa 时，升温循环中产生的桩顶累积位移没有趋向于 0 的趋势，这与已有的试验规律不符。因此在确定 β 参数与周围有效压力 p' 关系时，数据样本不足，导致此处假设 β 参数为一常量，根据实测的数据用式 (3-26) 计算取平均获得。

联列式 (3-30)、式 (3-31)、式 (3-33)、式 (3-34)、式 (3-36) 和式 (3-37) 可以得到 [73]

$$\left.\begin{aligned}
&u_{\mathrm{s}}=-\frac{a'(T-T_{\mathrm{r}})}{1-b'(T-T_{\mathrm{r}})}+u_{\mathrm{sr}} \qquad (\text{升温阶段})\\
&u_{\mathrm{s}}=-\frac{a(T-T_{\mathrm{r}})}{1+b(T-T_{\mathrm{r}})}+u_{\mathrm{sr}} \qquad (\text{降温阶段})\\
&b'=\frac{1}{T_{\mathrm{z}}-T_{\mathrm{r}}}\left(1+\frac{a'}{\alpha'}\right)\\
&b=-\frac{1}{T_{\mathrm{z}}-T_{\mathrm{r}}}\left(1+\frac{a}{\alpha}\right)\\
&a_1'=0.0003 \qquad (N=1)\\
&a'=0.002 \qquad (N\geqslant 2)\\
&a=0.003 \qquad (N\geqslant 1)\\
&\alpha'=\frac{\alpha}{\left(m\dfrac{p'}{p_0'}+n-1\right)N^{-\beta}+1}\\
&\alpha=(1-R_{\mathrm{f}})\left(A\frac{p'}{p_0'}+B\right)\mathrm{e}^{-N+1}+R_{\mathrm{f}}\left(A\frac{p'}{p_0'}+B\right)
\end{aligned}\right\} \tag{3-38}$$

式 (3-38) 代表了该次试验中，循环温度升温作用下的温度—桩顶位移关系方程。其中 A、B、R_{f}、m、n、β 为试验参数。

3. 试验结果模拟

循环温度升温作用下的温度—桩顶位移关系式，本质上还是降温循环中双曲线关系式的应用，只是根据实测的数据对关系式进行了部分调整。结合升温循环阶段控制方程，运用降温循环阶段的方法，可以确定粗糙界面 10 次循环升温作用下的桩顶位移关系式参数，具体如表 3-8 所示。模拟结果如图 3-47 所示。

表 3-8 粗糙界面循环温度升温作用下温度—桩顶位移关系式参数

A /(mm/℃)	B /(mm/℃)	R_f	m	n	β
-4.82×10^{-6}	-4.41×10^{-3}	0.75	1.36×10^{-2}	1.83	1.92

注：a' 和 a 按照式 (3-38) 取值

图 3-47(a) 和 (c) 描述了不同周围有效压力下循环次数 N 为 1 时的实测和模拟情况，该非线性弹性的温度—位移关系式对多次循环温度升温作用下首个升温循环的桩顶位移模拟效果较好，体现了单个循环内升温降温作用后桩顶产生不可逆的向下的位移。但是从 10 次循环的模拟结果看，如图 3-47(b) 和 (d) 所示，实测的结果还存在一定的差异性。这可能是由于升温循环作用的模拟过程中，β 的取值不够精确 (缺少足够的样本数据)。总的看来，10 次循环位移模拟结果可以体现出不同周围有效压力下，每个降温升温的循环产生的桩顶累积位移逐渐减小至 0 所需的循环次数不一样。对于粗糙界面，周围有效压力越大，桩顶累积位移逐渐减小至 0 所需的循环次数越多。

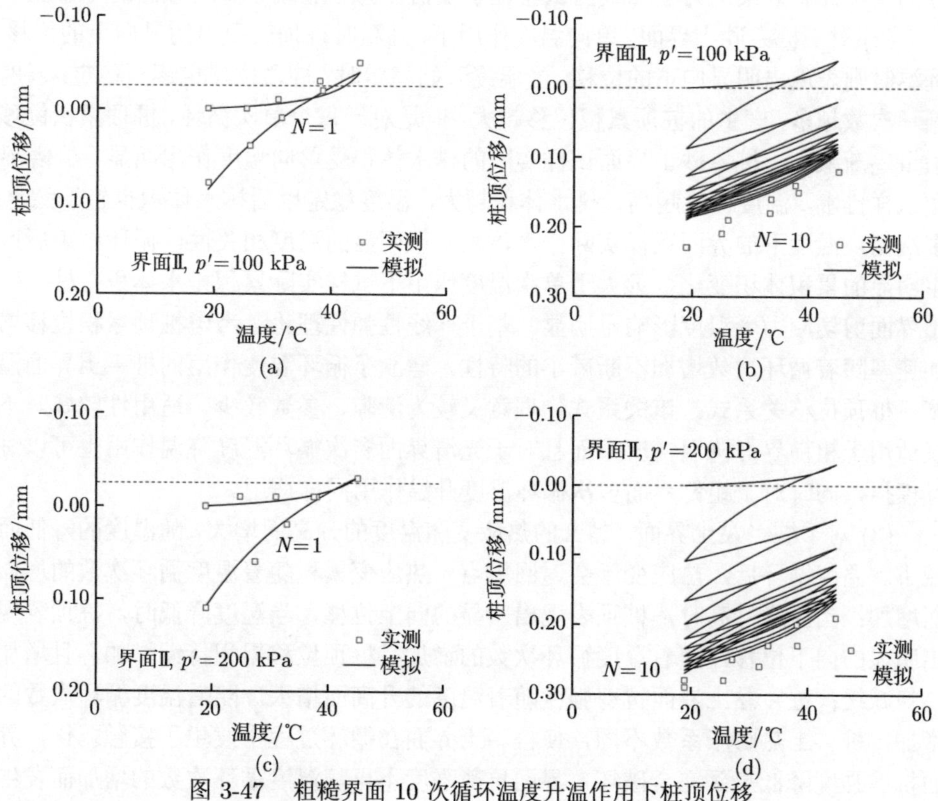

图 3-47 粗糙界面 10 次循环温度升温作用下桩顶位移

(a) $p' = 100$ kPa, $N = 1$；(b) $p' = 100$ kPa, $N = 10$；(c) $p' = 200$ kPa, $N = 1$；(d) $p' = 200$ kPa, $N = 10$

总体而言，双曲线型的非线性弹性关系式对温度—桩顶位移关系模拟较为适用，模拟结果较为准确，公式简单，不仅可以体现循环次数 N 以及周围有效压力 p' 对桩顶位移的影响等，而且可以满足不同的温度循环工况，参数也较为容易确定。

3.6 本章小结

本章基于研发的能量桩—土温控界面仪，研究了单向温度和循环温度作用下能量桩—砂土界面与能量桩—黏土界面的力学特性，建立了桩—土界面温度—桩顶位移关系式，可以得出如下几点结论：

(1) 研制的能量桩—土温控界面仪，通过在三轴试样中心设置桩体构建桩—土界面测试对象，并在桩体和压力室内分别增设了温度控制系统从而控制桩—土界面温度，同时保留了三轴仪本身具有的反压控制、应力测量、孔压测量、体变测量、位移测量等功能，支持多种力学加载条件。传热效果测试表明本仪器具有良好的温度控制效果；力学加载测试验证了仪器在力学加载和量测方面的可靠性。

(2) 对于桩—砂土界面，单向温度作用下，升温时桩顶表现出明显向上的位移，降温时则表现出明显向下的位移，当温度开始稳定时，桩顶位移也逐渐稳定；温度循环次数越多，产生的桩顶累积位移越大，但是对于每个单次循环，桩顶累积位移增量逐渐减小；桩—砂土界面试样实际的排水体积受单向温度作用明显，升温界面试样排水，温度梯度越高，排水体积越大，温度稳定以后排水体积也趋于稳定；多次循环温度下的界面试样实际排水体积呈现明显的温度相关性，循环结束后产生明显的累积体积变化，远大于单次温度作用下试样实际累积排水体积；桩—砂土界面剪切应力受温度影响不明显。基于非线性弹性理论，考虑桩顶累积位移增加速率随着循环次数增加不断减小的特性，建立了循环温度作用的桩—土界面温度—桩顶位移关系式。该关系式物理意义较为清晰、参数较少、适用性较好。不仅适用于粗糙界面降温情况，而且对于光滑界面多次循环温度降温作用也可以进行模拟，同时对于粗糙界面多次循环温度升温作用同样适用。

(3) 对于桩—黏土界面，黏土的热应变随温度的升高而增大，随温度的降低而减小。温度循环后，热应变不会返回原点。热应变累积随着温度循环次数的增加而增加；当温度升高时，桩顶表现出明显的向上位移，当温度降低时，桩顶表现出明显的向下位移，随着温度循环次数的增加，桩顶位移累积持续增加，且增加趋势减缓；桩—黏土界面抗剪强度随着温度的升高而增大。随着温度循环次数的增加，桩—土热膨胀系数不同，使桩—土界面在循环过程中发生了接触弱化，界面抗剪强度降低直到完全破坏，界面抗剪强度不再随温度循环次数的增加而发生变化。

第 4 章　能量桩单桩换热效率及热力响应特性

4.1　概　　述

能量桩在夏季将热量“注入”地下，在冬季将热量从地下“提取”出来，这会对桩周土体的温度造成一定的影响；土体的温度变化会影响能量桩在温度循环过程中的力学及位移特性。本章针对砂土和黏土中单根能量桩的换热效率和热力响应特性开展研究，采用模型试验、现场试验、数值模拟及理论分析相结合的方法，考虑埋管形式、外部荷载、温度循环及土体不同应力水平等影响因素，着重探讨了能量桩单桩竖向荷载传递机理与承载特性。

4.2　砂土地基中的能量桩

4.2.1　模型试验方案

1. 加热和制冷作用

模型试验所用砂为干砂，通过自然晒砂法制取。利用砂雨法进行填砂，保持砂雨装置与土体表面的间距为 350 mm，最终测得砂土相对密实度为 63%。当砂土填筑高度为 350 mm 时，放桩固定，并继续填砂，完成槽中土样的填筑，砂土填完后，拆除桩体固定装置。模型槽中放置 4 根桩体，模型桩长 $L_0 = 1600$ mm，模型槽中桩体的有效长度 $L = 1400$ mm，桩体直径 $D = 104$ mm。试验模型槽尺寸为 3 m(长)×2 m(宽)×1.75 m(高)。其中，模型槽地面以下高度为 1.5 m，地面以上高度为 0.25 m。在模型槽上部设置可移动反力架系统，模型槽与反力架示意图如图 4-1(a) 所示。模型试验平面布置图如图 4-1(b) 所示。砂土填筑过程中，在模型槽内放置土压力盒和温度传感器，在距桩顶不同距离处分别安置应变计和温度传感器，温度传感器距桩轴线的水平距离分别为 104 mm($1D$)、208 mm($2D$)、312 mm($3D$)。各桩体周围元件布置一致，模型试验纵向布置图如图 4-1(c) 所示。4 根桩体中包括单 U 型、螺旋型和 W 型埋管桩。试验选取单 U 型埋管形式能量桩进行热力响应特性的测定。

试验过程如下：向螺旋型埋管桩和单 U 型桩中通入热水，加热 305 min 后，停止加热，之后桩体进行自然恢复约 1080 min 后，通入冷水，制冷 265 min 后，停止通水，自然恢复足够长时间，待桩体和土体恢复到初始状态后，利用液压千斤顶对螺旋型埋管形式能量桩施加外部荷载，确定桩体极限承载力为 20 kN，工作荷载取为 10 kN(安全系数为 2)。通过堆载法向单 U 型桩体施加工作荷载，每隔 15 min 加载一次，分 10 级加载，每次为 1 kN。待桩体沉降稳定后，对桩体进行加热和制冷，过程与无外部外荷载作用时一致。加热和制冷时入水温度分别为 55℃ 和 5℃，为减少外界温度的干扰，将桩体以外部分的热交换管用黑色绝热层进行包裹。

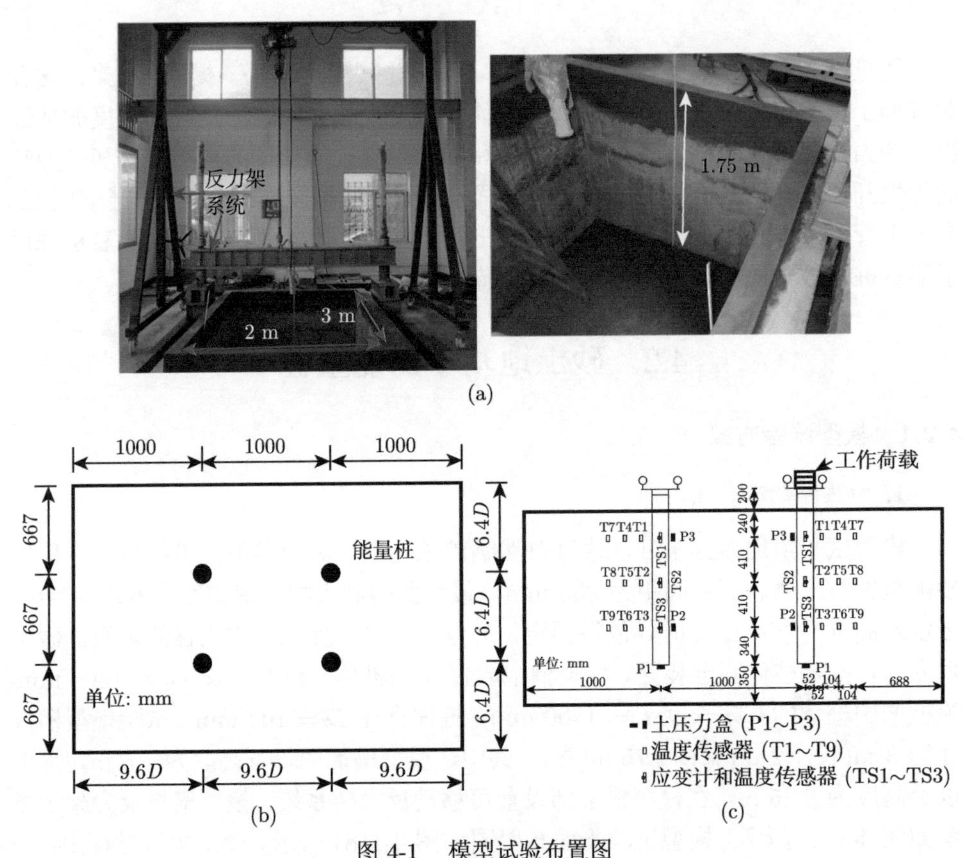

图 4-1　模型试验布置图

(a) 模型槽与反力架实物图；(b) 平面布置图；(c) 纵向布置图 [38]

2. *多次温度循环作用*

干燥砂土中通过人工砂雨法进行填砂，保持砂雨装置与土体表面间距为 350 mm，最终测得砂土相对密实度为 61%，制作模型槽时，基础高度为 350 mm。试验包括 2 根单 U 型埋管桩，1 根螺旋型埋管桩以及 1 根 W 型埋管桩，其中 1 根桩体用来测量极限承载力。各桩体周围元件布置一致，模型槽立面布置图与图 4-1(c) 基本一致，不同之处在于未在 3 倍桩径土体处 ($3D$) 安置温度传感器。

试验过程如下：通过堆载法向单 U 型、螺旋型和 W 型埋管形式桩体施加工作荷载，每隔 15 min 加载一次，分 10 级加载，每次为 1 kN，沉降稳定后，桩体加热 5 h，之后自然恢复 8 h，然后开始制冷，时间为 4.5 h，之后自然恢复 6.5 h，接着开始第 2 次冷热循环，冷热循环施加过程与第 1 次一致，试验一共包括 3 次冷热循环，总的试验时间为 72 h[84,85]。

4.2.2 试验结果与分析

1. 加热和制冷作用

如图 4-2 所示为桩体和土体温度沿深度分布规律。z 表示土体表面以下深度，

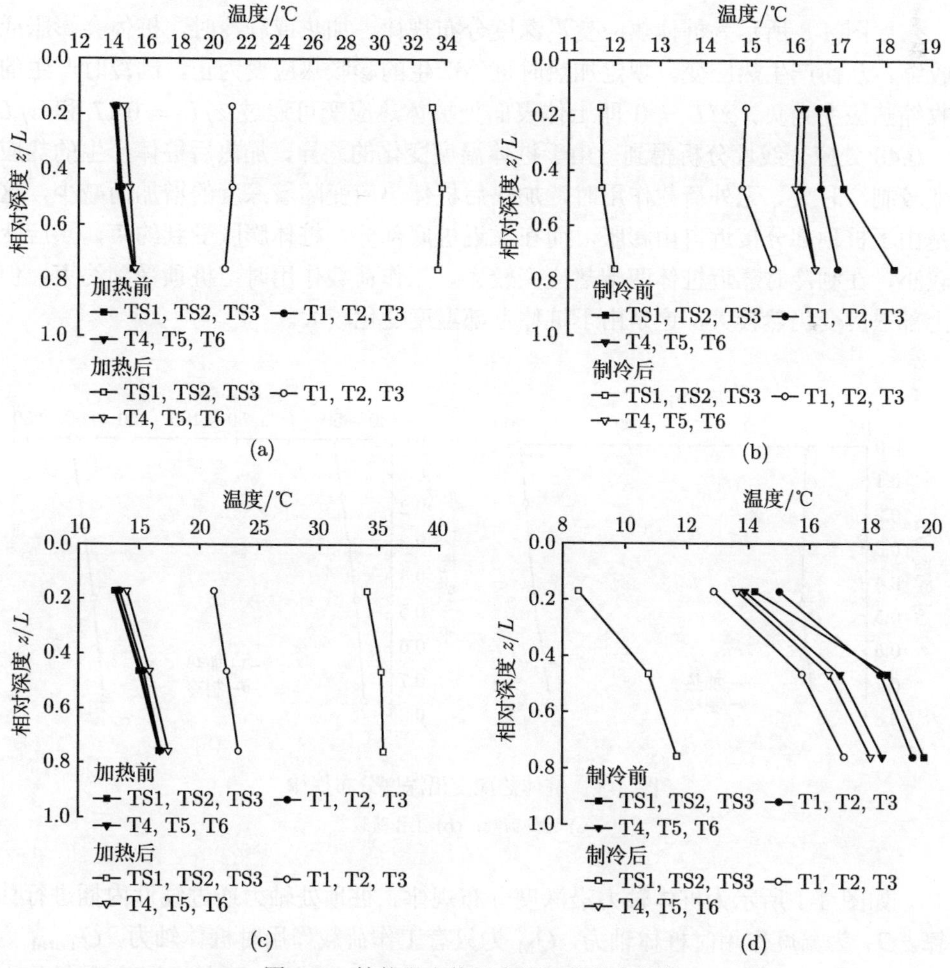

图 4-2 桩体和土体温度沿深度分布规律

(a) 无外荷载加热；(b) 无外荷载制冷；(c) 工作荷载加热；(d) 工作荷载制冷 [38]

L 表示模型槽中桩体的有效长度为 1.4 m。加热后桩体和土体温度升高。工作荷载作用时，TS3、T3 和 T6 所测桩体和土体温度最大，分别为 35.4℃、23.3℃ 和 17.4℃，无外荷载作用时，桩体和土体最大温度变化值略小，这是由于其初始温度较小。制冷时桩体和土体温度降低，工作荷载作用时，TS1、T1 和 T4 所测桩体和土体温度最小，分别为 8.5℃、12.9℃ 和 13.6℃；无外荷载作用时，桩体和土体温度变化较为复杂，这主要是由于外部环境温度对上部土体和桩体温度的影响，另外自然恢复时不同深度处热扩散速度的差异也有一定影响。在水平方向上，桩体温度变化值 (TS1、TS2 和 TS3) 约是 1 倍桩径处土体 (T1、T2 和 T3) 温度变化值的 2 倍。2 倍桩径处土体 (T4、T5 和 T6) 温度变化值基本可以忽略，3 倍桩径处 (T7、T8 和 T9) 未观测到土体温度变化，故未在图中进行描述。

如图 4-3 所示为桩体热应变沿深度分布规律。加热或制冷时，桩体会膨胀或收缩，从而产生热应变。规定加热时桩体产生的膨胀热应变为正，制冷时产生的收缩热应变为负。$z/L = 0$ 即土体表面处桩体热应变可通过 $z/L = 0.17$ 和 $z/L = 0.46$ 处应变线性分析得到。由于桩体温度变化的差异，加热后桩体产生的热应变较制冷时大。无外荷载作用时，加热后桩体热应变随着深度的增加而减少，这是由于桩顶部分接近自由膨胀，而在靠近桩底部分，桩体膨胀受到约束，热应变较小，在制冷时靠近桩体两端热应变较大。工作荷载作用时，桩顶受到约束，但上部热应变仍然较大，这是由于桩体上部温度变化较大。

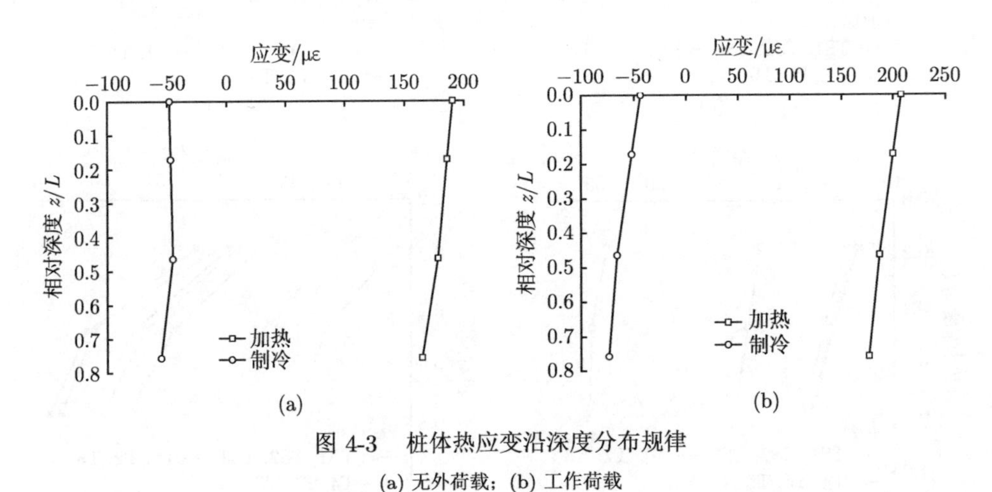

图 4-3 桩体热应变沿深度分布规律

(a) 无外荷载；(b) 工作荷载

如图 4-4 所示为桩体轴力沿深度分布规律。桩顶处轴力通过线性内插进行估算。Q_{T} 为温度作用时桩体轴力，Q_{M} 为只有工作荷载作用时桩体轴力，Q_{Total} 为工作荷载和温度共同作用时桩体轴力。由图 4-4(a) 可知，只有工作荷载作用时，桩体轴力随着深度增加而逐渐递减，但桩体下部轴力仍然较大。加热后，由于桩体两端约束，桩体轴力增加，桩体轴力变化值 $Q_{\mathrm{T}} = Q_{\mathrm{Total}} - Q_{\mathrm{M}}$，最多增加约 42%，轴力分布规律与 Bourne-Webb 等 [41] 一致。制冷时桩体轴力分布规律如图 4-4(b) 所示，桩体外荷载仍为工作荷载，但是制冷前桩体轴力大于加热前桩体轴力，而且沿桩深分布不规律，这是由于自然恢复时，桩体与土体不同深度处温度恢复不均。制冷后，由于拉应力的产生，桩体轴力减少，轴力变化值 Q_{T} 的分布规律与加热时一致。

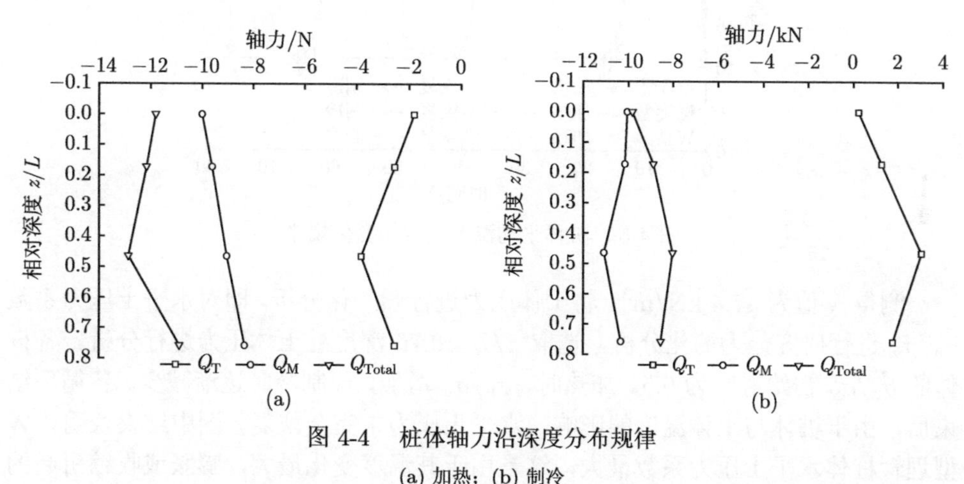

图 4-4 桩体轴力沿深度分布规律

(a) 加热；(b) 制冷

2. 多次温度循环作用

图 4-5 为冷热循环过程中桩体平均温度随时间变化规律。加热和制冷时，桩体温度在第 1 个小时变化最快，之后逐渐减慢，其中 W 型埋管形式桩体温度增加或减少最大。单 U 型和螺旋型温度差别较小，这主要是由于螺旋型埋管长度略大于单 U 型。第 1 个循环中，加热后单 U 型、螺旋型、W 型桩体的平均温度分别为 31.7℃、34.6℃、42.2℃。自然恢复后，桩体温度并没有完全恢复，这是由于桩周干燥砂土热传导性较低，引起散热滞后，第 1 个冷热循环结束后，3 个桩体温度分别恢复到 12.0℃(单 U 型)、12.6℃(螺旋型) 和 14.6℃(W 型)，相较于初始值略大。在之后的 2 个循环中，各桩体的温度变化趋势与第 1 个循环一致，温度大小也基本无差别，可重复性较强。3 次循环结束后，相较于初始温度，单 U 型、螺旋型、W 型桩体的温度变化值分别为 1.9℃、2.2℃ 和 2.4℃，温差较小，因此可认为桩体温度已经基本完全恢复。

如图 4-6 所示为水平土压力系数 $(\sigma_{\mathrm{h}}/\sigma_{\mathrm{v}})$ 与桩体平均温度的关系。σ_{h} 为桩—土界面的水平土压力，σ_{v} 为桩—土界面的竖向土压力。试验中没有设置测竖向压力的土压力盒，竖直方向的土压力 σ_{v} 可按式 (4-1) 进行估算：

$$\sigma_{\mathrm{v}} = \gamma h \sigma_{\mathrm{h}} \tag{4-1}$$

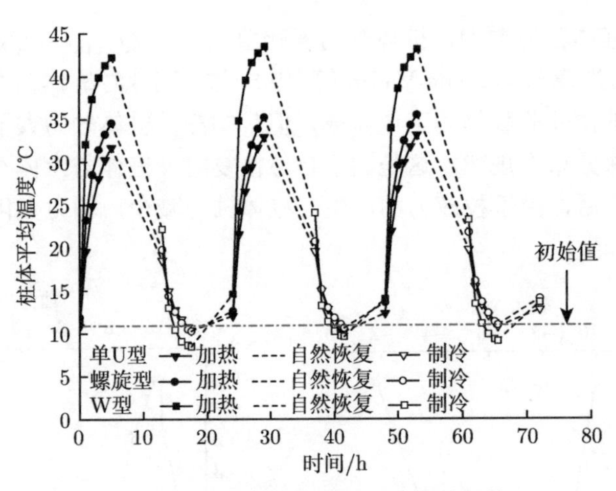

图 4-5　桩体平均温度随时间变化规律

测得 γ 值为 17.4 kN/m^3。将土体压力进行归一化分析，即对水平土压力系数 σ_h/σ_v 进行研究，为简化分析，选取 $z/L=0.76$ 深度处土体压力进行分析。各桩体的 σ_h/σ_v 初始值约为 0.5。加热时，σ_h/σ_v 增加，而制冷时逐渐减少。各循环结束后，由于桩体与土体温度的影响，水平土压力未完全恢复。图中结果表明，W 型埋管桩体水平土压力系数最大，这是由于其温度变化最大，膨胀或收缩引起的水平土压力变化也最大。对于单 U 型桩体，各循环中相同温度下，加热和制冷时，σ_h/σ_v 差值较大，而螺旋型和 W 型较小。随着循环次数的增加，σ_h/σ_v 的峰值也在逐渐增大，第 3 次循环过程中，单 U 型、螺旋型和 W 型的最大值分别达到了 0.59、0.60 和 0.62。相较于 Olgun 等 [46]，本试验水平土压力增长较大，这是由于在施加外部荷载过程中，土体逐渐压密，引起温度作用下水平土压力的较大变化。各冷热循环结束后，桩体水平土压力变化值较小，最终循环结束后，三个桩体 σ_h/σ_v 变化值分别为 1.9%、0.8%和 −0.9%，表明水平土压力基本完全恢复。

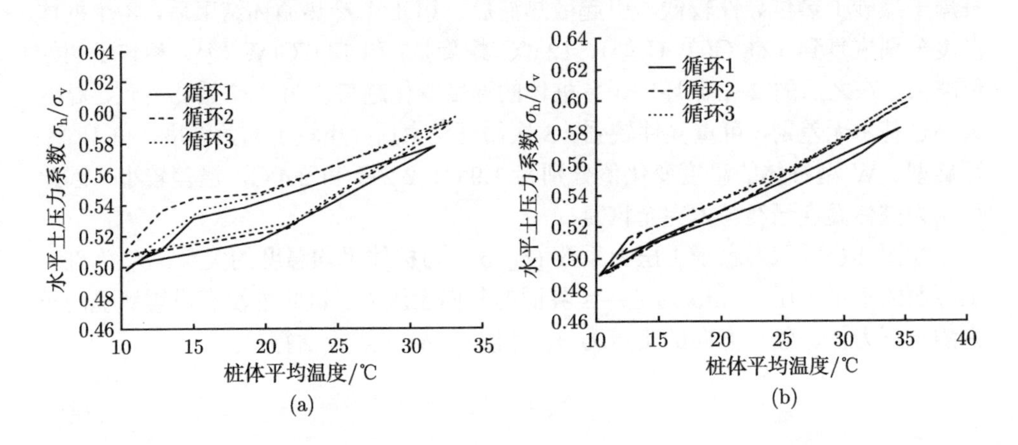

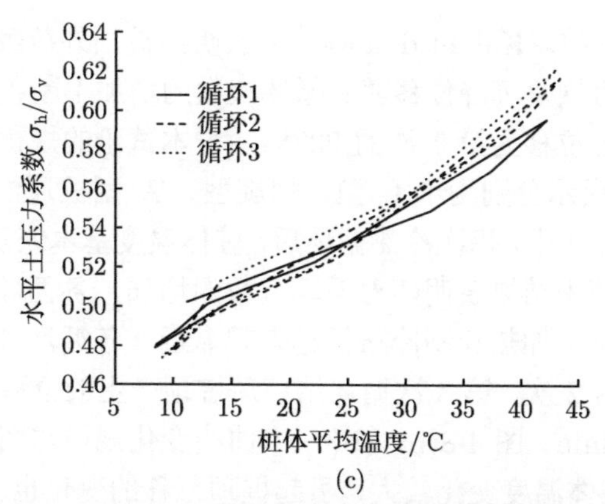

(c)

图 4-6 水平土压力系数 (σ_h/σ_v) 与桩体平均温度的关系

(a) 单 U 型; (b) 螺旋型; (c) W 型

如图 4-7 所示为冷热循环时桩顶位移变化规律。加热和制冷后桩顶分别产生上升和沉降位移，其中 W 型埋管桩体位移变化最为明显，第 1 次循环过程中，加热自然恢复后，桩顶会产生沉降位移，并且大于桩体受热引起的上升位移。随着循环次数的增加，冷热循环结束后，桩顶会进一步产生沉降位移。第 3 次循环结束后，W 型、螺旋型、单 U 型埋管桩的沉降位移分别为 -0.36mm($0.34\%D$)、-0.44mm($0.43\%D$)、-0.59mm($0.56\%D$)。尽管沉降位移较小，但多次循环后桩体的累积沉降位移应当引起重视。相较于前一次循环中加热引起的上升位移和制冷引起的沉降位移，之后一次循环中位移变化均增大。对于 W 型桩，第 3 次循环中加热引起的上升位移为 0.32 mm，分别为第 2 次和第 1 次的 133%和 156%。这可能是土体产生了不可恢复的收缩变形引起的。其变化趋势与 Kalanti-

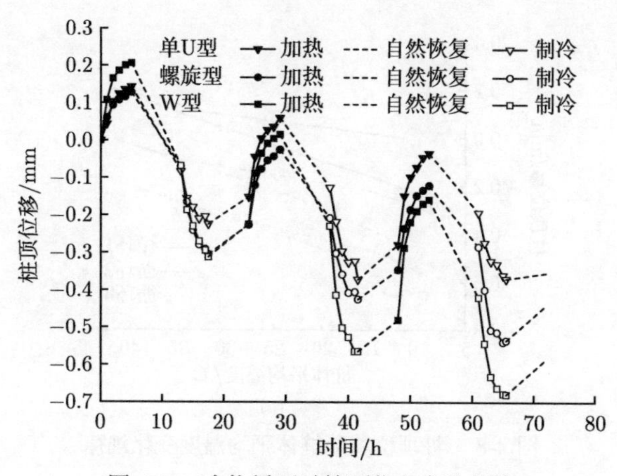

图 4-7 冷热循环时桩顶位移变化规律

dou 等 [86] 的结果一致。Kalantidou 等 [86] 表明当桩顶外荷载超过极限承载力的 40%时，桩顶的不可恢复沉降位移随着循环次数的增加不断积累，同时第 2 次循环时加热引起的上升位移为第 1 次的 237%，与本试验的规律相似。

图 4-8(a)~(c) 所示分别为单 U 型、螺旋型、W 型桩顶位移随桩体平均温度的变化规律。图 4-8(a) 中，每次冷热循环后，桩体温度基本恢复到初始值，然而桩顶位移逐渐累积。图中结果表明随着循环次数的增加，各循环中相同温度下，桩顶位移差别越来越小，加热和制冷路径越来越靠近，各循环过程中产生的位移逐渐减少，第 1 次、第 2 次、第 3 次循环结束后桩顶产生的位移分别为 −0.15 mm、−0.13 mm、−0.08 mm。图 4-8(b) 和 (c) 中曲线变化规律与图 4-8(a) 中一致，由于螺旋型和 W 型桩体温度变化较大，引起桩顶位移的变化也较大，尤其是 W 型桩。但相较于单 U 型和螺旋型，W 型埋管桩加热和制冷路径更为接近，第 1 次冷热循环过程中，相同温度下，3 种埋管形式桩体位移差别较小，但是之后随着循环次数的增加，各桩体之间的位移差别越来越大。

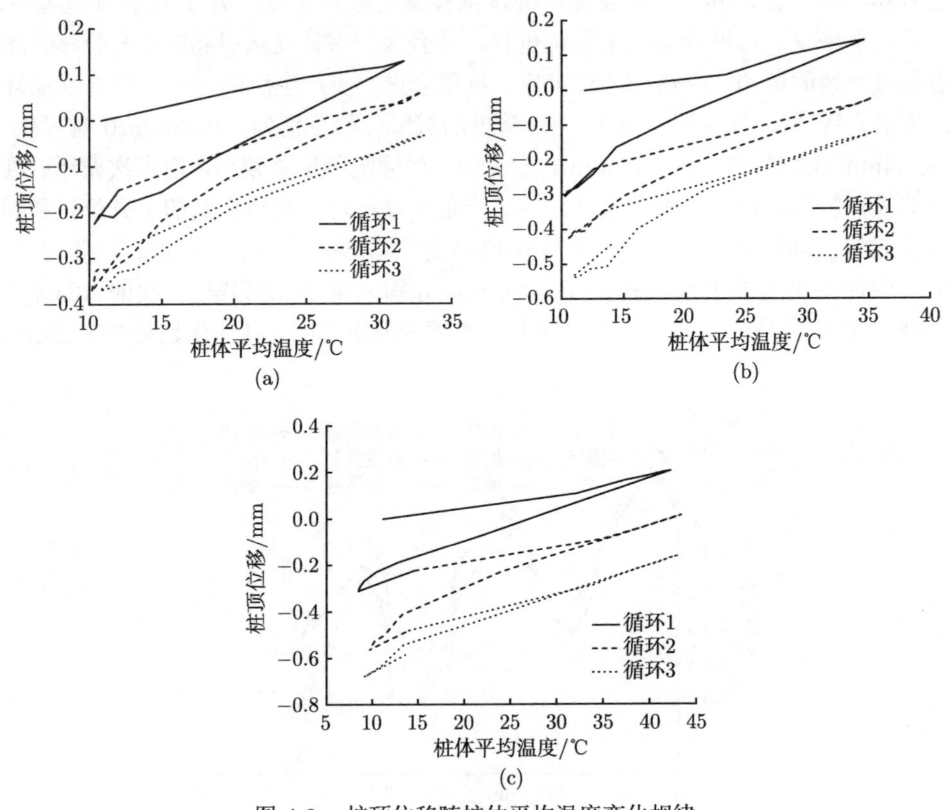

图 4-8 桩顶位移随桩体平均温度变化规律

(a) 单 U 型；(b) 螺旋型；(c) W 型

3. 温度对中性面的影响

Ng 等 [45] 对中密饱和砂中的能量桩进行了一系列原创离心机模型试验，以研究温度变化对单桩承载力和中性面位置的影响。在 22℃、37℃ 和 52℃ 三种不同温度下和不同加载顺序下进行了 4 次桩基荷载试验，并结合非线性弹性分析方法来解释桩基承载力的变化。Ng 等 [45] 发现在外部轴向荷载为零的情况下进行加热，由于桩的向下热膨胀受到约束，桩端阻力发生变化，此时加热到更高的温度会导致中性面向桩端方向移动，如图 4-9 所示，这是因为端部承载力的变化程度更大。试验还发现，对于保持恒定工作荷载的桩体，当温度升高 30℃ 时，测得的桩头最初隆起 1.4%D，但在连续加热 4 个月后逐渐稳定至 0.8%D(恒温下)。之后的沉降被认为是由砂子的热收缩引起的。随后的桩荷载试验表明，温度升高 15℃ 和 30℃，桩承载力分别增加 13%和 30%。随着温度的升高，侧摩阻力增大，但增加的速度有所减小。在较高的温度下，由于桩向下膨胀变形较大，因此端部阻力侧摩阻力增加得更快。王成龙等 [87] 基于模型试验和数值模拟方法，对桩顶和桩底不同约束条件下两种埋管形式 (单 U 型和 W 型) 的桩体位移进行了分析，并进一步探讨了位移零点随桩顶和桩底约束条件的变化规律。研究结果表明，随着桩顶上部荷载约束刚度的增大，桩体位移零点上移；随着桩端土体约束刚度的增大，桩体位移零点下移；相较于无外荷载，工作荷载作用下位移零点上移，如图 4-10 所示。

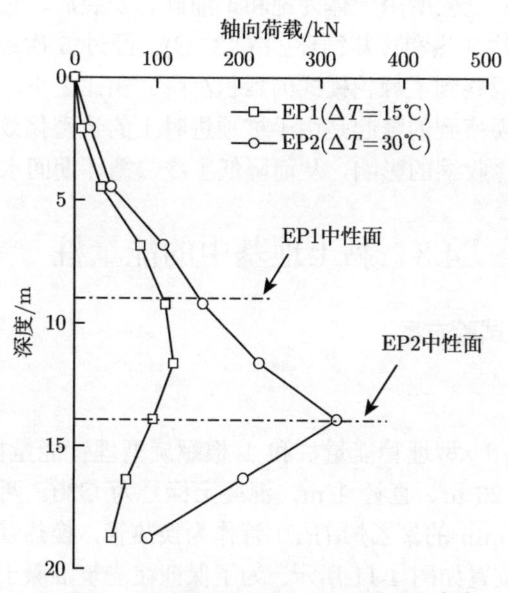

图 4-9 轴向荷载沿桩体深度分布规律 [45]

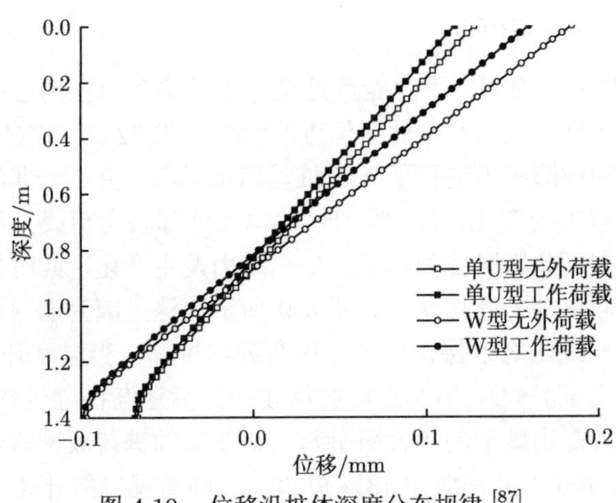

图 4-10 位移沿桩体深度分布规律 [87]

4. 钻孔桩 (置换式) 和打入式 (位移式) 能量桩的机理对比

能量桩通常以钻孔桩 (置换式) 的形式安装。然而，在实际工程中也会使用打入式 (位移式) 能量桩。对这两种不同类型的能量桩在温度循环下的性能进行直接比较的研究还很少。Ng 等 [88] 开展了两项新颖的能量桩离心机模型试验，一种是在 1 g 条件下预制好能量桩 (即在低应力下，模拟钻孔桩)，另一种桩则是在高压力下进行顶进打入，试验所用土体为饱和丰浦砂。安装后，它们在恒定的外部工作荷载下经历了 5 次加热和冷却循环 (7℃-37℃)。经过 5 次温度循环后，首先在钻孔灌注能量桩中观察到了棘轮模式的累积沉降。相比之下，打入式能量桩则出现了轻微的隆起。观察到的隆起是由于桩顶进时土的致密化效应和颗粒破碎，减少甚至消除了砂的冷收缩的影响，从而降低了冷热循环期间水平应力的衰减。

4.3 黏土地基中的能量桩

4.3.1 现场和模型试验方案

1. 现场试验

现场包括 1 根 U 型埋管能量桩和 1 根螺旋型埋管能量桩 (图 4-11)；两根桩尺寸一致，长度 20 m、直径 1 m，混凝土标号为 C30。两根桩内部埋设外径 25 mm、内径 20.4 mm 的聚乙烯 (PE) 管作为换热管，换热管和测试元器件绑扎在钢筋笼上，仪器位置如图 4-11 所示。为了保证在浇筑混凝土时桩底部的换热管不受破坏，桩底 1 m 以内范围内不设置换热管。其中 U 型埋管能量桩的换热管由 5 根 U 型管串联而成，每根 U 型管长度 38 m，换热管总长 190 m；螺旋型埋管能量桩的换热管为一根螺旋型管，螺旋线圈直径 75 cm、螺距 26 cm，换热管总长 194 m。

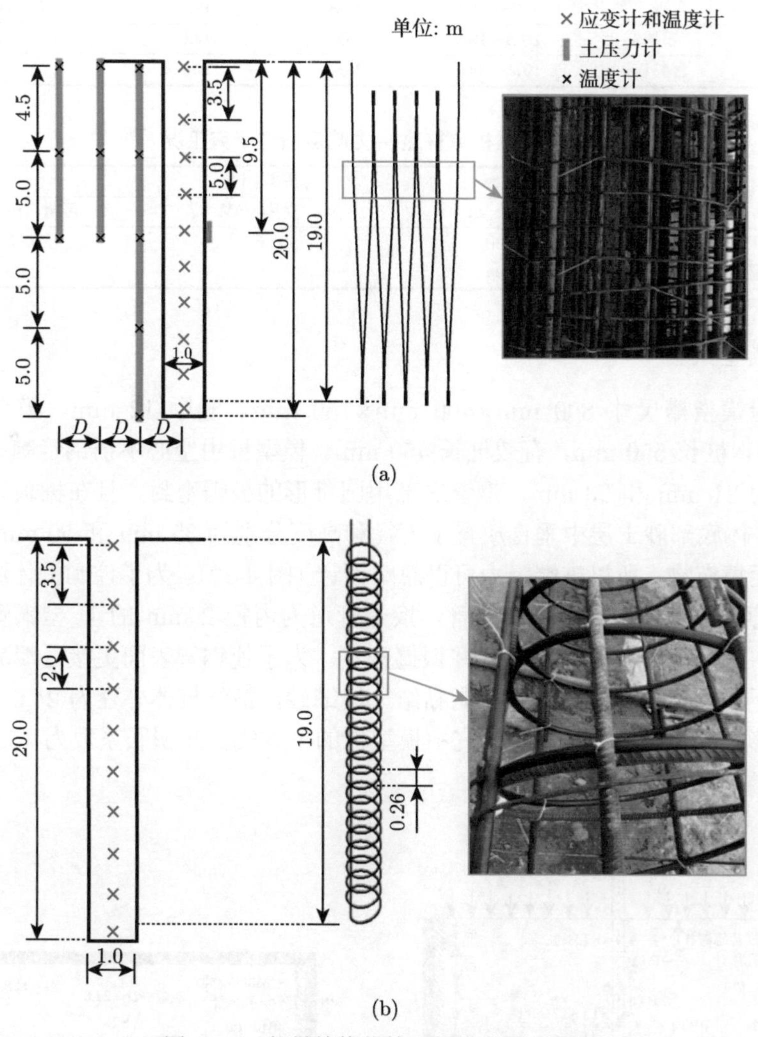

图 4-11 能量桩换热管、仪器布置示意图

(a) U 型；(b) 螺旋型 [89]

桩基施工前进行了地质勘查。勘查结果表明：在桩深范围内 (0~ 20 m) 共探测到 4 个土层，分别为粉质黏土、含砾石黏土、粉质黏土和含黏粒砂土层 (表 4-1)。0 m 为地面标高，也为桩顶标高；地下水位位于地表以下 0.5 m 处。勘查过程中，在每层土中留取 3 个原状土样，利用热分析仪 KD2 Pro 测量了每个土样的导热系数，如表 4-1 所示。现场试验具体研究工况如表 4-2 所示。

表 4-1　现场试验地质条件 [89]

土层	类别	标高/m	密度/(g/cm^3)	饱和度/%	导热系数/(W/(m·K))
1	粉质黏土	0.0～6.2	1.88	98.3	1.53～1.66
2	含砾石黏土	6.2～10.3	2.03	98.5	1.54～1.76
3	粉质黏土	10.3～19.1	2.02	97.6	1.73～1.85
4	含黏粒砂土	19.1～34.1	2.07	100	1.73～1.85

表 4-2　能量桩单桩热—力响应特性研究工况 [89]

埋管形式	影响因素		
	管长/m	功率/kW	流量/(m^3/h)
U 型	190	6	0.85
螺旋型	194	6	0.85

2. 模型试验

试验模型槽尺寸 800 mm×400 mm×750 mm，壁厚 12 mm，模型桩直径 24.6 mm，桩长 550 mm，有效桩长 450 mm。模型桩由空心不锈钢管制成，内外径分别为 21 mm 和 23 mm，钢管底部用圆锥形的桩帽密封，且在桩顶设置了桩帽。在桩体底部砂土层中垂直放置了内径和高度分别为 35 mm 和 50 mm 的钢管且内部无填充物，所以桩端阻力可以忽略不计 (图 4-12)。为了控制桩体温度，在不锈钢管内部空腔中央埋设换热管，换热管道为内径 2 mm 的 U 型铜管，在不锈钢管内部空隙中填充环氧树脂并振捣密实。为了使钢管表面更接近混凝土桩表面，在不锈钢管表面利用环氧树脂黏结一层细砂，最终桩体外径为 24.6 mm。通过自由膨胀加热试验，得到本研究中模型桩的平均线性热膨胀系数为 15.1 με/℃。

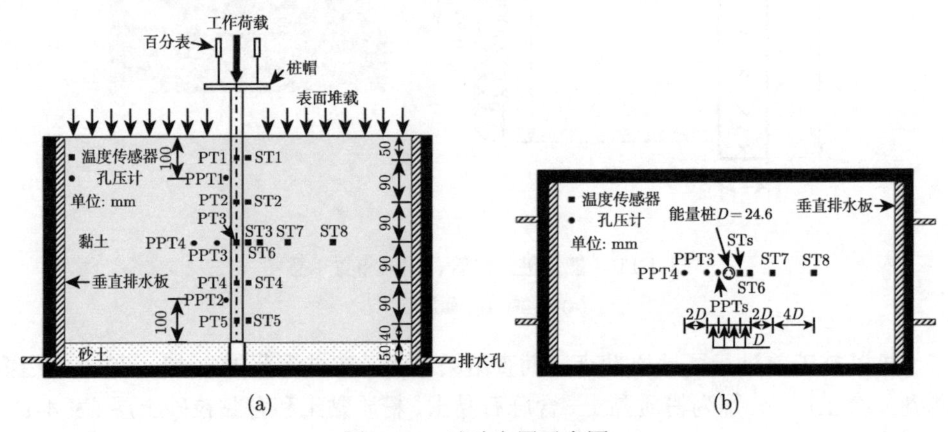

图 4-12　试验布置示意图

(a) 正视图；(b) 俯视图 [93]

当桩体长径比较小时，桩体混凝土的储热能力会对能量桩的传热特性造成影

响 [46]，将线热源的假设应用于能量桩欠准确。不过，实际工程应用中能量桩长径比往往并不大。目前已开展的能量桩应用与现场试验中能量桩的长径比范围为8~55[39−41,90]。除现场试验外，目前开展的模型试验当中，Stewart 和 Mccartney[91] 采用的模型桩长径比为 11，Nguyen 等 [92] 采用的长径比为 30，Ng 等 [45] 采用的长径比为 19，长径比均在 8~55 范围内。因此，本章模型试验的研究结果 (长径比约为 18) 可以用于分析当能量桩长径比较小时其力学特性的变化规律，而对于长径比较大的能量桩，需专门开展针对性的研究。

试验系统放置在约 15 m^2 的密闭空间，内部设有空调和风扇，用于室内温度的控制和空气流通，室内不同位置布置 4 个温度计，试验过程中控制室温稳定在25℃。

为了能够通过模型试验反映现场条件下的热—力学性能，本章通过模型试验与现场试验之间的几何尺寸差别进行方案设计，采用式 (4-2) 来确定每轮温度循环的时间 [32]。

$$F_0 = \frac{\alpha_{\mathrm{s}} t}{(D/2)^2} \tag{4-2}$$

式中，F_0 为傅里叶数；α_{s} 为土体导热系数；t 为时间；D 为桩径。

由于式 (4-2) 中的时间是无量纲的，因此模型试验的结果可与原型试验进行比较。本章采用与 Ng 等 [45] 相同的傅里叶数 F_0，故试验条件下每轮温度循环时间取 270 min，对应 Ng 等 [45] 试验中原型尺寸下，桩径为 0.88 m 的能量桩，每轮温度循环时长为 8 个月 [58]。

试验用土包括厚度 450 mm 的桩周正常固结饱和黏土及 50 mm 的桩端砂土。砂土为南京地区长江砂土，黏土为南京地区软黏土，土体参数如表 4-3 和表 4-4 所示，其中渗透系数根据 Zeng 等 [94] 对南京地区软黏土的渗透系数试验得到。

表 4-3 黏土参数表 [93]

导热系数/(W/(m·K))	比热/(J/(kg·K))	比重	液限	塑限	密度/(g/cm^3)
1.79	1850	2.739	45.2%	18.3%	1.92
塑性指数 I_{P}	渗透系数/(m/s)		孔隙比	饱和度	含水率
26.9	0.5×10^{-11}		0.86	95.9%	30.1%

表 4-4 砂土参数表 [93]

导热系数/(W/(m·K))	比热/(J/(kg·K))	比重	平均粒径/(mm)	内摩擦角/(°)	不均匀系数 C_{u}	曲率系数 C_{c}
1.65	3000	2.65	0.28	30~32	2.69	0.97

土样制备时，先利用砂雨法进行桩端砂土层的制备填筑，落距为 500 mm，砂土层制备完成后，测得其相对密实度约为 69%。砂土层填筑完成后，通过控制水

箱内的水位使砂垫层达到饱和状态。

待砂土层饱和完成后，进行桩周黏土层的制备。在填筑黏土前，先将预先干燥后的干燥粉状黏土与水进行混合制得泥浆 (含水量达到 2 倍液限)，然后将泥浆在真空环境下静置 3 h 以除去搅拌过程中混入的气泡。待抽真空完成后再将泥浆小心地置入模型槽中 (砂土上部)。泥浆达到设计高度后，通过砝码和加载板对土体表面分 5 级施加荷载，每级荷载大小分别为 2.5 kPa、5 kPa、10 kPa、20 kPa 和 40 kPa，间隔 48 h；在最后一级荷载加载过程中，土体表面安装百分表，记录土体表面沉降量；施加最后一级荷载至沉降稳定后 (约 120 h 后) 卸去表面荷载，随后修整土体表面至设计高度 500 mm，同时在水箱中加水，并保持液面高度始终与土体上表面持平，土样制备完成。土体制备完成后，进行模型桩和仪器埋设。待土体中传感器和模型桩埋设完毕之后，土体表面覆盖一层塑料膜 (防止水分蒸发) 并重新加载至 40 kPa 进行土体二次稳定，时间约 120 h。土体和桩顶布设位移传感器。待土体沉降稳定后，试验准备工作完成。

试验共包括 3 部分，分别为桩基静载试验、能量桩热—力学试验和参照试验。静载试验是为了得到桩基的极限承载力；能量桩热—力学试验是为了研究多次温度循环作用下能量桩的位移变化规律。需要特别指出，在黏土次固结作用下，桩侧会产生负摩阻力，随着时间增长，即使没有循环温度作用，桩顶也会产生沉降变形 [94]。这意味着热—力学试验中能量桩桩顶位移的变化由温度循环和黏土次固结两个因素共同造成。为了突出温度循环对能量桩位移的影响，需要开展参照试验来消除次固结对桩体长期沉降的影响。试验具体工况如表 4-5 所示。

表 4-5　研究工况

桩顶荷载	OCR	温度/℃	循环次数
工作荷载	1	±20	20
工作荷载	4	±20	5
工作荷载	10	±20	5

根据《建筑地基基础设计规范》进行单桩竖向静载试验，得到桩基的极限承载力约为 367.5 N，安全系数取 2.5 的话，工作荷载大小为 147 N[58]。

模型试验能量桩热力响应试验具体步骤如下：

(1) 根据上述方法重新制得土体并埋设桩体及仪器。

(2) 土体表面卸载至设计荷载量 P (kPa) (P 根据工况来确定，其大小为 $P = 40/\mathrm{OCR}$)，待桩—土稳定过程完成后，桩顶施加工作荷载并保持 180 min(为了消除加载对孔隙水压力的影响)。

(3) 记录各仪器读数作为初始值。保持工作荷载大小不变，使保温箱内的循环液体达到目标温度 (45℃ 和 5℃)，打开循环泵，进行 20 轮热—冷温度循环 (进口水温分别为 45℃ 和 5℃)，单轮循环时间为 270 min(热—冷荷载各 135 min)。

参照试验具体步骤如下：根据上述方法重新制得土体并埋设桩体及仪器，待桩—土稳定过程完成后，土体表面卸载至设计荷载量 P (kPa)，桩顶施加工作荷载并保持 180 min(为了消除加载对孔隙水压力的影响)，随后继续保持工作荷载 1350 min，记录整个过程桩体位移变化。

4.3.2 数值模型的建立与验证

1. 数值模型建立

基于 Comsol Multiphysics 数值软件，建立 U 型埋管和螺旋型埋管能量桩数值模型，分析换热管进/出口水温、能量桩及土体的温度场、能量桩及土体的应力、应变和位移场等变化规律。数值模型中，通过非恒温管道流模块，对循环液体在换热管中的流动和传热进行模拟；通过固体传热模块，模拟热量在能量桩和土体中的传递，并通过设置管壁膜阻，将非恒温管道流和固体传热两个模块进行耦合，实现热量在循环液体—换热管壁—能量桩—土体中相互传递。此外，模型还加入了固体力学模块，通过将固体力学模块与固体传热模块进行耦合，从而实现在温度作用下，能量桩力学响应的模拟。

1) 计算假定

本章建立的数值模型，基于以下假定：① 能量桩和土体为均匀各向同性的热弹性材料；② 桩—土接触面为完全接触；③ 固相在等温条件下是不可压缩的；④ 固体传热主要为热传导，忽略热对流；⑤ 在准静态条件下，采用线性运动学方法描述能量桩和土体的位移及变形。其中，假设③ ~⑤ 在大多已开展的针对能量桩热—力学特性的数值模拟研究中被采用 [95−98]。但是，土体一般被视为弹塑性材料，因此假设① ~② 与实际情况不符。在已开展的能量桩热—力学特性现场试验研究中发现 [88,98]，当能量桩受到温度作用后并且桩体温度恢复到初始状态时，桩体内没有明显的残余热应力和热应变，即表现为热弹性特性。因此，在分析能量桩的热—力特性时，假设① ~② 被认为是合理的，并且被应用于多种能量桩数值模型中。

2) 几何模型和网格划分

数值模型的几何尺寸以及布置形式与现场一致。需要指出，考虑到热传导和桩体受力的边界效应，模型中桩基到土体边界的最小距离为 10 倍桩径。模型中桩周土体的几何尺寸长 × 宽 × 高为 41.6 m×20.0 m×40.0 m(图 4-13)。模型采用四面体网格，由于靠近能量桩附近桩—土温度的梯度较大，因此对能量桩以及能量桩附近土体的网格进行了细化。模型材料参数见表 4-6 所示。

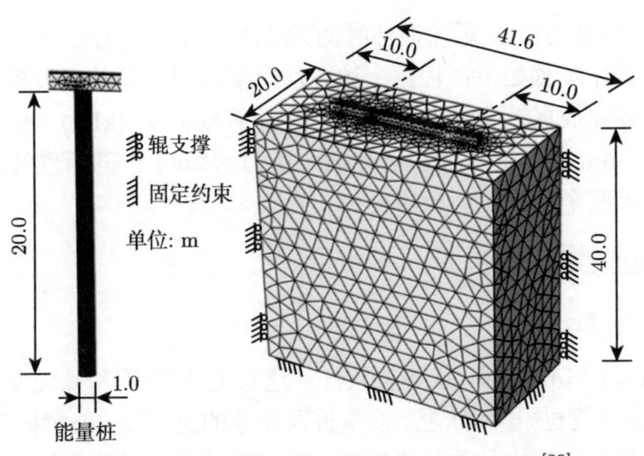

图 4-13　数值模型的几何、网格和边界条件 [89]

表 4-6　材料参数表 [89]

材料	标高/m	土体容重/(kN/m^3)	导热系数/(W/(m·K))	弹性模量/MPa	泊松比	热膨胀系数/K^{-1}
粉质黏土	0.0~6.2	18.8	1.66	120	0.30	1×10^{-6}
含砾石黏土	6.2~10.3	20.3	1.76	100	0.32	1×10^{-6}
粉质黏土	10.3~19.1	20.2	1.85	130	0.30	1×10^{-6}
含黏粒砂土	19.1~40.0	20.7	1.85	200	0.25	1×10^{-6}
混凝土	—	25.0	1.90	40000	0.20	1×10^{-5}

3) 边界条件

土体底面设置为固定约束，用来约束底面上的竖向位移、水平位移和转动；土体侧表面设置为辊支撑，用来约束土体的水平位移；土体顶面和承台表面无约束；土体的四周和底面为热绝缘，土体和桩体顶部为热通量边界，外部温度为气温变化。对能量桩施加温度作用之前，记录能量桩的温度值作为温度初始值 (图 4-14)。需要指出，水平方向，假设桩—土温度均匀分布；竖直方向，土体温度在 6 m 以下基本保持 20℃ 不变 (图 4-14)。在 0~20 m 深度范围内，初始温度等于能量桩温度计读数，能量桩端桩以下 (20~40 m)，土的初始温度为 20℃。

4) 研究工况

基于现场试验和数值模拟方法，对比研究了单次温度作用下螺旋型埋管和 U 型埋管能量桩单桩热—力响应特性，并定量分析了不同埋管形式下能量桩长径比和土体热传导系数对能量桩单桩换热效率和力学响应的影响规律。具体研究内容见表 4-7。所有数值模型中，初始地温为 15℃，进口水温为 30℃，循环水流量为 0.85 m^3/h，能量桩运行时间是 90d。

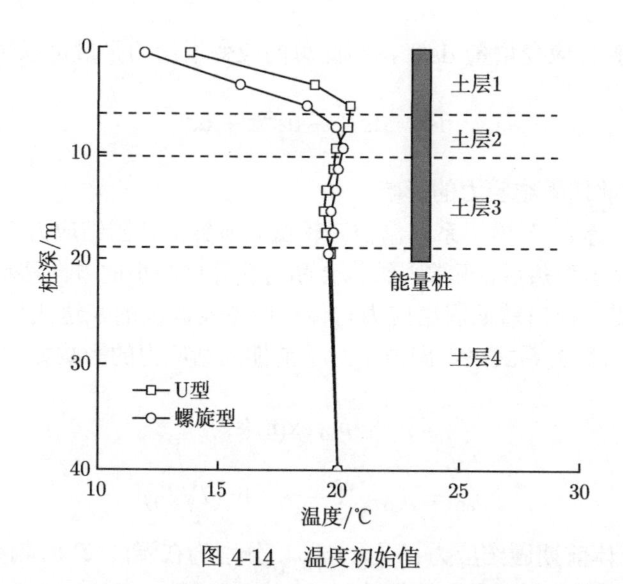

图 4-14 温度初始值

表 4-7 能量桩单桩热—力响应特性研究工况

研究内容	影响因素		
	埋管形式	L/D	土体热导系数 $\lambda/(\mathrm{W}/(\mathrm{m}\cdot\mathrm{K}))$
能量桩单桩热—力响应特性影响因素分析	单 U 型	10、35、60	0.5、2、3.5
	2U 型	10、35、60	0.5、2、3.5
	W 型	10、35、60	0.5、2、3.5
	3U 型	10、35、60	0.5、2、3.5
	5U 型	10、35、60	0.5、2、3.5
	螺旋型	10、35、60	0.5、2、3.5

注：桩径 $D = 1\ \mathrm{m}$

为了实现土体热本构模型在能量桩的应用，部分学者在有限元软件中对土体热本构模型进行了二次开发 [99-102]。相比于大多数热—力本构模型，Laloui 和 Cekerevac[13] 提出的 ACMEG-T 热本构模型对等应力和偏应力机理描述更为清晰，能较好地反映土体循环加卸载响应且适用范围较广。为了更好地模拟能量桩热—力学循环过程中的相关热—力学特性，并加深了解土体热—力学本构模型在能量桩模拟中的作用，本章基于 Abaqus 软件的 UMAT 子程序功能，对 ACMEG-T 热本构模型进行了二次开发。

2. ACMEG-T 热本构模型简介

1) 弹塑性应变增量理论

根据弹塑性理论，总的应变增量张量 $\mathrm{d}\varepsilon$ 可以分为弹性应变增量 $\mathrm{d}\varepsilon^{\mathrm{e}}$ 和塑性应变增量 $\mathrm{d}\varepsilon^{\mathrm{p}}$ 两部分。其中，弹性应变增量可分为温度引起的弹性应变增量 $\mathrm{d}\varepsilon^{\mathrm{Te}}$

和应力引起的弹性应变增量 $d\varepsilon^{me}$，因此总的应变增量的张量可以表示为 [102]

$$d\varepsilon = d\varepsilon^{Te} + d\varepsilon^{me} + d\varepsilon^{p} \tag{4-3}$$

2) 温度对前期固结应力的影响

Cekerevac 等 [9] 开展了系列温控三轴试验研究前期固结应力随温度的变化关系，结果表明黏土受热后，正常固结线会朝着孔隙比减小的方向移动，因此 Laloui 和 Cekerevac [13] 提出前期固结应力与体积应变及温度的表达式如式 (4-4) 所示，并引入了一种对数关系式来考虑温度对于前期固结应力的影响如式 (4-5) 所示：

$$p'_c = p'_{c0} \exp(\beta \varepsilon_v^p) \tag{4-4}$$

$$p'_{c0} = p'_{c0T_0}\left[1 - \gamma_T \cdot \ln\left(T/T_0\right)\right] \tag{4-5}$$

式中，p'_c 为土体前期固结应力；p'_{c0}、p'_{c0T_0} 分别为在温度 T 时刻或参考温度 T_0 时刻的前期固结应力；β 为塑性指数 ($\beta = (1+e_0)/(\lambda - k)$)；$\varepsilon_v^p$ 为塑性体积应变；γ_T 为材料参数。

结合式 (4-4) 及式 (4-5)，前期固结应力在温度影响下的表达式为

$$p'_c = p'_{c0T_0} \exp(\beta \varepsilon_v^p)\left[1 - \gamma_T \cdot \ln\left(T/T_0\right)\right] \tag{4-6}$$

3) 温度对临界状态参数的影响

临界状态参数 M 为 p-q 平面中临界状态线的斜率，根据 Cekerevac 等 [9] 的研究结果，M 随温度的变化规律可采用表达式 (4-7)：

$$M = M_0 - g(T - T_0) \tag{4-7}$$

$$M_0 = \frac{6\sin\phi'}{3 - \sin\phi'} \tag{4-8}$$

式中，M_0 为参考温度 T_0 时的临界状态线斜率；g 为临界状态线斜率随温度的变化系数；ϕ' 为临界状态黏土的内摩擦角。

4) 模型屈服极限与塑性因子

塑性响应通过两种耦合机理表达：一种是等应力机理，另一种是偏应力机理 (图 4-15)，其屈服极限分别如式 (4-9) 和式 (4-10) 所示 [102]：

$$f_{iso} = p' - p'_c r_{iso} = 0 \tag{4-9}$$

$$f_{dev} = q - Mp'\left(1 - b\ln\left(\frac{d \cdot p'}{p'_c}\right)\right) r_{dev} = 0 \tag{4-10}$$

式中，b 和 d 为材料参数；r_{iso} 和 r_{dev} 分别为等应力屈服面和偏应力屈服面的塑性因子，分别对应两种机理的塑性调动程度。

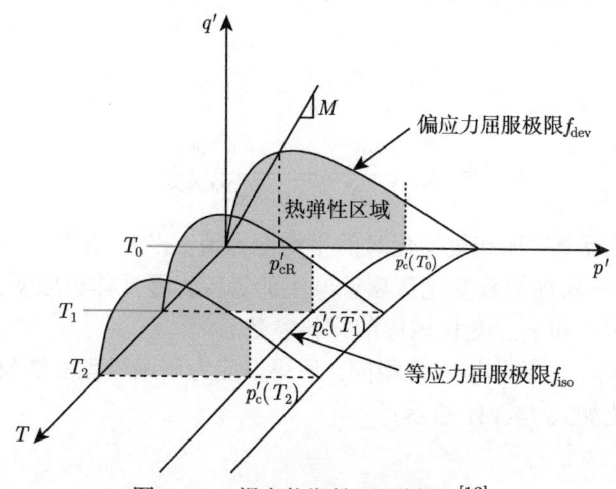

图 4-15 耦合热塑性屈服极限 [13]

参数 r_{iso} 的存在使得土体 ACMEG-T 热本构模型能够反映出等应力屈服面中土体塑性调动程度的变化，这使得等应力屈服机理能够反映土体的循环加卸载特性。图 4-16 展示了引入参数 r_{iso} 后，土体在达到加载屈服面前的弹塑性变化过程。这种方法可以使非线性 e-ln$p$ 曲线在本模型中尽可能平滑地变化，通过使塑性模量与应力状态点到边界面对应点的距离成反比，从而使得应力状态点位于边界面上或边界面内时依然能够产生塑性应变。

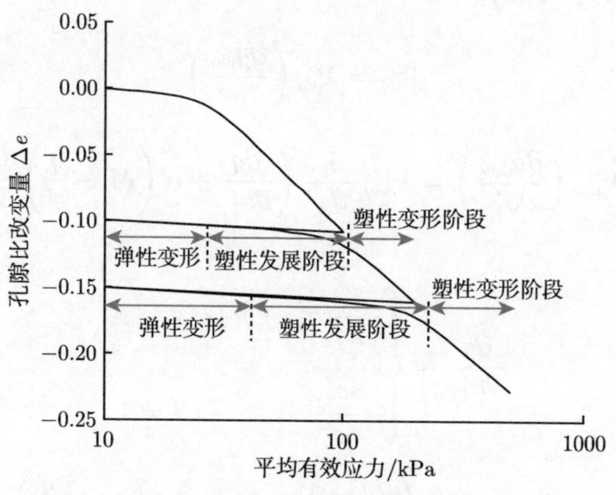

图 4-16 等应力条件下压缩—回弹曲线示意图 [13]

在正常加载曲线上，r_{iso} 与等应力塑性体积应变呈双曲线关系如式 (4-11) 所示；而在卸载及再加载阶段，r_{iso} 随着平均有效应力的减小而减小，随着循环体积应变的增加而增加如式 (4-12) 所示 [13]：

$$r_{\text{iso}} = r_{\text{iso}}^{\text{e}} + \frac{\varepsilon_{\text{v}}^{\text{p,iso}}}{c + \varepsilon_{\text{v}}^{\text{p,iso}}} \tag{4-11}$$

$$r_{\text{iso}} = r_{\text{iso}}^{\text{e}} + \frac{p'_{\text{cyc}}}{p'_{\text{c}}} + \frac{\varepsilon_{\text{v}}^{\text{p,cyc,iso}}}{c + \varepsilon_{\text{v}}^{\text{p,cyc,iso}}} \leqslant 1 \tag{4-12}$$

式中，p'_{cyc} 是最后一次加卸载变化时的平均应力值；$\varepsilon_{\text{v}}^{\text{p,iso}}$ 为等应力塑性体积应变；$\varepsilon_{\text{v}}^{\text{p,cyc,iso}}$ 为最后一次加卸载变化后累计产生的等应力塑性体积应变；$r_{\text{iso}}^{\text{e}}$ 和 c 分别为定义弹性核大小和 r_{iso} 变化规律的材料参数。

参数 r_{dev} 与 r_{iso} 的作用机理相同，使得偏应力屈服机理能够反映出弹塑性变化过程，其变化如式 (4-13) 所示：

$$r_{\text{dev}} = r_{\text{dev}}^{\text{e}} + \frac{\varepsilon_{\text{d}}^{\text{p}}}{a + \varepsilon_{\text{d}}^{\text{p}}} \tag{4-13}$$

式中，$r_{\text{dev}}^{\text{e}}$ 和 a 分别为定义弹性核大小和 r_{dev} 变化规律的材料参数；$\varepsilon_{\text{d}}^{\text{p}}$ 为塑性偏应变。

5) 塑性乘子

等应力屈服面采用相关联的流动法则 ($f_{\text{iso}} = g_{\text{iso}}$)，其塑性应变规律如式 (4-14) 所示。而偏应力屈服面则采用非关联的流动法则 ($f_{\text{dev}} \neq g_{\text{dev}}$)，其塑性应变规律如式 (4-15) 所示，据此可得偏应力机理下的塑性体积应变及偏应变分别如式 (4-17) 和式 (4-18) 所示 [13]：

$$\mathrm{d}\varepsilon_{ii}^{\text{p}} = \lambda_{\text{iso}}^{\text{p}} \left(\frac{\partial g_{\text{iso}}}{\partial p'} \right) \tag{4-14}$$

$$\mathrm{d}\varepsilon_{ij}^{\text{p,dev}} = \lambda_{\text{dev}}^{\text{p}} \left(\frac{\partial g_{\text{dev}}}{\partial \sigma'_{ij}} \right) = \lambda_{\text{dev}}^{\text{p}} \frac{1}{Mp'} \left(\frac{\partial q}{\partial \sigma'_{ij}} + \alpha \left(M - \frac{q}{p'} \right) \frac{1}{3} \delta_{ij} \right) \tag{4-15}$$

其中，

$$\frac{\partial q}{\partial \sigma'_{ij}} = \begin{cases} \dfrac{3}{2q}(\sigma'_{ij} - p'), & i = j \\[2ex] \dfrac{3\sigma'_{ij}}{q}, & i \neq j \end{cases} \tag{4-16}$$

$$\mathrm{d}\varepsilon_{\text{v}}^{\text{p,dev}} = \lambda_{\text{dev}}^{\text{p}} \left(\frac{\partial g_{\text{dev}}}{\partial p'_{ij}} \right) = \lambda_{\text{dev}}^{\text{p}} \frac{\alpha}{Mp'} \left(M - \frac{q}{p'} \right) \tag{4-17}$$

$$\mathrm{d}\varepsilon_{\mathrm{d}}^{\mathrm{p}} = \lambda_{\mathrm{dev}}^{\mathrm{p}} \left(\frac{\partial g_{\mathrm{dev}}}{\partial q} \right) = \lambda_{\mathrm{dev}}^{\mathrm{p}} \frac{1}{Mp'} \tag{4-18}$$

式中，$\mathrm{d}\varepsilon_{\mathrm{v}}^{\mathrm{p,dev}}$ 为偏应力塑性体积应变；$\lambda_{\mathrm{iso}}^{\mathrm{p}}$ 和 $\lambda_{\mathrm{dev}}^{\mathrm{p}}$ 分别为等应力屈服面及偏应力屈服面的塑性乘子；α 为材料参数。

由式 (4-4) 可知，前期固结应力 p_{c}' 与塑性体积应变 $\varepsilon_{\mathrm{v}}^{\mathrm{p}}$ 相关，而前期固结应力同时影响着两种屈服面，因此两种屈服面通过塑性体积应变 $\varepsilon_{\mathrm{v}}^{\mathrm{p}}$ 耦合。当其中一种屈服面改变导致了 $\varepsilon_{\mathrm{v}}^{\mathrm{p}}$ 耦合增大时，另一个屈服面也会同时改变。因此 $\lambda_{\mathrm{iso}}^{\mathrm{p}}$ 和 $\lambda_{\mathrm{dev}}^{\mathrm{p}}$ 是相关联的 ($\lambda^{\mathrm{p}} > 0$ 代表加载过程中应力屈服面产生了塑性应变)，当两种机制共同作用时，塑性体积应变由两种屈服机理产生的塑性体积应变共同构成：

$$\mathrm{d}\varepsilon_{\mathrm{v}}^{\mathrm{p}} = \lambda_{\mathrm{iso}}^{\mathrm{p}} \left(\frac{\partial g_{\mathrm{iso}}}{\partial p'} \right) + \lambda_{\mathrm{dev}}^{\mathrm{p}} \left(\frac{\partial g_{\mathrm{dev}}}{\partial p'} \right) \tag{4-19}$$

因为两种塑性机理互相关联，所以两种相容方程必须同时满足，将普拉格相容条件延伸到多机理过程中，模型相容方程如下：

$$\begin{aligned} \mathrm{d}F &= \left[\frac{\partial F}{\partial \sigma'} \right] \{\mathrm{d}\sigma'\} + \left[\frac{\partial F}{\partial T} \right] \mathrm{d}T + \left[\frac{\partial F}{\partial \pi} \right] \left[\frac{\partial \pi}{\partial \lambda^{\mathrm{p}}} \right] [\lambda^{\mathrm{p}}] \\ &= \left[\frac{\partial F}{\partial \sigma'} \right] \{\mathrm{d}\sigma'\} + \left[\frac{\partial F}{\partial T} \right] \mathrm{d}T - [H] [\lambda^{\mathrm{p}}] \leqslant 0 \\ &= \left[\frac{\partial F}{\partial \sigma'} \right] [D] \{\mathrm{d}\varepsilon\} - [\bar{H}] [\lambda^{\mathrm{p}}] - [H_T] \mathrm{d}T \leqslant 0;\ [\lambda^{\mathrm{p}}] \geqslant 0;\ \mathrm{d}F [\lambda^{\mathrm{p}}] \geqslant 0 \end{aligned} \tag{4-20}$$

其中，

$$[\bar{H}] = [H] + \left[\frac{\partial F}{\partial \sigma'} \right] [D] \left[\frac{\partial G}{\partial \sigma'} \right] \tag{4-21}$$

$$[H_T] = \left[\frac{\partial F}{\partial \sigma'} \right] [D] [\beta_T] - \left[\frac{\partial G}{\partial T} \right] \tag{4-22}$$

式中，$\mathrm{d}\sigma'$ 为应力增量；π 为内部变量；F 为屈服函数；G 为塑性势能函数；$[\lambda^{\mathrm{p}}]$ 为塑性乘子，可通过相容方程进行求解，由式 (4-20) 可得塑性乘子的表达式如式 (4-23) 所示；$[H]$ 为硬化模量矩阵，表达式如式 (4-24) 所示：

$$\lambda^{\mathrm{p}} = [\bar{H}]^{-1} \left\{ \left[\frac{\partial f}{\partial \sigma'} \right] [D] \{\mathrm{d}\varepsilon\} - [H_T] \mathrm{d}T \right\} \tag{4-23}$$

$$
\begin{cases}
H_{\mathrm{ii}} = -\dfrac{\partial f_{\mathrm{iso}}}{\partial r_{\mathrm{iso}}}\dfrac{\partial r_{\mathrm{iso}}}{\partial \lambda_{\mathrm{iso}}^{\mathrm{p}}} - \dfrac{\partial f_{\mathrm{iso}}}{\partial \varepsilon_{\mathrm{v}}^{\mathrm{p}}}\dfrac{\partial \varepsilon_{\mathrm{v}}^{\mathrm{p}}}{\partial \lambda_{\mathrm{iso}}^{\mathrm{p}}} \\
H_{\mathrm{id}} = -\dfrac{\partial f_{\mathrm{iso}}}{\partial r_{\mathrm{dev}}}\dfrac{\partial r_{\mathrm{dev}}}{\partial \lambda_{\mathrm{dev}}^{\mathrm{p}}} - \dfrac{\partial f_{\mathrm{iso}}}{\partial \varepsilon_{\mathrm{v}}^{\mathrm{p}}}\dfrac{\partial \varepsilon_{\mathrm{v}}^{\mathrm{p}}}{\partial \lambda_{\mathrm{dev}}^{\mathrm{p}}} \\
H_{\mathrm{di}} = -\dfrac{\partial f_{\mathrm{dev}}}{\partial r_{\mathrm{iso}}}\dfrac{\partial r_{\mathrm{iso}}}{\partial \lambda_{\mathrm{iso}}^{\mathrm{p}}} - \dfrac{\partial f_{\mathrm{dev}}}{\partial \varepsilon_{\mathrm{v}}^{\mathrm{p}}}\dfrac{\partial \varepsilon_{\mathrm{v}}^{\mathrm{p}}}{\partial \lambda_{\mathrm{iso}}^{\mathrm{p}}} \\
H_{\mathrm{dd}} = -\dfrac{\partial f_{\mathrm{dev}}}{\partial r_{\mathrm{dev}}}\dfrac{\partial r_{\mathrm{dev}}}{\partial \lambda_{\mathrm{dev}}^{\mathrm{p}}} - \dfrac{\partial f_{\mathrm{dev}}}{\partial \varepsilon_{\mathrm{v}}^{\mathrm{p}}}\dfrac{\partial \varepsilon_{\mathrm{v}}^{\mathrm{p}}}{\partial \lambda_{\mathrm{dev}}^{\mathrm{p}}}
\end{cases}
\tag{4-24}
$$

6) 弹塑性矩阵

由于 Abaqus 传入的仅为力学应变增量，故弹性温度应变在此不需考虑。因此，相容方程中弹性温度应变应不予考虑，新的相容方程及塑性乘子如式 (4-25) 及式 (4-26) 所示。将式 (4-22)、式 (4-24) 和式 (4-25) 代入式 (4-3)，可得应力增量及弹塑性矩阵表达式如式 (4-27) 和式 (4-28)[93] 所示：

$$
\mathrm{d}F = \left[\frac{\partial F}{\partial \sigma'}\right][D]\{\mathrm{d}\varepsilon\} - \left[\bar{H}\right][\lambda^{\mathrm{p}}] + \left[\frac{\partial F}{\partial T}\right]\mathrm{d}T \leqslant 0;\ [\lambda^{\mathrm{p}}] \geqslant 0;\ \mathrm{d}F\,[\lambda^{\mathrm{p}}] \geqslant 0 \tag{4-25}
$$

$$
\lambda^{\mathrm{p}} = \left[\bar{H}\right]^{-1}\left\{\left[\frac{\partial F}{\partial \sigma'}\right][D]\{\mathrm{d}\varepsilon\} + \left[\frac{\partial F}{\partial T}\right]\mathrm{d}T\right\} \tag{4-26}
$$

$$
\mathrm{d}\sigma' = [D]_{\mathrm{ep}}\{\mathrm{d}\varepsilon\} - [D]\left[\frac{\partial G}{\partial \sigma'}\right]\left[\bar{H}\right]^{-1}\left[\frac{\partial F}{\partial T}\right]\mathrm{d}T \tag{4-27}
$$

$$
[D]_{\mathrm{ep}} = [D] - [D]\left[\frac{\partial G}{\partial \sigma'}\right]\left[\bar{H}\right]^{-1}\left[\frac{\partial F}{\partial \sigma'}\right][D] \tag{4-28}
$$

3. ACMEG-T 热本构模型在 Abaqus 中的二次开发

1) 应力积分算法

UMAT 子程序的收敛性则主要取决于所采用的应力积分算法。在弹塑性本构模型开发中，目前应用较广的主要有两大类方法，即子增量步法和回归算法。两种算法的基本假定不同，但对于一般的弹塑性模型两种都能得到较为精确的解。考虑到算法的实现及收敛的难易程度，采用子增量步法中带误差控制的修正欧拉算法 [13]。

本方法的基本步骤是将增量步 $(1-\omega)\{\Delta\varepsilon\}$ 拆分成一系列更小的增量步 ΔT $(1-\omega)\{\Delta\varepsilon\}$(其中 $\Delta T \in (0,1]$，ω 为增量步的已完成量)。子增量步的大小根据应力改变量及用户自定义容许误差 SSTOL 进行估算。具体流程如下：

(1) 初始化参数，本程序初始假定为：只需要一个子增量步即可完成应变增量，因此初始参数及应力更新方式如式 (4-29)~ 式 (4-32)[93] 所示。

$$\{\sigma\}=\{\sigma_0\}+\{\Delta\sigma^{\mathrm{e}}\} \tag{4-29}$$

$$\{\Delta\varepsilon_{\mathrm{s}}\}=(1-\omega)\{\Delta\varepsilon\} \tag{4-30}$$

$$T=0 \tag{4-31}$$

$$\Delta T=1 \tag{4-32}$$

(2) 假定子增量步的应变增量如式 (4-33) 所示，采用一阶欧拉算法估算第一次试算的应力增量、塑性应变增量及状态变量增量，如式 (4-34)~ 式 (4-36)[93] 所示。其中，$\Delta\varepsilon_{\mathrm{ss}}$ 为子增量步的应变大小，k 为状态变量，$\varLambda$ 为加载系数。

$$\{\Delta\varepsilon_{\mathrm{ss}}\}=\Delta T\{\Delta\varepsilon_{\mathrm{s}}\} \tag{4-33}$$

$$\{\Delta\sigma_1\}=[D_{\mathrm{ep}}(\{\sigma\},\{k\})]\{\Delta\varepsilon_{\mathrm{ss}}\} \tag{4-34}$$

$$\{\Delta\varepsilon_1^{\mathrm{p}}\}=\varLambda(\{\sigma\},\{k\},\{\Delta\varepsilon_{\mathrm{ss}}\})\frac{\partial G(\{\sigma\},\{\pi\})}{\partial\sigma} \tag{4-35}$$

$$\{\Delta k_1\}=\{\Delta k(\{\Delta\varepsilon_1^{\mathrm{p}}\})\} \tag{4-36}$$

(3) 根据步骤 (2) 所得结果在增量步结束时更新应力及状态变量，并据此估算第二次的应力增量，如式 (4-37)~ 式 (4-39)[93] 所示：

$$\{\Delta\sigma_2\}=[D_{\mathrm{ep}}(\{\sigma+\Delta\sigma_1\},\{k+\Delta k_1\})]\{\Delta\varepsilon_{\mathrm{ss}}\} \tag{4-37}$$

$$\{\Delta\varepsilon_2^{\mathrm{p}}\}=\varLambda(\{\sigma+\Delta\sigma_1\},\{k+\Delta k_1\},\{\Delta\varepsilon_{\mathrm{ss}}\})\frac{\partial P(\{\sigma+\Delta\sigma_1\},\{m_2\})}{\partial\sigma} \tag{4-38}$$

$$\{\Delta k_2\}=\{\Delta k(\{\Delta\varepsilon_2^{\mathrm{p}}\})\} \tag{4-39}$$

(4) 根据步骤 (2)~ 步骤 (3) 的结果，采用修正欧拉算法来求取更为精确的应力增量、塑性应变增量及状态变量增量，如式 (4-40)~ 式 (4-42)[93] 所示：

$$\{\Delta\sigma\}=0.5(\{\Delta\sigma_1\}+\{\Delta\sigma_2\}) \tag{4-40}$$

$$\{\Delta\varepsilon^{\mathrm{p}}\}=0.5(\{\Delta\varepsilon_1^{\mathrm{p}}\}+\{\Delta\varepsilon_2^{\mathrm{p}}\}) \tag{4-41}$$

$$\{\Delta k\}=0.5(\{\Delta k_1\}+\{\Delta k_2\}) \tag{4-42}$$

(5) 对于给定的应变子增量步 $\{\Delta\varepsilon_{\mathrm{ss}}\}$，一阶欧拉算法会有 $O(\Delta T^2)$ 阶的局部截断误差，而修正欧拉算法会有 $O(\Delta T^3)$ 阶的局部截断误差。所以，根据式 (4-34) 及式 (4-37)，得到应力的局部误差估计如式 (4-43) 所示，而子增量步中的应力相对误差则采用式 (4-44) 估算。将应力相对误差与用户自定义误差值 SSTOL 进行比较，如果 $R > \mathrm{SSTOL}$，则说明应力误差较大，需进一步缩小增量步大小，采用式 (4-45) 及式 (4-46) 估算新的增量步大小，返回步骤 (2) 重新计算。如果 $R \leqslant \mathrm{SSTOL}$，则认为此次增量步计算满足精度要求，进入下一步。

$$E = 0.5\left(\{\Delta\sigma_2\} - \{\Delta\sigma_1\}\right) \tag{4-43}$$

$$R = \frac{\|E\|}{\|\{\sigma + \Delta\sigma\}\|} \tag{4-44}$$

$$\Delta T_{\mathrm{new}} = \beta \Delta T \tag{4-45}$$

$$\beta = 0.8\left[\frac{\mathrm{SSTOL}}{R}\right]^{\frac{1}{2}} \tag{4-46}$$

(6) 根据式 (4-47)～ 式 (4-49)[93]，更新应力状态、塑性应变及状态变量。

$$\{\sigma\} = \{\sigma\} + \{\Delta\sigma\} \tag{4-47}$$

$$\{\varepsilon^{\mathrm{p}}\} = \{\varepsilon^{\mathrm{p}}\} + \{\Delta\varepsilon^{\mathrm{p}}\} \tag{4-48}$$

$$\{k\} = \{k\} + \{\Delta k\} \tag{4-49}$$

(7) 由于上述步骤中采用了较多估算值，通过步骤 (6) 得到应力状态及状态变量可能与屈服条件 ($F(\{\sigma\},\{k\}) \leqslant \mathrm{YTOL}$) 相违背，其中 YTOL 为用户定义容许误差。因此，需要进行校核，若不满足屈服条件，则需采用式 (4-46) 缩小增量步并返回步骤 (2)，直到满足屈服条件。

(8) 采用式 (4-50) 更新增量步完成量 T，并且继续计算下一个子增量步。需要注意的是，$T + \Delta T_{\mathrm{new}}$ 不能超过 1，若不满足，则应该根据式 (4-52) 重新计算，接着采用式 (4-51) 更新，并返回步骤 (2)。

$$T = T + \Delta T \tag{4-50}$$

$$\Delta T = \Delta T_{\mathrm{new}} \tag{4-51}$$

$$T + \Delta T_{\mathrm{new}} = 1 \tag{4-52}$$

(9) 当 $T = 1$ 时结束本次增量步计算。

2) 子增量步迭代流程

子增量步中的应力积分算法采用的方式为一阶欧拉算法，即基本增量步法，对应于修正欧拉算法的步骤 (2) 和步骤 (3)，其详细计算流程如图 4-17 所示。

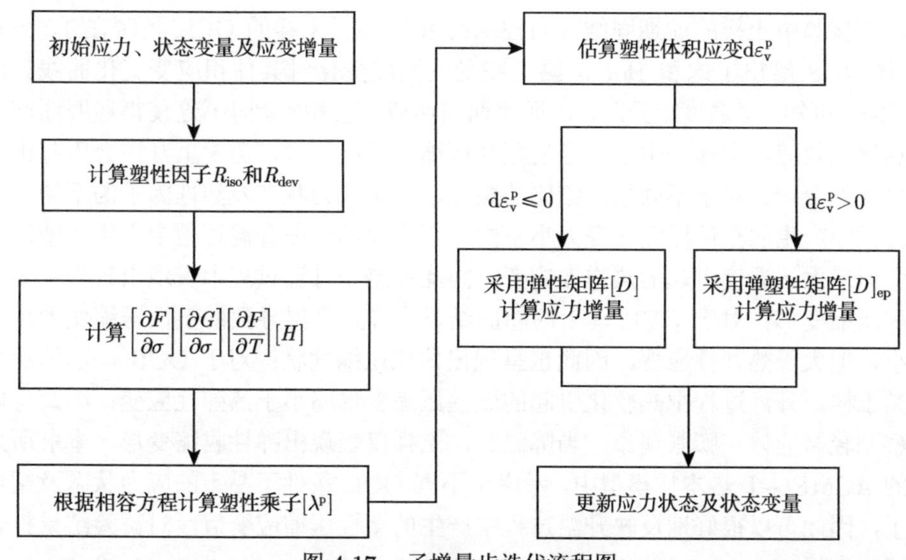

图 4-17 子增量步迭代流程图

3) 模型验证

热—力耦合本构模型 (ACMEG-T) 与修正剑桥模型、莫尔—库仑模型、D-P 模型等相比最大的特点是能够反映出温度以及超固结比 (OCR) 对于土体性状的影响。基于以上因素分别针对 Boom 黏土 [103] 和 Bangkok 黏土 [104] 的热力学特性进行对比验证与分析。ACMEG-T 热本构模型所对应的土体参数如表 4-8 所示。

表 4-8 ACMEG-T 热本构模型所对应的土体参数表 [13]

模型参数	Boom 黏土	Bangkok 黏土
K_{ref}/MPa	130	42
G_{ref}/MPa	130	15
n^e	0.4	1.0
β_s	4×10^{-5}	2×10^{-4}
a	0.007	0.020
b	0.6	0.2
c	0.012	0.040
d	1.3	1.6
ϕ_0'/(°)	16.00	22.66
g	8.5×10^{-3}	1×10^{-3}
α	1	2
β	18.00	5.49
r_{iso}^e	0.001	0.150
r_{dev}^e	0.3	0.1
γ_T	0.20	0.22

Baldi 等 [103] 开展了等应力排水条件下饱和 Boom 黏土的系列温控三轴试

验，该试验中土样的前期固结应力控制在 6 MPa，土样的 OCR 控制在 1、2 和 6。图 4-18 给出了饱和 Boom 黏土在受到温度变化时其体积应变变化曲线。由式 (4-6) 可知，当温度上升时，试样前期固结应力会相应减小，这使得屈服面产生了热软化效应，土体产生了相应的塑性压缩应变；同时，温度上升还会引起土体的热弹性变形。对于不同超固结比的黏土，由于应力状态及塑性因子的不同，升温过程中产生的塑性压缩应变大小不同。正常固结土在升温过程中产生的塑性压缩变形远大于温度引起的热弹性应变，因此在整个升温过程中表现出较为明显的体积压缩变形；对于 OCR = 2 的超固结黏土样，升温导致的塑性压缩变形相对较小，但大于热弹性应变，因此也呈现出体积压缩性状；对于 OCR = 6 的超固结黏土样，升温过程中热软化引起的塑性压缩变形略小于热弹性应变，因此可以观察到轻微的体积膨胀现象。当降温时，土样仅表现出弹性收缩变形。本书所采用的 ACMEG-T 热本构模型中，考虑了不同 OCR 条件下黏土的应力状态及塑性因子，因此可以很好地反映升温过程中产生的塑性压缩应变值，对试验结果拟合的情况良好。

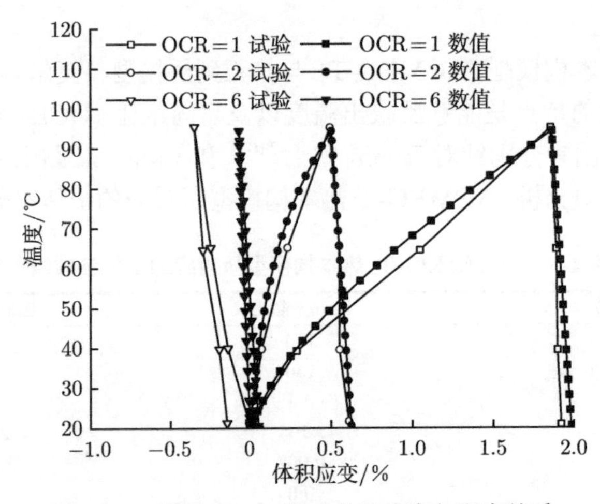

图 4-18 饱和 Boom 黏土体积应变与温度关系

Abuel-Naga 等 [104] 对 Bangkok 黏土开展了系列温控三轴试验，针对温度对土体等向压缩特性的影响及土体在热—力耦合作用下的应力路径展开了研究。不同温度状态下，正常固结 Bangkok 黏土在等应力条件下的压缩性状如图 4-19 所示。在同样的应力水平下，温度较高的土体产生了更大的体积压缩变形。这证明了温度作用下，土体的正常固结线会变动，同时也是温度导致了屈服面的收缩，导致应力状态点与边界面的距离相应减小，塑性因子增大，引起了更大的塑性变形。因此，温度更高的土体在同样的应力增量作用下产生了更大的体积压缩变形。本书所采用的 ACMEG-T 热本构模型中考虑了屈服极限及塑性因子随体积应变的变化，因此可以很好地反映等向压缩过程中土体力学特性的变化，对试验结果拟合的情况良好。热—力耦合作用下的正常固结 Bangkok 黏土竖向有效应力与体积应变关系对比曲线如图 4-20 所示。温度循环过程中，土体产生了明显的体积收缩现象，根据式 (4-6) 土体的前期固结应力增大，导致随后的 100~140 kPa 的应力加载阶段，土体呈现出超固结的加载现象，在随后的 140~200 kPa 加载过程中，重新呈现正常固结土的加载特性。由此可知，在 25℃-90℃-25℃ 的温度循环过程中，土体的前期固结应力上升了约 40 kPa；由于 ACMEG-T 热本构模型考虑了前期固结应力随温度的变化以及塑性因子随加载阶段的变化，因此可以较好地反映热—力耦合作用下土体的体积应变特性，数值模拟结果与试验结果吻合良好。

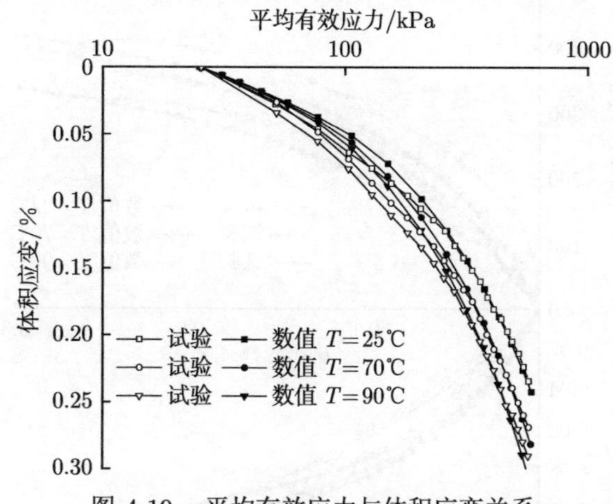

图 4-19 平均有效应力与体积应变关系

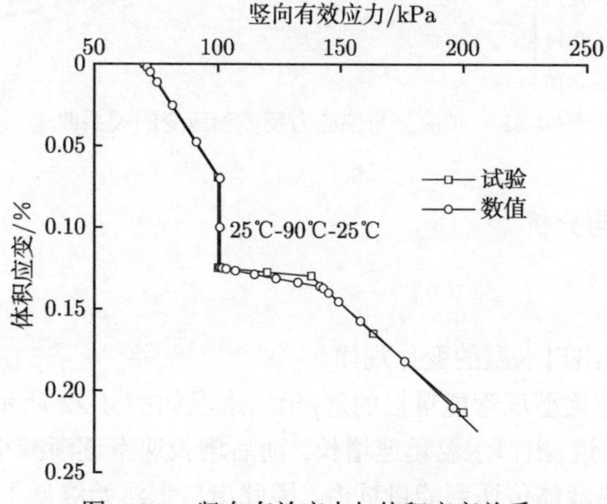

图 4-20 竖向有效应力与体积应变关系

不同温度下正常固结 Bangkok 黏土轴应变与偏应力及体积应变的关系对比曲线如图 4-21 所示。土体在剪切过程中呈现出剪缩性状，且整体呈现出应变硬化型。这是应力状态点在 V-$\ln P$ 平面中位于临界状态线的湿侧 [16]，且土体在剪切过程中产生了塑性体积应变，导致了硬化模量的改变。此外，土样在升温的过程中，土体产生了一定的体积收缩应变，导致了塑性体积应变的产生，从而使得土体具有更大的前期固结应力。因此，温度较高的土体在剪切过程中会有更大的初始刚度，这与 Abuel-Naga 等 [104] 和 Cekerevac 等 [9] 的研究结果一致。由于 ACMEG-T 热本构模型中考虑了硬化模量随塑性因子的变化，因此能够反映剪切过程中的土体变形特性，数值模拟结果与试验实测数据所得规律基本一致。

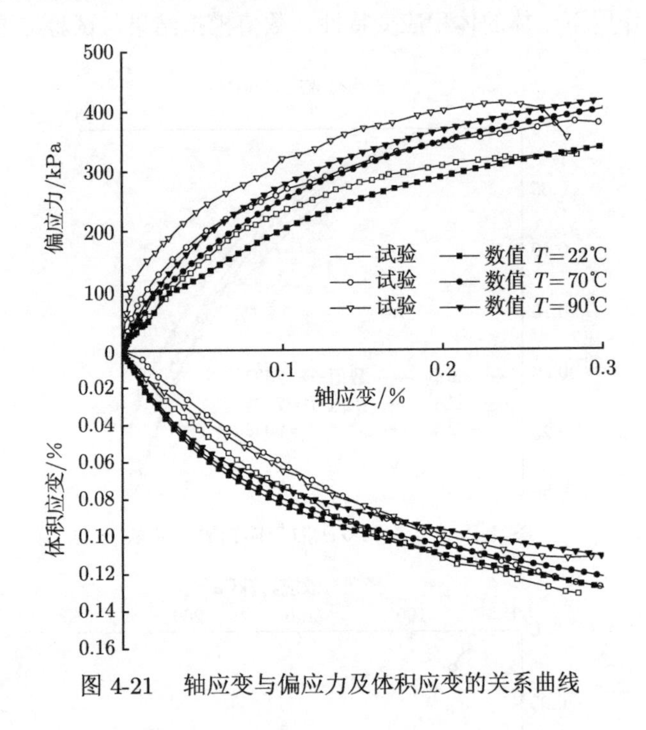

图 4-21　轴应变与偏应力及体积应变的关系曲线

4.3.3　研究结果与分析

1. 现场试验

1) 换热管进/出口水温的变化规律

U 型埋管和螺旋型埋管能量桩的进/出口水温如图 4-22 所示。在试验刚开始的 3 h 内，能量桩进/出口水温迅速增长，随后增长速率逐渐减小并趋于稳定。由于部分热量由换热液体传递到能量桩内，因此出口水温始终低于进口水温。240 h 后，U 型埋管和螺旋型埋管能量桩的进口和出口水温分别达到 38.9℃、34.6℃ 和

38.8℃、34.2℃。尽管两根桩的埋管形式不同，但是试验开始 100 h 后，U 型埋管和螺旋型埋管能量桩的进/出口水温差基本保持不变，分别为 4.3℃ 和 4.6℃。因此，两根桩的换热效率接近，由此说明埋管形式对能量桩的换热效率的影响不大。

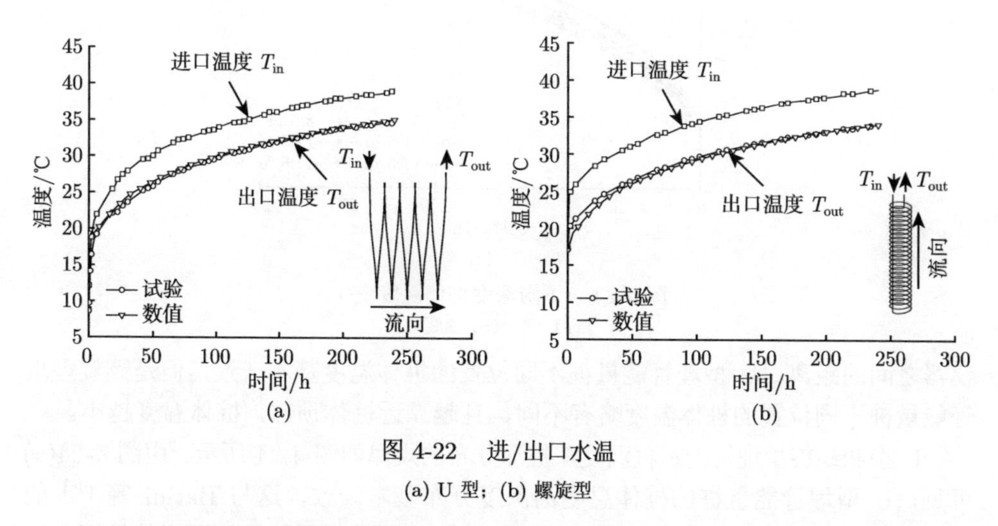

图 4-22 进/出口水温

(a) U 型；(b) 螺旋型

2) 桩体及土体温度的变化规律

不同深度桩体温度随时间变化的规律如图 4-23 所示。当施加温度作用后，桩体温度逐渐上升，但上升速率逐渐减小。240 h 后，由于管道和混凝土的热阻，U 型埋管能量桩的桩深温度为 36℃ 左右，小于进/出口水温的平均值 (38℃)。相比于 U 型埋管能量桩，螺旋型埋管能量桩的最大温度约为 35℃，略小于 U 型埋管能量桩的最大温度，这可能是由于螺旋管和仪器之间的距离略大于 U 型埋管到

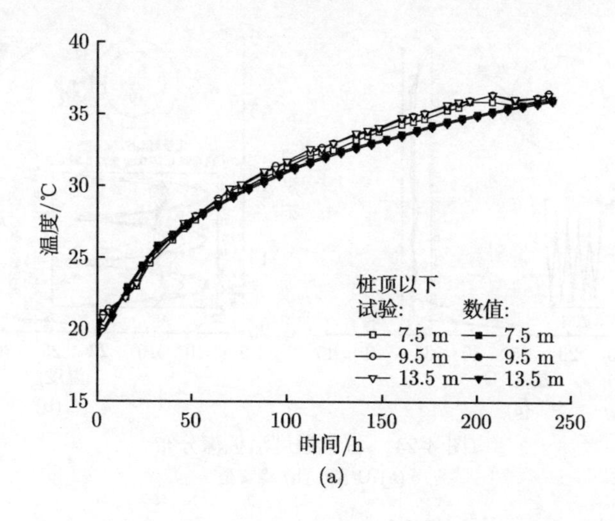

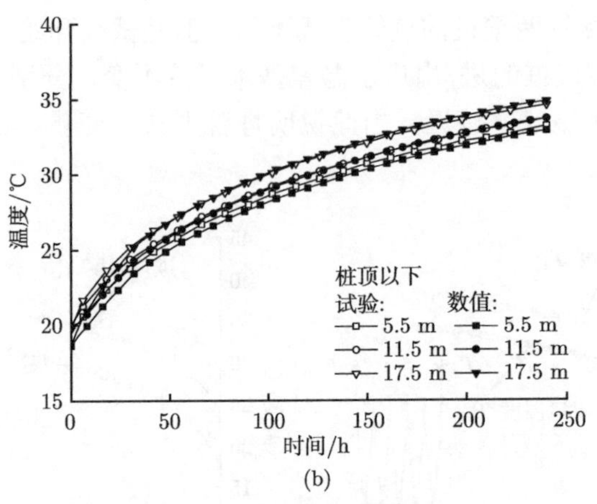

(b)

图 4-23　不同深度桩体温度变化

(a) U 型；(b) 螺旋型

仪器之间的距离。U 型埋管能量桩不同位置的桩体温度基本一致，但是螺旋型埋管能量桩不同位置的桩体温度略有不同，且越靠近桩体顶部，桩体温度越小。

U 型和螺旋型埋管能量桩温度随桩深分布的规律如图 4-24 所示。由图 4-24(a) 可见，U 型埋管能量桩的桩体温度沿深度分布基本一致，这与 Batini 等 [96] 的研究结果一致。与 U 型埋管能量桩不同，螺旋型埋管能量桩桩体温度从桩端到桩顶有减小趋势 (图 4-24(b))，这是因为循环液体温度沿着流向逐渐减小 [96]。在靠近桩端位置，两种埋管形式的能量桩的桩体温度都有明显的下降，这是由于为了防止桩体混凝土浇筑时损坏换热管，靠近能量桩端 1 m 的范围内没有设置换热管 (图 4-11)。在靠近换热管的位置，螺旋型埋管能量桩的温度表现出明显的波动，并且距离换热管越远，温度波动的幅度逐渐减小，在 r = 0~0.2D 范

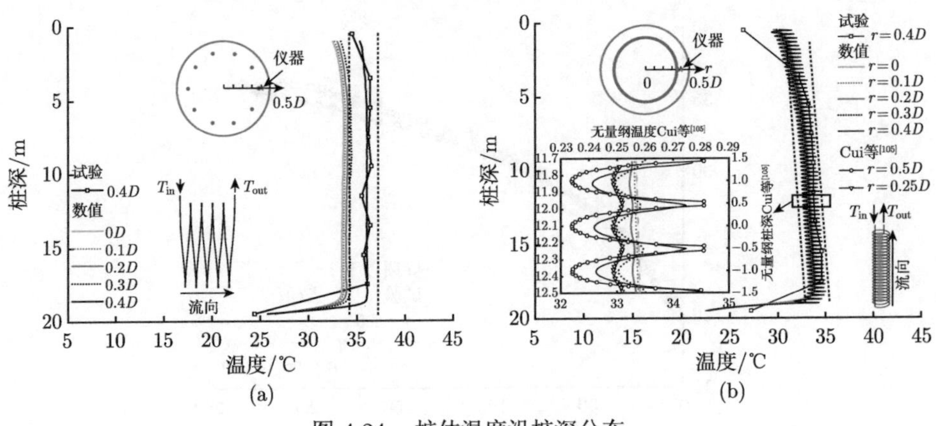

图 4-24　桩体温度沿桩深分布

(a) U 型；(b) 螺旋型

围内，桩体温度波动基本消失。这种现象可以归因于螺旋管之间加热的不均匀性，在 Cui 等 [105] 的研究中发现了类似的现象。

不同横截面桩体温度的分布规律如图 4-25 所示。由图 4-25 可见，在换热管区域内 (L1~L5)，两种埋管形式的能量桩不同横截面上的最大温度发生在靠近换热管的位置，沿换热管位置向桩中轴线，桩体温度逐渐下降，换热管附近的温度要比桩中轴线位置高大约 3℃。在换热管下方 (19.5 m)，桩中心的温度最高。对于 U 型埋管能量桩，靠近换热管入口一侧，桩体温度要比靠近换热管出口一侧的温度高约 1.5℃。与 U 型埋管能量桩不同，螺旋型埋管能量桩的温度分布几乎关于桩中轴线对称，只是当横截面穿过换热管时 (L1、L3、L5)，靠近换热管位置桩体温度有明显的升高。对于两种埋管形式的能量桩，在换热管外侧，桩体温度都出现迅速减小的现象，这是因为热量由能量桩传递到桩周土体中。而在换热管内侧，热量不断积蓄在桩体内部，导致该区域的温度高于换热管外侧的温度。

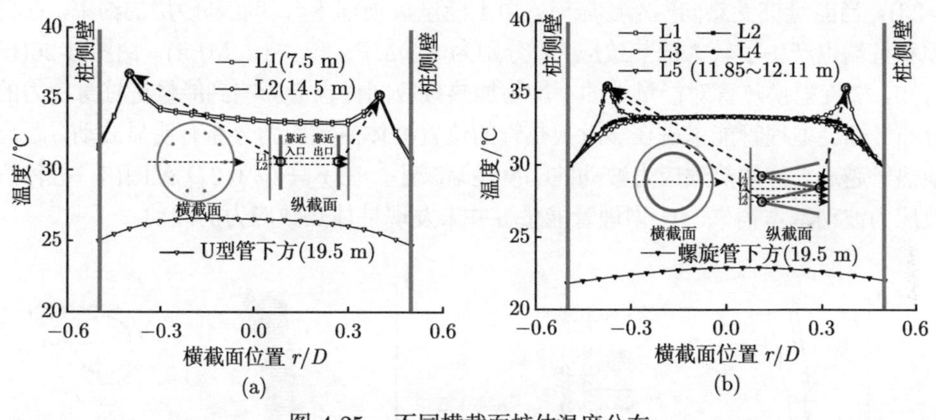

图 4-25 不同横截面桩体温度分布

(a) U 型；(b) 螺旋型

3) 桩体热应力的变化规律

能量桩受热会产生热膨胀，由于能量桩—土和能量桩-上部结构的相互作用，能量桩的力学行为较为复杂。当能量桩受热后趋于膨胀时，由于土层和上部结构的约束，能量桩产生的实际轴向应变 $\varepsilon_{\mathrm{obs}}$ 低于其受相同温度作用时理论上应该产生的自由应变 ($\varepsilon_{\mathrm{free}}$)，因此，桩体内部会形成桩体热应力 ($\sigma_{\mathrm{th}}$)。$\varepsilon_{\mathrm{obs}}$ 和 $\varepsilon_{\mathrm{free}}$ 的差值一般称为约束应变 ($\varepsilon_{\mathrm{res}}$)。四者之间的关系如下：

$$\varepsilon_{\mathrm{res}} = \varepsilon_{\mathrm{obs}} - \varepsilon_{\mathrm{free}} = \varepsilon_{\mathrm{obs}} - \alpha\Delta T \tag{4-53}$$

$$\sigma_{\mathrm{th}} = E\varepsilon_{\mathrm{res}} = E(\varepsilon_{\mathrm{obs}} - \alpha\Delta T) \tag{4-54}$$

式中，α 为桩体的热膨胀系数；E 为桩体的弹性模量；ΔT 为桩体的温度变化量。

Bourne-Webb 等 [41] 通过对能量桩的一系列案例的研究，提出了一个简化模型，能够模拟温度作用引起的能量桩的热应力分布规律。该模型认为，当能量桩温度上升时，摩擦型能量桩最大热应力发生在靠近桩体中部位置，在最大热应力位置向桩两端延伸，桩体内热应力逐渐减小；且当能量桩桩顶和桩底受到上部荷载和桩端持力层约束时，桩两端也会产生热应力。

如图 4-26 所示为能量桩不同位置热致应力沿桩深的分布。热致应力大小由式 (4-53) 和式 (4-54) 确定。由图 4-26 可知，两种埋管形式的能量桩桩体热致应力分布规律与 Bourne-Webb 等 [41] 提出的简化模型一致。两种埋管形式的能量桩最大热致应力都发生在桩体中部附近 (桩顶以下 10 m)。能量桩加热后 240 h，U 型埋管和螺旋型埋管能量桩桩体最大热致应力分别为 -2.2 MPa 和 -1.8 MPa。二者之间的差别是由于螺旋型埋管能量桩中换热管与仪器之间的距离略大于 U 型埋管能量桩中换热管和仪器之间的距离，从而导致仪器位置不同的桩体温度变化 (图 4-23)。当能量桩受热向两端膨胀时，由于能量桩顶部承台和底部砂层的约束，在桩顶和桩端也产生了较大的热致应力 (分别为 -2 MPa 和 -1.5 MPa)。由图 4-26(b) 可知，螺旋型换热管对能量桩的不均匀加热效应同样也会影响到能量桩桩身应力的分布。螺旋型埋管能量桩在靠近换热管的位置桩体热致应力分布有明显波动，距离换热管越远，桩体热致应力波动的幅度逐渐减小，在 $r=0\sim0.2D$ 范围内，桩体热致应力波动基本消失。U 型埋管能量桩并未发现桩体热致应力的波动。

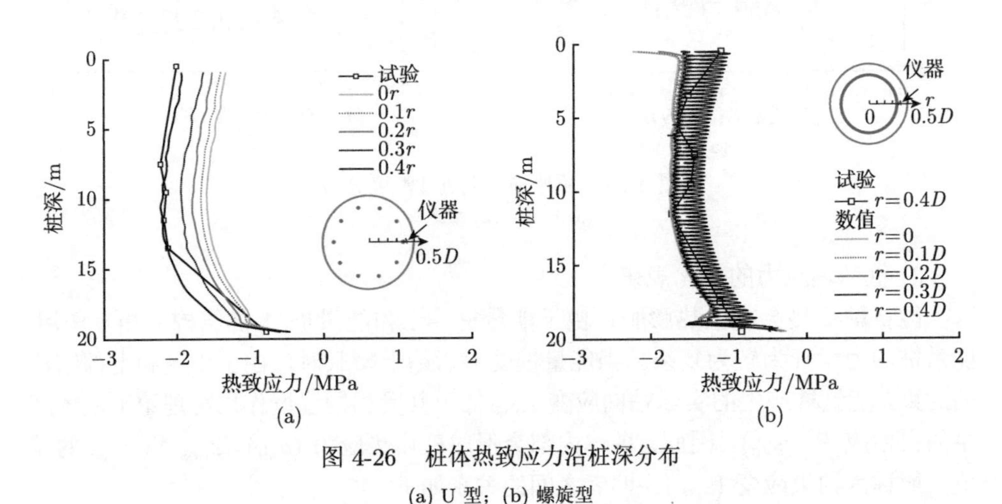

图 4-26　桩体热致应力沿桩深分布

(a) U 型；(b) 螺旋型

如图 4-27 所示为 U 型埋管和螺旋型埋管能量桩热致应力的变化。由图 4-27 可知，两种埋管形式能量桩桩体热致应力随时间逐渐增长，但增长速率逐渐减小，这与桩体温度的变化规律一致。U 型埋管和螺旋型埋管能量桩不同横截面上热致应力的分布如图 4-28 所示。由图 4-28 可见，桩体热致应力在能量桩横截面上的分布规律与桩体温度的分布规律一致。U 型埋管能量桩的热致应力在水平向的分布不对称，桩体最大热致应力发生在靠近换热管入口一侧，大小等于 −3.2 MPa，比靠近换热管出口一侧的热致应力高 0.6 MPa，桩中轴线位置，热致应力最小，约为 −1.5 MPa。不同于 U 型埋管能量桩，螺旋型埋管能量桩的热致应力在横截面上的分布基本关于中轴线对称，桩体最大热致应力发生在换热管附近，大小等于 −2.2 MPa，比桩中轴线处的热致应力大约 0.5 MPa。除此之外，换热管内侧的桩体温度高于换热管外侧的温度，导致换热管内侧的热致应力变化同样大于换热管外侧的热致应力变化。在换热管下方 (19.5 m)，尽管此处能量桩内没有设置换热管，但是由于桩体温度的变化同样观测到了热致应力，其大小约为 0.5 MPa，小于换热管范围内的桩体热致应力大小。

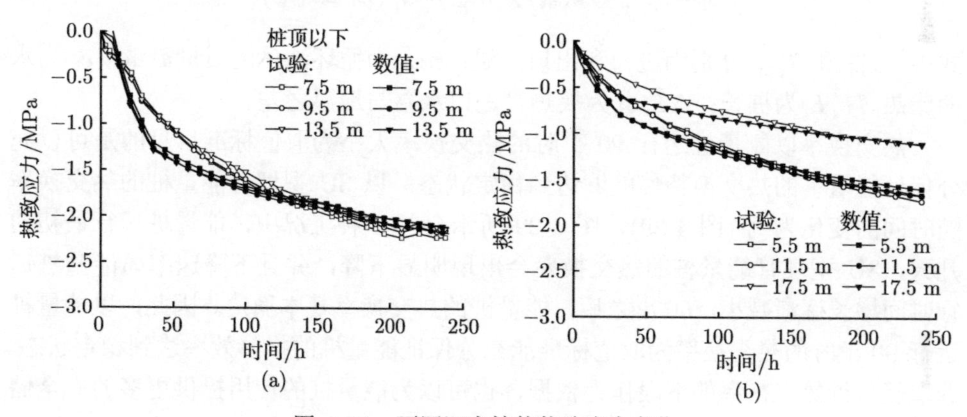

图 4-27 不同深度桩体热致应力变化

(a) U 型；(b) 螺旋型

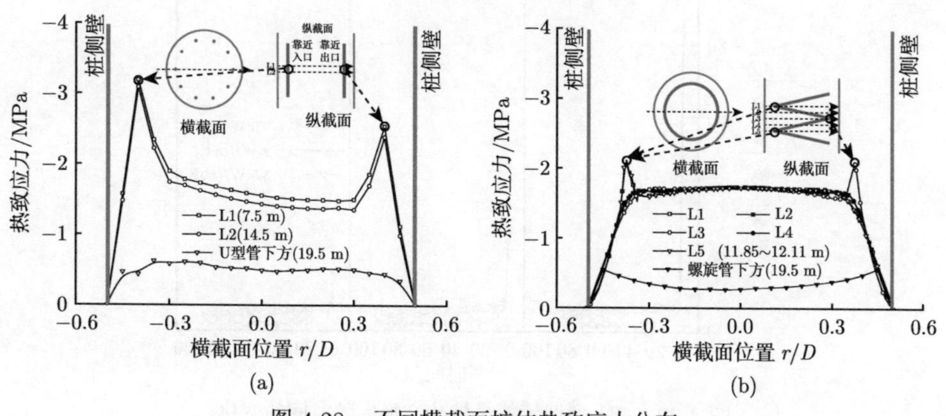

图 4-28 不同横截面桩体热致应力分布

(a) U 型；(b) 螺旋型

4) 能量桩热交换率影响因素分析

不同地区具有不同的气候条件，这会影响到地温的分布规律和能量桩的运行模式。例如，当某地气温较高时，会导致能量桩进/出口水温较高，这会在一定程度上提高能量桩的换热效率。相同埋管形式下，能量桩的桩长越长，其换热效率也相对越大。因此，目前已开展的不同研究中所取得能量桩的研究结果很难定量对比。为了便于研究结果能够方便地被后续研究借鉴，本章对能量桩的热交换率和桩体最大热应力进行了归一化处理。

根据 You 等 [35,106] 的研究结果，能量桩的热交换率与换热管进口水温和地温之差呈线性变化。因此，归一化之后能量桩的热交换率 q 为

$$q = (T_{\mathrm{in}} - T_{\mathrm{out}}) \times m_{\mathrm{w}} \times c_{\mathrm{f}}/(L/\Delta T_{\mathrm{s\text{-}w}}) \tag{4-55}$$

式中，T_{in} 和 T_{out} 分别为进口和出口水温；m_{w} 为循环液体的质量流量；c_{f} 为水的比热容；L 为桩长；$\Delta T_{\mathrm{s\text{-}w}}$ 为换热管进口水温与地温之差。

热交换率以能量桩运行 90 d 时的热交换率大小为取值标准，目的是可以充分保证能量桩的热交换特性能够达到稳定状态。以 3U 型埋管能量桩的热交换率随时间的变化为例 (图 4-29)，图 4-29 所示全部 9 种工况中，能量桩运行最初的几天，3U 型埋管能量桩的热交换率会出现明显下降，并且下降速率随能量桩运行时间增长逐渐减小，60 d 之后，能量桩的热交换率基本稳定。因此，以能量桩运行 90 d 时的热交换率为取值标准能充分保证能量桩的换热效率达到稳定状态。选取能量桩热交换率的下限作为依据，也可以为能量桩的使用提供更多的安全储备空间，避免能量不足的情况。

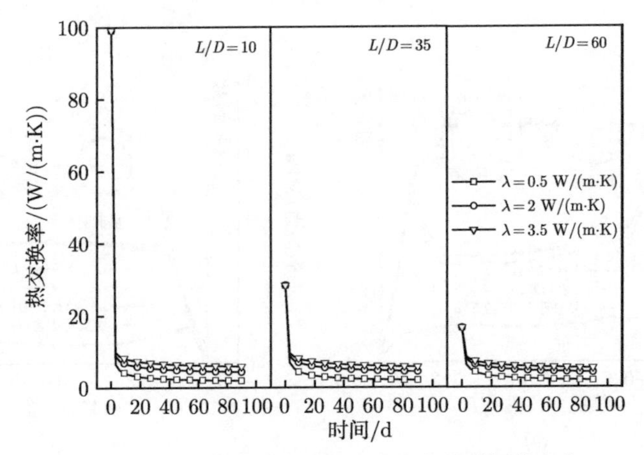

图 4-29 3U 型埋管能量桩热交换率随时间的变化

不同埋管形式下能量桩的热交换率如图 4-30 所示。由图 4-30(a) 可见，换热

管的数量对能量桩的热交换率有明显影响，当桩周土体热传导系数较大时，换热管数量越多，单位能量桩长度的热交换率越高，具体表现为 1U<2U<3U<5U。这是因为单位体积混凝土内换热管的数量越多，换热管热交换面积越大。然而，当桩周土体热传导系数较小时，增加换热管数量不会明显提高单位能量桩长度的热交换率。此外，当能量桩内换热管数量较多时，单位换热管长度的热交换率较小 (图 4-30(b))。因此，当桩周土体热传导系数较大时，应尽量在合理的范围内 (1U~5U) 增加能量桩内换热管的数量以提高单根能量桩的热交换率；当土体热传导系数较小且能量桩的数量充足时，可适当减少每根桩内换热管的数量来提高换热管的换热效率，减少浪费。

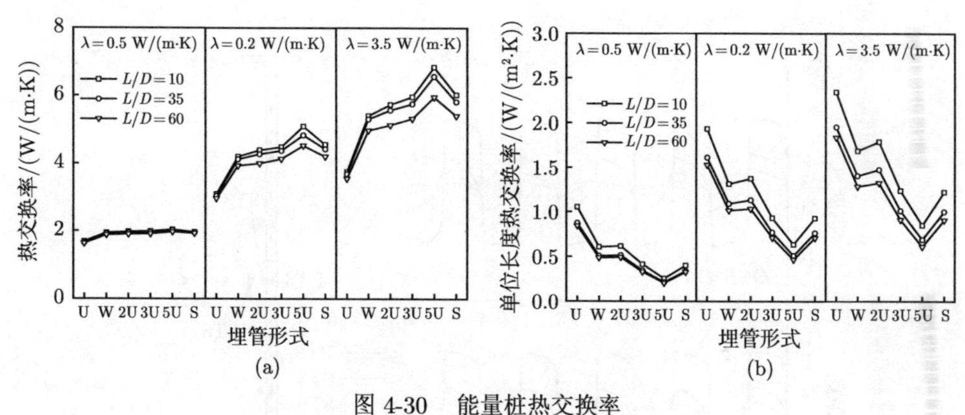

图 4-30 能量桩热交换率

(a) 单位能量桩长度；(b) 单位换热管长度

当能量桩内换热管总长度一定时，换热管的布置方式对能量桩的热交换率影响不大。例如，2U 型和 W 型埋管能量桩内换热管的总长度一致，但是，当 $\lambda=3.5$ W/(m·K)，$L/D=10$ 时，2U 型埋管能量桩的热交换率为 5.7 W/(m·K)，比 W 型埋管能量桩的热交换率高 5%；螺旋型埋管能量桩和 3U 型埋管能量桩的换热管总长度一致，二者的换热效率几乎相同。

由图 4-30 可知，桩周土的热传导系数对能量桩的热交换率有明显影响。首先，桩周土的热传导系数越大，单位能量桩长度的热交换率越大，当 $\lambda=0.5$ W/(m·K) 时，除单 U 型埋管能量桩的热交换率略低之外，其他几种埋管形式能量桩的单位长度热交换率几乎相同，约为 2 W/(m·K)。当 $\lambda=3.5$ W/(m·K) 时，单位能量桩长度的热交换率为 3.5~7 W/(m·K)。其次，单位换热管长度的换热功率也随着土体热传导系数的增加而增加。因此，当土体热传导系数较大时，能量桩更为适用。

2. 模型试验

1) 能量桩及桩周土体温度变化规律

桩体、桩周土体温度随循环次数的变化规律如图 4-31 所示。当能量桩受热时，桩体及桩周土体的温度上升，在随后的制冷过程中，桩体及桩周土体的温度逐渐下降。试验进口水温变化范围是 5~45℃，由图 4-31 可知，能量桩桩身温度在 10~40℃ 变化，小于进/出口水温的变化范围，这主要是换热管与桩身仪器之间桩体材料的热阻造成的。土体的热阻导致土体的温度变化量小于能量桩的温度变化量，且离桩中轴线越远，土体温度变化量越小。例如，距离桩中轴线 1 倍桩径处 (ST3) 的土体温度变化范围为 18~32℃，距离桩中轴线 2 倍桩径处 (ST6) 的土体温度在 22~28℃ 变化，距离桩中轴线 8 倍桩径处 (ST8) 未观察到明显的温度变化。通过对比三组工况 (OCR = 1、4 和 10) 下土体的温度变化曲线，可以得出土体超固结比对其传热特性基本无影响。

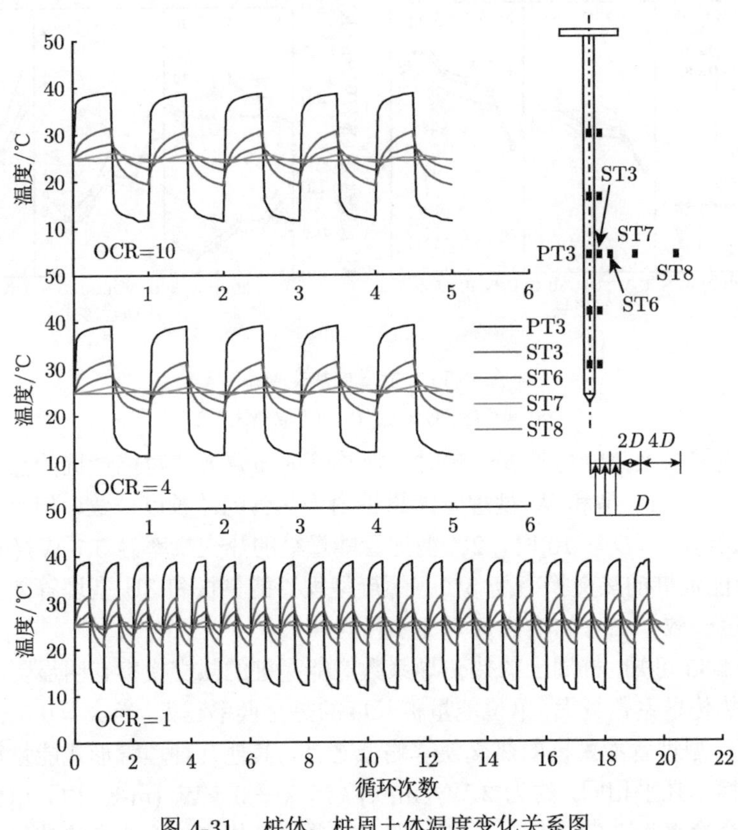

图 4-31　桩体、桩周土体温度变化关系图

当能量桩承受循环温度作用时，试验进口水温 (分别是 5℃ 和 45℃) 关于环境温度 (25℃) 对称变化，导致桩身及桩周土体的温度也基本关于环境温度呈现对称变化，且每轮温度循环过程中桩身及桩周土体的温度变化规律基本一致，这与 Olgun 等 [57] 的研究结果一致。

2) 桩周土体孔隙水压力变化规律

由于水的热膨胀系数大于土颗粒的热膨胀系数，故当温度上升时，水的体积膨胀大于土骨架的体积膨胀，这时土骨架会对水的变形产生约束作用，因此土体内会产生超静孔隙水压力。当温度下降时，水的体积收缩大于土骨架的体积收缩，导致土体内产生了负的超静孔隙水压力 [107]。通过将温度引起的孔隙水压力变化与土体竖向有效应力归一化处理，能够考虑孔隙水压力对土体强度的影响。

土体中温度变化引起的孔隙水压力变化情况如图 4-32 所示。由图 4-32 可知，当土体温度升高时，孔隙水压力升高；当土体温度降低时，孔隙水压力降低，这与 Abuel-Naga 等 [107] 的研究结果一致。距离桩中轴线越远，土体孔隙水压力变化量越小。例如，在正常固结黏土中，距离桩中轴线 1 倍桩径处 (PPT1)，孔隙水压力的变化幅值约为 ±10%土体有效应力；距离桩中轴线更远的 2 倍桩径处 (PPT3) 和 4 倍桩径处 (PPT4)，孔隙水压力变化幅值分别约为 ±7%和 ±3%土体有效应力。这个现象可归因于距离桩中轴线越远，土体温度变化量则越小；温

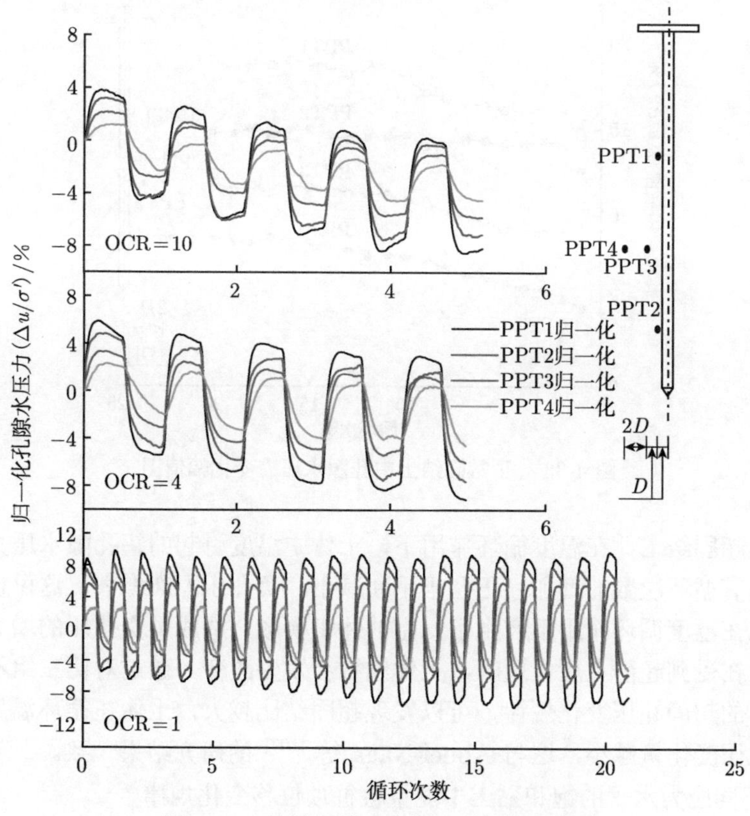

图 4-32 桩周土体孔隙水压力变化关系图

度引起土体中超孔隙水压力的大小与土体温度的变化量呈正比 [107]。在距离桩中轴线 1 倍桩径处，靠近桩底位置 (PPT2) 处的孔隙水压力变化量小于靠近桩顶位置 (PPT1) 处的孔隙水压力变化量，这主要是由于土体底部为渗透性较好的砂垫层，而土体顶面为不透水的塑料薄膜。

对于正常固结土，当桩周土体承受循环温度作用时，可以发现随着循环次数增加，土体中温度引起的超孔隙水压力变化几乎不产生孔隙水压力累积，即孔隙水压力随温度变化可逆 (图 4-32)。但是，每轮温度循环过程中温度引起的超孔隙水压力变化幅值 (单次温度循环过程中最大孔隙水压力与最小孔隙水压力的差值) 随循环次数的增加呈现逐渐增大的趋势 (图 4-33)。这个现象可归因于以下几个原因：① 土体为正常固结土，温度升高会引起正常固结黏土的热固结 [9,57]，导致土骨架的强度提高；② 软土的次固结也会造成土骨架强度的提高。综合两个影响因素，土骨架对孔隙水的热膨胀变形的约束作用加强。

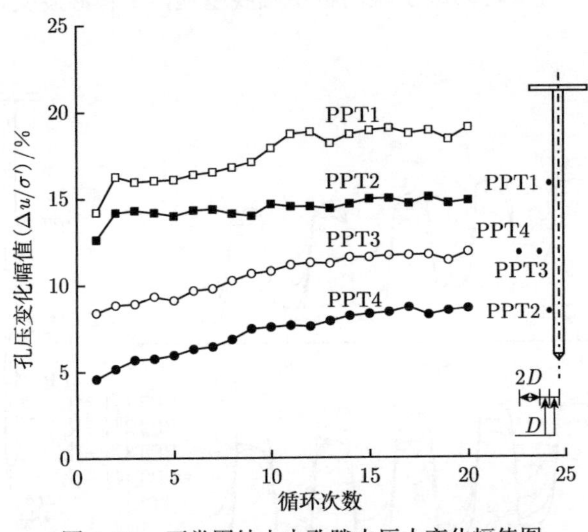

图 4-33　正常固结土中孔隙水压力变化幅值图

对于超固结土，在温度循环作用下，土体中温度引起的超孔隙水压力不断累积，即随着循环次数的增加，正孔压不断减小，负孔压不断增大。这可以解释为超固结土在温度循环作用下产生了一定的体积膨胀，造成了负孔压的增大；并且超固结土在受到超静孔压作用时，土体结构会发生改变。通过对比三组不同超固结比土体的超静孔压变化规律，可以发现超固结比越大，土体在循环温度作用下产生的孔压变化量越小，这与 Abuel-Naga 等 [107] 的研究结果一致。

3) 不同应力水平的饱和黏土中能量桩桩顶位移变化规律

黏土的次固结会使得桩侧产生负摩阻力，从而造成桩顶沉降 [9]。为了消除土体次固结对能量桩沉降的影响，单独进行了三组参照试验 (未施加温度作用)，对应热—力学试验温度循环过程中桩顶位移随时间变化曲线如图 4-34 所示。由图 4-34 可见，土体的应力水平越小，次固结变形越小，例如，OCR = 1 的正常固结黏土产生了约 0.2%D 的位移，OCR = 4 的超固结黏土产生了约 0.15%D 的位移，OCR = 10 的强超固结黏土产生了约 0.1%D 的位移，这与 Lei 等 [108] 的研究结果一致。这可以归结于同样的前期固结应力下，土体的当前固结应力越小时，同样时间内产生的次固结位移越小。

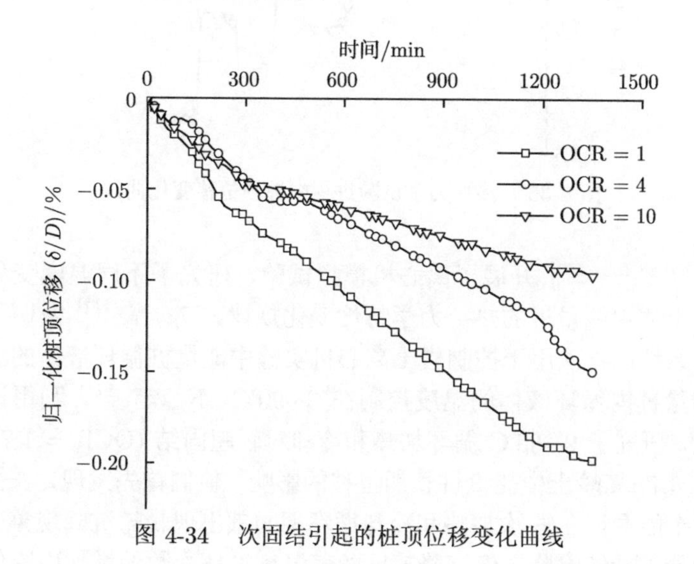

图 4-34 次固结引起的桩顶位移变化曲线

热—力学试验测得的桩顶位移与参照试验得到的桩顶位移相减，可以得到温度作用引起的能量桩顶位移的变化规律。热—力学试验过程中温度引起的桩顶位移随时间的变化如图 4-35 所示。由图 4-35 可知，在制热阶段能量桩顶部产生向上位移，在降温阶段桩顶产生向下位移。通过对比不同超固结比的土体在 5 轮温度循环中桩顶位移的变化规律，可以发现能量桩在 5 轮温度循环过后，OCR = 4 的超固结黏土中产生的不可逆位移最小，约 1.13%D；OCR = 10 的强超固结黏土产生的不可逆位移最大，约 2.27%D；OCR = 1 的正常固结黏土产生的不可逆位移约 1.25%D。这可以归结于以下两个原因：① 在受到循环温度作用时，桩周黏土会产生热固结效应，OCR 越小的土体其应力状态点距边界面越近，因此 OCR 越小的土体在温度循环过程中产生的塑性体积应变越明显 [107]。② 土体应力水平越小时，桩—土接触应力相对较小，导致当前应力水平越小的土体其对能量桩的约束作用越弱。

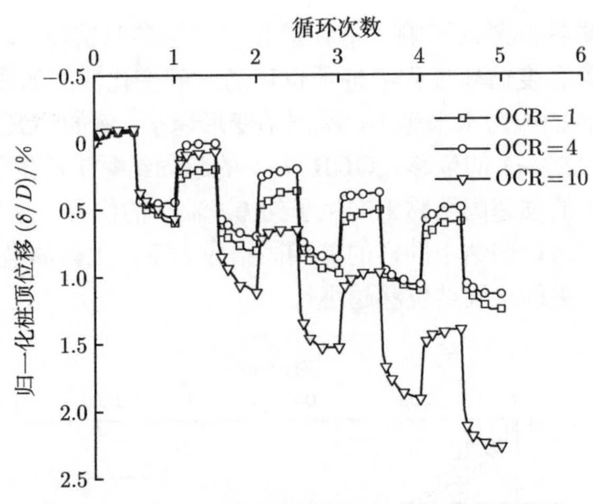

图 4-35　热—力学试验过程中桩顶位移变化曲线

Ng 等 [50,88,109−111] 开展了离心机模型试验，研究了不同温度变化模式下不同超固结比土体中能量桩的热—力学特性变化规律。Ng 等 [111] 发明了一种新型加热和冷却系统，首次用于控制岩土离心机实验中能量桩循环液体的温度。该系统能够将能量桩内循环液体的温度控制在 3~90℃。Ng 等 [111] 利用该系统进行了两项试验，研究了 9~38℃ 循环加热和冷却对轻超固结 (OCR = 1.7) 和重超固结 (OCR = 4.7) 高岭土中能量桩长期位移的影响。他们首先发现，在恒定的工作荷载下，两个能量桩在 5 次加热和冷却循环期间都出现棘轮沉降现象。轻超固结黏土中的能量桩持续沉降，但沉降速度随着温度循环次数的增加而降低，最终沉降达到 3.8%D。这是由于黏土的塑性收缩和桩—土界面处的热加速蠕变引起的侧向应力减少。相比之下，在重超固结黏土中，观察到能量桩的沉降量相对较小，仅为 2.1%D。由于操作的偶然性，循环非对称热荷载可能会施加到浮动能量桩组和桩筏上，非对称加载桩之间的热力相互作用尚不清楚。Ng 等 [50,109] 原创性地对 2×2 悬浮能量桩群桩和能量桩筏进行了一系列非对称冷热循环加载离心模型试验，桩端土为软高岭土 (OCR = 1.7)。对每组中的三根桩施加了 15 轮 ±14℃ 温度循环。他们首次发现高承台能量桩群的热诱导不可逆沉降和群桩倾斜超出了适用性和欧洲标准 [112]。能量桩筏同样沉降，但沉降程度比高承台能量桩群的沉降程度要小，而它们的倾斜并未超过欧洲标准 [112]。因此建议在软黏土中使用能量桩筏，而不是高承台能量桩群。他们发现桩间距为 3D 的群桩，热诱导不可逆沉降和群桩倾斜分别比桩间距为 5D 的群桩大 200%和 300%。与满足欧洲标准 [112] 的 5D 桩间距群桩相反，3D 桩间距群桩的沉降和倾斜分别比欧洲标准大 30%和 200%。Ng 等 [111] 开展的离心机模型试验结果表明 OCR 越大，能量桩在温度循环中产生的不可逆桩顶位移越小，该结果与本章试验结果有差异。这是由于试验的应力状态与之不同，在 Ng 等 [111] 开展的试验中，桩顶施加的荷载大小与超固结比相关，而本章 3 组试验施加的桩顶荷载大小相同。

4) 长期温度循环作用下能量桩桩顶位移变化规律

需要特别指出的是，参照试验 (未施加温度作用) 的持续时间为 1530 min ((180+1350) min)，而正常固结黏土中能量桩热—力学试验的持续时间为 5580 min ((180+5400) min)。由图 4-36 可知，由土体次固结引起的桩顶沉降与对数时间呈线性变化，这个结果与 Nguyen 等 [92] 的研究结果一致。考虑到由土体次固结引起的桩顶沉降与对数时间呈线性变化，本章采用式 (4-56) 对 1530 min 后次固结引起的桩顶位移进行估算。

$$S_t = S_{\lg 1530}+0.22 \times (\lg t - \lg 1530) \tag{4-56}$$

式中，S_t 为 t 时刻的桩顶位移。

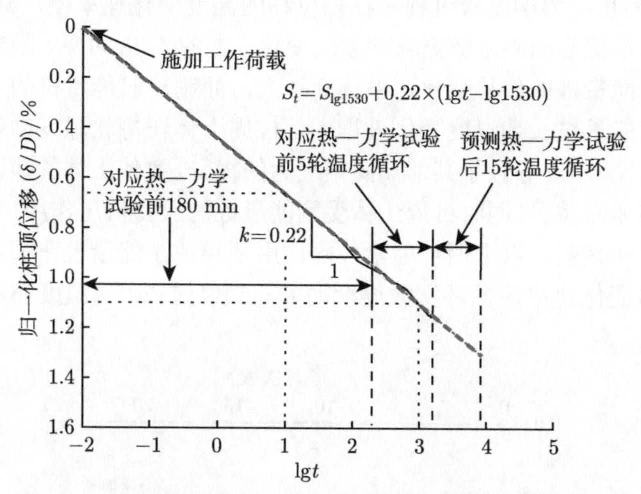

图 4-36 正常固结黏土中参照试验桩顶位移随时间变化曲线

由图 4-37 可见，在正常固结黏土中，随着循环次数增加，桩顶产生了不可恢复的累积沉降，且桩顶累积沉降的速率随着循环次数增加逐渐减小。例如，在第 1 轮温度循环中，能量桩顶部产生了 0.7%D 的累积沉降；第 2 轮温度循环中，能量桩产生的累积沉降为 0.4%D；前 5 轮循环产生的桩顶累积沉降约占前 20 轮总沉降的 63%，前 10 轮循环产生的桩顶累积沉降约占前 20 轮总沉降的 82%。20 轮温度循环过后，能量桩顶的累积沉降随温度循环次数的变化基本稳定，桩顶累积总沉降为 2%D。

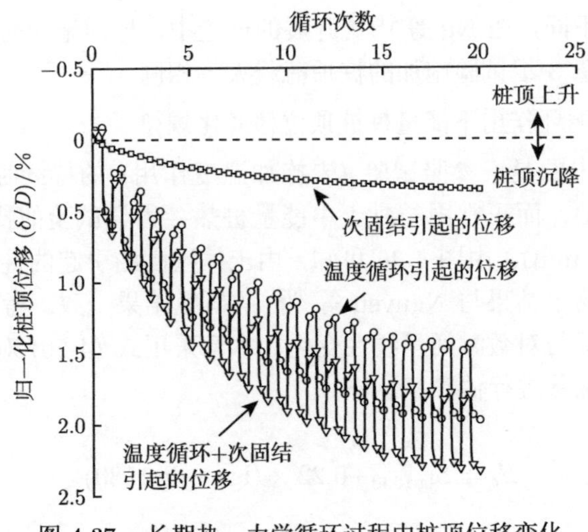

图 4-37　长期热—力学循环过程中桩顶位移变化

图 4-38 为热—力学试验过程中桩顶位移随温度变化速率图，其含义为制热、制冷过程中桩顶位移的斜率随循环次数的变化。由图 4-38 可见，随着循环次数的增加，制热时能量桩的位移变化速率逐渐增大，而制冷时能量桩的位移变化速率变化较小。在能量桩长期温度变化过程中，桩周土体在每轮温度循环过程中不断产生累积的塑性应变，导致了其前期固结应力的提升，致使土体的热固结效应随着循环次数的增加而减弱，同时桩周土体受到能量桩的反复挤压作用，导致了桩—土接触应力的不断减弱。以上两种因素共同作用下导致了能量桩在长期循环过程中制热时其位移变化速率随循环次数逐渐增大。当经过 20 次温度循环时，制冷过

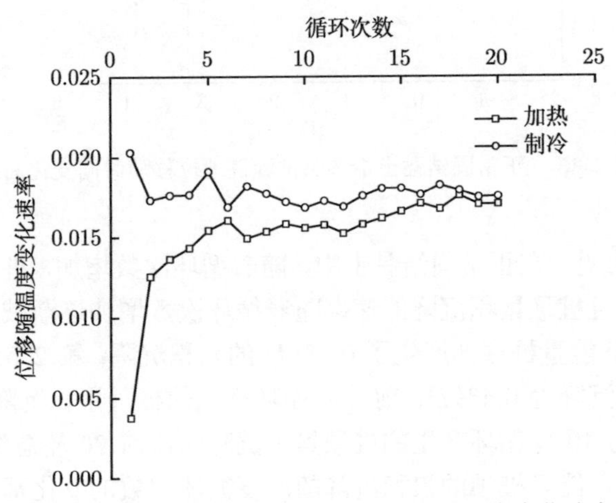

图 4-38　热—力学试验过程中桩顶位移随温度变化速率

程中和制热过程中能量桩的位移随温度的变化速率基本相等。因此，此时能量桩桩顶的累积沉降随循环次数的增加基本趋于稳定。

4.4 本章小结

本章采用模型试验、现场试验、数值模拟及理论分析相结合的方法，对砂土和黏土地基中单根能量桩的换热效率和热力响应特性开展了研究，可得出如下几点结论：

(1) 将土体 ACMEG-T 热本构模型在 Abaqus 软件中进行了二次开发，推导了适用的弹塑性矩阵及塑性乘子并给出了子增量步迭代流程图。利用编写的 UMAT 子程序对能够反映黏土热—力耦合特性的三轴试验结果进行模拟与分析，验证了其准确性和可靠性。

(2) 干燥砂土中加热和制冷时桩体分别产生上升位移和沉降位移。无外荷载作用时，桩体产生上升位移较大，在自然恢复时，桩顶位移也能基本恢复。工作荷载则会限制桩顶的膨胀位移，自然恢复时产生不可恢复的沉降位移，制冷时进一步加剧桩体的沉降。在实际应用过程中，随着冷热循环次数的增加，桩顶沉降会不断累积，应充分考虑其对结构安全的影响。

(3) 饱和黏土中桩周土体孔隙水压力随着土体温度的升高 (或降低) 而增大 (或减小)，距离桩中轴线越远，土体孔隙水压力变化量越小；温度引起的超孔隙水压力大小与超固结比成反比，超固结比越大，土体在循环温度作用下产生的孔压变化量越小；在正常固结土中，温度引起的超孔隙水压力是可逆的，但随着循环次数增加，每轮循环过程中温度引起的超孔隙水压力变化幅值随循环次数的增加逐渐增大；而在超固结土体中，温度引起的超孔隙水压力会随着温度循环而累积。本章试验条件下，当土体应力水平不同时，OCR 越小的饱和黏土在温度循环过程中产生的塑性体积应变越大，同时 OCR 越小的饱和黏土对能量桩的约束作用越强。

(4) 能量桩内换热管数量越多，单位长度能量桩的热交换率越高，说明适当增加能量桩内换热管的数量有利于提高能量桩的传热性能。在沿桩体深度方向上，U 型埋管能量桩的桩体温度沿深度分布基本一致，螺旋型埋管能量桩桩体温度从桩端到桩顶有减小趋势。在靠近换热管的位置，螺旋型埋管能量桩的温度表现出明显的波动，并且距离换热管越远，温度波动的幅度逐渐减小。

第 5 章　能量桩群桩换热性能及热力响应特性

5.1 概　　述

能量桩在实际工程应用过程中多为群桩基础，其桩间距、换热管连接形式等因素会对其换热性能产生影响，且群桩基础在与周围土体进行热交换的同时，会对周围的桩体产生影响，桩顶变形相互制约，荷载重新分配。本章基于模型试验对能量桩单桩、2×2 和 3×3 群桩的热力响应特性开展研究，探讨桩数、温度、温度与结构荷载联合作用等因素对能量桩群桩荷载传递机理的影响；同时，进行双侧热干扰下能量桩群桩现场试验，分析夏季工况下能量桩群桩的进/出口水温及换热功率，探究热干扰对能量桩群桩的桩身温度、桩身热致应变、桩身热致轴向应力以及热致桩顶位移等的影响，以期为能量桩群桩基础的设计计算提供相应的参考依据。

5.2 砂土地基中的能量桩群桩

5.2.1 模型试验方案

1. *桩身数量对能量桩群桩热力响应的影响*

模型槽如图 4-1(a) 所示。模型桩桩长为 1.5 m、桩径为 90 mm，采用 C30 混凝土浇筑而成，其配合比为水∶水泥∶砂∶碎石 = 0.38∶1.00∶1.11∶2.72 (图 5-1)。浇筑过程中采用 PVC 管支模，浇筑桩体的同时浇筑混凝土试块，用以测量模型桩的实际桩身抗压强度。热交换管采用单 U 型布置，热交换管外径 10 mm、壁厚 1 mm。为了测量桩的轴向应力和温度变化，在模型桩中三个不同位置安置了三个振弦式应变仪，各个应变仪之间的距离为 400 mm。为了增加桩—土界面粗糙度，利用水泥砂浆在桩的表面均匀地涂抹了约 1 mm 的外层 (90 mm 的桩径已经包含了该厚度)。待混凝土桩养护 28 d 后，对热交换管进行通水，验证其完整性。模型桩具体的力学参数及热学参数如表 5-1 所示。

如图 5-2 所示为模型槽及能量桩群桩布置示意图。由图 5-2 与表 5-2 可见，本章模型试验共包括三个工况，用于分析无荷载情况下不同桩数对能量桩群桩热-力耦合特性的影响。三个工况的桩数分别为单桩、2×2 及 3×3，其桩间距均为 3 倍桩径。

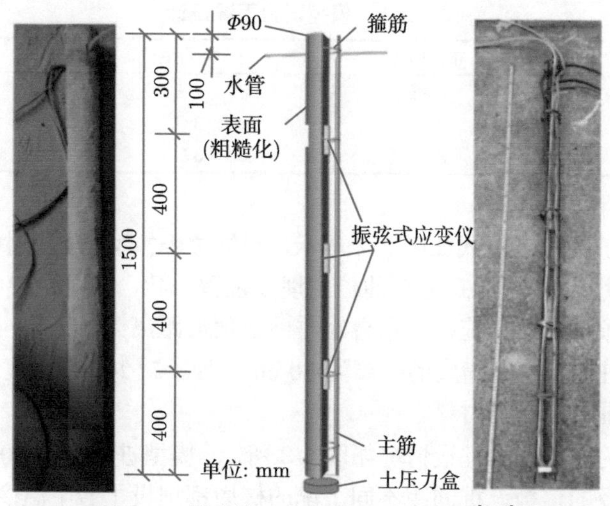

图 5-1 模型桩尺寸及仪器埋设位置 [113]

表 5-1 试验桩基本参数 [113]

弹性模量/MPa	泊松比 ν	导热系数/(W/(m·K))	比热容/(J/(kg·K))	热扩散系数/(mm^2/s)
30.3×10^3	0.2	1.4	880	0.663

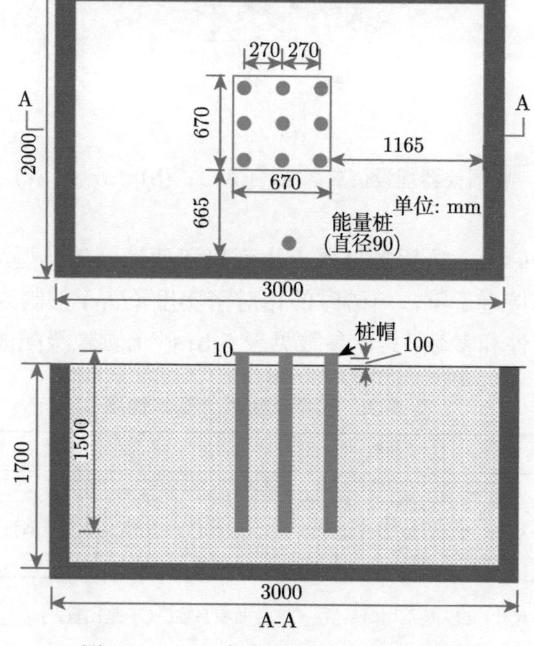

图 5-2 3×3 能量桩群桩布置示意图

表 5-2 模型试验工况设计

编号	布置形式	桩间距	制冷时间/h
工况 1	单桩	—	24
工况 2	2×2	$3D$	24
工况 3	3×3	$3D$	24

工况 3 的桩的埋设方式如图 5-2 所示，群桩位于模型槽的正中央，工况 1 和工况 2 的桩的埋设位置与工况 3 的桩的埋设位置一致，都位于模型槽的正中央。每个工况的桩顶都有承台连接。承台底与砂土顶部距离为 10 cm，模型桩桩端的土层厚度，即桩端与模型槽底的距离为 30 cm。为了减少环境温度对试验的影响，在土层的顶部铺设了保温材料。

每个工况的桩周仪器埋设情况如图 5-3 所示。模型桩桩径为 90 cm，埋设仪器的距离都是桩径的倍数。桩间距不同工况的桩周都埋设了若干温度传感器，温度传感器埋设的深度与桩身的振弦式应变仪及桩底土压力盒的位置相对应，用于测量不同深度的温度分布情况 (图 5-1)。其中传感器埋设深度为 350 mm、750 mm、1150 mm 和 1500 mm。

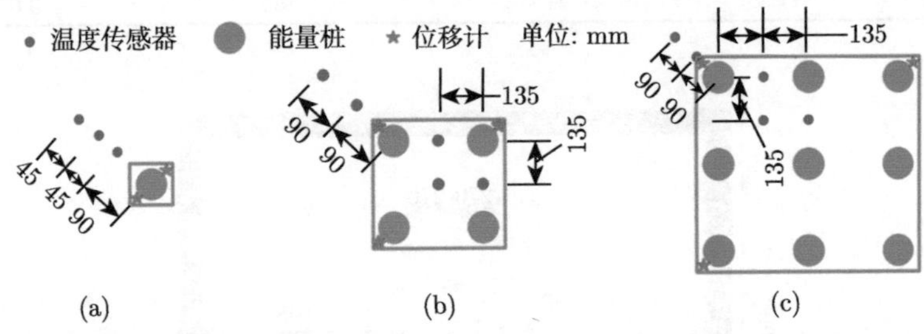

图 5-3 桩周仪器埋设位置：(a) 工况 1；(b) 工况 2；(c) 工况 3

试验采用风干砂土。采用的桩周土为南京河西地区的典型河砂，通过将其进行烘干使其含水率接近于零，填砂时的相对密实度 (D_R) 控制为 65%。室内土工试验测量其基本特性和参数，具体参数见表 5-3；砂土颗粒级配曲线如图 5-4 所示。

表 5-3 模型试验砂土基本性质

参数	力学参数								热学参数		
符号	D_{50}	C_u	C_c	G_s	$\rho_{d,max}$	$\rho_{d,min}$	ρ_d	φ_c	λ/	C/	α/
单位	mm	—	—	—	/(g/cm^3)	/(g/cm^3)	/(g/cm^3)	/(°)	(W/(m·K))	(J/(kg·K))	(mm^2/s)
值	0.32	2.50	1.49	2.71	1.695	1.34	1.550	31	0.276	876	0.197

注：D_{50} 是平均颗粒尺寸；C_u 是不均匀系数；C_c 是曲率系数；G_s 是比重；$\rho_{d,max}$ 和 $\rho_{d,min}$ 分别是最大和最小干密度；ρ_d 是天然密度；φ_c 是内摩擦角；λ 是热传导系数；C 是比热容；α 是热扩散系数

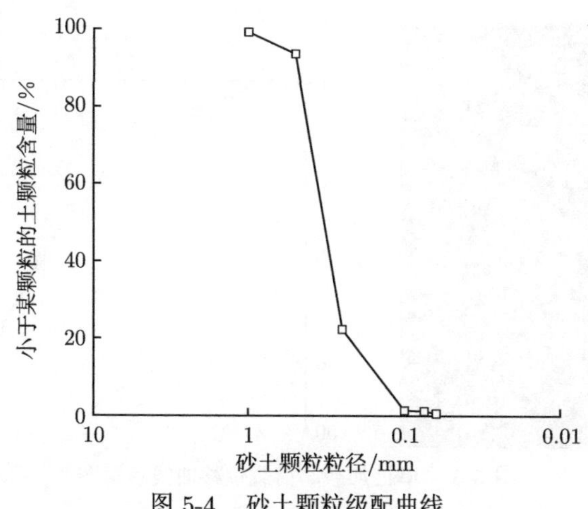

图 5-4 砂土颗粒级配曲线

2. 桩顶荷载对能量桩群桩荷载传递机理的影响

试验使用的模型槽、模型桩、砂土、仪器以及仪器埋设的位置均与 1. 小节中使用的模型试验系统一致。不同的是桩顶上部增加了工作荷载。工作荷载加载系统包括用于加载的液压千斤顶、用于测量加载力大小的反力计、用于测量位移的位移计、用于承受反力的反力架以及用于反力架移动及调整高度的移动吊车。反力架由横梁、高度调节杆组成，并且在模型槽的两边有两个细长的小槽，用于承受来自反力架传来的力 (图 5-1(a))。

如图 5-5 所示为单桩加载示意图。由图 5-5 可见，为了方便放置位移计及保护桩顶，桩顶放置了一块不锈钢板，然后在钢板的两端放置了两个位移计，用于测量桩顶的位移情况。在桩顶的正上方放置了反力计，用于测量力的大小，然后在反力计的上方放置了液压千斤顶用于施加桩顶荷载。液压千斤顶的顶部与图 4-1(a) 所示的反力架相接触。2×2 群桩与 3×3 群桩也是使用类似的方法进行加载的。表 5-4 所示为有工作荷载下不同桩数的能量桩群桩荷载传递机理试验工况。首先进行单桩极限荷载试验，通过千斤顶从零开始逐渐施加荷载，每次施加荷载后都等待桩顶位移基本稳定后再进行下一级荷载的施加，一直加载直至其破坏 (工况 4)。模型试验单桩的荷载位移曲线如图 5-5 所示。根据得到的荷载位移曲线，获得单桩的极限承载力约为 16.8 kN；取极限承载力的 50%作为工作荷载，因此单桩的工作荷载为 8.4 kN。

为了研究工作荷载下不同桩数的能量桩群桩的荷载传递机理，首先对单桩施加 8.4 kN 的工作荷载，并通入如图 5-6 所示的入口温度 (工况 5)。然后，对 2×2 群桩施加单桩工作荷载的四倍，即 33.6 kN 的桩顶荷载，并通入如图 5-6 所示的入口温度 (工况 6)。2×2 群桩的桩顶荷载是单桩桩顶荷载的四倍，这是为了使群

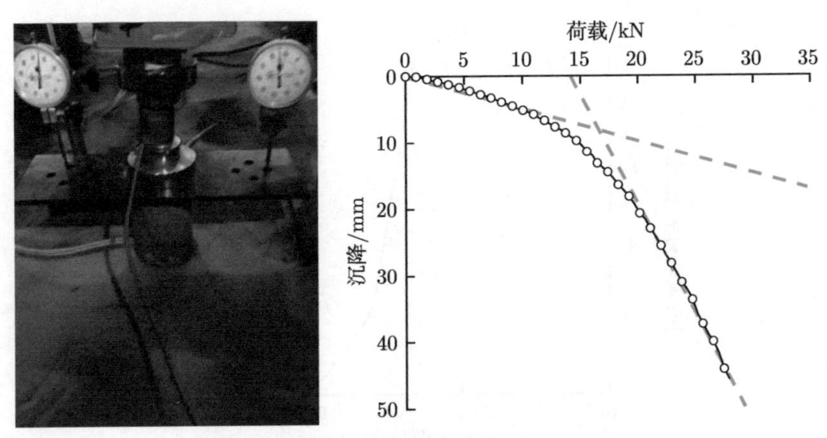

图 5-5　单桩加载与荷载位移曲线示意图

表 5-4　有工作荷载下不同桩数的能量桩群桩荷载传递机理试验工况

试验内容	编号	桩编号	加载模式	温度	试验时间/h
极限荷载	工况 4	SP1	极限荷载		
不同桩数	工况 5	SP2	工作荷载 (8.4 kN)	制冷	24
	工况 6	2×2	工作荷载 (33.6 kN)	制冷	24
	工况 7	3×3	工作荷载 (75.6 kN)	制冷	24

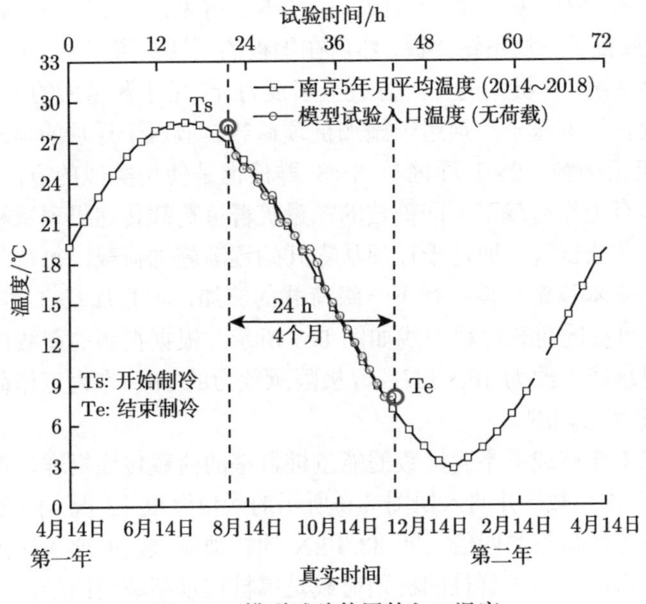

图 5-6　模型试验使用的入口温度

桩中每一根桩的平均荷载与单桩一致，便于同单桩进行对比。最后，对 3×3 群桩施加单桩工作荷载的 9 倍，即 75.6 kN 的桩顶荷载，通入如图 5-6 所示的入口温度 (工况 7)。在每一个工况完成后，都会将模型桩及仪器全部挖出，然后重新进行填筑和埋设，保证每个工况都是相互独立的，互不影响。

试验的桩、土以及承台的相关参数如表 5-5 所示。模型试验的环境温度如图 5-7 所示。图 5-8 所示为模型试验的土层初始温度。由图 5-8 可知，模型槽位于地面以下，导致其温度是略低于室温的，且随着深度增加而逐渐减少，温度变化在 1℃ 左右。

表 5-5 模型试验材料参数

	干砂	混凝土	PVC 管	承台 (304 不锈钢)
弹性模量 E/MPa	15	3.03×10^4	3×10^3	194×10^3
密度 ρ/(kg/m^3)	1550	2300	970	7930
热传导系数 λ/(W/(m·K))	0.276	1.4	0.3	16.3
比热容 C/(J/(kg·K))	876	880	900	500
热膨胀系数 α/K^{-1}	1×10^{-5}	1×10^{-5}	8×10^{-5}	1.7×10^{-5}
内摩擦角 φ/(°)	31	—	—	—

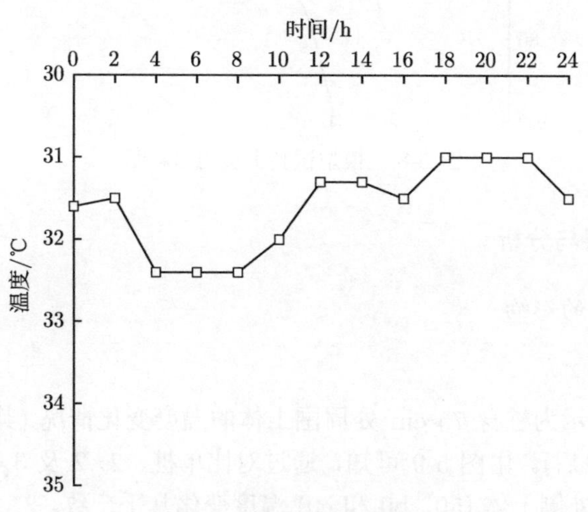

图 5-7 模型试验环境温度

为了便于分析，此处提出三个群桩相互作用因子，即位移相互作用因子 $\Omega_w^{j,i}$、温度相互作用因子 $\Omega_T^{j,i}$ 和应力相互作用因子 $\Omega_\sigma^{j,i}$[113]：

$$\Omega_w^{j,i}=\frac{\text{相邻桩引起的额外桩顶位移}}{\text{单个孤立桩的桩顶位移}}=\frac{\Delta w_j}{\Delta w_i} \tag{5-1}$$

$$\Omega_T^{j,i} = \frac{\text{相邻桩引起的额外温度变化}}{\text{单个孤立桩的温度变化}} = \frac{\Delta T_j}{\Delta T_i} \tag{5-2}$$

$$\Omega_\sigma^{j,i} = \frac{\text{相邻桩引起的额外桩身应力变化}}{\text{单个孤立桩的桩身应力变化}} = \frac{\Delta \sigma_j}{\Delta \sigma_i} \tag{5-3}$$

式中，Δw_j、ΔT_j 和 $\Delta \sigma_j$ 分别为桩 i 在相邻桩 j 的影响下产生的额外桩顶位移、温度和桩身应力；Δw_i、ΔT_i 和 $\Delta \sigma_i$ 分别为桩 i 在同样的荷载下作为孤立的单桩时的桩顶位移、温度和桩身应力。

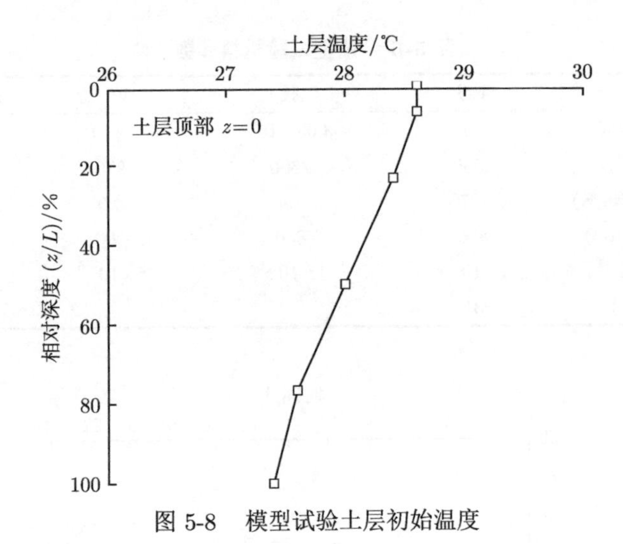

图 5-8　模型试验土层初始温度

5.2.2　试验结果与分析

1. 桩身数量的影响

1) 桩身温度

如图 5-9 所示为桩身 75 cm 处周围土体的温度变化情况 (其中 Ts 表示制冷前、Te 表示制冷后)。由图 5-9 可知，通过对比单桩、2×2 及 3×3 群桩的桩周温度可见，三者的外侧土体 (a0、b0 和 c0) 温度变化几乎一致。2×2 群桩与 3×3 群桩的角桩内侧土体 (b1 和 c1) 的温度下降速率要大于单桩 (a1)，且 b1 和 c1 处的温度相互作用因子分别为 1.78 和 1.67。造成这种现象的原因是，群桩有温度叠加的现象，使得群桩内部土体的温度下降较快。因此，2×2 群桩及 3×3 群桩的角桩内侧土层温度下降的速率及下降的值要大于单桩。群桩的制冷量较多地集中在了群桩内部，使得群桩外部的温度下降速率要小于单桩。3×3 群桩与 2×2 群桩不同之处在于 3×3 群桩有角桩 (c0-c1)、边桩 (c2-c3) 及中心桩 (c4-c5) 之分，如图 5-9

所示，角桩的群桩内侧 (c1) 的土体温度变化小于边桩 (c2-c3) 和中心桩 (c4-c5)，而边桩和中心桩几乎一致。

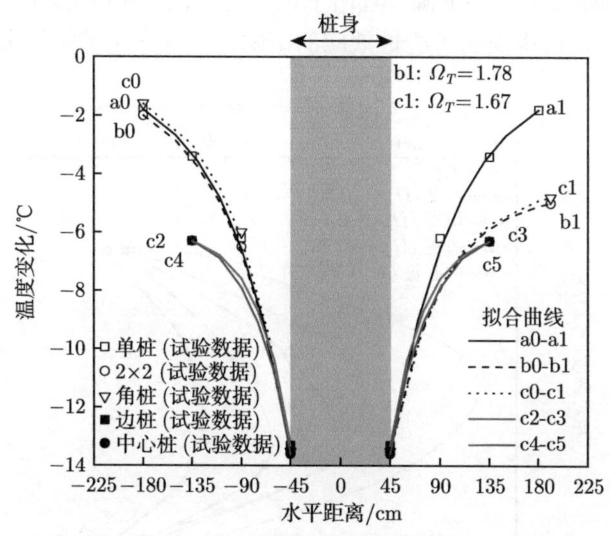

图 5-9 制冷结束时 (Te) 不同桩数桩周温度变化情况 (桩身 75 cm 处)

2) 桩身竖向热应力

如图 5-10 所示为制冷结束时 (Te) 桩身竖向热应力变化对比图。由图 5-10 可见，单桩桩身竖向热应力变化最大值比 2×2 群桩大 60 kPa，而 2×2 群桩桩身竖向热应力变化比 3×3 群桩的角桩大 14 kPa。群桩的桩身竖向应力变化比单桩小的原因是群桩效应导致群桩内部的土体受到了来自多根桩的叠加应力的影响，使得桩侧摩擦力减小；3×3 群桩的群桩效应虽比 2×2 群桩要大，但是差距并不是很大。对于 3×3 群桩，角桩的桩身竖向应力变化最大值比边桩多了 28 kPa，而边桩则要比中心桩大 38 kPa。这是因为角桩仅有约 1/4 的桩周土受到了叠加效应的影响，边桩则约有一半的桩周土受到了叠加效应的影响，而中心桩的所有桩周土都受到了叠加效应的影响。因此，角桩与中心桩桩身竖向应力变化的最大值的差值约为边桩与中心桩桩身竖向应力变化的两倍。应力相互作用因子也显示出了同样的规律，图中的应力相互作用因子是将位于群桩中的单桩所有的应力因子叠加后沿着桩身取平均值后得到的值。应力相互作用因子都为负值，且 2×2 群桩的应力相互作用因子的绝对值 (0.30) 要小于 3×3 群桩，而 3×3 群桩中，中心桩 (0.55) 的绝对值大于边桩 (0.42) 并大于角桩 (0.40)。

3) 桩顶位移

图 5-11 为不同桩数群桩的桩顶位移之间的对比。由图 5-11 可知，3×3 群桩的桩顶最终沉降大于 2×2 群桩和单桩的最终沉降，且最终沉降时 3×3 群桩的位

移相互作用因子为 0.22，大于 2×2 群桩 (0.12)。其原因是，3×3 群桩的应力及温度叠加效果要大于 2×2 群桩，特别是中心桩四周的土体都受到了应力叠加效果的影响，导致桩侧摩擦力大幅下降，且由于承台的存在，使得 3×3 群桩整体产生了更大沉降。2×2 群桩也受到了群桩效应的影响，故其产生的沉降大于单桩沉降。

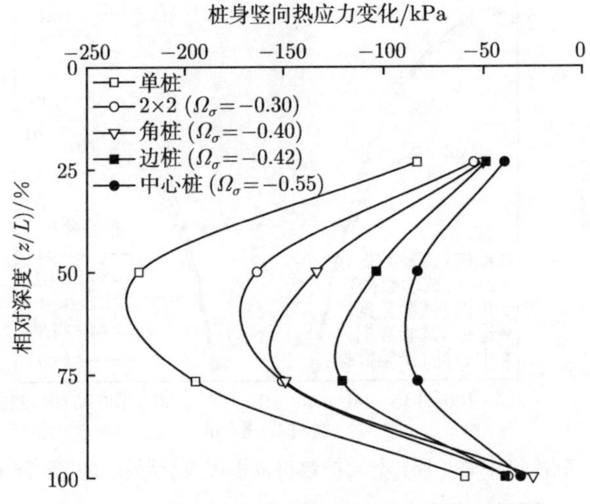

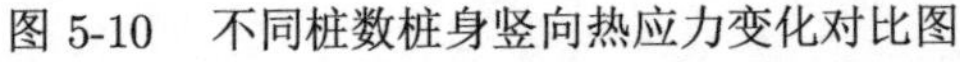
图 5-10　不同桩数桩身竖向热应力变化对比图

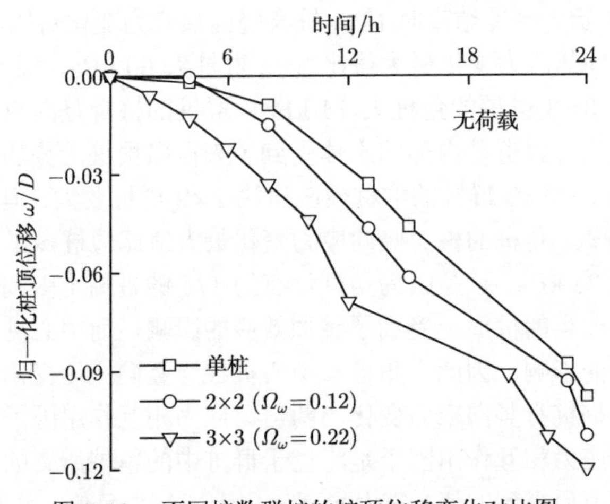

图 5-11　不同桩数群桩的桩顶位移变化对比图

2. 桩顶荷载的影响

1) 桩身温度

如图 5-12 所示为有工作荷载与无工作荷载下的温度分布情况对比。由图 5-12(a) 可见，土层温度变化是非线性下降的，因此对仅有两个数据点时 (图 5-12(b) 和

(c)) 的拟合也采用了非线性拟合。由图 5-12 可知，无工作荷载下及有工作荷载下的温度分布情况是基本一致的，虽然图中显示无荷载的桩身温度变化要略低于有荷载情况下的，但差别很小。因此，可以认为无工作荷载下与有工作荷载下的温度变化情况是基本一致的。由此证明本章进行的无荷载及有荷载情况下的两组模型试验，温度分布的情况是完全一致的。

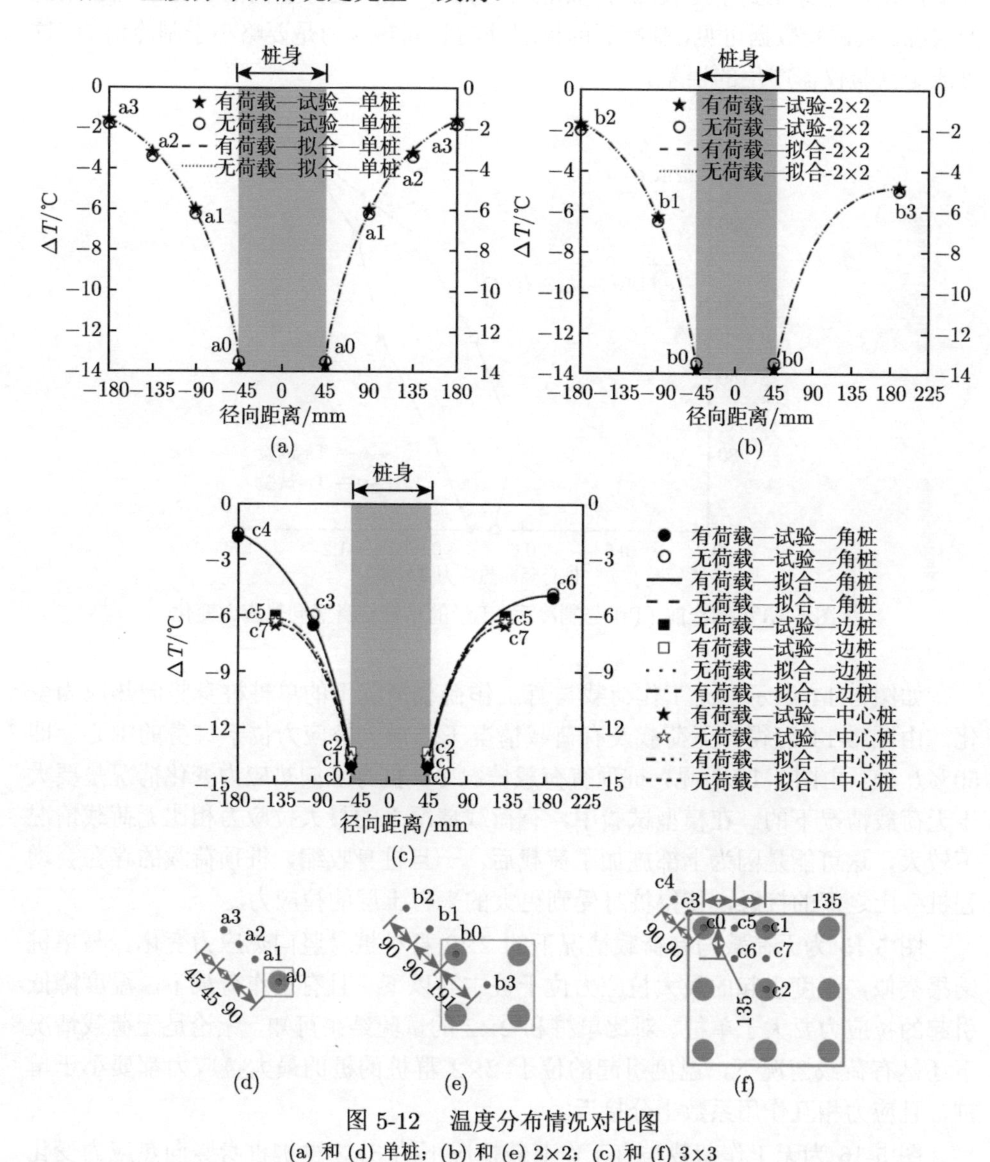

图 5-12 温度分布情况对比图

(a) 和 (d) 单桩；(b) 和 (e) 2×2；(c) 和 (f) 3×3

2) 桩身竖向应力

如图 5-13 所示为制冷前 (Ts) 与制冷后 (Te) 的单桩桩身竖向热应力变化。由图 5-13 可见，在制冷结束后，温度降低导致桩身竖向热应力出现了下降的情况，这是因为温度下降，造成桩身收缩。但是由于有桩周土体的存在，土体限制了其收缩，使得桩身受到了与收缩方向相反的力。因此，桩身竖向热应力出现了下降的情况。从试验数据可见，制冷后的桩端处的竖向热应力是要略小于制冷前的，这可能是试验仪器产生的误差。

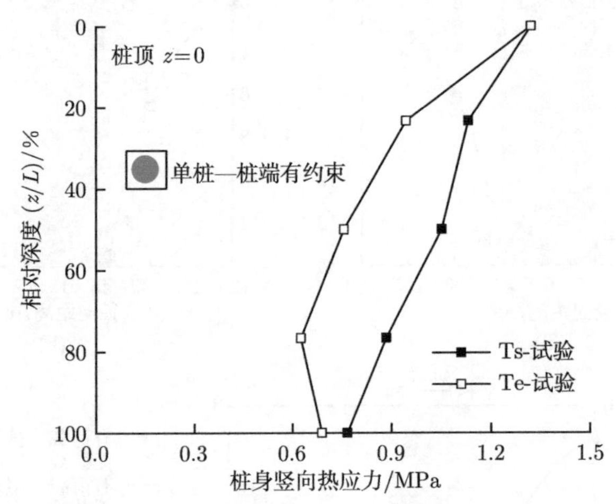

图 5-13　制冷前 (Ts) 与制冷后 (Te) 的单桩桩身竖向热应力变化

如图 5-14 所示为无工作荷载与有工作荷载情况下的单桩桩身竖向热应力变化。由图 5-14 可得，无荷载及有荷载情况下的最大拉应力位于桩身的中心，即 $50\%L$ 处。由图 5-14 可见，桩顶有荷载情况下，桩身竖向热应力变化情况是要大于无荷载情况下的。在模型试验中，有荷载情况下的最大拉应力相比无荷载情况下较大，这可能是因为上部施加了荷载后，一旦桩身收缩，桩顶荷载的存在会增强桩—土之间的接触，使得桩身受到更大的来自土层的拉应力。

图 5-15 为无荷载与有荷载情况下的 2×2 群桩桩身竖向热应力变化。与单桩结果类似，温度引起的最大拉应力位于桩中心以下。且有工作荷载下，温度降低引起的拉应力要大于单桩。对比单桩和 2×2 的试验结果可知，无论是无荷载情况下还是有荷载情况下，温度引起的位于 2×2 群桩的桩的最大拉应力都要小于单桩，且应力相互作用系数十分接近。

图 5-16 为无工作荷载与有工作荷载情况下的 3×3 群桩桩身竖向热应力变化示意图。图 5-16(a) 为无荷载与有荷载情况下，3×3 群桩不同位置的桩由温度变化引起的桩身竖向热应力变化情况。由图 5-16 可见，无论是有荷载情况下还是无

荷载情况下，温度引起的角桩的最大拉应力都大于边桩，而边桩的最大拉应力又要大于中心桩。图 5-16(b) 为无工作荷载与有工作荷载情况下，3×3 群桩中的角桩桩身竖向热应力变化情况。从试验结果可见，无荷载情况下，温度引起的角桩桩身最大拉应力与有工作荷载情况下的最大拉应力几乎一致，都为 156 kPa 左右。图 5-16(c) 为无工作荷载与有工作荷载情况下，3×3 群桩中的边桩由于温度变化而引起的桩身竖向热应力变化情况。试验结果表明，无工作荷载情况下温度引起的边桩桩身最大拉应力比有工作荷载情况下的最大拉应力小 44 kPa。图 5-16(d) 为无工作荷载与有工作荷载情况下，3×3 群桩中的中心桩由于温度变化而引起

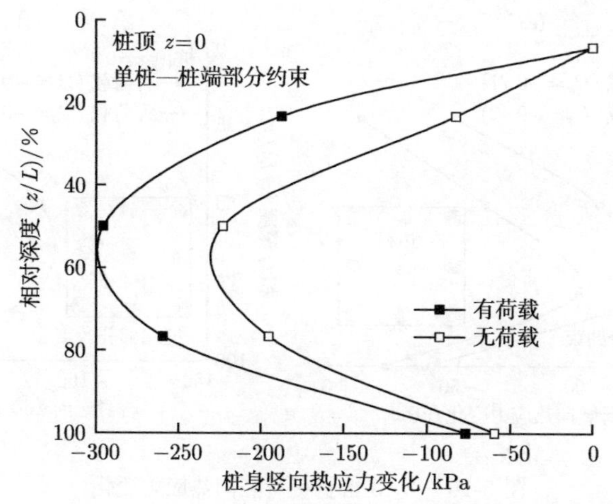

图 5-14 无工作荷载与有工作荷载情况下的单桩桩身竖向热应力变化

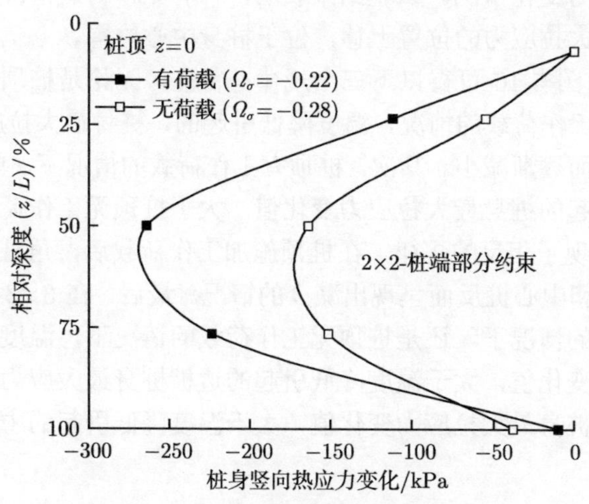

图 5-15 2×2 群桩桩身竖向热应力变化

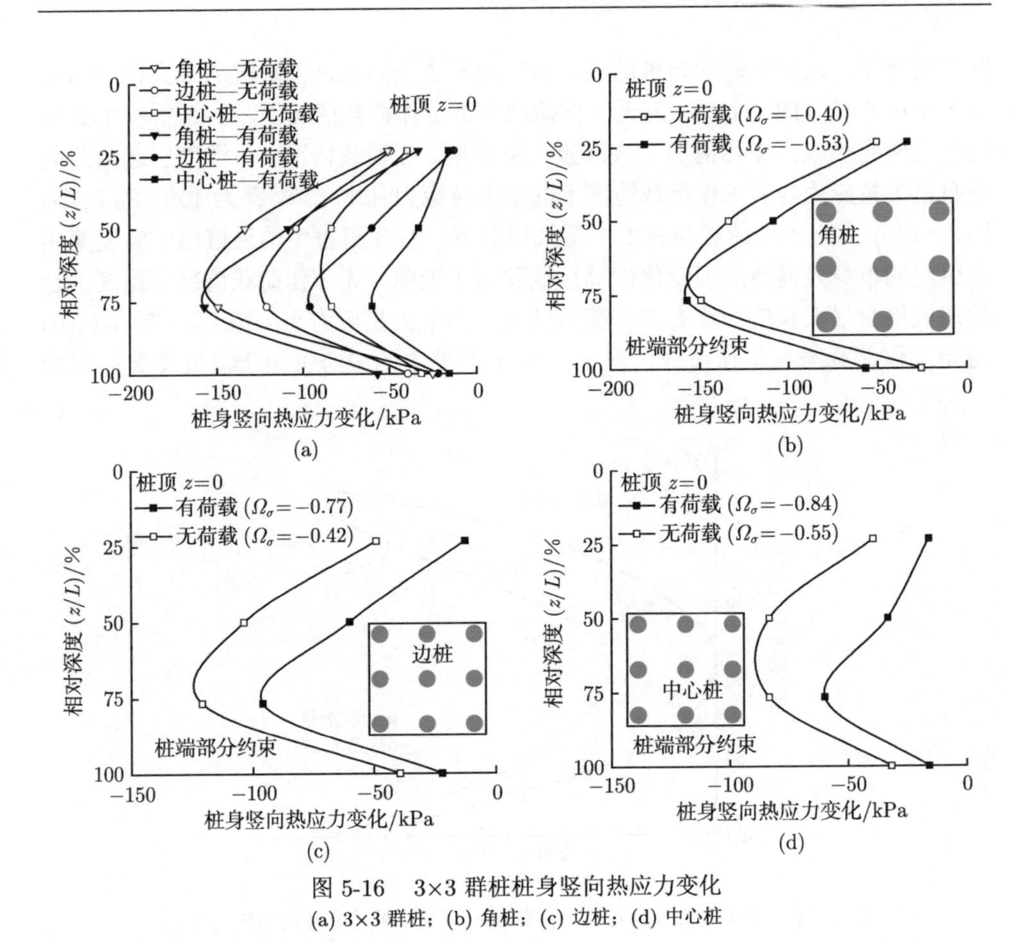

图 5-16 3×3 群桩桩身竖向热应力变化

(a) 3×3 群桩; (b) 角桩; (c) 边桩; (d) 中心桩

的桩身竖向热应力变化情况。试验结果表明，与有工作荷载情况下的角桩和边桩不同的是，其最大拉应力的位置上移，位于桩身中心位置。

由图 5-14～ 图 5-16 可得以下三个规律：首先，无论是桩顶有工作荷载的情况，还是桩顶无工作荷载的情况，温度降低引起的，桩身最大拉应力变化的数值，随着桩数的增加而逐渐减小。其次，桩顶有工作荷载的情况下，单桩和 2×2 群桩中，温度降低引起的桩身最大拉应力变化值，大于桩顶无工作荷载的情况，而在 3×3 群桩中则出现了相反的规律，在桩顶施加工作荷载后，角桩的桩身竖向应力几乎不变，边桩和中心桩反而呈现出减少的情况。最后，在 3×3 群桩中，无论是桩顶有工作荷载的情况下，还是桩顶无工作荷载的情况下，温度降低引起的角桩桩身最大拉应力变化值，大于温度降低引起的边桩桩身最大应力变化值；而温度降低引起的边桩桩身最大拉应力变化值，大于温度降低引起的中心桩桩身最大拉应力变化值。

3) 桩顶位移

如图 5-17 所示为桩顶有工作荷载情况下温度变化引起的桩顶沉降。由图 5-17 可知，2×2 群桩的桩顶沉降在刚开始制冷时，产生的沉降要大于单桩，而随着制冷时间的增加，2×2 群桩桩顶的下降速率逐渐减小。最终，制冷结束时 2×2 群桩的桩顶沉降大于单桩的桩顶沉降。3×3 群桩的桩顶沉降量在整个制冷阶段都要大于单桩和 2×2 群桩，最终桩顶沉降达到了 $0.2\%D$。造成这种现象的原因是，群桩中间的土体受到了群桩效应的影响，而承受了叠加应力的作用，使得这部分土体的桩—土界面减弱。在制冷期间，桩体产生收缩，群桩这部分土体限制桩体收缩的能力要小于单桩。并且，随着群桩数量的增加，群桩效应越明显，这部分土体对桩身的约束能力也就越低。

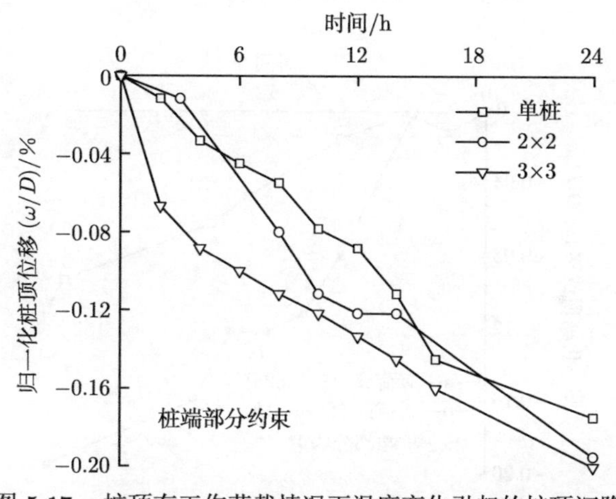

图 5-17 桩顶有工作荷载情况下温度变化引起的桩顶沉降

如图 5-18 所示为温度变化引起的单桩桩顶沉降。由图 5-18 可得，图中对比了单桩在有无工作荷载下桩顶沉降的试验数据。有工作荷载时，能量桩单桩制冷结束后产生的桩顶沉降大于无工作荷载的沉降。图 5-19 所示为温度变化引起的 2×2 群桩桩顶沉降。由图 5-19 可见，2×2 群桩也呈现了与单桩相同的规律，即有荷载情况下的桩顶沉降要大于无荷载情况下的桩顶沉降。图 5-20 所示为温度变化引起的 3×3 群桩桩顶沉降。由图 5-20 可知，有荷载情况下，制冷后的 3×3 群桩桩顶沉降大于无荷载情况下的桩顶沉降。由图 5-17～图 5-20 可得以下两个规律：首先，无论是桩顶有工作荷载的情况，还是桩顶无工作荷载的情况，温度降低引起的桩顶沉降随着桩数的增加而逐渐增加；其次，桩顶有工作荷载的情况下，温度降低引起的桩顶沉降，大于桩顶无工作荷载的情况下的桩顶沉降。

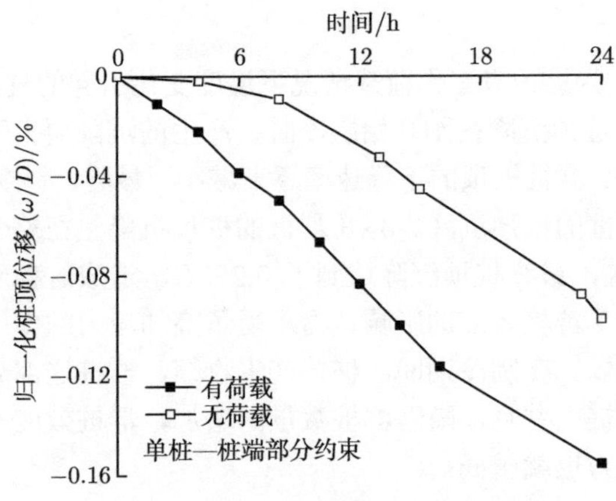

图 5-18　温度变化引起的单桩桩顶沉降

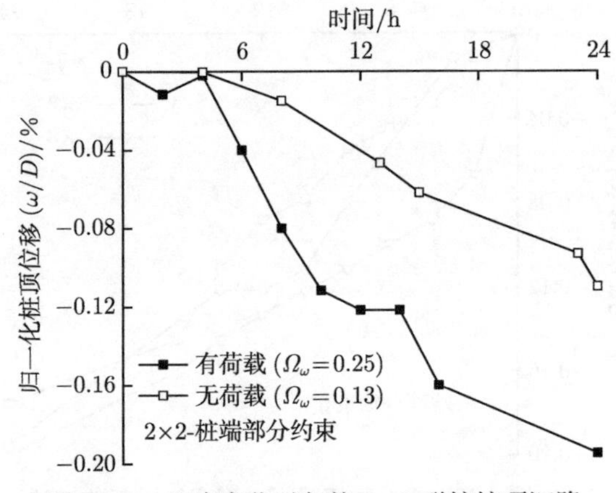

图 5-19　温度变化引起的 2×2 群桩桩顶沉降

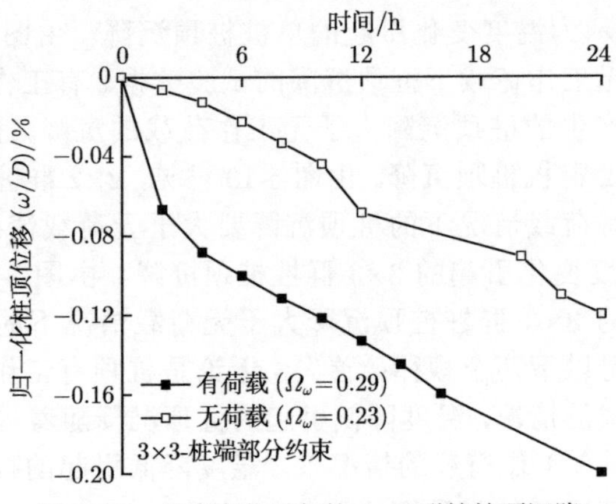

图 5-20　温度变化引起的 3×3 群桩桩顶沉降

5.3 黏土地基中的能量桩群桩

5.3.1 现场试验方案

1. 群桩及测试传感器布置

现场试验场地位于江苏省南京市，依托钻孔灌注桩进行能量桩群桩施工，桩顶无承台，能量桩群桩桩头、内部换热管，以及相关传感器实物图如图 5-21 所示。共埋设 9 根能量桩，桩径 D 均为 0.6 m，桩长 L 均为 24 m，桩间距为 1.8 m，3×3 布置形式，其中每一排能量桩均为串联形式，三根支路再并联为一根总进、出水管。对 9 根能量桩分别进行编号处理，每根能量桩均内埋 W 型换热管，换热管直径为 25 mm，材料为 PE 管。为实时测量能量桩群桩在运行过程中桩身温度、热致应变及应力的变化，在 1、2、5、6 和 9 号能量桩地表以下 2 m 处沿桩深方向每隔 2 m 在钢筋笼上用细钢丝对称绑扎振弦式应变计。能量桩群桩的布置形式、编号、换热管及测试元件的埋设形式如图 5-22 所示。

图 5-21 能量桩群桩现场试验布置实物图

2. 现场土性参数

在能量桩群桩基础施工前对土体进行钻孔取样，距地表每隔 2 m 取一个土样，以获得试验现场的土体热力学基本参数。通过液塑限联合测定仪法测得现场土样的液限、塑限含水率，通过室内直剪试验测得现场土体内摩擦角等参数，通过 KD2 Pro 热特性分析仪测得现场土体的相关热学参数。通过室内试验结果确定能量桩群桩桩周土体为黏性土，地下水位在距地表以下 0.6 m 处，能量桩群桩桩长范围内土体平均容重为 20.21 kN/m^3、平均压缩模量为 4.93 MPa，平均塑限、液限含水率分别为 21.2%和 42.8%。具体现场土体热力学参数如表 5-6 所示。

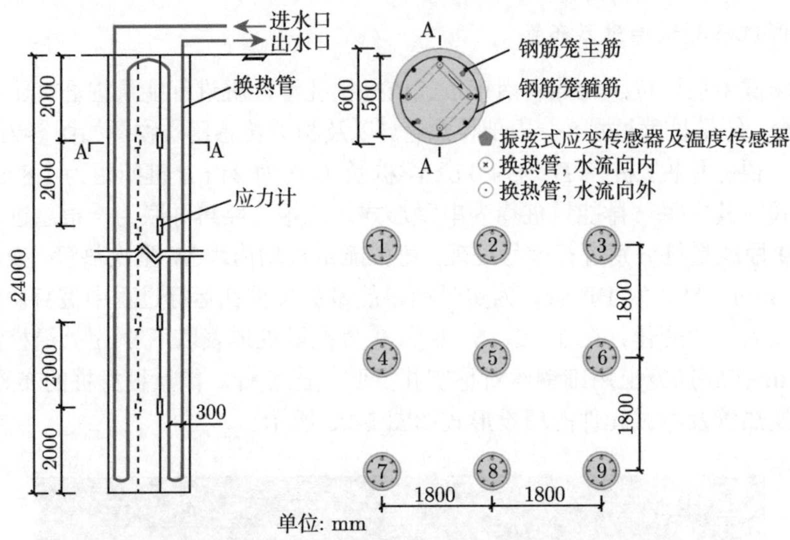

图 5-22　现场试验能量桩桩身测试传感器布置示意图 [114]

表 5-6　现场土体热力学参数 [114]

土层编号	土体分类	密度/(g/cm^3)	比重	黏聚力/kPa	内摩擦角/(°)	压缩模量/MPa	导热率/(W/(m·K))
1	黏土	2.05	2.740	75.87	14.42	6.37	1.584
2	黏土	2.09	2.721	40.22	21.56	6.47	1.738
3	黏土	1.91	2.762	22.13	22.69	3.87	1.520
4	黏土	1.91	2.755	10.15	22.63	4.17	1.460
5	黏土	1.99	2.732	26.43	23.80	5.56	1.532
6	黏土	1.96	2.732	21.00	22.89	4.22	1.527
7	黏土	2.00	2.727	40.09	20.02	5.19	1.463
8	黏土	2.00	2.739	23.35	24.02	4.26	1.611
9	黏土	1.95	2.724	21.39	26.03	4.75	1.601
10	砂土	1.96	2.722	3.86	29.71	4.49	1.826
11	黏土	2.12	2.711	17.70	17.70	5.14	1.491

3. 研究工况

能量桩群桩基础在运行过程中若存在其他能量桩运行会对其产生热干扰，与相邻能量桩桩周土体温度场发生热叠加，叠加土体区域的温度变化量高于无热干扰条件下桩周土体温度变化量，这将对能量桩群桩整体换热性能产生影响。本章模拟夏季工况下能量桩群桩基础现场试验，以恒定 6 kW 加热功率对水箱中的换热液体进行加热，通过水泵以相同流速将换热液体从换热管泵入能量桩群桩，然后将热量扩散到桩周土层中，并与相同加热功率的能量桩排桩、单桩现场试验进行对比分析。试验测试时间自 2019 年 6 月 10 日至 2020 年 1 月 16 日，大气平均温度为 12.8℃ 左右，两组现场试验的具体情况如表 5-7 所示。

表 5-7 能量桩群桩现场试验工况表

布置形式	选用桩号	连接形式	桩间距/m	加热功率/kW	总管流速/(m^3/h)
3×3	1 号 ~9 号	各支串联 三支并联	1.8	6	1.44

5.3.2 试验结果与分析

1. 换热分析

1) 进、出口水温变化规律

以固定 6 kW 加热功率对保温水箱中的换热液体进行加热，通过水泵以固定流速 0.48 m^3/h 分别泵入能量桩群桩每一排能量桩中，并将热量扩散到桩周土层中。现场试验测试能量桩有 9 根，其中 1 号桩 ~3 号桩为前排能量桩，4 号桩 ~6 号桩为中间排能量桩，7 号桩 ~9 号桩为后排能量桩，此工况下能量桩排桩受双侧热干扰。现场试验测试时间自 2019 年 12 月 16 日至 2020 年 1 月 16 日，为期 31 d。现场试验期间外界环境温度波动较大，温度变化范围为 0.4~20.1℃ (图 5-23)。

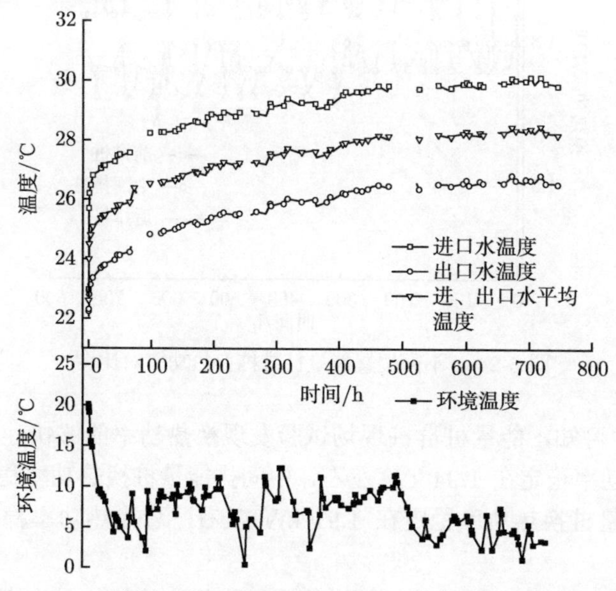

图 5-23 双侧热干扰下能量桩群平均进、出口水温及环境温度

平均进、出口水温整体趋势呈现前期快速升高，然后水温增长速度逐渐下降，最后趋于稳定。能量桩排桩现场试验进水口平均水温由 22.9℃ 迅速增长到 26.9℃，然后随时间缓慢增长，最终稳定达到 30.1℃；出水口平均水温由 22.2℃ 迅速增长到 23.8℃，然后随时间缓慢增长，最终稳定达到 26.6℃；进、出口平均水温由 22.5℃ 迅速增长到 25.5℃，然后随时间缓慢增长，最终稳定达到 28.2℃。进、出口平均水温差也在 20 h 左右后稳定在 3.5℃。

2) 换热功率分析

双侧热干扰下能量桩排桩现场试验能快速完成进、出口水温的快速升温，同时稳定升温阶段也在 200 h 左右后完成。通过能量桩排桩现场试验测量每一排能量桩进、出口水温差并结合式 (5-4) 可分别计算前、中间和后排能量桩的换热功率，如图 5-24 所示。

$$Q = \Delta T \times v \times \rho \times C \tag{5-4}$$

式中，ΔT 是能量桩排桩换热液体进、出口水温差，单位为 ℃；v 是换热液体总管流速，单位为 m^3/h；ρ 是换热液的质量密度，单位为 kg/m^3；C 是换热液的比热容，为 4.2×10^3 J/(kg·K)。

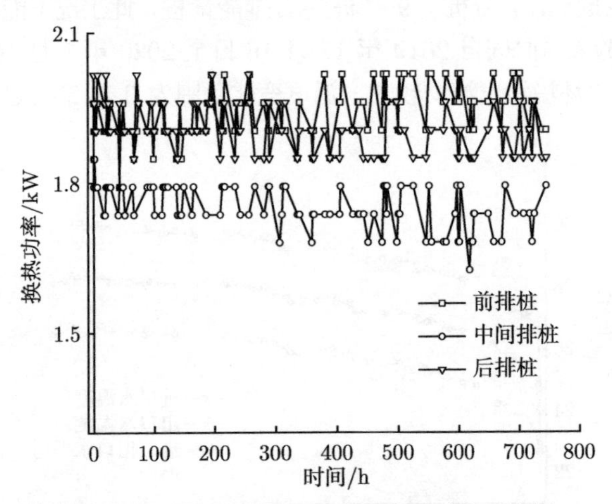

图 5-24 不同位置能量桩排桩换热功率对比图

由图 5-24 可知，能量桩群桩现场试验发现换热功率能够快速达到稳定，前排能量桩换热功率稳定在 1.94 kW 左右，中间排能量桩换热功率稳定在 1.77 kW 左右，后排能量桩换热功率稳定在 1.91 kW 左右，总换热功率稳定在 5.62 kW 左右。

在双侧热干扰下能量桩排桩运行过程中，换热液体的热量先由换热管扩散到每一排能量桩，再向桩周土体散出；现场试验运行一定时间后，能量桩排桩系统输出功率趋于稳定，达到换热平衡状态。如图 5-25(a) 所示现场试验前排能量桩换热液体由 3 号桩流向 2 号桩最后流向 1 号桩，故而换热液体温度与地层温度之间的温度差值大小排序为：3 号桩 > 2 号桩 > 1 号桩；3 号 ~1 号桩进、出口水温差值稳定在 1.85℃、1.43℃ 和 0.23℃ 左右；3 号 ~1 号桩换热功率稳定在 1.03 kW、0.78 kW 和 0.13 kW 左右。图 5-25(b) 所示现场试验中间排能量桩换热液体由 6 号桩流向 5 号桩最后流向 4 号桩，故而换热液体温度与地层温度之间的温度差值大小排序为：6 号桩 > 5 号桩 > 4 号桩；6 号 ~4 号桩进、出口水温差值稳定在 1.82℃、1.21℃ 和 0.13℃ 左右；6 号 ~4 号桩换热功率稳定在 1.02 kW、0.68 kW 和 0.07 kW 左右。能量桩群桩为对称布置形式，后排桩热响应与前排桩相同，不再进行分析。

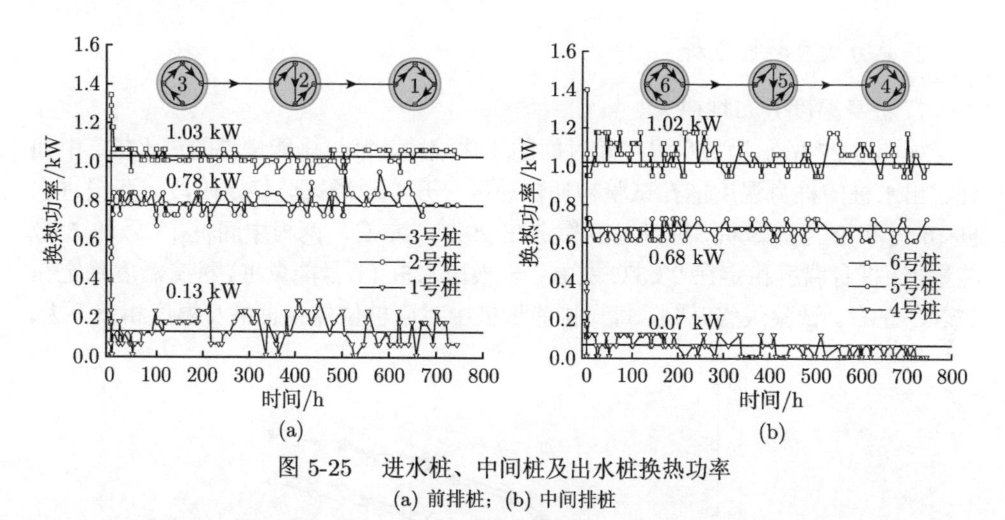

图 5-25 进水桩、中间桩及出水桩换热功率

(a) 前排桩；(b) 中间排桩

能量桩群桩现场试验中每一排能量桩均为一组能量桩排桩串联试验，现场试验中不仅存在换热液体与桩周土体进行热交换现象，各排能量桩之间还存在热干扰的现象。如图 5-26(a) 所示，随着换热液体的流向 (3 号桩 ~1 号桩，6 号桩 ~4 号桩)，每一排能量桩换热功率逐渐下降，这是因为能量桩内换热液体与桩周土体之间温差减小；且存在前排能量桩换热功率均大于中间排能量桩换热功率的现象。双侧热干扰下能量桩排桩现场试验稳定阶段每一排能量桩的换热功率如图 5-26(b) 所示，前、后排能量桩总换热功率基本相同为 1.93 kW 和 1.90 kW，中间排桩仅达到 1.77 kW；产生这种现象的原因是试验进行过程中中间排桩桩周土体同时受到双侧排桩热干扰，其温度上升较前、后两排能量桩桩周土体快，故而中间排能量桩换热液体与桩周岩土体之间温度差较低，换热功率下降。

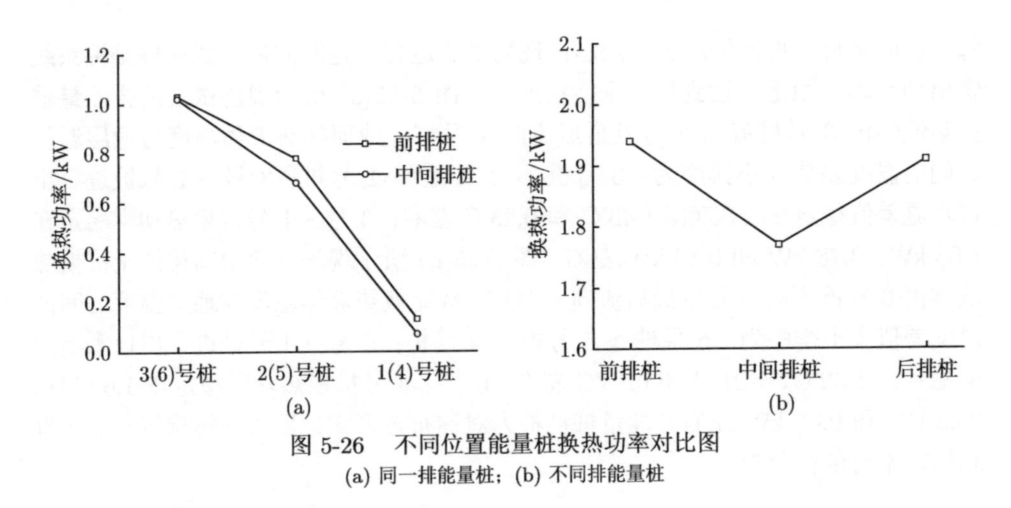

图 5-26　不同位置能量桩换热功率对比图

(a) 同一排能量桩；(b) 不同排能量桩

2. 热力响应特性分析

1) 桩身温度分布规律

如图 5-27 所示为桩身温度随时间的变化规律，每一排能量桩的进水桩、中间桩、出水桩的桩身温度能在试验初期快速区分开。现场试验稳定阶段，两根进水桩 (6 号和 9 号能量桩) 桩身温度稳定在 29.2℃ 左右，两根中间桩 (2 号和 5 号能量桩) 桩身温度稳定在 28.5℃ 左右；一根出水桩 (1 号能量桩) 桩身温度稳定在 27.3℃ 左右。试验最终时刻，每一排能量桩中对应桩位能量桩桩身温度相差不大。

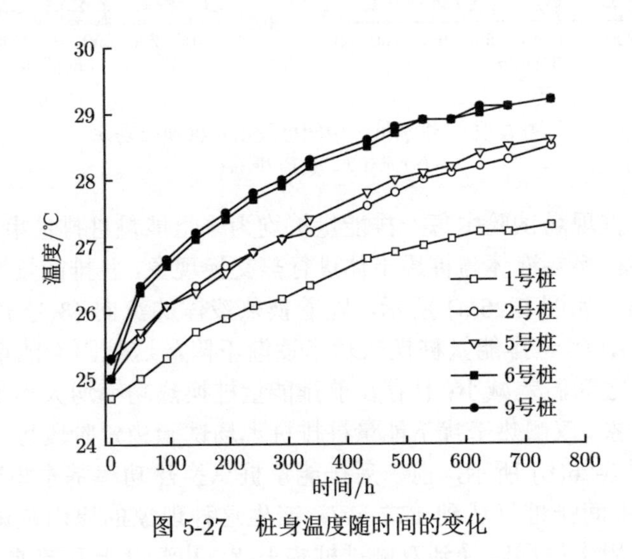

图 5-27　桩身温度随时间的变化

能量桩群桩现场试验运行期间桩身温度增长量随深度的分布规律如图 5-28 所示。图 5-28(a) 和 (b) 所示现场试验每排能量桩换热液体流向为进水桩流向中间桩最后流向出水桩 (即 3 号桩 ~1 号桩，6 号桩 ~4 号桩，9 号桩 ~7 号桩)，由于循环液体温度沿流向逐渐减小，故而桩身温度增长量大小排序为：2 号桩 >1 号桩、6 号桩 >5 号桩。2 号桩桩身温度增长量稳定在 3.4℃，1 号桩桩身温度增长量稳定在 2.8℃，6 号桩桩身温度增长量稳定在 4.1℃，5 号桩桩身温度增长量稳定在 3.3℃，9 号桩桩身温度增长量稳定在 4.0℃。能量桩群桩 3×3 布置形式下，每一排能量桩对应位置能量桩桩身温度增长量相似。

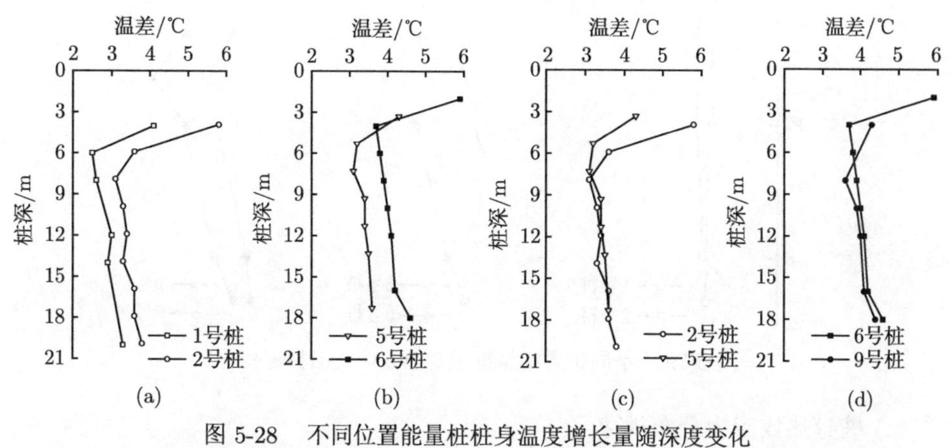

图 5-28 不同位置能量桩桩身温度增长量随深度变化

(a) 1 号与 2 号桩；(b) 5 号与 6 号桩；(c) 2 号与 5 号桩；(d) 6 号与 9 号桩

2) 桩身热致应变分布规律

能量桩桩身在轴向上受到桩周及桩端土体的约束作用，其实测桩身轴向变形量会小于其自由膨胀变形量。具体计算见式 (4-53)。

现场试验在运行约 750 h 后，不同位置能量桩桩身产生的热致应变沿深度方向分布曲线如图 5-29 所示，能量桩桩身热致应变沿深度方向的分布规律与 Bourne-Webb 等 [41] 通过能量桩试验研究提出的简化模型相似，为摩擦型能量桩热致应变的分布规律。图 5-29 所示能量桩群桩现场试验中每排能量桩换热液体流向为，前排桩：3 号桩 ~1 号桩；中间排桩：6 号桩 ~4 号桩；后排桩：9 号桩 ~7 号桩。由于换热液体温度沿流向逐渐减小，对应桩身温度增长量沿流向逐渐减小，故而桩身热致应变等响应为：2 号桩 >1 号桩、6 号桩 >5 号桩。2 号桩桩身热致应变最大为 17.0 με，1 号桩桩身热致应变最大为 14.0 με，6 号桩桩身热致应变最大为 33.7 με，5 号桩桩身热致应变最大为 17.5 με，9 号桩桩身热致应变最大为 22.4 με。能量桩群桩 3×3 布置形式下，沿换热流体流动方向，每一排能量桩对应位置能量桩桩身热致应变变化相似，且进水桩与中间桩热致应变响应差值明显大于中间桩与出水桩热致应变响应差值；中间排能量桩桩周土体同时受到两侧排桩热干扰，中间排能量桩所受约束比两侧排桩要大，故而中间排能量桩桩身轴向热应变明显大于两侧排桩的。

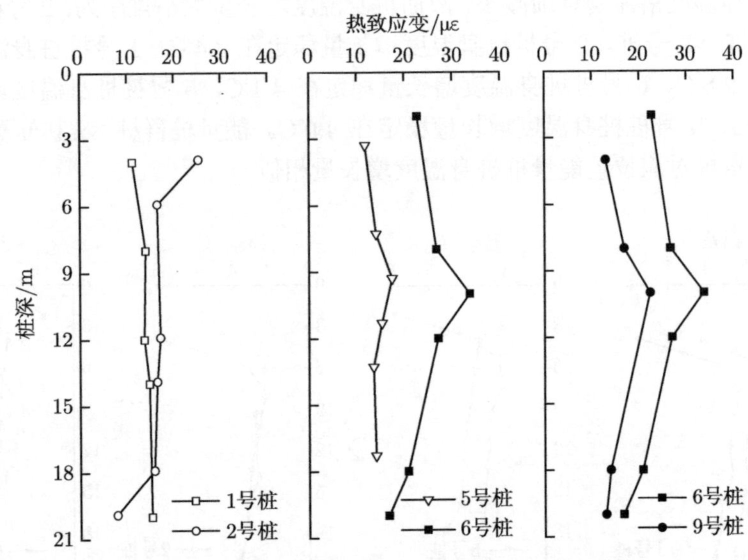

图 5-29　不同位置能量桩桩身热致应变沿桩深变化

3) 桩身热致应力分布规律

如图 5-30 所示为能量桩群桩现场试验各能量桩桩身热致应力随深度的分布规律，能量桩在不同桩深处的热致应力 σ_{th} 可由式 (4-54) 计算得到，其中热致应力以拉为负，以压为正。

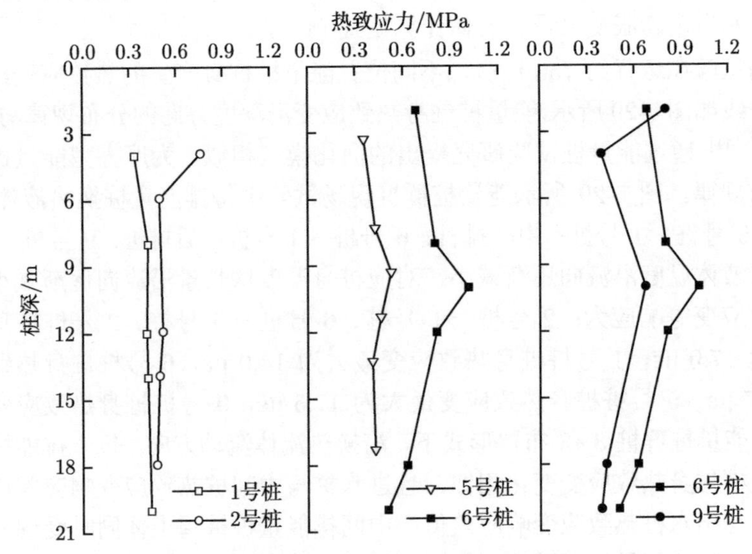

图 5-30　不同位置能量桩桩身热致应力沿桩深变化

不同位置能量桩桩身热致应力分布规律与 Bourne-Webb 等 [41] 提出的简化模型一致。现场试验中不同位置能量桩热致应力最大值都发生在桩身中部左右(桩顶以下约 10 m 处)。现场试验运行 750 h 后，各桩桩身热致应力沿深度变化规律与上一节桩身热致应变沿深度变化规律一致，2 号桩桩身热致应力最大值为 −0.50 MPa；1 号桩桩身热致应力最大值为 −0.42 MPa；6 号桩桩身热致应力最大值为 −1.01 MPa；5 号桩桩身热致应力最大值为 −0.52 MPa；9 号桩桩身热致应力最大值为 −0.68 MPa。中间排能量桩桩周土体同时受两侧能量桩排桩热干扰，所受约束比两侧要大，故而中间排能量桩桩身热致应力明显大于两侧排桩。

如图 5-31 所示为现场试验中能量桩中部 ($z = 10$ m 附近) 的热致应力随桩身温度增长量变化的规律。当桩身受热后，能量桩身热致应力 (即压应力) 随着桩身温度的增加而增大。其中 6 号能量桩单位桩身温度增长量产生的热致应力相较其他能量桩更大一些，其他位置能量桩桩身每升高单位温度引起的热致应力相差不大。

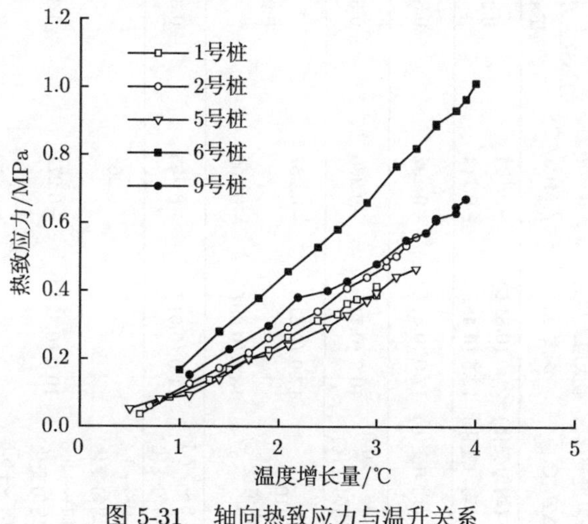

图 5-31 轴向热致应力与温升关系

国内外专家学者也就能量桩桩身热力响应特性进行了一系列研究 (Laloui 等 [40]；Bourne-Webb 等 [41]；Murphy 等 [52]; Rotta Loria 和 Laloui[54]；McCartney 和 Murphy[115]；Fang 等 [116])，表 5-8 对既有文献中能量桩热致应力相关现场实测数据进行了总结。根据表 5-8 可知，能量桩桩身每升高 1℃，在洛桑、丹佛、宜昌和南京等现场试验能量桩的桩身最大热致应力分别增长 −0.260 MPa、−0.267 MPa、−0.280 MPa 和 −0.264 MPa，测试数据结果已经接近桩身完全约束情况下产生的热致应力最大值。因此，能量桩由于桩身温度变化而产生的热致应力应该被充分重视。

表 5-8 已有文献能量桩热力响应测试结果

序号	桩长/m	桩径/m	上部结构	桩身温度变化 ΔT/℃	最大应力位置深度/m	最大热致附加应力/(MPa/℃)	考虑完全约束的热致应力 $-E\cdot\alpha$ /(MPa/℃)	测试编号或测试桩号	参考文献
1	25.8	0.88	无	+20.9 (均匀变化)	21.0 (0.81L)	−0.104	−0.292	试验 1	Laloui 等 [40];
			建筑	+13.4 (均匀变化)	12.5 (0.48L)	−0.114		试验 7	Amatya 等 [117]
2	30.0	0.55	无	+29.4 (均匀变化)	17.0 (0.57L)	−0.192	−0.340	热沉桩	Bourne-Webb 等 [41]; Amatya 等 [117]
3	15.2	0.61	地基梁	+13.0～+20.0 (非均匀变化)	10.9 (0.71L)	−0.260	−0.300	基础 1 (边桩)	McCartney 和 Murphy[115]; Murphy 等 [52]
4	28.0	0.90	筏板	+10.0 (非均匀变化)	17.0 (0.61L)	−0.267	−0.280	Test EP1 (单桩运行)	Rotta Loria 和 Laloui[54]
					18.9 (0.68L)	−0.202		Test EPall (四桩运行)	
5	18.0	0.80	筏板	+4.6～+7.1 (非均匀变化)	11.0 (0.61L)	−0.255	−0.325	A-B-D 三桩串联运行	Fang 等 [116]
6	24.0	0.60	无	+3.0～+3.4 (非均匀变化)	10.0 (0.42L)	−0.268	−0.301	无热干扰	本章 (6 号桩)
				+8.1～+9.6 (非均匀变化)		−0.271		单侧热干扰	
				+3.7～+6.5 (非均匀变化)		−0.253		双侧热干扰	

图 5-32 总结了已有文献能量桩热致应力在桩身的分布曲线。为了使已有文献的研究结果运用范围更广，也更方便进行各实测数据的对比，本章将热致应力及桩深均进行了归一化处理。归一化的热应力 ($\Delta\sigma/\Delta\sigma_{\max}$) 的值可以表征桩身所受约束的大小。归一化热致应力沿桩身的分布形式相近，均沿桩轴先增大后减小。桩身最大约束出现在桩身的中下部，约位于 0.42~0.81 倍桩长处。各现场能量桩受热产生的最大热致应力差异较大，应力值约为理论上限值的 36%~95%，而这种差异主要可以归因于桩周土层条件及端部约束情况的不同。如果桩端完全自由，则端部产生的热应力应接近于 0，伦敦现场的结果 (Bourne-Webb 等 [41]) 可用于证明这种情况，该试验现场桩顶自由，桩底为软黏土，其桩顶和桩底受热几乎不产生热应力。而根据其他已有文献的试验结果，当桩端被部分约束时，将在桩端产生一定的热致附加应力，其值为上限值的 27%~55%。

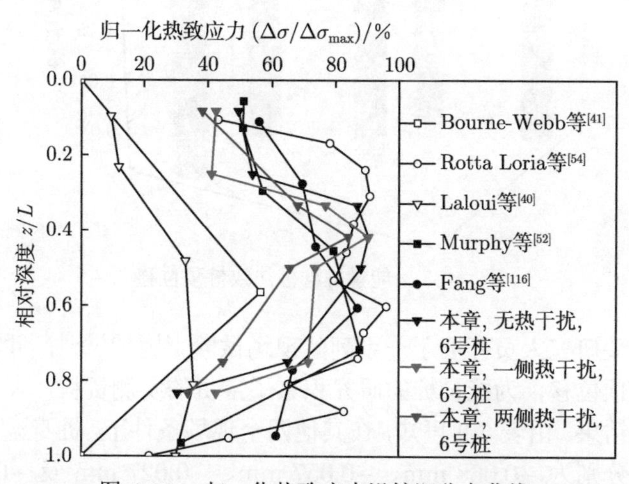

图 5-32 归一化热致应力沿桩深分布曲线

4) 热致桩顶位移分布规律

现场试验中能量桩群桩均为钻孔灌注桩内埋换热管构成，能量桩桩身为连续结构，确定能量桩位移零点后，依照式 (5-5) 可以通过桩身实测热致应变估算桩顶位移。

$$\delta_{T,i} = \delta_{T,i-1} + \frac{1}{2}(\varepsilon_{T,i-1} + \varepsilon_{T,i})\Delta l \tag{5-5}$$

式中，Δl 是桩身测点 i 和 $i-1$ 之间的长度。

在模拟夏季工况下现场试验中，每一根能量桩被加热升温时，热致轴向位移以桩身中性点位置作为参考点沿桩身向桩端累加，桩端处最大热致轴向位移随现场试验运行时间增加而不断增大。因此，可根据内埋应变计的 1、2、3、5、6 和 9 号能量桩上部分实测热致应变进行能量桩桩顶位移的估算，计算获得的桩顶相对热致轴向位移如图 5-33 所示。在恒定加热功率作用下，桩身温度不断升高，桩顶位移也随之增大；接下来能量桩桩身温度增长达到稳定阶段，桩顶位移也增长稳定。现场试验运行 750 h 后，2 号桩热致桩顶轴向位移约为 0.13 mm，1 号桩热致桩顶轴向位移约为 0.12 mm，6 号桩热致桩顶轴向位移约为 0.19 mm，5 号桩热致桩顶轴向位移约为 0.13 mm，9 号桩热致桩顶轴向位移约为 0.18 mm。

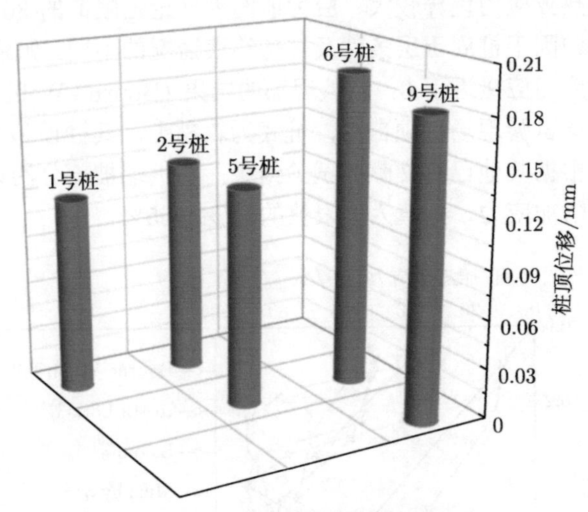

图 5-33　能量桩群桩热致桩顶位移

国内外相关研究人员开展了一系列的现场试验 [41,42,52,118]，并实测了能量桩运行产生的桩顶位移，为能量桩的研究积累了宝贵的实测资料，表 5-9 总结了相关研究的实测结果。由表 5-9 可知，在其他四个现场条件下，桩身温度每升高 1℃，桩顶位移变化分别为 −0.068 mm、−0.057 mm、−0.027 mm 及 −0.035 mm。虽然本章采用的估算方法并不能给出完全准确的桩顶位移值，但这些结果可以用于反映桩顶位移发展的总体趋势，揭示群桩的差异位移现象。

表 5-9　已有文献实测桩顶位移值

序号	桩长 L/桩径 D/m	基础类型	桩顶荷载 Q/kN	温度改变量 ΔT/℃	平均桩顶位移 s/mm	$s/\Delta T$ /(mm/℃)	参考文献
1	23.0/0.56	单桩	1200	+29.4	−2.000	−0.068	Bourne-Webb 等 [41]
2	14.8/0.91	群桩	2840	+14.0	−0.800	−0.057	Murphy 等 [52]
3	12.0/0.80	单桩	1600	+22.2	−0.600	−0.027	桂树强等 [42]
4	18.0/0.80	群桩	440	+7.9	−0.275	−0.035	Fang 等 [116]
5	24.0/0.60	群桩	0	+5.4	−0.160	−0.030	本章，无热干扰
6	24.0/0.60	群桩	0	+8.9	−0.450	−0.050	本章，单侧热干扰
7	24.0/0.60	群桩	0	+3.5	−0.160	−0.045	本章，双侧热干扰

5.4 本章小结

本章开展了能量桩单桩、2×2 和 3×3 群桩的热力响应特性的模型试验和现场试验，可以得出如下几点结论：

(1) 对于不同的桩数情况，随着桩数的增加，土体温度下降的速率逐渐减小，制冷情况下，无论桩顶有无工作荷载，随着桩数的增加，温度降低引起的桩身最大拉应力逐渐减小，桩顶的最终平均沉降逐渐增大。

(2) 在桩顶施加工作荷载会导致在单桩和 2×2 群桩中，由温度降低引起的桩身最大竖向拉应力变化值增大；在 3×3 群桩中则出现了相反的规律，在桩顶施加工作荷载后，角桩几乎不变，边桩与中心桩则减少。同时工作荷载会增大桩顶的最终平均沉降。

(3) 双侧热干扰下能量桩排桩现场试验中间排桩桩周土体同时被两侧排桩热干扰，换热液体与桩周岩土体之间温度差较低，换热功率较两侧能量桩排桩明显下降。

(4) 基于本章现场试验数据与已有文献中能量桩热致应力分布规律对比分析，归一化处理后热致应力沿桩身的分布形式相近，均沿桩轴先增大后减小。桩身最大约束出现在桩身的中下部，约位于 0.42~0.81 倍桩长处。各现场能量桩受热产生的最大热致应力差异较大，应力值约为理论上限值的 36%~95%。

第 6 章 能量桩换热效率及热力响应特性承台效应

6.1 概 述

当能量桩群桩中部分能量桩运行时，能量桩、非加热桩及承台之间的不协调变形会引起运行桩、非加热桩和承台的荷载重分布，且能量桩组合形式 (如数量、位置等) 会影响运行桩、非加热桩的力学响应。本章基于现场试验和数值模拟，研究单次温度作用下能量桩排桩中能量桩、承台和非加热桩的相互作用机理，探究能量桩排桩中能量桩组合形式、承台刚度和桩间距对能量桩排桩的热力响应特性的影响；基于 2×2 低承台能量桩基础，开展 3 m 埋深条件、夏季运行模式下能量桩的热力响应特性现场试验，结合数值模拟分析能量桩及承台的热力响应特性，并探讨有/无基础埋深对其换热效率及热力响应特性的影响规律，以期为低承台能量桩基础的设计与计算提供依据。

6.2 能量桩排桩承台效应

6.2.1 研究方案

1. 依托工程概况及现场土性参数

现场试验依托江苏省江阴市的一座市政桥梁项目进行，桥梁长 36 m、宽 26 m，桥面板和桥梁桩基内部埋设换热管，冬天利用地热能对桥面板进行加热以达到防止结冰的目的。整座桥分为 3 跨，中间跨长 16 m、边跨长 10 m。桥的两端以及每跨交接处共打设 4 组排桩 (共计 20 根) 混凝土灌注桩，桩的顶端通过承台连接，现场布置图如图 6-1 所示。桥梁内部的换热管位于预应力混凝土板和沥青面层之间的混凝土铺装层。桩基内部埋设换热管用于提取地热能。桥面板和桩基内部的换热管分别与热泵相连。

研究对象为位于桥梁南侧的一组排桩 (桩 A∼ 桩 E)，共计 5 根。5 根桩尺寸相同，长 20.0 m、直径 1.0 m，桩间距为 5.4 m，桩的顶端由一根长 26.0 m、宽 1.3 m、高 1.1 m 的承台连接 (图 6-2)。其中桩 B 和桩 C 的内部埋设 U 型换热管和测试仪器构成能量桩，桩 A、桩 D 和桩 E 为非加热桩，内部只埋设测试元器件。钢筋笼制作完毕之后，在浇筑混凝土之前，在地面预先将换热管绑扎到钢筋

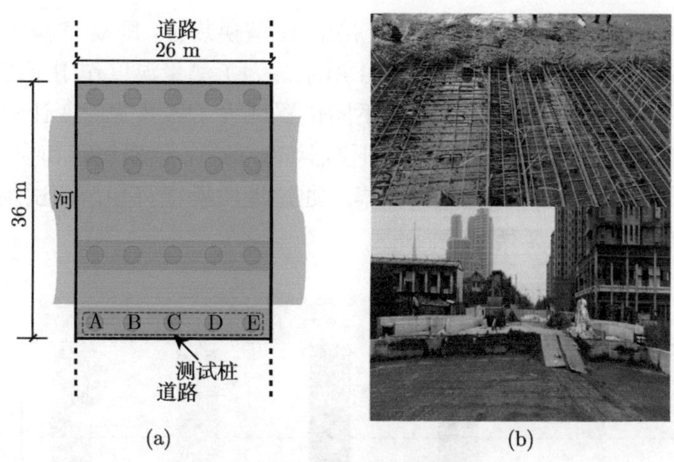

(a) (b)

图 6-1 现场试验布置图

(a) 示意图；(b) 现场图 [89]

(a)

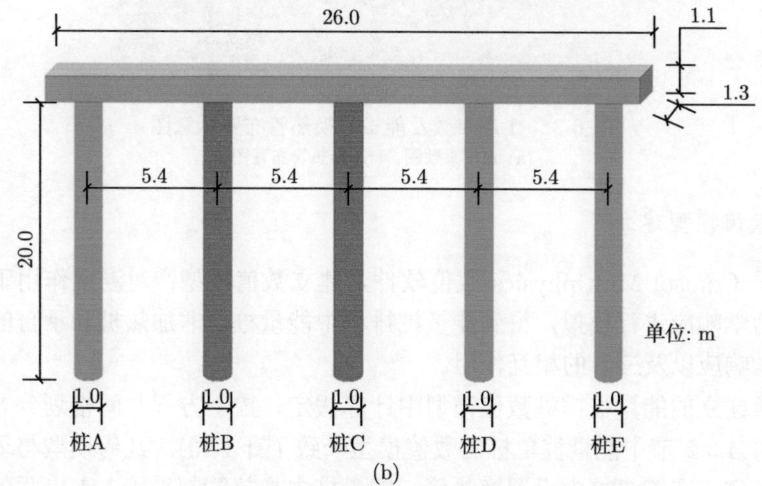

(b)

图 6-2 能量桩实物图与示意图

(a) 实物图；(b) 示意图 [89]

笼上。每根能量桩内部埋设 5 根串联连接的 U 型换热管，每根 U 型管长 19 m，能量桩底端 1 m 不设置换热管，如图 6-3 所示。为了测量温度作用下能量桩、非加热桩和承台的响应，在桩基和承台的不同位置埋设了振弦式应变计和温度计。仪器用扎丝绑扎在钢筋笼上，待换热管和仪器绑扎完毕，仪器线路和换热管进/出口由桩顶部位伸出能量桩，绑扎工作完毕。通过地质勘查可知，测试场地共包括 4 层土，土层参数如图 6-3 所示。

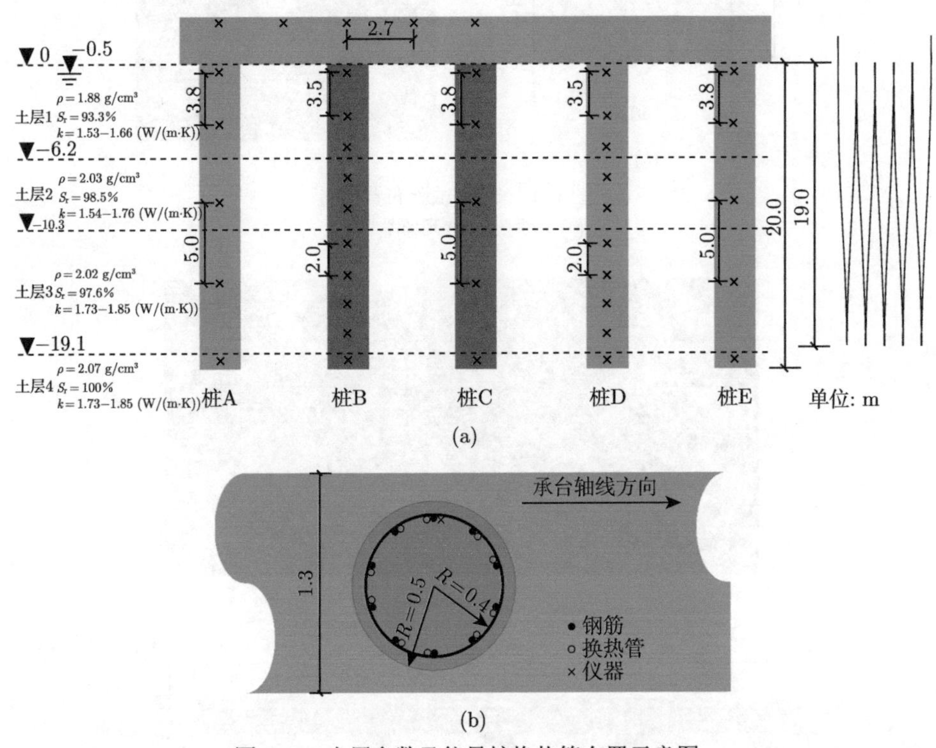

图 6-3　土层参数及能量桩换热管布置示意图
(a) 土层参数图；(b) 换热管布置图

2. 数值模型建立

基于 Comsol Multiphysics 数值软件，建立数值模型；对温度作用下能量桩排桩的力学响应进行模拟，得到能量桩排桩中能量桩、非加热桩和承台的温度变化、力学响应以及三者的相互作用。

本章建立的能量桩排桩数值模型中计算假定、控制方程、网格划分方法和边界条件与 4.3.2 节中能量桩单桩的数值模型一致 (图 4-13)。几何模型与现场试验中排桩一致。在能量桩中设置换热管，能量桩中换热管都采用 5U 串联的布置形式，换热管尺寸与现场试验一致。非加热桩中不设置换热管。桩 B 和桩 C 为能量桩，桩 A、桩 D、桩 E 为非加热桩的几何模型如图 6-4 所示。

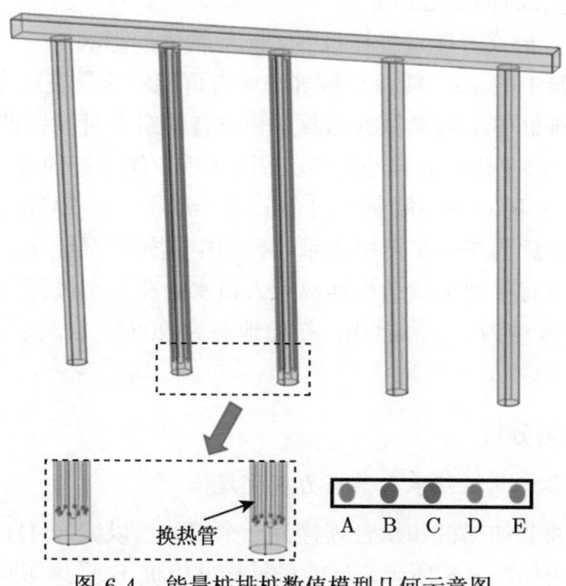

图 6-4 能量桩排桩数值模型几何示意图

3. 研究工况设计

具体研究内容分为以下 2 部分，如表 6-1 所示。

表 6-1 单次温度作用下能量桩排桩热力响应特性研究工况 [89]

研究内容	研究方法	影响因素		
单次温度作用下能量桩排桩热力响应特性	现场试验 + 数值模拟	加热功率/kW	流量/(m^3/h)	时间/h
		6	0.85	240
能量桩组合形式对能量桩排桩热力响应特性的影响	数值模拟	入口水温/℃	流量/(m^3/h)	时间/d
		35	0.85	90

1) 单次温度作用下能量桩排桩热力响应特性

针对图 6-2 所示的能量桩排桩，开展 3 组能量桩排桩的热响应测试，分别测试不同能量桩位置和不同能量桩数量条件下能量桩排桩的力学响应，其中编号 1B 和 1C 的试验中分别只对桩 B 和桩 C 施加温度作用，而编号为 2BC 的试验中对桩 B 和桩 C 同时施加温度作用。试验参数见表 6-1，其中编号为 2BC 的一组试验中两根能量桩并联连接。试验过程中记录能量桩的温度、应力以及换热管的进/出口水温变化。排桩顶部工作荷载大小为 0。

基于数值模型，分别对能量桩排桩现场试验中的 3 组热响应测试进行模拟，并通过将数值模拟结果与试验结果对比，验证数值模型的可靠性。模型中入口水温、流量、初始地温、几何模型尺寸、地层参数等均与现场试验一致，材料参数见表 4-6，模型计算时间为 240 h。

2) 能量桩组合形式对能量桩排桩热力响应特性的影响

针对现场试验中的 1×5 能量桩排桩中所有可能的能量桩组合形式，通过建立数值模型，模拟排桩中不同能量桩的数量和位置的组合对能量桩排桩热力响应特性的影响，排桩顶部工作荷载大小为 0。按照排桩中能量桩的数量进行划分，1×5 的排桩中共包括 19 种不同的能量桩组合形式，编号 1A~5ABCDE，本章分析所涉及的组合形式示意图在下文图中表示。模型中几何模型尺寸、地层参数等均与现场试验一致。所有模型中能量桩换热管入口水温在整个过程保持恒定不变，入口水温为 35℃，流量为 0.85 m^3/h，初始地温为 20℃，材料参数见表 4-6 所示，模型计算时间为 90 d。

6.2.2 研究结果与分析

1. 能量桩、非加热桩及承台热应力变化规律

能量桩、相邻非加热桩和承台连接为一个整体，以编号 1B 的工况为例，三者之间的相互作用如图 6-5 所示。当能量桩排桩中桩 B 受热膨胀时，会对其顶部的承台产生推力，而承台也会对能量桩 B 产生一个反作用力，导致能量桩 B 内部产生额外的压应力。当承台受到能量桩 B 的推力时会产生向上的位移，带动旁边的两根非加热桩 A 和 C 一起向上运动，导致桩 A 和 C 内部产生额外的拉应力，而非加热桩 A 和 C 对承台施加向下的拉力。对于更远处的非加热桩 D 和 E，由于杠杆原理，当能量桩 B 施加给承台推力时，桩 D 和 E 也会对承台产生一个推力。但是，由于桩 C 顶端与承台浇筑在一起，桩 C 顶端会对承台的转动造成约束。因此，传递到桩 D 和 E 的力较小。在加热桩和非加热桩共同的作用下，承台内部会产生弯矩和额外的应力。

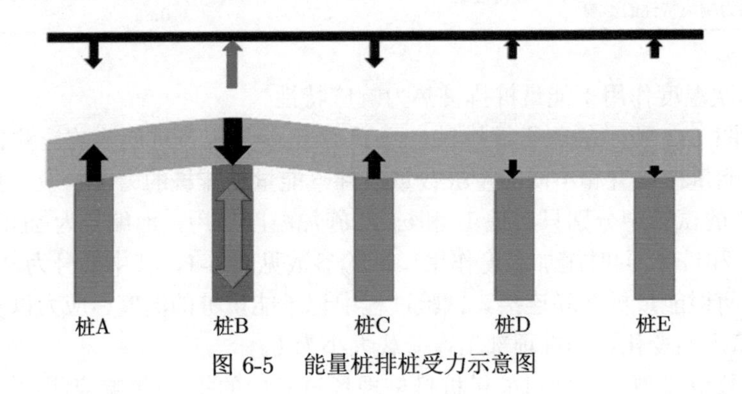

图 6-5 能量桩排桩受力示意图

当能量桩受热 240 h 后，3 组工况排桩中能量桩和非加热桩的应力变化分布

如图 6-6 所示。由图 6-6 可知，当桩体温度上升时，能量桩内部会产生额外的压应力。沿桩深方向，编号为 1B 和 1C 的两组工况中温度作用引起的能量桩 B 和能量桩 C 热应力的大小和分布基本相同，两根能量桩最大热应力都发生在桩体中部附近，热应力最大值约为 −2.2 MPa。在工况 2BC 中，当能量桩 B 和能量桩 C 同时受到温度作用时，两根桩的内部都产生了热应力，且两根桩热应力沿桩深方向的分布规律和大小基本相同。工况 2BC 中施加到每根能量桩的加热功率为工况 1B 和 1C 中能量桩的一半，导致工况 2BC 中能量桩的温度增量比工况 1B 和 1C 中桩体温度增量小。因此，工况 2BC 中每根能量桩内的最大热应力仅为工况 1B 和 1C 中能量桩的最大热应力的 30%。

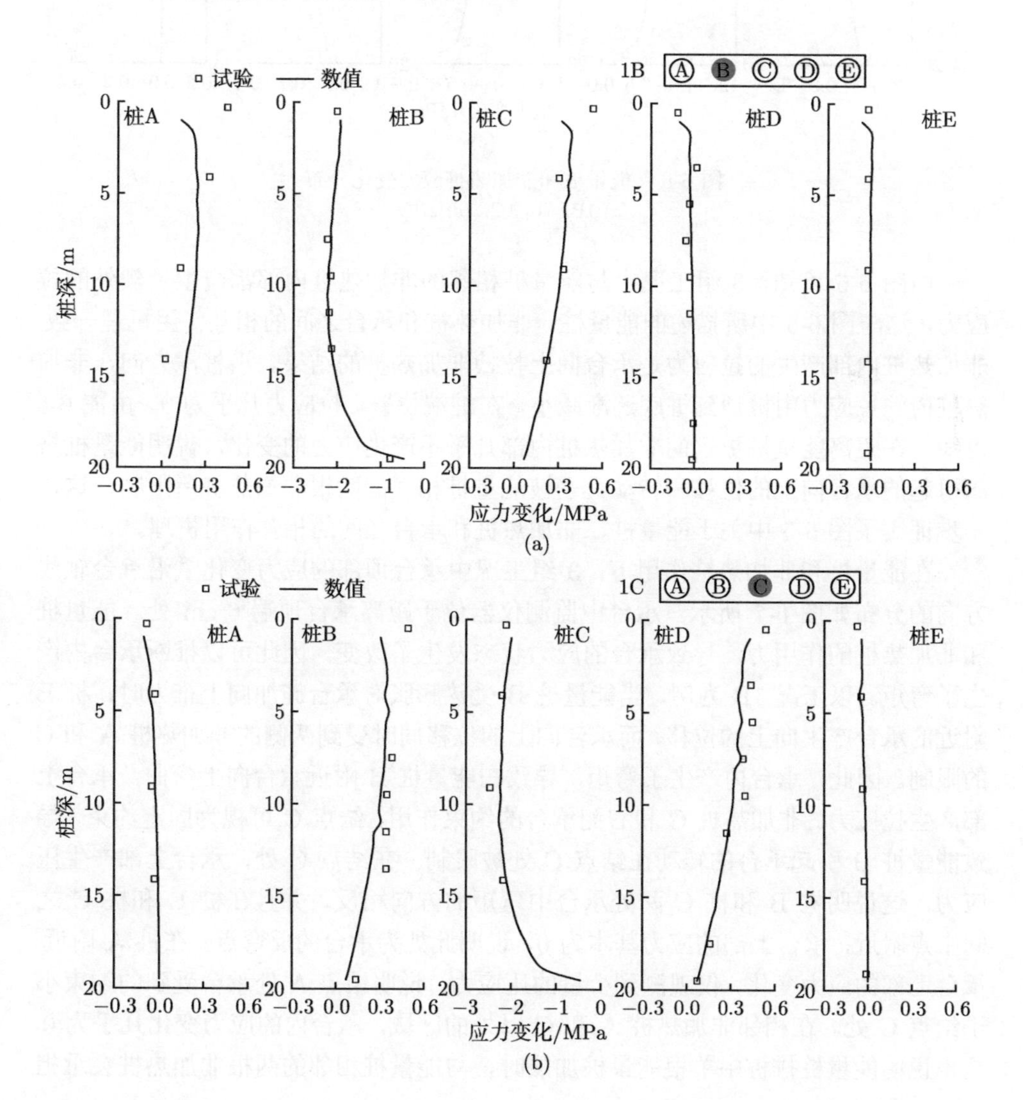

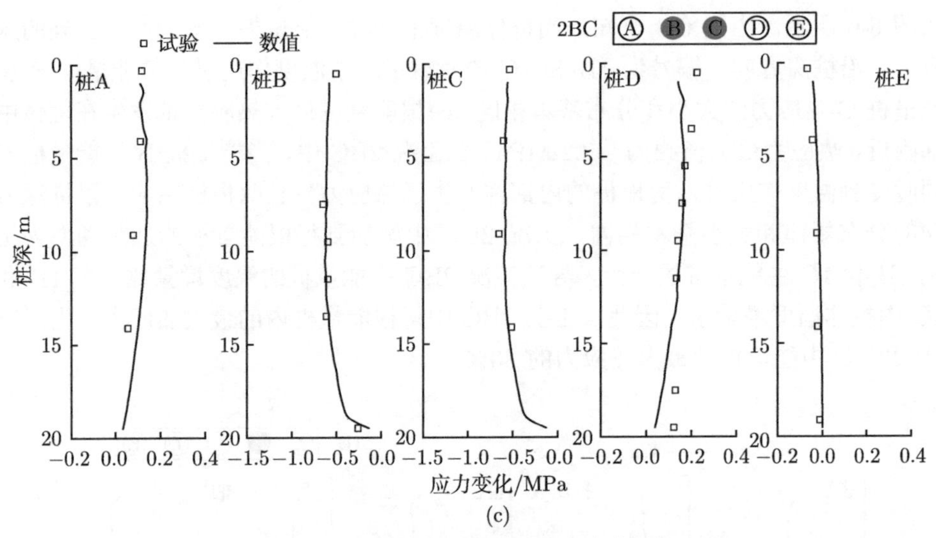

(c)

图 6-6　能量桩和非加热桩应力变化分布

(a) 1B；(b) 1C；(c) 2BC

由图 6-6 可知，3 组工况中与能量桩相邻的非加热桩内部都产生了额外的拉应力，这与图 6-5 中所描述的能量桩、非加热桩和承台之间的相互作用机理一致，非加热桩内部产生的拉应力是承台向上拉拽非加热桩的结果。沿桩深方向，非加热桩内的拉应力由桩顶到桩底逐渐减小，在桩端位置，拉应力几乎为 0。由图 6-6 可知，在距离能量桩更远的非加热桩内部几乎不产生应力的变化，说明能量桩挤压引起的承台向上的位移和转动几乎被能量桩相邻的两根非加热桩所限制，这进一步证实了图 6-5 中关于能量桩、非加热桩和承台之间的相互作用机理。

在能量桩和非加热桩作用下，3 组工况中承台顶部的应力变化量沿承台轴线方向的分布如图 6-7 所示。承台中监测仪器位于距离承台顶端 6 cm 处。能量桩和非加热桩的作用力，导致承台的应力状态发生了改变，因此可以推断承台内产生了弯矩。以工况 1B 为例，当能量桩 B 受热膨胀对承台施加向上推力时，桩 B 附近的承台产生向上的位移，而承台向上的位移同时受到两侧的非加热桩 A 和 C 的限制。因此，承台内产生了弯矩，导致在能量桩 B 附近承台向上弯曲，承台上部产生拉应力。非加热桩 C 和右侧承台的约束作用，结点 C 可视为固定约束，导致能量桩 B 引起承台的转动在结点 C 处被限制。在结点 C 处，承台上部产生压应力，这说明桩 B 和桩 C 两处承台中弯矩的方向相反，并且在桩 B 和桩 C 之间中点附近，承台上部的应力基本为 0，说明此处为承台的反弯点。在桩 A 附近，承台上部的应力变化，仅观测到少量的压应力，说明结点 A 处承台受到的约束小于结点 C 处。在相邻非加热桩 A 和 C 以外的区域，承台内的应力变化几乎为 0，这也说明能量桩排桩中单根能量桩加热时，与能量桩相邻的两根非加热桩会承担大部分能量桩的相互作用，更远处的非加热桩的力学特性几乎不受影响，如图 6-6 所示。在另外两组工况 1C 和 2BC 中，承台中应力变化的规律与工况 1B 相似，只是在工况 2BC 中，在两根能量桩 B 和 C 之间，承台顶部的拉应力几乎不变，这说明 BC 之间的承台处于纯弯状态，内部几乎不受剪力。

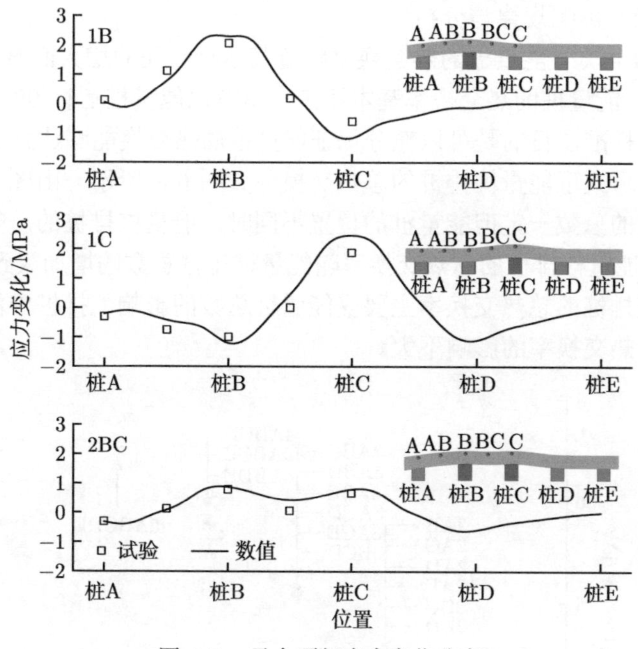

图 6-7 承台顶部应力变化分布

由图 6-7 可知，当能量桩受热后，承台中的最大应力变化全部都发生在能量桩所处的位置，3 组工况 1B、1C 和 2BC 中最大应力变化量分别为 2 MPa、2 MPa 和 1 MPa 左右。并且在能量桩位置，承台上部都产生了拉应力，而在相邻非加热桩处承台上部产生压应力，压应力的大小为 −0.5~−1.2 MPa。由图 6-6 和图 6-7 可知，当能量桩受热时，其自身部分的热膨胀变形被约束，导致桩体内产生额外的压应力。尽管排桩中除能量桩之外的非加热桩和承台的温度场几乎不受能量桩的影响，但是当能量桩受热时，非加热桩和承台内也产生了应力变化，这是能量桩—承台—非加热桩之间的变形协调所造成的，即能量桩群桩或能量桩排桩的“群桩效应”[54]。

由图 6-6 和图 6-7 可知，与温度作用及能量桩、非加热桩和承台的相互作用而引起能量桩排桩内产生的额外应力的变化范围是 −2.2~2.0 MPa。因此，能量桩排桩中产生的额外的压应力远远小于混凝土的抗压强度设计值。但是，在非加热桩和承台中的某些位置，排桩中产生的拉应力却达到了 2 MPa，超过了 C30 混凝土的强度标准值。尽管该拉应力大小未超过 C30 混凝土抗拉强度标准值，但在排桩中产生拉应力较大的位置应采取相应措施，如加密受力钢筋数量等，以避免能量桩排桩在极热和极寒气候条件下应用时导致排桩混凝土受拉产生裂纹。

2. 能量桩组合形式对能量桩排桩热力响应特性影响分析

1) 热交换率影响规律与分析

由图 4-29 可知，能量桩的热交换率随着其运行时间的增大而减小，当能量桩运行 60 d 时，能量桩的热交换率基本稳定。本章以能量桩运行 90 d 时的热交换率大小为取值标准，目的是可以充分保证能量桩的热交换能够达到稳定状态。

不同组合形式下能量桩排桩的总热交换率如图 6-8 所示。由图 6-8 可知，当排桩中能量桩的总数一定但能量桩的位置不同时，能量桩排桩的总热交换率相差不大。但是，能量桩排桩的总热交换率随能量桩排桩总数的增加大致呈线性增加，这说明能量桩排桩的总热交换率主要受能量桩总数的影响，排桩中能量桩的位置对能量桩排桩热交换率的影响不大。

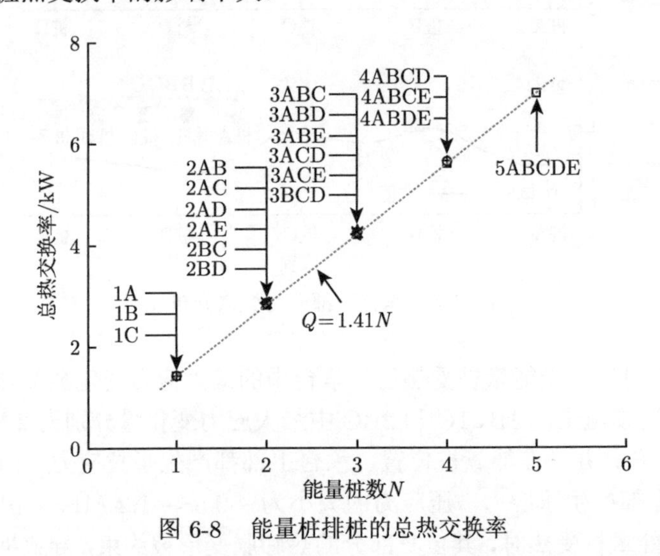

图 6-8　能量桩排桩的总热交换率

不同能量桩组合形式下排桩中每根能量桩的平均热交换率如图 6-9 所示。由图 6-9 可知，排桩中不同能量桩的数量和位置对每根能量桩的平均热交换率都有影响。当能量桩总数一定时，能量桩排桩中能量桩的位置越集中，每根能量桩的热交换率越低。例如，当能量桩数量 $N = 3$ 时，工况 3ABC 和 3BCD 中每根能量桩的热交换率最低，比工况 3ACE 中每根能量桩的热交换率低 0.04 kW。随着能量桩总数的增多，能量桩排桩中每根能量桩的平均热交换率有减小趋势。以上两个现象都可归结于能量桩排桩中相邻能量桩周围土体温度场的叠加效应，如图 6-10 所示。

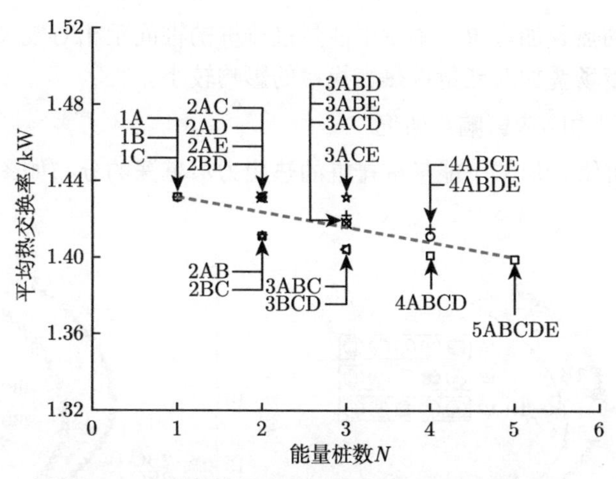

图 6-9 能量桩排桩中每根能量桩的平均热交换率

当能量桩运行 90 d 时，工况 1B、1C 和 5ABCDE 的桩周土体温度场如图 6-10 所示。由图 6-10 可知，当单根能量桩加热时，其相邻非加热桩的温度几乎不受能量桩的影响。但是，当相邻两根能量桩同时加热时，土体的温度场高于单根桩加热时的温度场，即两根相邻能量桩的土体温度场发生了叠加，如图 6-10 中虚线框。当土体产生热叠加现象时，会使土体温度显著升高，从而导致能量桩和土体之间温度梯度的减小，由傅里叶热传导定律可知，能量桩的热交换率会随桩—土之间的温度梯度减小而减小。因此，当排桩中能量桩的数量越多和能量桩的位置越集中时，桩周土体的热叠加现象越明显，导致能量桩中每根桩的热交换率越低。

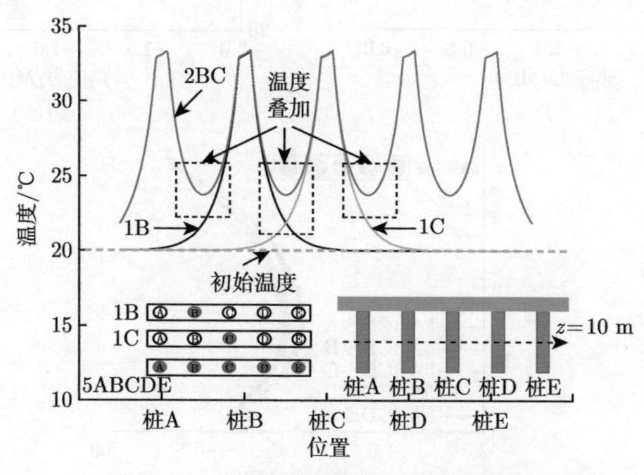

图 6-10 能量桩排桩周围土体温度分布

需要指出，能量桩对桩周土体温度的影响范围有限，因此排桩的桩间距会影响土体温度场的热叠加现象。本章中能量桩排桩的桩间距相对较大 (5.4 倍桩径)。因此，土体温度场叠加对能量桩热交换率的影响较小。

2) 能量桩热力响应影响与研究

不同能量桩组合形式下能量桩排桩的热应力沿桩深的分布如图 6-11 所示。由

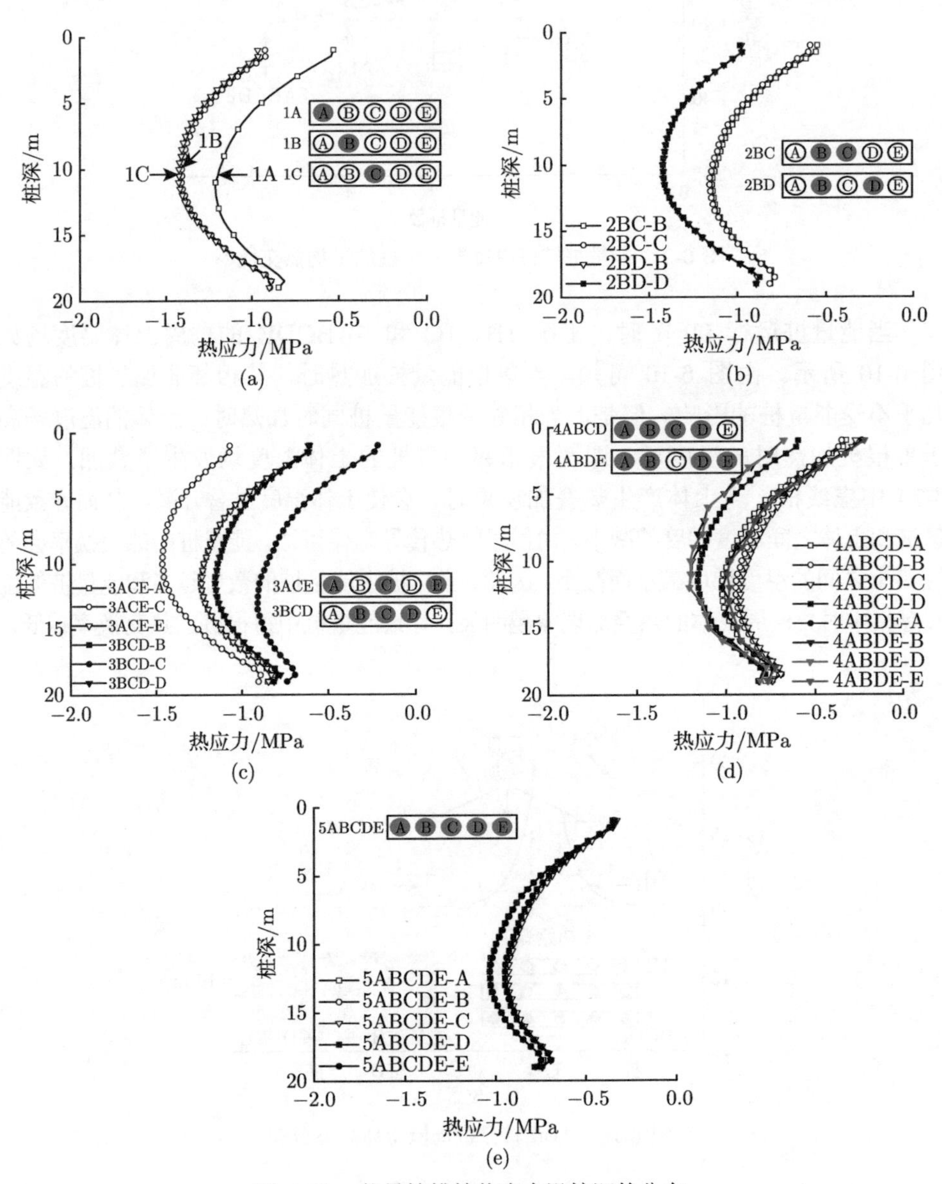

图 6-11　能量桩排桩热应力沿桩深的分布

(a) 单根能量桩；(b) 2 根能量桩；(c) 3 根能量桩；(d) 4 根能量桩；(e) 5 根能量桩

图 6-11 可知，排桩中能量桩的数量和位置对能量桩排桩的热应力都有影响。需要指出，由图 6-10 可知，尽管相邻能量桩的土体温度场存在叠加情况，但是热叠加对桩体温度的影响不大，即无论是否出现土体温度场叠加的现象，不同组合形式下能量桩排桩中能量桩的温度响应基本相同。

由图 6-11(a) 可知，当排桩中启用的能量桩总数 $N = 1$ 时，能量桩位置越靠近排桩两端，其内部产生的热应力越小。例如，当能量桩位于能量桩排桩两端时 (工况 1A)，能量桩内部产生的热应力最小，最大热应力约为 −1.2 MPa，比位于能量桩排桩中间 (工况 1C) 时能量桩内产生的最大热应力小约 0.2 MPa。这是因为在工况 1A 和 1C 中，当能量桩产生热膨胀并对其上部承台产生推力时，结点 A 处的承台相对结点 C 处的承台更容易产生向上的位移，因此，工况 1A 中能量桩受到承台的约束作用更少，根据公式 (4-53)、式 (4-54) 计算可知，此时能量桩内产生的热应力较小 [44]。

如图 6-11 所示，当排桩中能量桩的数量 $N > 1$ 时，排桩中能量桩位置越集中，能量桩排桩的热应力越小 (图 6-12)。例如当 $N = 2$ 和 3 时，工况 2BC 和工况 3BCD 中能量桩的热应力明显小于工况 2BD 和工况 3ACE 中能量桩的热应力；当 $N = 4$ 时，工况 4ABCD 比工况 4ABDE 中能量桩的密集程度略大，因此 4ABCD 中能量桩的热应力比工况 4ABDE 中能量桩的热应力略小。这个结果同样可以归因于承台对能量桩热膨胀变形的约束程度不同。以工况 2BC 和工况 2BD 为例，在工况 2BD 中，能量桩 B 受热膨胀并对其上部承台产生作用力，导致承台有向上移动的趋势，并且承台的位移受到相邻非加热桩 A 和 C 的约束作用；在工况 BC 中，能量桩 B 上部承台同样产生向上移动的趋势，并且承台的位移受到相邻非加热桩 A 和能量桩 C 的约束；工况 2BC 中能量桩 C 受热膨胀，桩顶产

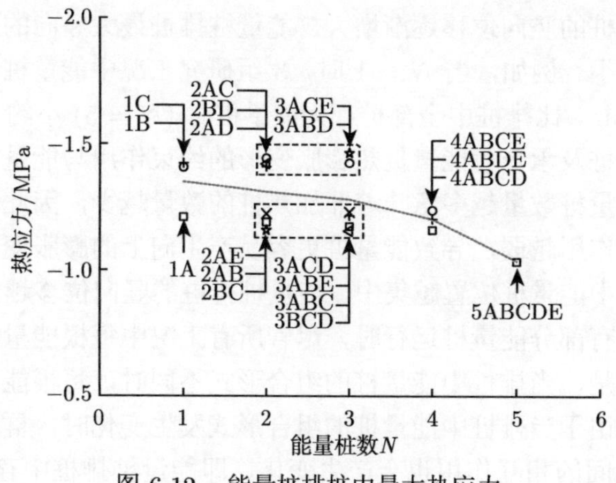

图 6-12　能量桩排桩中最大热应力

生向上位移，导致其对承台向上位移的约束作用小于工况 2BD 中的非加热桩 C，因此工况 2BC 中承台对能量桩 B 的约束作用小于工况 2BD；当能量桩顶部的约束作用较小时，其内部产生的热应力也较小 [44]。

当排桩中能量桩的数量 $N = 5$ 时，能量桩排桩的热应力小于当 $N < 5$ 时的所有工况。这是因为当排桩中全部桩都为能量桩时，能量桩上部承台对能量桩热膨胀的约束作用最小。当 $N = 5$ 时，尽管排桩中每根能量桩所受的温度作用一致，但是不同位置能量桩的力学响应不同，具体表现为越靠近排桩两端，能量桩内部产生的热应力越大，且能量桩排桩中对称位置的能量桩内部产生的热应力大小相同。

不同能量桩组合形式下能量桩排桩最大热应力随能量桩数目的关系如图 6-12 所示。由图 6-12 可知，能量桩排桩的最大热应力受能量桩数目和能量桩位置的共同影响。整体上，随着能量桩数量的增加，能量桩排桩的最大热应力有减小趋势，具体表现为不同数量能量桩的工况中，能量桩最大热应力的平均值随着能量桩数量增加而减小。例如，当 $N = 1$ 时，3 组研究工况中能量桩最大热应力的平均值为 -1.35 MPa，比排桩中全部桩都为能量桩时 ($N = 5$) 大 0.3 MPa。这个规律可归结于非加热桩及承台对能量桩热膨胀变形的约束作用与能量桩数量有关，对于一个能量桩排桩，其包含的桩总数一定，当能量桩产生热膨胀并对桩顶部承台产生推力时，承台有向上移动的趋势，排桩中能量桩数量越大，非加热桩的数量则越小，此时非加热桩对承台向上位移的约束越小，导致承台对能量桩热膨胀变形的约束能力减小，能量桩内部产生较小的热应力。

不同组合形式下能量桩排桩最大竖向位移随能量桩数目变化的关系如图 6-13 所示。由图 6-13 可知，当能量桩排桩受热后，排桩中的能量桩产生向上位移，且排桩中能量桩的数量和位置对能量桩排桩竖向位移均有影响。随着能量桩数量的增加，能量桩排桩的竖向位移逐渐增大，能量桩排桩最大竖向的平均值随着能量桩数量增加而减小。例如，当 $N = 1$ 时，3 组研究工况中能量桩最大竖向位移的平均值为 1.15 mm，比排桩中全部桩都为能量桩时 ($N = 5$) 小约 30%。这个规律可归结于非加热桩及承台对能量桩热膨胀变形的约束作用与能量桩数量有关，桩总数一定时，能量桩数量越多意味着非加热桩的数量越少，因此非加热桩对承台向上移动的约束作用越弱，导致能量桩更容易产生向上的膨胀变形。当能量桩数量一定时，排桩中能量桩位置越集中，能量桩排桩的竖向位移越大。

当排桩中只有部分能量桩运行时，尽管所有工况中每根能量桩受到的温度作用大小相同，但是，当排桩中能量桩的组合形式不同时，每根能量桩的力学响应不尽相同。这是由于当排桩中能量桩的组合形式发生变化时，群桩中能量桩、非加热桩和承台之间的相互作用也会产生变化，即能量桩排桩中存在“群桩效应”，且“群桩效应”受排桩中能量桩的数量及位置的影响。当能量桩排桩中采用不同的能量桩组合形式时，能量桩排桩的“群桩效应”会对能量桩排桩的力学特性造成不同影响，具体表现为能量桩排桩中运行的能量桩数量越多，且能量桩在排桩中的位置越集中，相同温度作用下能量桩的竖向位移更大，但排桩中能量桩的热应力则越小；当排桩中全部桩都运行时，能量桩越靠近排桩两端，相同温度作用下能量桩内部产生的热应力越大。

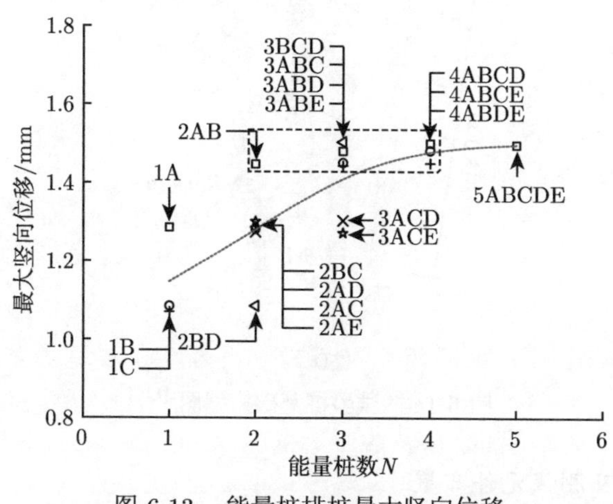

图 6-13　能量桩排桩最大竖向位移

通过对比图 6-12 和图 6-13 可知，当群桩中有部分能量桩运行时，在温度作用下，能量桩排桩的“群桩效应”对排桩中能量桩位移和应力有不同的影响规律。具体表现为排桩中能量桩运行的数量增加时，或排桩中能量桩的位置更集中时，能量桩排桩“群桩效应”更加明显，导致能量桩排桩的竖向位移逐渐增加，而能量桩内产生的热应力逐渐减小，二者始终处于动态平衡的过程。

6.3　无埋深条件下能量桩群桩承台效应

6.3.1　现场试验方案

1. 依托工程概况

现场试验位于湖北省宜昌市，基础类型为低承台 2×2 群桩基础。四根能量桩正方形布置，桩间距为 3.8 m；四根桩桩长为 18.0 m，承台尺寸为 5.2 m×5.2 m×1.2 m (长 × 宽 × 高)。四根能量桩均布置 W 型换热管，每根能量桩均保留一个进水口和一个出水口，可以进行任意的连接用于不同组合的运行。试验桩基础模型图如图 6-14 所示。

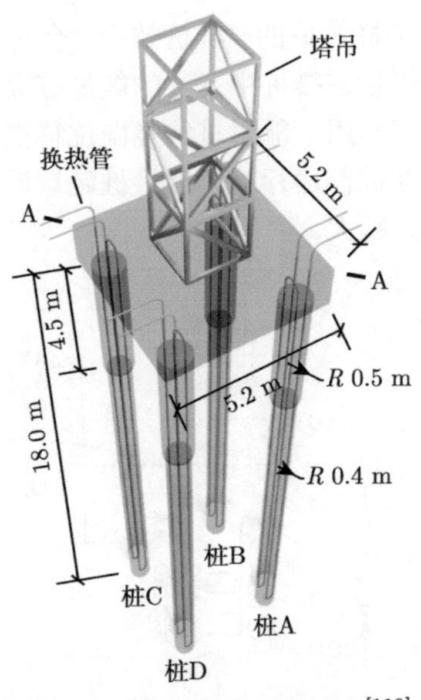

图 6-14 试验桩基础模型图 [119]

2. 基础结构及测试元件布置

在桩 A 和桩 C 中布置轴向振弦式应变及温度传感器，沿深度方向每间隔 3 m 相对布置 2 个温度及应变传感器用于对照。承台中沿 A-A 截面分两层布置水平向传感器，每层 3 个。具体仪器及换热管布置如图 6-15 所示。在距桩 A 1.0 m 和 1.5 m 处设置了两个测温孔，具体温度传感器的位置埋深如图 6-15(b) 中所示。

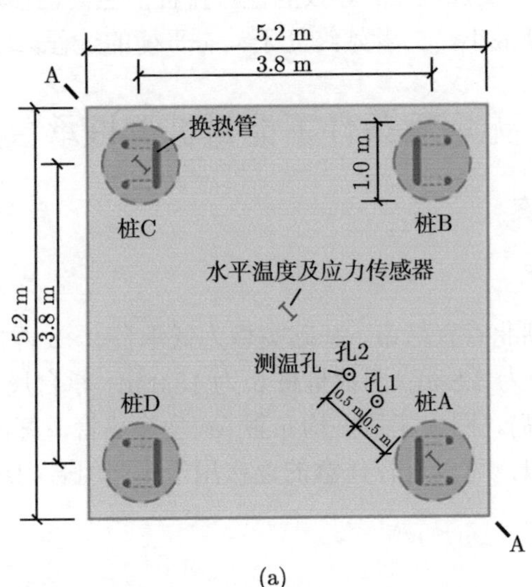

(a)

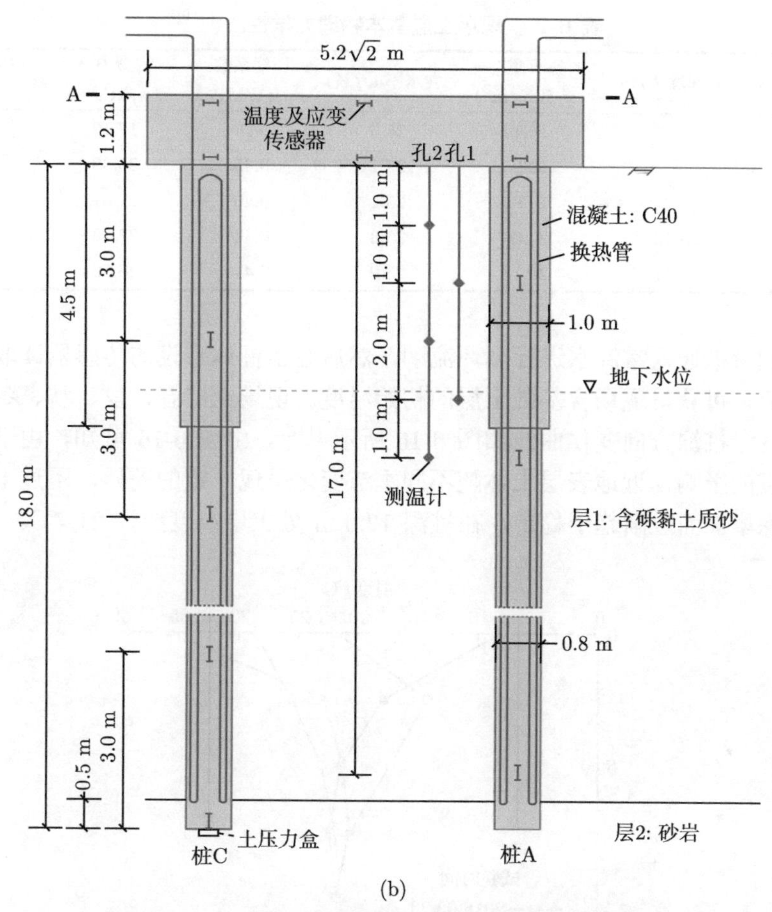

图 6-15 能量桩—筏基础换热管及传感器布置示意图

(a) 桩基础水平布置示意图；(b) 桩身换热管及传感器布置示意图

通过地质勘查，测试场地主要包括 2 层岩土层，地下水深度约为 4 m。试验期间，承台顶部受塔吊荷载作用，为减小塔吊工作荷载对测试结果的影响，在能量桩运行期间，塔吊被关闭。

3. 现场土性参数

现场土层为回填土，主要为黏土质砂和砂岩层。黏土质砂层中砾石以上颗粒含量约为 10%~15%，且砾石含量随深度增加而增加，在约 14.0 m 深度处出现了薄卵石层，在约 17.5 m 深度为砂岩层，适合作为桩基的持力层，桩基嵌入砂岩层约 0.5 m。地下水位为地表以下 4.0 m，桩基础范围内无地下水渗流。具体的土层物理力学参数见表 6-2 所示。基于 KD2 Pro 热导率仪，测得桩周土体的热物性参数，桩深度范围内的土层平均热导率约为 1.70 W/(m·K)。

表 6-2 现场土层基本物理力学性质 [119]

土类	深度 h/m	容重 $\gamma/(\mathrm{kN/m^3})$	含水率 ω/%	压缩系数 α_v/(1/MPa)	内聚力 c /kPa	内摩擦角 ϕ /(°)
回填土	1	18.17	25.5	0.78	17.10	22.90
	5	19.94	26.1	0.45	25.99	15.79
	9	19.83	26.1	0.40	27.67	12.72
	13	20.04	25.3	0.44	27.23	13.11
	17	20.18	25.9	0.41	26.79	14.24

对能量桩通入常温水进行循环流动，然后经由桩体布设的传感器读取得到的具体数值，可获得现场含基础土层的初始温度。现场土层春、夏、秋、冬四季的土层温度沿桩深方向变化曲线如图 6-16 所示 [116]。由图 6-16 可知，由于受地表大气温度的影响，近地表层土体随不同季节变化呈现一定的差异，不过土层温度随着桩深增加而逐渐趋于稳定，在桩深 12.0 m 处土层温度约为 21.7℃。

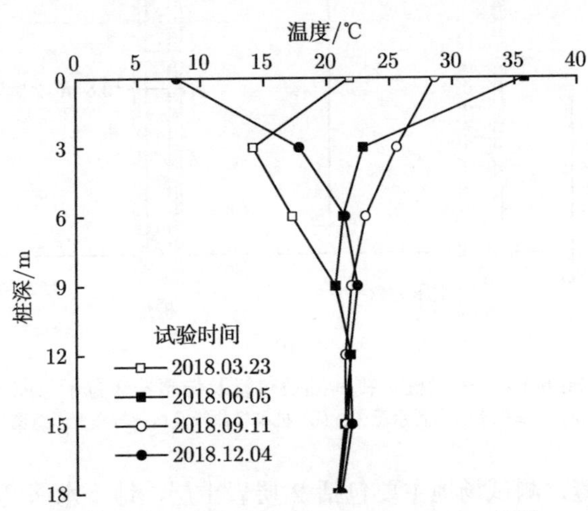

图 6-16 试验现场土体温度季节性变化 [116]

4. 现场试验工况与方案设计

通过对 2×2 能量群桩部分运行，以分析桩间的相互热力学影响，还进一步研究了这种非对称运行引起的差异位移及筏板应力等影响。试验方案见表 6-3。本试验工况下运行桩的换热管连接方式如图 6-17 所示。具体的研究内容可以分为以下 3 部分 [116]。

1) 运行能量桩对非运行桩的影响研究

在能量群桩的运行过程中，桩之间会存在相互热干扰，使得对能量桩的桩间距有着一定的设计要求，出于经济和换热效能的考虑，存在不完全运行所有桩体的情况。由于筏板的存在及热扩散作用，运行能量桩会对非运行邻桩产生一定的热力作用。这可能会使得非运行桩的热力行为有别于一般桩基。因此，了解运行能量桩对非运行桩的可能影响显得十分重要。本章试验模拟能量桩的夏季运行模式，在仅运行单根能量桩的试验工况下，通过对桩身应力、应变等数据的监测用于分析运行桩与非运行桩之间的相互作用。具体的工况设计见表 6-3 所示。由于仅在 2×2 桩基础中的桩 A 和桩 B 内埋置了桩身仪器，因此为全面了解在单根桩运行时整个基础内的热力学行为，通过结合仅运行桩 A (工况 1) 和仅运行桩 B (工况 2) 两种工况的数据结果分析整个基础的热力响应问题。

表 6-3　群桩间相互作用研究工况表 [119]

编号	运行模式	运行桩号	流速 $v/(m^3/h)$	进水温度 T_{in}/°C	测试时长 t/h
工况 1	单桩运行	桩 A			192
工况 2	单桩运行	桩 B	0.5	35	192
工况 3	3 桩串联运行	桩 A、B、D			336

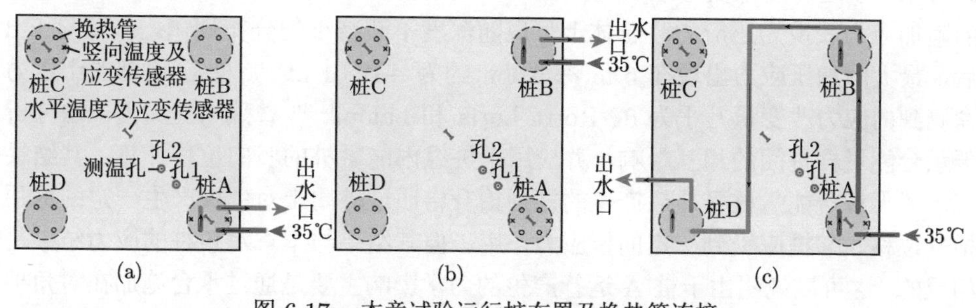

图 6-17　本章试验运行桩布置及换热管连接

(a) 工况 1；(b) 工况 2；(c) 工况 3

2) 运行能量桩之间的相互热力学影响研究

目前，关于能量桩的已有研究主要针对单桩开展，但由于承台的作用及相互热干扰的影响，邻近运行桩之间会产生相应的热力相互影响。单根能量桩的热力响应特性研究结果可能不能完全代表群桩基础中能量桩的实际特性。因此，为了解这种差异，本章通过比较单桩运行 (工况 1) 和三桩运行 (工况 3) 的试验结果来分析运行桩间的相互作用。

3) 部分运行导致的基础不均匀位移及承台应力问题

能量桩群桩的部分运行将使得桩之间存在温度差，这可能会导致桩基产生一定的差异位移，对于一些对差异沉降十分敏感的建筑物而言，差异位移将会威胁其安全性。因此，本章通过部分运行的试验工况，分析基础可能存在的差异位移问题。另外，本章还利用承台中的水平传感器监测承台的温度、水平应变以及应力的变化规律，用以进一步说明基础内部的热力相互影响。

6.3.2　试验结果与分析

1. 运行能量桩对邻桩的影响

在能量桩运行过程中，桩体由于温度变化将产生膨胀或收缩变形，虽然存在桩两端和周围岩土体的约束作用，但桩体仍可能会产生相对显著的热变形和桩顶位移。这种桩顶位移的产生可能会对承台及邻桩产生一定的影响。在单桩运行试验中，沿桩 A 和桩 C 的温度，应变计应力沿桩轴的分布情况如图 6-18 所示。在桩 A 运行过程中，运行桩体本身将产生一定的温度升幅，并产生相应的热膨胀变形 (图 6-18(a))。在运行 8 d 后，桩 A 的平均温度从 19.5℃ 升高到了 27.1℃，可以观测桩身最大热膨胀应变约为 45.2 με。而桩 A 的热致附加应力将随着温度的增加而不断增大。在加热 8 d 后，最大热致应力出现在桩体中部，约为 –2.0 MPa。由图 6-18(b) 可见，在仅运行桩 A 时，其对角桩 C 桩并未受到明显的热扰动，但可实测到桩 C 产生了一定的压缩变形，且其应变量随桩 A 温度的升高而增加。因此可以说明这种压缩变形主要受到桩 A 的热膨胀产生的纯力学影响。而在对角桩的附加应力表现为压应力，总体上呈现随深度不断减小的分布规律。在试验 8 d 后，最大附加压应力出现在 6 m 深度处，约为 –128.1 kPa，桩 C 底部的土压力盒测到的应力改变量几乎为 0。Rotta Loria 和 Laloui[120] 曾采用交叉因子法分析无承台能量群桩间的相互影响，并应用于桩组内能量桩的竖向位移计算，其结果显示了无承台能量桩受热后产生的桩顶抬升将通过桩周土对邻桩产生一定的桩顶抬升位移，邻桩应受到一定的拉应力作用。但其结果与本章对角桩的应力结果是相反的，这可以说明由于桩 A 运行产生的力学影响主要是通过承台施加在对角桩上，这种附加压力在桩身的传递中，将被侧摩阻力逐级抵消，进而未能引起桩底应力的变化。

以上结果主要反映了群桩基础中运行能量桩对其对角桩的热力学影响。本章还开展了仅运行桩 B 的试验工况 (见表 6-3 中的工况 2)。由图 6-18(b) 可知，在桩 B 运行期间，其近邻桩桩 A 的温度变化很小，但由于桩顶温度受到了大气温度的热扰动，可观测到 2 m 深度有约 0.3℃ 的温度增长。在桩 B 运行 8 d 后，可观测到桩 A 产生了膨胀变形，且观测到了最大约 165.8 kPa 的附加拉应力。该附加应力总体也呈现沿桩深不断减小的规律，但由于桩顶的温升引起的热膨胀抵消了部分承台对桩体产生的拉应力，因此桩顶的应力分布存在一定的波动。Rotta Loria 和 Laloui[54] 曾在一个建筑物角桩上开展了单桩能量桩运行的模拟，也在近邻桩的监测中发现了这种现象，其监测到的附加拉应力量级也与本章近邻桩的结果相当。然而，区别于已有研究结果，在其邻桩还未受到运行桩的热扰动时，本章在对角桩中观测到了与近邻桩相反的变形和应力特性。

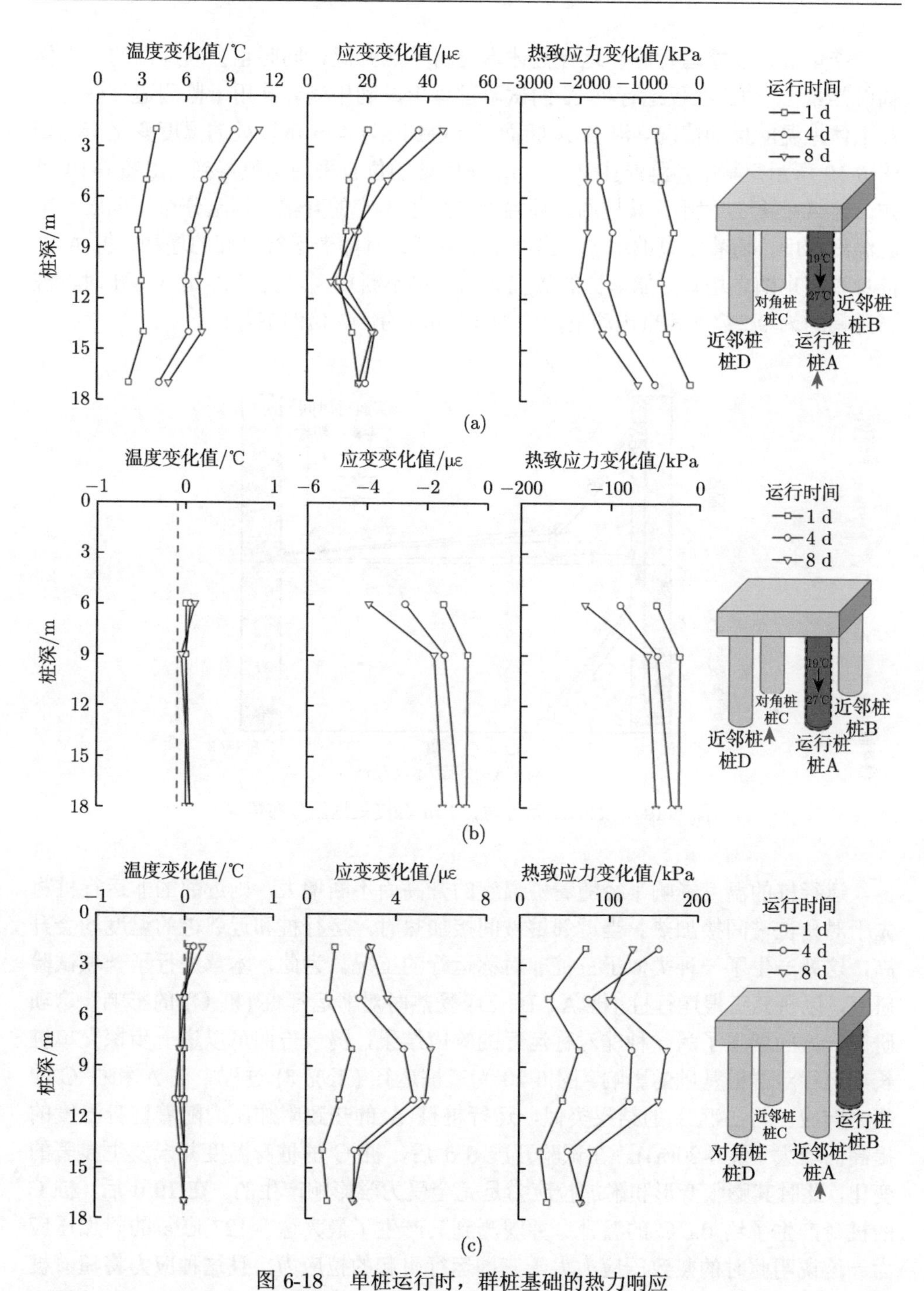

图 6-18 单桩运行时，群桩基础的热力响应

(a) 仅运行桩 A，运行桩本身的热力响应；b) 仅运行桩 A，对角桩桩 C 的热力响应；(c) 仅运行桩 B，近邻桩桩 A 的热力响应

能量桩在夏季运行时，运行桩体本身将受热升温，同时也会向周围的岩土体辐射热量 [35,54]。在仅运行桩 A 的试验过程中，利用测温孔用于监测运行桩对桩周土体地温的扰动情况。沿 A-A 断面 (图 6-15(a)) 4 m 深度处的温度变化情况如图 6-19 所示。其中，测温孔 2 在 4 m 深度处的位置采用插值得到。由图 6-19 可知，桩 A 运行过程中，其桩周土体温度产生了一定的升幅。地温分布呈现出一定的温度梯度，随着距离的增加，温度不断降低；且随着运行时间的增加，桩 A 的桩身温度也随之增长，能量桩的热扰动范围也不断扩大。当桩 A 运行 8 d 时，桩温升幅约为 9.2℃，其热扰动范围约为 1.7 m (约 1.7 倍的桩径)。

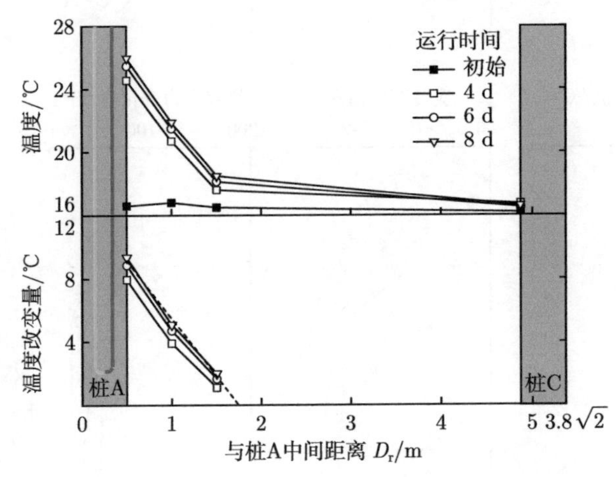

图 6-19　仅桩 A 运行时，4 m 深度处地温分布情况

运行桩的温度影响半径随着桩温度的升高而不断增大，则近邻的非运行桩将先于对角桩被间接加热。当近邻桩被间接加热时，运行桩和近邻桩的温度均会升高，这就产生了一种类似于三桩非对称运行的工况。为此，本章进行了一项试验研究，以研究三根运行桩 (桩 A、B、D) 受热时对非运行桩 (桩 C) 的影响。这项研究一方面展现了另一种非对称运行的响应结果，另一方面可以进一步探究单桩长期运行对群桩基础的影响。图 6-20 为三桩运行 (工况 3) 过程中桩 A 和桩 C 的热力响应。与工况 1 的结果类似，运行桩桩 A 的热致附加压力随着桩身温度的提高而增大 (图 6-20(a))。在试验开展 8 d 后，桩 C 的桩身温度并未发生显著的变化，此时其膨胀变形和附加拉应力是完全受力学影响产生的。在 19 d 后，桩 C 的桩身产生了约 0.5℃ 的温升，并观测到其产生了最大达 -127 kPa 的附加压应力。这说明此时的热致压应力大于三桩运行引起的拉应力，且这种应力将随着桩 C 温度的升高而不断增大。Rotta Loria 和 Laloui[54] 曾开展长达 156 d 的单桩测试，其测试结果显示在能量桩长期运行过程中，非运行的邻桩将产生高达 6℃ 的

温升，并产生约为 -1.3 MPa 的附加压力，其数值与运行桩的热致压应力的数值相当。

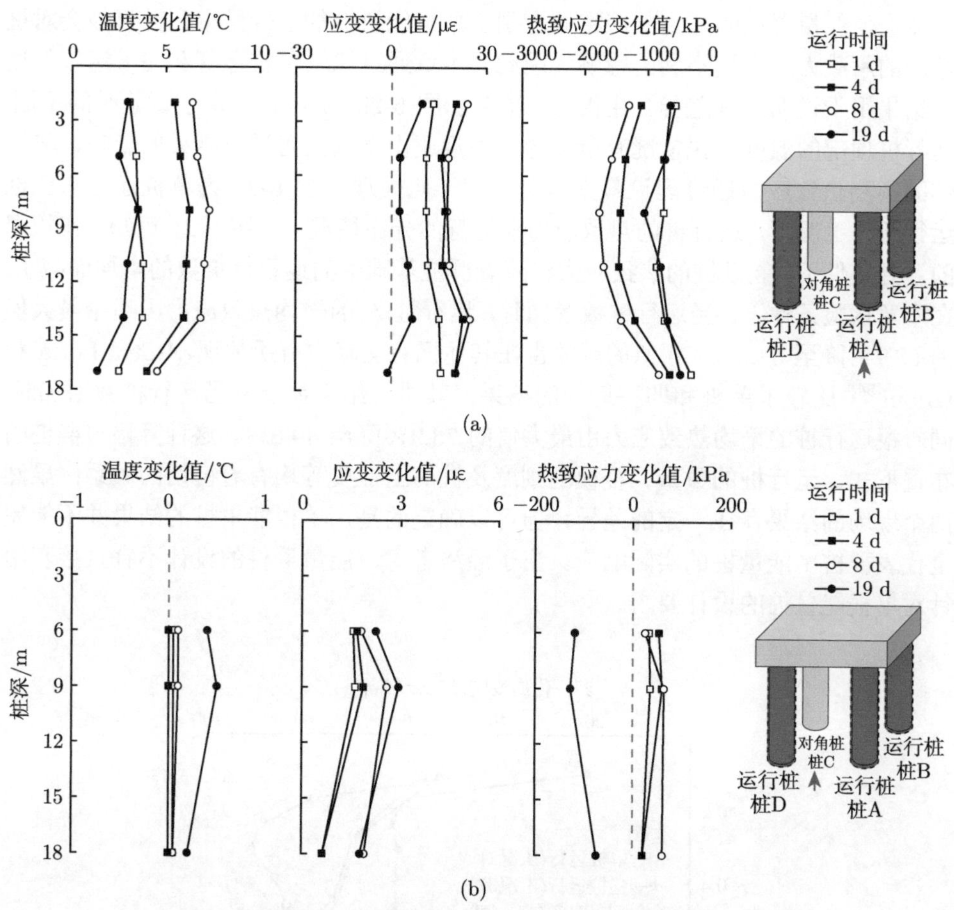

图 6-20 三桩运行时，群桩基础的热力响应

(a) 运行三桩，运行桩 A 的热力响应；(b) 运行三桩，对角桩 C 的热力响应

综上所述，在本章试验条件下，在能量桩短期运行时，运行桩将在近邻桩和对角桩产生相反的变形和应力特征；其中近邻桩产生了附加拉应力，而对角桩产生了附加压应力，这些应力主要是运行桩的膨胀和筏板的约束引起的纯力学影响导致的。当近邻桩被间接加热时，对角桩的压应力将不断减小而转化为拉应力。值得关注的是，当能量桩长期运行时，近邻桩与对角桩均将因为受间接加热而产生堪比运行桩的附加压力。因此，在群桩基础的设计过程中，应考虑能量桩对非运行邻桩的热力影响，非运行桩的设计不能完全套用一般桩基设计。

2. 运行能量桩间相互影响

在实际工程项目中，桩基础通常是由筏板连接的群桩组成。群桩效应的存在可能会使能量群桩的热力响应特性有别于单根能量桩的运行结果，并可能会对桩基础的承载力产生更不利的影响。因此，本章通过比较单桩运行和三桩运行的试验结果用于说明这种差异。由图 6-18(a) 和图 6-20(a) 可见，由于试验时间不同，运行桩顶部的温度变化情况有所差异。为规避由于气温对试验结果的影响，将桩体的实测热致应力通过理论最大值进行归一化处理。图 6-21 为单桩运行和三桩运行两种工况下，运行桩的热致应力在桩身的分布情况。由图 6-21 可知，在相同的温升条件下，能量桩的热致应力将随着群桩基础中的运行桩桩数的增加而减小。在本章试验条件下，当运行桩数增加时，运行桩 A 的平均热致应力由理论最大值的 68.7%降至 64.5%。相似的现象也在其他已有文献中有所体现，Rotta Loria 和 Laloui[54] 比较了单桩和四桩运行的结果；其研究结果显示，当运行桩数增加时，同一根运行桩的平均热致应力由最大值的 73.9%降至 49.8%。这种降幅与群桩的布置形式、运行桩的数量、筏板的刚度及桩周土性质等均有着密切的关系；虽然两个现场的结果存在一定的差异，但可以确定的是，单根能量桩的结果并不能完全代表群桩中能量桩的实际响应。出于经济考虑，能量群桩的设计不宜直接套用针对单根能量桩的设计要求。

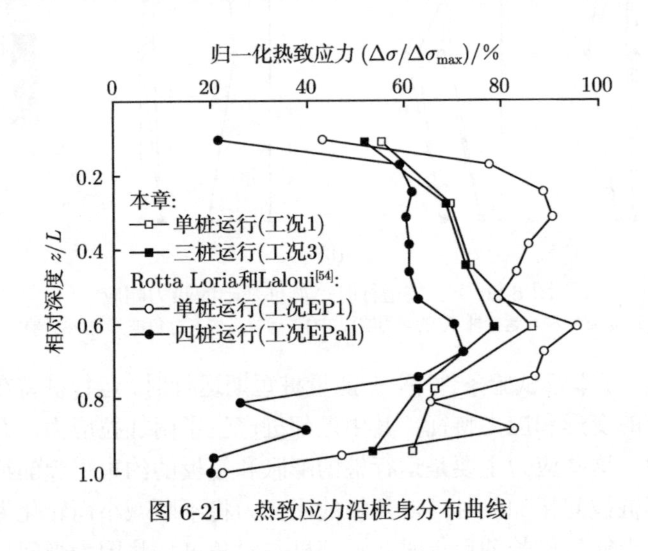

图 6-21 热致应力沿桩身分布曲线

3. 桩顶的不均匀位移

由于桩体是一个连续结构，因此当桩体的位移零点确定时，桩体的位移可以通过桩身实测应变估算 [91]。其估算式为

$$s = \sum \frac{1}{2}(\Delta\varepsilon_{i+1} + \Delta\varepsilon_i) \cdot (z_{i+1} - z_i) \tag{6-1}$$

式中，s 是桩顶位移，规定沉降位移为正值；$\Delta\varepsilon_i$ 是在 z_i 深度处的桩身实测应变。

在能量桩受热升温时，桩体可由零点划分上、下两部分，桩的上部分将向上抬升，下部分将向下沉降。因此，运行桩可根据抬升部分的实测应变进行分段积分估算桩顶位移，运行桩的位移零点约在 10 m 深度处。根据 1. 小节中所述，能量桩短期运行时，非运行邻桩的桩底应力几乎不改变，由此可以认为非运行桩在未被热扰动时，位移零点位于桩底。

运行能量桩因热变形产生的桩顶位移会对筏板产生力学影响，同时筏板也受到邻桩的约束，进而引起群桩基础的不均匀桩顶位移。本章通过结合工况 1 和工况 2 用于研究仅单桩运行时群桩基础中各桩的变形特性。由图 6-22(a) 所示，在单桩运行 8 d 后，运行桩的桩顶位移约为 −0.275 mm。近邻桩和对角桩的桩顶位移分别为 −0.054 mm 和 0.034 mm，分别约为运行桩的 20%和 −12%。近邻桩的桩顶位移介于运行桩和对角桩之间，但并不等于其平均值；这可能与筏板的弯曲变形有关。由图 6-22(b) 可见，当近邻桩也受热升温时，将导致对角桩的桩顶向上抬升，此时，对角桩的位移约为运行桩的 13%。

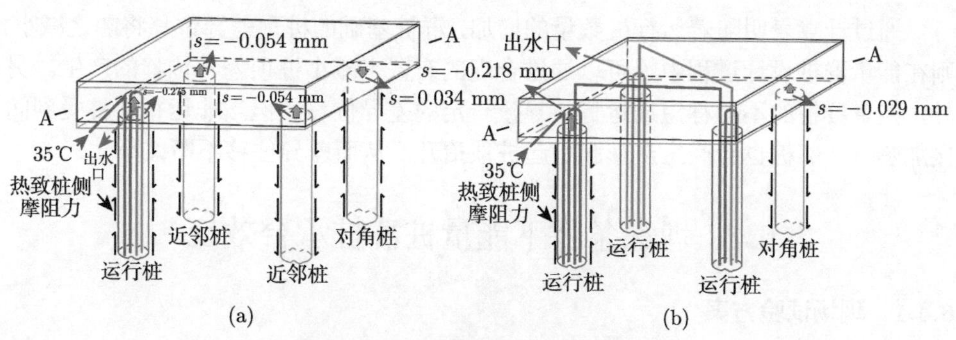

图 6-22 群桩基础差异位移示意图

(a) 单桩运行 8 d (工况 1 和工况 2)；(b) 三桩运行 8 d (工况 3)

国内外相关研究人员开展了系列现场试验 [41,42,52,115]，并实测了能量桩运行产生的桩顶位移，为能量桩的研究积累了宝贵的实测资料，表 6-4 总结了相关研究的实测结果。由表 6-4 可知，在这四个现场条件下，桩体温度每升高 1℃，桩顶将分别抬升 −0.068 mm、−0.057 mm、−0.027 mm 及 −0.035 mm。本章估算的位移值的量级与已有文献实测值是相当的。因此，虽然本章采用的估算方法并不能提供完全准确的桩顶位移值，但这些结果是可以用于反映桩顶位移发展的总体趋势，并用于揭示群桩的差异位移现象的。

以上结果证实了在能量群桩中不对称运行将引起筏板的旋转和基础不均匀变

形。Ng 等 [59] 曾使用倾斜度定量地描述筏板基础的差异位移，如式 (6-2) 所示，倾斜度通过两对角桩间的桩顶位移差除以它们之间的间距求得。

$$\tan\theta = \frac{\Delta s}{\Delta L} \tag{6-2}$$

式中，Δs 是两对角桩间的桩顶位移差；$\tan\theta$ 为筏板倾斜角的正切值；ΔL 为两对角桩中心距。

表 6-4 已有研究的实测桩顶位移值

序号	桩长 L/桩径 D/m	基础类型	桩顶荷载 Q/kN	温度改变量 ΔT/℃	桩顶位移 s/mm	$s/\Delta T$ /(mm/℃)	文献
1	23/0.56	单桩	1200	+29.4	−2.000	−0.068	Bourne-Webb[41]
2	14.8/0.91	群桩	2840	+14.0	−0.800	−0.057	Mccartney 和 Murphy[115]；Murphy 等 [52]
3	12/0.8	单桩	1600	+22.2	−0.600	−0.027	桂树强等 [42]
4	18/0.8	群桩	约 440	+7.9	−0.275	−0.035	本章

通过计算表明随着运行桩数量的增加，群桩基础的桩顶差异位移将随之减小，则在能量群桩设计过程中，可以通过合理的布置来减小桩顶差异位移的产生。另外，能量群桩的不对称短期运行将导致一定的差异位移，但当非运行邻桩受到间接加热时，邻桩也会产生热膨胀引起桩顶抬升，从而差异位移不断减小。

6.4 埋深条件下能量桩群桩承台效应

6.4.1 现场试验方案

1. 依托工程概况

现场试验位于湖北省宜昌市。建筑包括主楼、副楼及架空层；主楼为地上 15 层、地下 1 层，副楼为地上 5 层、地下 1 层，架空层为地上 3 层。建筑桩基为钻孔灌注桩，在钻孔灌注桩钢筋笼内绑扎换热管形成能量桩。选取一个低承台 2×2 群桩作为研究对象，能量桩桩长为 18 m，桩顶以下 0~4.5 m 范围内桩径为 1.0 m，桩顶以下 4.5~18.0 m 范围内桩径为 0.8 m；正方形布置，桩间距为 3.8 m，承台尺寸为 5.2 m×5.2 m×1.2 m (长 × 宽 × 高)，承台顶部埋深 3.0 m，桩身及承台混凝土等级为 C40，换热管及传感器布设示意图如图 6-23 所示。现场土性参数与试验现场土体温度季节性变化见表 6-2 与图 6-16。

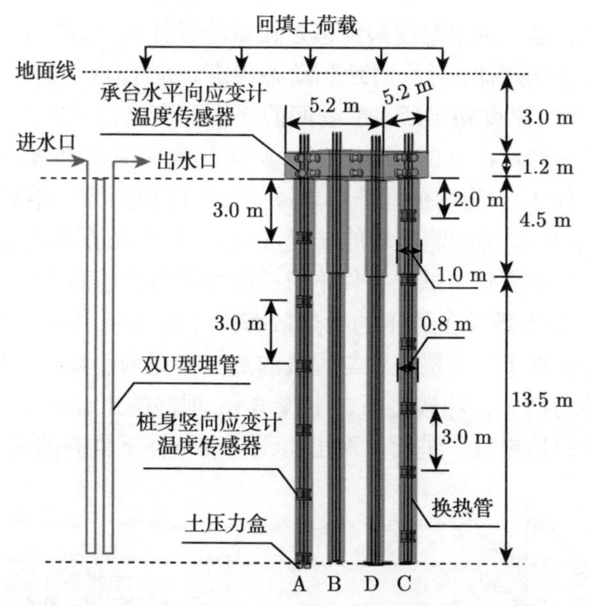

图 6-23 低承台能量桩基础换热管及传感器布设示意图 [121]

2. 现场试验过程与工况设计

试验模拟能量桩夏季运行模式，借助温控开关控制加热棒的启停，以保证保温水箱中水的温度恒定为 35.0℃；用循环水泵以恒定的循环流量 0.5 m^3/h 导入桩 A，将热量释放到桩周岩土体，流经桩体降温后的水再次返回到保温水箱中循环流动。试验时间自 2020 年 10 月 28 日至 2020 年 11 月 5 日，共 192 h。通过安装在换热管进/出口处的温度计和能量桩内部的振弦式应力计/温度计，测试 3.0 m 埋深条件下低承台能量桩基础的进/出口水温、桩体温度及应变数据；并将试验结果与无埋深条件低承台能量桩基础 (上部荷载约 440 kN)[116] 的换热效率及热力响应特性进行对比分析 [121]。

6.4.2 试验结果与分析

1. 能量桩热力响应特性分析

1) 换热效率分析

35.0℃ 入口温度加热 192 h 后桩 A 的进/出口水温及试验期间大气温度如图 6-24 所示。由于现场试验期间昼夜温差变化及整体试验设备的保温措施等因素影响，监测得到的各项温度均存在轻微波动。试验期间环境温度基本维持在 21℃ 左右，存在些许波动，但对试验影响有限。对于进水口而言，由于最初 2.0 kW 的加热影响，进水温度经历了快速的上升；后由于温度控制器对水箱温度的控制，进而控制加热棒的启停，进水温度最终恒定在试验设计的 35℃。出水温度保持着和进水温度相似的变化规律，并同时达到动态稳定。进/出水口间的温度差最大可达 5.4℃，在进/出水口温度稳定后，二者间的平均温度差为 4.7℃。

运行期间流速稳定在 0.5 m^3/h 左右，其换热效率由式 (5-4) 计算可得。有/无埋深条件下低承台 2×2 能量桩基础中单根能量桩的换热效率结果如图 6-24 所示。由图 6-24 可知，由于现场实测环境的干扰，在加热约 96 h 后有/无埋深条件下换热效率均呈稳定的波动变化。试验条件下对应的换热效率值稳定阶段约为 2.65 kW，较 Fang 等 [116] 在无埋深条件下的换热效率值 1.57 kW 提升了约 68.8%。这主要是由于无埋深条件下，上层桩体与大气的热交换更为明显，极易受环境的影响，也更容易出现热的散失；相较之下，上覆 3 m 埋深的土体存在一定的持热能力，可以减少这部分的热损失，进而呈现出比无埋深条件下更高的换热效率。

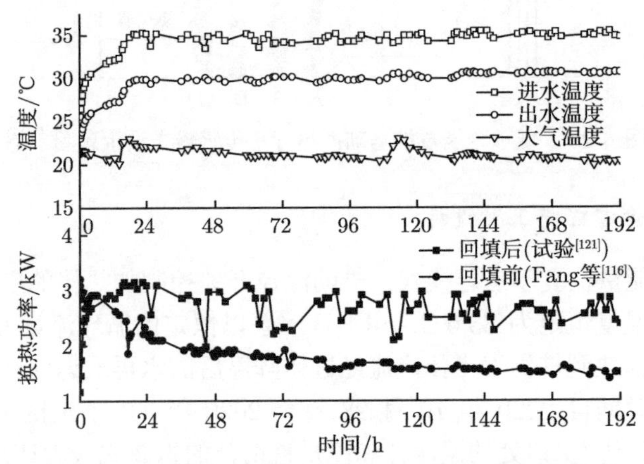

图 6-24 运行期间进/出口温度、能量桩换热效率 [121]

2) 桩身热致应力分析

经过 192 h 的加热后，桩 A 的桩身温度沿桩深的变化规律曲线如图 6-25 所示。桩身各部位的温度均出现了一定的提高，但各部位的温度升幅却并不均匀，其中桩身中部的温度升幅最大、桩底最小，整体的温度升幅沿桩身先增大后减小。现场试验期间正处于秋季，桩周土体温度沿深度呈现下降的趋势，因此相较于桩顶，中部更易达到较大的温度升幅值；能量桩在靠近桩端有 0.5 m 的桩身处于砂岩层，桩端的热量消散速度较桩身其他部位大，因此，桩底将产生最小的温度升幅。Fang 等 [116] 在进行试验时 (2018 年 3 月 23 日至 2018 年 4 月 1 日)，桩周土体处于春季时期，沿深度方向土体温度逐渐上升至稳定，与本章试验时的土体温度发展趋势相反，因而在桩顶处更易达到较大的温度升幅。本章试验和文献 [43] 两者试验过程中，桩身中部及桩端产生了相似的温度升幅。

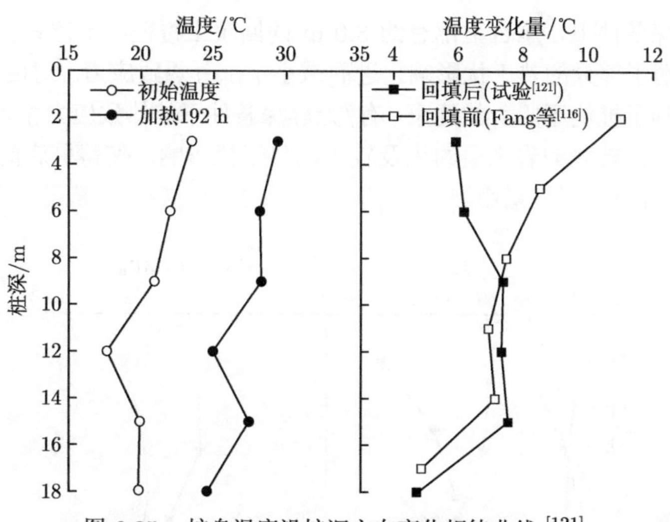

图 6-25 桩身温度沿桩深方向变化规律曲线 [121]

在桩体温度升高的同时，桩体也将随之发生热膨胀变形，轴向上由于受到桩侧摩阻力及桩端约束作用，实际测量得到的桩身轴向变形小于无约束情况下自由膨胀的变形量。桩身约束应力即限制桩体变形产生的应力，受热膨胀时，轴向约束应力为压力，假定为负值。其计算见式 (4-54)，桩体混凝土强度等级为 C40，由《混凝土结构设计规范》(GB 50010—2010)[122]，混凝土的弹性模量 E 取值 32.5 GPa，由于试验过程中未改变桩顶荷载等试验条件，因此只需考虑自由热膨胀产生的应变，其计算公式在式 (4-53) 中展现。竖向应变、热致应力沿桩深方向的分布规律曲线如图 6-26 所示。其中，埋设在桩 A 中 12 m 及 15 m 处的传感器已出现故障，无法测得这两个位置处的热致应变。由图 6-26 可知，热致应力在有/无埋深条件下沿桩深的分布规律，都同自由应变沿桩深方向的分布规律类似。考虑到自由应变直接与桩身的温度升幅 ΔT 相关，因此热致应力也与温度升幅 ΔT 存在着一定的关系。对应于能量桩在 3 m 埋深条件下的运行情况，桩身中部的温度变化量最大，其对应的桩身热致应力也最大。在桩顶处，其约束主要来源于低承台结构及上部回填土的约束；在桩身中部，桩侧摩阻力进一步对桩体形成约束；在桩底，其处于岩土层，受到的热扰动影响较小，热致应力也较其他部位要小。

在无埋深条件下进行同工况试验时，桩顶的温度变化量大于桩身中部，这两处的热致应力相当，这也反映出桩身不同部位受到的约束大小也会对热致应力产生影响。将有/无埋深条件下的热致应力进行互相比对可知，桩顶处的热致应力在无埋深条件下远大于上覆 3 m 埋深土体，这主要是由于当承台上部无埋深时，桩顶虽然也有约 440 kN 的塔吊荷载及低承台结构的约束，但桩身上层土体受环境温度的影响较为明显，受到的热干扰影响相对较大，因此产生了相对较大的热致应力；在埋深条件下，承台上部有约 3.0 m 的回填土覆盖，土体具有一定的持热能力，也抵消了部分的热干扰影响，进而减小了部分热致应力。对应于桩身中部，其主要是受到了桩侧摩阻力的约束，有/无埋深条件下的热致应力相当，略微小于无埋深条件时。桩底的岩土层约束及较小的热干扰影响，使得桩底的热致应力在有/无埋深条件下均对应最小。

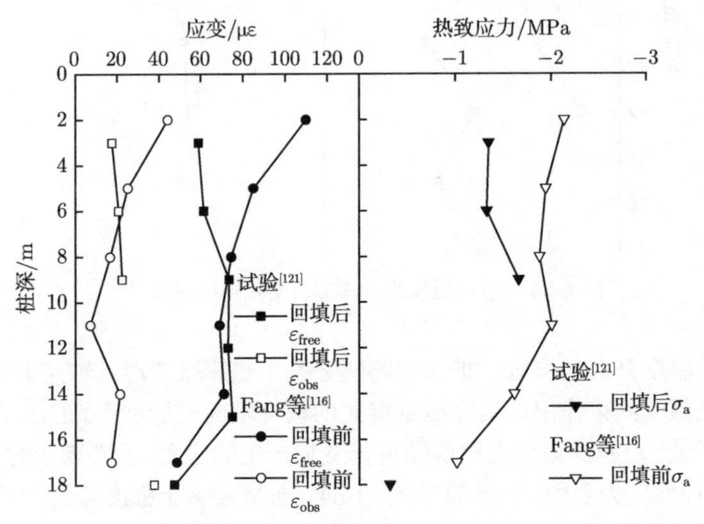

图 6-26　桩身竖向应变、热致应力沿桩深方向分布规律 [121]

能量桩热致应力与温度升幅的关系如图 6-27 所示。由图 6-27 可知，热致应力 σ 与温度升幅 ΔT 之间存在着线性关系。由于本章试验过程中热致应力仅由温度变化产生，因此当温度升幅为 0℃ 时相应的热致应力也将为 0，对应的拟合直线经过原点；拟合直线的斜率表示约束能力的大小，斜率越大，约束越强。

《桩基地热能利用技术标准》(JGJ/T 438—2018)[123] 给出了单根能量桩热致应力的简化计算公式：

$$\sigma = E \cdot \alpha \cdot \Delta T \tag{6-3}$$

式中，σ 为桩身热致应力，单位为 MPa；E 为混凝土的弹性模量，取 32.5 GPa；α 为混凝土的热膨胀系数，取 10 με/℃；ΔT 为能量桩运行后桩身的温度升幅，单位为 ℃。

由式 (6-3) 可知，约束应力关于桩身温度升幅的拟合直线的斜率存在着上限，即由于温升产生的热膨胀变形被完全约束，对应于本章拟合斜率的上限值为 0.325。由图 6-27 可知，桩顶由于低承台及上覆回填土的限制作用，斜率值最大，所受的约束也最大，对应的约束应力占完全约束的 74.2%，桩侧阻力提供的约束比顶部荷载要小。随着桩身长度的增加，低承台及上覆回填土对桩身的影响作用减弱，桩侧阻力的约束作用增加，桩身中部 6.0 m 及 9.0 m 处的斜率值相当。由于岩土层约束及较小的热干扰，桩端对应的斜率值也最小，仅为 0.06，为完全约束的 18.5%。

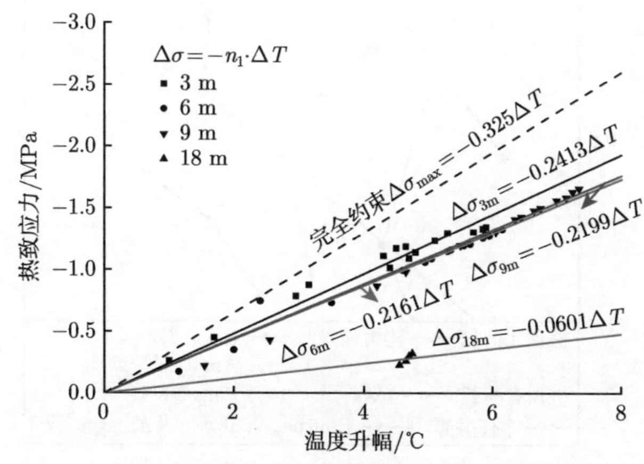

图 6-27 能量桩热致应力与温度升幅关系曲线 [121]

不同桩深处约束应力与完全约束应力的比值分布图如图 6-28 所示。本章试验条件与李任融等 [124] 及 Bourne-Webb 等 [41] 的试验条件相对接近。李任融等 [124] 的试验上层覆盖有 8 层建筑约 3500 kN，也为低承台能量桩基础，其桩顶约束力占完全约束应力的 44.3%。Bourne-Webb 等 [41] 在桩顶施加了 1200 kN 的荷载作用，桩顶约束应力占完全约束应力的 96.7%。约束应力关于温度升幅的斜率的最大值均是出现在桩顶附近，这也与本章的试验结果较为接近。对比 Fang 等 [116] 在无埋深条件下的试验结果，则与桂树强等 [42] 及 Laloui 等 [40] 的试验桩 1 (桩顶无建筑物荷载的试验) 结果相对较为接近，斜率最大值均是出现在桩身中部。桂树强等 [42] 由于未设筏板，桩顶约束仅占完全约束的 21.0%，桩身中部这一比值增加到 53.7%。Laloui 等 [40] 在桩顶无荷载条件下，在桩身中部约束应力出现了最大值，占完全约束的 35.6%。Fang 等 [116] 虽然也设置了低承台结构，且承台上部设置有约 440 kN 的塔吊结构荷载，但其上部未有回填土覆盖，能量桩上部土体受环境温度影响较为明显，且在能量桩运行过程中会产生较大的热消耗，进而减小了桩侧阻力的约束，致使最大约束应力出现在桩身中部。上述约束分布现象与 Amatya 等 [117] 提出的建筑荷载—温度联合作用下，能量桩约束应变分布的简化模型较为接近。该简化模型表明：桩顶无约束时，桩身中部处约束应变较大；桩顶存在约束时，约束应变最大值位于桩顶附近 [117]。因此，桩顶荷载对桩身约束应力的分布有一定影响，在实际设计时应特别注意。

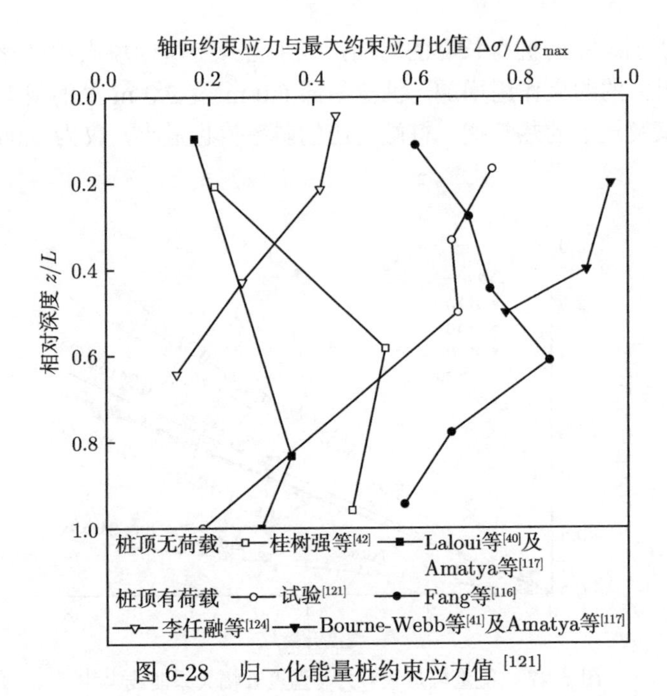

图 6-28　归一化能量桩约束应力值 [121]

3) 桩端土压力分析

试验运行 192 h 所对应的桩 A 桩端土压力随时间的变化曲线如图 6-29 所示。由图 6-29 可知，随着能量桩的运行，桩端土压力呈现出先增加后减小至稳定的趋势，其最大值约为 20 kPa，出现在加热 24 h 后，这一趋势与能量桩进/出水口的温度差变化趋势一致。能量桩运行时加热阶段对应于桩端土压力的增加，在温度稳定时桩端土压力出现一定的回落并最终趋于稳定。

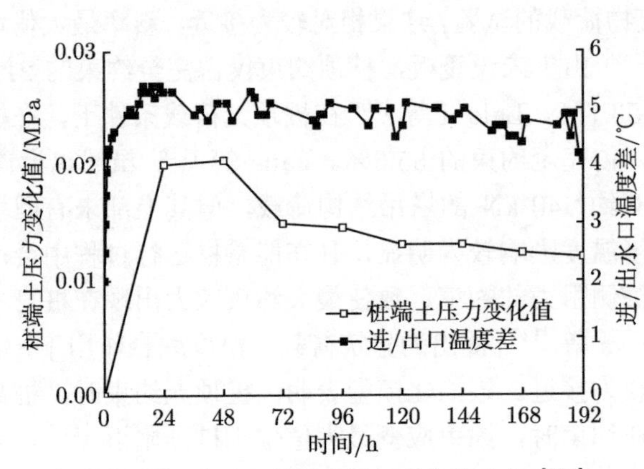

图 6-29　桩端土压力随时间的变化曲线 [121]

图 6-30 为桩端土压力变化值关于进/出口温度差的关系曲线。由图 6-30 可知，桩端土压力变化值与进/出口温度差呈现出一定的正相关关系。这可能是由于能量桩在夏季工况的运行期间，桩身受到温度上升的影响产生一定的热膨胀变形，引起桩端土压力的上升。在正常稳定运行期间，热损失及桩身温度是进/出口温度的均值，进/出口温度差较加热阶段有一定的降低，导致桩端土压力的回落并最终趋于稳定。

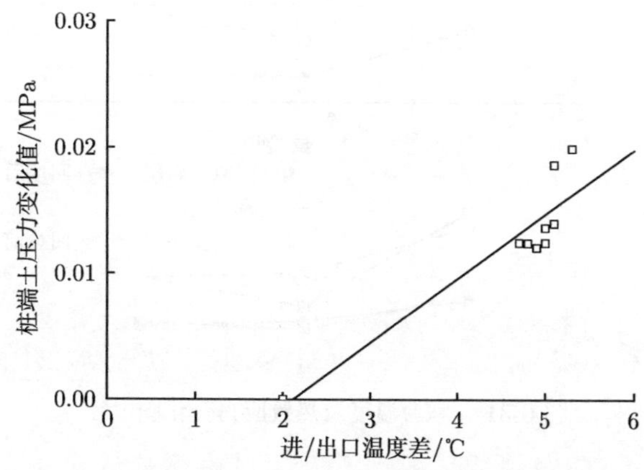

图 6-30　桩端土压力与进/出口温度差的关系曲线 [121]

2. 承台热力响应结果与分析

能量桩在加热 192 h 后，承台顶部及底部各测点的温度升幅及热致应力的变化情况如图 6-31 所示。由图 6-31 可知，能量桩在加热工况下，承台温度有一定增加，约为 3.6℃，这一温度升幅值小于无埋深条件下的 11.0℃，这是由于无埋深条件下承台上部直接与大气环境进行了部分温度交换，受环境的影响相对较大，因此出现了较大的温度升幅。承台中部及非加热桩对应对角承台部位，温度升幅相对较小，仅 0.2℃，说明能量桩短期的运行热量传递及影响范围有限，对角桩几乎不产生热致影响。由于上覆回填土的影响，承台结构的顶层和底层的温度升幅差异不大，体现出土体一定的持热能力。

3 m 埋深条件下的约束应力值小于无埋深条件下承台的约束应力值，这是由于无埋深条件下未覆盖回填土，直接“裸露”在大气环境中，热干扰影响产生了较大的约束。3 m 埋深条件下能量桩运行时，承台产生了 0.65 MPa 的约束应力，承台中部及对角桩的约束应力分别为 0.13 MPa 及 0.04 MPa，说明能量桩的运行导致承台出现了一定的不平衡倾斜。对应无埋深条件下的试验工况，这种不平衡倾斜现象相对更明显，能量桩运行部位对应的承台约束应力约为 2.34 MPa，大于承台中部的 1.15 MPa 及非运行能量桩对应的承台部位的 1.04 MPa。因此，在低承台能量桩基础设计时，要注意能量桩在夏季运行模式下出现的承台压应力。

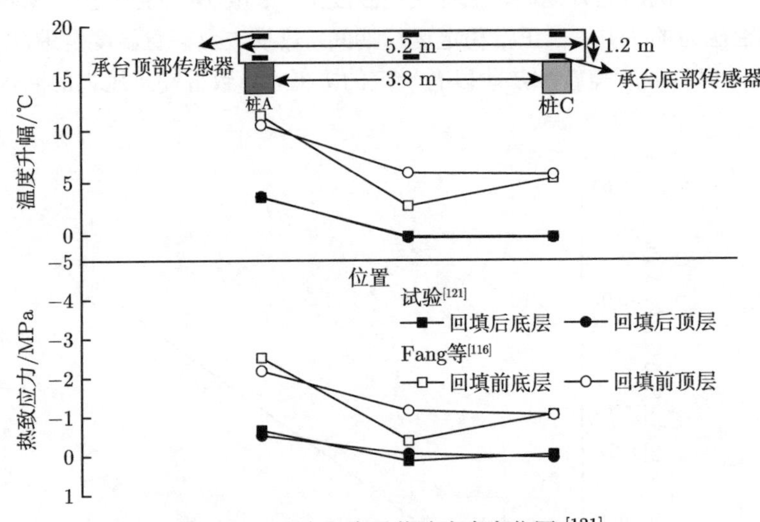

图 6-31　承台温度及热致应力变化图 [121]

6.5　本 章 小 结

本章研究了单次温度作用下能量桩排桩中能量桩、承台和非加热桩的相互作用机理，可以得出如下几点结论：

(1) 当能量桩排桩中只有部分能量桩运行时，能量桩排桩的"群桩效应"会受到排桩中能量桩的组合形式的影响，从而导致能量桩排桩产生不同的力学响应。随着排桩中运行能量桩数量的增加或排桩中能量桩的位置更加集中，能量桩排桩的竖向位移逐渐增大，但能量桩的热应力逐渐减小。同时，随着排桩中运行能量桩数量的增加，非加热桩内产生的拉应力逐渐增大。当排桩中能量桩的位置更加集中时，承台中产生的额外应力变化量逐渐减小。

(2) 含承台的能量桩基础在 3 m 埋深条件下换热效率稳定阶段约为 2.65 kW，相同试验工况无埋深条件下的换热效率值为 1.57 kW，提升了约 68.8%，体现了上覆回填土存在一定的持热能力。

(3) 有/无埋深条件下承台在加热工况均出现了细微的差异变形，在设计承台能量桩结构时应予以一定的考虑。本章试验条件下，有/无埋深桩身热致应力最大值分别出现在桩身中部和桩顶，分别为 1.66 MPa 和 2.14 MPa，分别为完全约束应力的 74.2%及 85.0%，承台最大热致应力值分别为 0.65 MPa 和 2.34 MPa，对应的最大温度升幅分别为 3.6℃ 和 11.0℃。

(4) 运行桩之间相互作用将使得能量群桩的热力响应特性有别于单根能量桩。单根能量桩的运行结果并不能完全代表群桩中能量桩的实际响应。出于经济性和精确设计的考量，能量群桩的设计应考虑到这种相互影响，不应直接套用针对单根能量桩的设计要求。

第 7 章　能量桩埋管技术与工艺

7.1　概　　述

本章在简要介绍既有能量桩埋管形式的基础上，基于灌注桩施工工艺，提出封底式或不封底式 PCC 能量桩埋管技术与工艺、灌注桩钢筋笼内埋管式能量桩技术与工艺；基于预应力管桩施工工艺，提出沉桩与埋管一体化工艺、预制式埋管技术与工艺；继而，以封底式 PCC 能量桩为例，初步探讨其换热性能及热力响应特性。

7.2　既有能量桩埋管形式

目前能量桩埋管主要基于钢筋混凝土灌注桩、预应力管桩和钢管桩等形式；钢筋混凝土灌注桩通过将换热管绑扎在钢筋笼上实现埋管，施工工艺相对简单、应用相对更多；预应力管桩通过在预应力管桩空腔内埋管或将换热管埋设在预应力管桩桩体里；钢管桩往往通过液体的循环或采用导热管道两种方式进行热传递 [125]。

地源热泵系统的换热管通常为 PE (聚乙烯) 管或 HDPE (高密度聚乙烯) 管，通过将换热管安装在钻孔内后，回填水泥砂浆或膨润土。受钻孔直径所限 (钻孔直径通常小于 150 mm)，埋管形式一般为单 U 型或双 U 型形式。桩基础直径大于传统地埋管钻孔直径，其适用的埋管形式也相对更多。目前，能量桩常见的埋管形式有以下几种：单 U 型、W 型 (串联双 U 型)、并联双 U 型、并联 3U 型以及螺旋型等 (图 7-1)。单 U 型埋管形式，结构形式最为简单，但是其换热面积相对较少；并联双 U 型和并联 3U 型埋管形式，埋管数量较多、换热面积较大，换热能力也相对较强，不过由于埋管数量较多，埋管间距较小，容易产生“热短路”现象；与并联双 U 型相比，W 型埋管形式没有增加热熔连接处，降低了泄漏的概率，不过桩体顶端埋管部分气体相对难排出，不利于换热液体流动，从而一定程度上影响换热效果 [29,126]；螺旋型埋管形式，能量桩内埋管换热面积增加明显，换热能力良好。

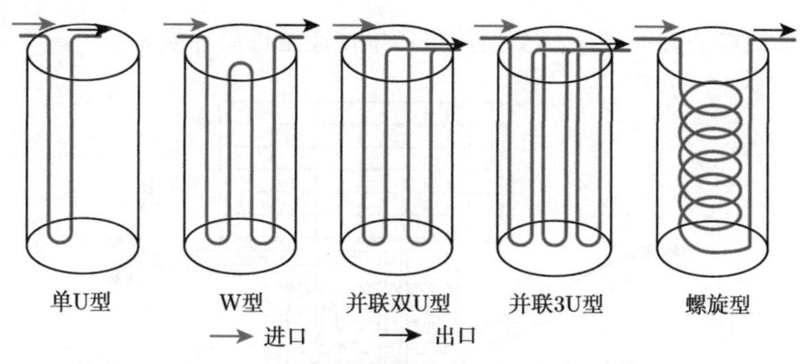

图 7-1 能量桩换热管的常见埋管形式 [38]

7.3 基于灌注桩的能量桩埋管技术与工艺

7.3.1 封底式 PCC 能量桩

PCC 桩也称为现浇混凝土大直径管桩，该技术施工工艺简单，可操作性强，是一种适合于软土地区的新型高效优质桩型；近年来已在我国沿海、沿江及内地湖泊地区公路、铁路、港口和市政等工程软基加固中得到推广应用。

封底式 PCC 能量桩，由 PCC 桩、导热液体、盖板、底板、导热管、集热器、检查通道等部分组成 (图 7-2)。PCC 桩桩底采用钢筋混凝土完全封闭，PCC 桩顶部设置钢筋混凝土盖板，在盖板上设置多个孔洞，PCC 桩上部一侧为导热管设置预留孔。PCC 桩内部空腔内注满导热液体，导热管穿过盖板的孔洞深入到 PCC 桩空腔内的导热液体中。深入到 PCC 桩空腔内的导热管可采用开口式和封闭式两种形式，PCC 桩侧壁设置检查通道，检查通道伸出地表，检查通道出口设置密封盖。导热管可通过盖板上的孔洞或检查通道引出 PCC 桩空腔后与集热器连接，形成导热液体的循环通道。虽然导热液体的热传导系数低于混凝土材料的热传导系数，但是通过导热液体的流动，使得其作为流体与桩体进行传热，可以有效达到提高 PCC 能量桩换热效率的目的。

封底式 PCC 能量桩桩身基础为 PCC 桩，成桩过程与 PCC 桩一致，与其主要区别在于桩体制作过程中，封底式 PCC 能量桩桩底浇筑了混凝土进行封口，在靠近桩顶部分留有用于导热管穿过的预留孔，另一侧额外开有检查通道；完成 PCC 桩主体部分后，向 PCC 桩内腔加入导热液体，放入盖板，利用销钉固定盖板，插入入水/出水管，通过封胶防水，形成一个封闭的内腔空间，再将换热管从预留孔穿出，与外部集热器相连。封底式 PCC 能量桩工作时 (以夏季工作模式为例)，通过集热器与上部结构建筑进行热交换，将上部结构的热量吸收，利用上部结构的热量提高导热液体温度；随后，充分利用流体传热效率高的特点，通过导热液体与封底式 PCC 能量桩内壁的热交换将热量传导给 PCC 能量桩；能量桩与桩周土体或桩周介质产生热交换，将热量传递至桩周介质。

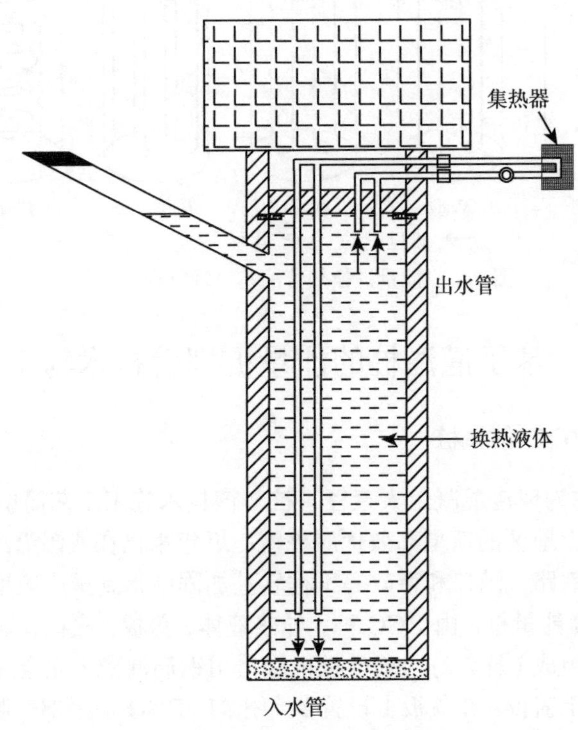

图 7-2 封底式 PCC 能量桩原理图 [127]

封底式 PCC 能量桩将传热导管安置于 PCC 桩空腔内，独立于 PCC 能量桩桩身的制作过程，解决了桩基施工与换热系统设置互相干扰的矛盾，有效保证了封底式 PCC 能量桩的成桩质量。通过盖板、桩内壁形成封闭区间，利用进水口、出水口的位置差，保证封闭的内腔内形成导热液体的充分流动，通过将常规能量桩导热管-桩体传热的过程转化为流体-桩体直接传热，有效地提高能量桩的换热效率。封底式 PCC 能量桩相比于普通现浇能量桩：相同半径下，其混凝土用料少；相同混凝土用料下，其桩身侧面积更大，因而与土层的界面更大，使得其热交换面也更大，从而使 PCC 能量桩获得更好的换热效率。

封底式 PCC 能量桩的施工方法，主要包括以下步骤：

(1) 在预定桩位进行 PCC 桩施工，施工方法参照 PCC 桩的施工方法，并进行混凝土养护。

(2) 根据设计要求，在 PCC 桩一侧钻孔形成预留检查口，检查口的高程应当低于盖板底部的设计高程，完成后对检查口进行封口，防止土体堵塞检查口。

(3) 根据设计要求，在 PCC 桩另一侧靠近桩顶位置钻孔形成预留孔，预留孔孔径与换热管直径相一致，其数目等于进水管和出水管数目相加。

(4) 施工场地降水。当施工场地地下水位高程高于 PCC 桩桩底高程时，在储藏井施工场地周围设置一圈井点降水。

(5) 开挖桩芯土。采用高压水冲洗桩芯土形成泥浆后，用泥浆泵抽除桩芯土。桩芯土开挖深度应在桩底标高以下 30~50 cm，为底板浇筑留出空间。

(6) 凿除部分桩底混凝土，使桩端露出 20~30 cm 的钢筋头，作为连接钢筋，然后下放底板钢筋，并与桩端连接钢筋连接。

(7) 浇筑混凝土底板进行封底，进行底板混凝土养护，待达到一定强度后停止降水。

(8) 安装盖板。采用混凝土浇筑盖板或采用其他材料制成盖板，在管桩顶部内壁对称打入一组四根销钉，将预制好的盖板放入空腔内，用销钉卡住位置，随后在盖板顶部位置桩内壁再打入一组四根销钉，锁定盖板位置。在盖板周边与桩内壁接触处涂上密封胶。

(9) 根据设计位置和深度安放传热导管，将传热导管穿过盖板孔洞，进水口导管深度靠近桩底，出水口导管底部靠近盖板，将传热导管位置固定，在导管与盖板的连接处涂抹密封胶。

(10) 连接导热管。将出水口和进水口导管都通过桩壁的预留孔穿出，随后与集热器相连接。

(11) 分别拆开一根进水导热管和一根出水导热管上的活动接头，从进水导热管注入导热液体，直到导热液体充满整个空腔，有液体从出水导热管流出后停止注入。

(12) 接上两根导热管的活动接头，开启地热泵，导热液体在导热管和管桩腔体内形成循环回路。

(13) 在 PCC 桩上继续建筑上部结构，上部结构荷载传递到 PCC 桩，使 PCC 桩起到桩基承载作用。

(14) 在不需要采用地热功能时，还可将盖板上的导热管拆除，将需要储存的其他液体能源保存到 PCC 桩空腔中。

(15) 当 PCC 桩腔体内的导热管需要更换或检查时，打开检查通道上的密封盖，从检查通道进入到管桩管腔内进行检查，或直接检查、更换检查通道引出的导热管。

7.3.2 钢筋笼内埋管式能量桩

钢筋笼内埋管的技术方案提出由钢管替代传统的实心钢筋作为钢筋笼主筋，联合钢管和实心钢筋作为主筋，换热管埋设在钢管内。利用钢管替代部分钢筋笼主筋，并作为换热管，能够解决换热管与钢筋笼之间的互相影响问题，且施工干扰小、技术合理。桩埋管形式可采用单 U 型 (图 7-3)、双 U 型或 W 型埋管形式，钢管内的换热管用双接头聚乙烯弯管连接，换热管的上部设置开关，控制换热管内的传热液体的流量、流速以及流动方向。与传统换热管和钢筋笼绑扎埋管方式相比，钢筋笼内埋管工艺存活率相对更高，钢筋笼周围混凝土密实度也相对更高，可以确保换热管埋设不降低桩基整体承载力，且施工工艺简单、可操作性强，便于质量控制，经济效益明显，传热效果好。

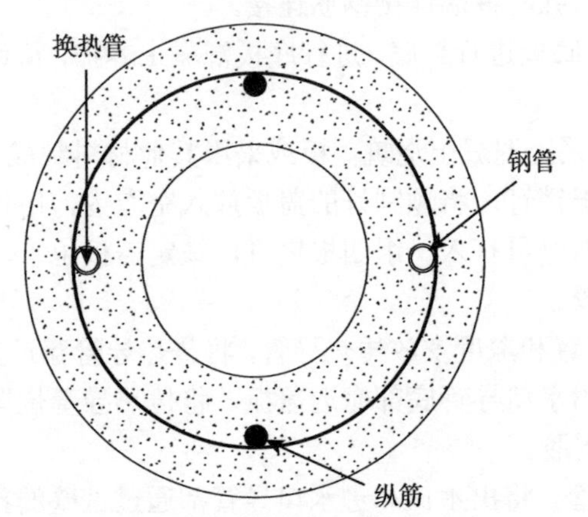

图 7-3　灌注桩钢筋笼内单 U 型埋管截面示意图 [128]

7.4　基于预应力管桩的能量桩埋管技术与工艺

7.4.1　预埋管式能量桩 (不封底 PCC 能量桩)

预埋管式能量桩 (又称不封底 PCC 能量桩)，在纵筋旁绑扎空心螺纹钢管，将换热管埋设在空心钢管内，或者由空心钢管作为预应力管桩构造主筋，将换热管埋设在空心钢管内。根据不同的埋管形式，预制桩靴及桩帽，并制作钢制空心弯管和换热管接头 (图 7-4)。

预埋管式能量桩桩身制作：

(1) 首先，根据预制能量桩的设计选择桩身换热管的布置形式；根据设计形式选择预应力纵筋及空心螺纹钢管的根数、布置位置、长度，选择箍筋的个数和布置位置；绑扎钢筋笼，在装配完成的空心螺纹钢管内布置换热管，换热管应穿过整个空心钢管，且在钢管外保持一定长度。

(2) 其次，对预制能量桩纵筋施加先张预应力，此过程中需要确保换热管不随钢管受力；搭建预制能量桩外侧面和内侧面的桩身模具，在桩模中装配钢筋笼；对预应力管桩桩模内泵送混凝土，开始浇筑。

(3) 最后，待浇筑完成后对含有预应力钢筋笼和混凝土的桩模进行离心，密实混凝土，待离心法结束后，对桩身部分在常压下进行蒸汽养护，随后脱模，并再进行二次高压蒸汽养护，即可完成预应力管桩桩身部分的制作。

预埋管式能量桩的施工方法，主要包括：

(1) 在预应力纵筋旁放置空心螺纹钢管，不影响钢筋笼的设计以及布置，钢管的存在对预应力管桩的承载力不会产生不利的影响，空心螺纹钢管与混凝土咬合力较高，相比实心纵筋，其抗弯能力更高。

(2) 将换热管从空心钢管中穿过，通过空心钢管对换热管形成了有效的保护，保证埋管的存活率；降低换热管与传统实心纵筋的相互影响，减小空隙的存在，提高混凝土的密实度，有效解决桩基承载力削弱的问题。

(3) 相比较预应力管桩空心内布置换热管的方法，该方法换热管的布置不会受到土塞效应的影响，换热管埋设深度及换热效果得到保证。

(4) 根据设计的不同埋管形式，可以选择替代的空心钢管的数目及布置位置，从而满足埋管的需要，通常桩埋管形式为单 U 型、双 U 型和单 W 型时，联合空心钢管和实心钢筋作为主筋，当桩埋管形式为 3U 型和双 W 型时，全部用空心钢管替代实心钢筋。

(5) 根据不同需要，例如预应力管桩大量堆放和运输安全等问题，桩身外边还可以设计成六边形等多边形形状。

(6) 该施工方法工艺简单、可操作性强，便于质量控制。

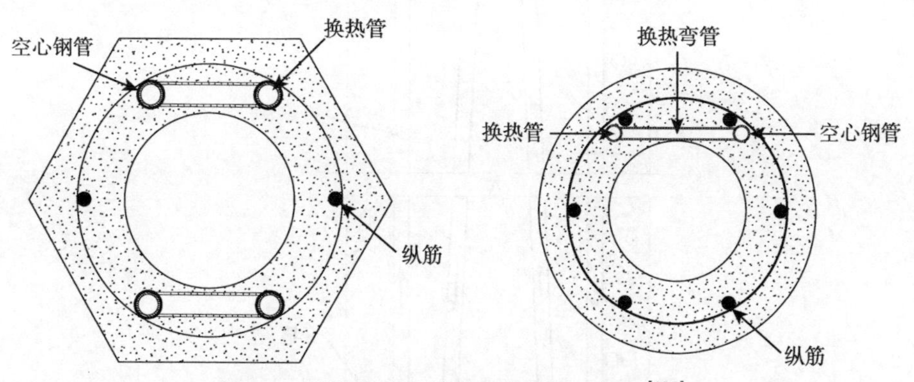

图 7-4 预埋管式能量桩埋管截面示意图 [129]

与换热管绑扎在主筋的传统埋管方式相比，该技术所提出的埋管存活率更高，钢筋笼周围混凝土密实度高，同时可以确保换热管埋设不降低桩基整体承载力；与传统预应力管桩相比，该预制桩的六边形外边形状有利于解决桩体大量堆放和运输安全等问题；与传统钻孔埋管方式相比，该预制桩制作工艺和换热管埋设施工有机结合在一起，大大缩短了施工工期、节约了地下空间和工程造价。

7.4.2　沉桩与埋管一体化工艺

传统基于预应力管桩的埋管，一般分三步施工：先沉桩施工预应力管桩，随后在管桩空腔内下放换热管，最后回填充填管桩空腔。该埋管步骤多且往往由于土塞效应导致换热管无法布置到桩端位置。为此，提出沉桩与埋管一体化施工工艺，通过在预应力管桩桩底内侧设置一对定滑轮，定滑轮的下侧设置挡板，沿着定滑轮的竖直方向设置若干套箍，将换热管穿过套箍并绕过定滑轮布置在预应力管桩内侧壁，定滑轮之间的换热管上设置有拉绳；预应力管桩沉桩过程中，换热管同步埋入桩侧壁，并通过拉绳实现 W 型埋管。W 型埋管结构纵向布置如图 7-5 所示[130]。该技术工艺通过将换热管埋设在预应力管桩内侧，从而克服预制桩钢筋笼侧壁的换热管在离心法制作预应力管桩过程中存活率低的问题。在施工方面，对桩无损伤、低噪声、桩长可控，换热管设置方便，对预应力管桩的施工无影响，且克服了桩芯土回填过程不易控制桩芯土的回填密实度从而影响传热效率的问题。

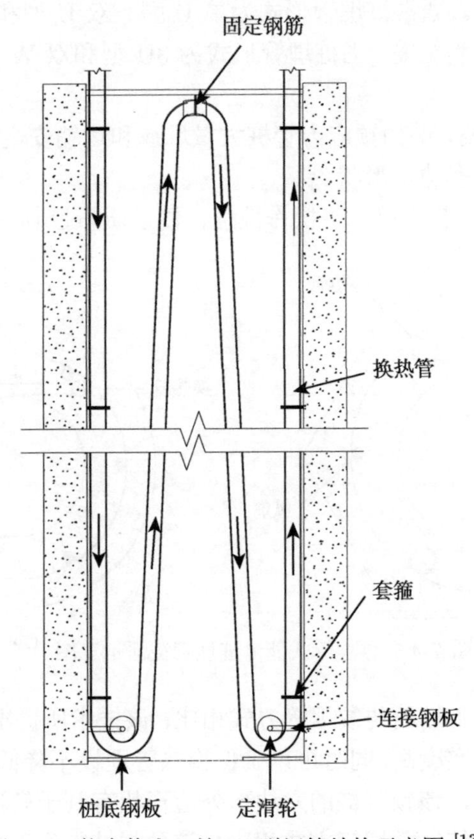

图 7-5　热交换空心桩 W 型埋管结构示意图[130]

换热管的布设对预应力管桩的接桩几乎无影响，克服了传统预制能量桩在施工方面的主要障碍。

7.5　PCC 能量桩的换热性能及热力响应特性

7.5.1　研究方案

利用 Comsol Multiphysics 数值软件，根据模型试验及其结果建立不封底 PCC 能量桩及常规能量桩的三维数值模型，并对两者的换热效率进行量化分析。试验模型桩桩长为 1.5 m，直径为 150 mm，实际埋入土体的深度为 1.4 m，采用 C30 混凝土浇筑。

数值模拟过程中仅对埋入土体的桩身部分进行计算，即长度 1.4 m，直径 150 mm，其力学参数根据 C25 混凝土进行取值，具体详情见表 7-1 所示。桩周土模型根据模型槽尺寸取值，长 × 宽 × 高分别为 3 m×2 m×1.75 m；试验中传热管外径与空心钢管内径相切，但两者间仍存在空隙，并没有完全接触，两者接触面中充斥有大量空气，并通过空气进行热传导。因此，数值模型中空心钢管采用铸铁管，管径取为 13 mm，传热管的布置与试验桩内布置相一致，管径为 12 mm，进水管与出水管之间相距 115 mm，传热管与钢管之间的空间设置为空气。试验采用水作为导热液体，根据 Comsol Multiphysics 模型库中自带材料特性，选取水的材料参数对导热液体进行模拟，钢管、空气的热力学参数数值同样由模型库给出。考虑到桩、土两者在整个热交换过程中温度变化值并不大，故而忽略温度对其热传导系数的影响，假设两者的热传导系数为常数。试验所用桩周土为饱和砂土，试验测得其热传导系数为 1.8 W/(m·K)，混凝土材料的热传导系数测得为 1.74 W/(m·K)，具体热力学参数见表 7-1。

表 7-1　材料参数 [131]

材料	泊松比	热传导系数	恒压热容 /(J/(kg·K))	热膨胀系数	密度 /(kg/m^3)	杨氏模量 /MPa
砂土	0.33	1.8	940	1.33×10^{-5}	1740	30
混凝土	0.2	1.74	1200	5×10^{-6}	2500	3×10^{5}

数值模型根据研究需要对桩体、土体及传热管等分别进行网格划分，桩体与土体可采用自由四面体单元进行划分，其中桩周土网格尺寸选为较细化，桩体网格尺寸选为超细化，传热管采用边单元进行划分，数值模型及网格划分如图 7-6 所示。

在无上部荷载作用条件下，对两种能量桩的桩、土热响应进行对比分析，其工况见表 7-2。

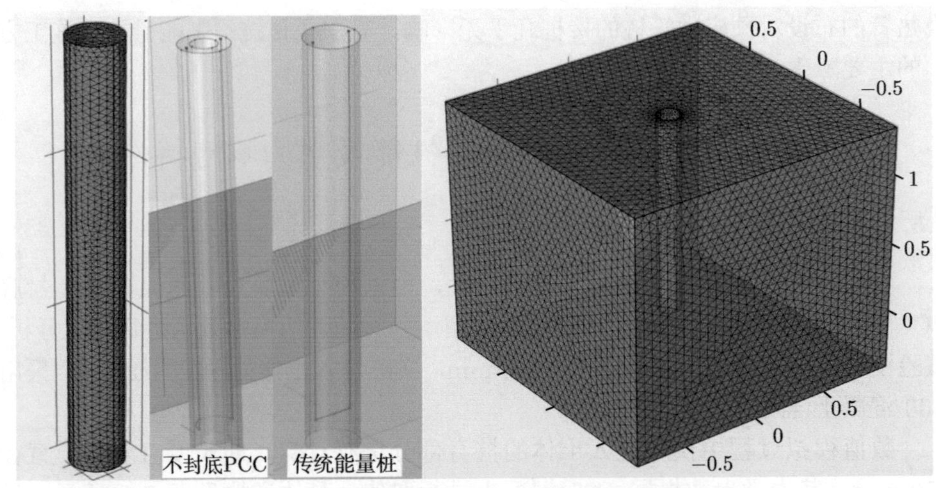

图 7-6　数值模型示意图及其网格划分 [131]

表 7-2　能量桩热学特性模型试验工况

编号	桩型	导热液体温度/℃	导热液体流速/(L/min)
1	常规能量桩	35	1
2	常规能量桩	35	5
3	常规能量桩	35	10
4	常规能量桩	35	15
5	不封底 PCC 能量桩	35	1
6	不封底 PCC 能量桩	35	5
7	不封底 PCC 能量桩	35	10
8	不封底 PCC 能量桩	35	15

7.5.2　PCC 能量桩换热性能

影响能量桩换热效率的因素主要包括：桩体和土体的热学特性和参数、传热导管的布置形式，以及导热液体的温度及流速等。考虑到实际工程应用中土层性质相对固定，桩体的材料参数等需根据工程特性决定，能量桩的换热管布置形式也需要根据上部结构对桩基纵筋的设计决定。利用 Comsol Multiphysics 数值软件，根据上述建立不封底 PCC 能量桩及常规能量桩的三维数值模型，本章仅针对导热液体方面的影响因素进行分析。

1. 导热液体流速的影响

导热液体在能量桩中作为一种流体传热，其流动速度对其热传导率有着影响，随着导热液体流速的变化，其进/出口水的温度差会随之改变。常规能量桩与不封底 PCC 能量桩换热功率可通过导热液体的热交换功率进行计算对比，其计算公式如下：

$$W = q_l \cdot \rho \cdot C \cdot \Delta T \tag{7-1}$$

$$Q = \int_{t_1}^{t_2} W \cdot \mathrm{d}t \tag{7-2}$$

式中，W 表示导热液体的热交换功率 (W)；q_l 为导热液体流速 (L/min)；ρ 为导热液体密度 (kg/m^3)；C 为导热液体比热容 (J/(kg·℃))；ΔT 为导热液体进、出水口温度差 (℃)；Q 为热交换量 (J)。

根据式 (7-1) 可知，导热液体的流动速度也影响其换热功率。图 7-7 给出了流速为 1 L/min、5 L/min、10 L/min、15 L/min 和 20 L/min 时，能量桩导热液体进、出水口温度差值，展示了封底式能量桩和常规能量桩连续工作 72 h 的换热功率。可见，试验中两种能量桩持续工作 72 h 后，换热功率已经基本稳定，且不封底 PCC 能量桩热交换达到稳定态的过程要长于常规能量桩。

由图 7-7 可知，随着流速的增加，导热液体的进、出水口温度差逐渐减小。对于不封底 PCC 能量桩，当 $V_w = 5$ L/min 时，其稳定时的换热功率为 68.10 W，而当 V_w 提高至 10 L/min 时，其稳定时的换热功率为 84.13 W，提高了 24%；当其导热液体流速 V_w 为 15 L/min 和 20 L/min 时，其稳定时的换热功率分别为 88.83 W 和 90.07 W，其相比较 5 L/min 时，分别提高了 30%和 32%。由图 7-9(a) 可知，常规能量桩与预埋式能量桩的换热功率变化规律相似，当 $V_w = 10$ L/min、15 L/min 和 20 L/min 时相较于 5 L/min 分别提高了 23%、31%和 32%。由此可知，随着导热液体流速的提高，能量桩的换热功率随之增加。提高导热液体的

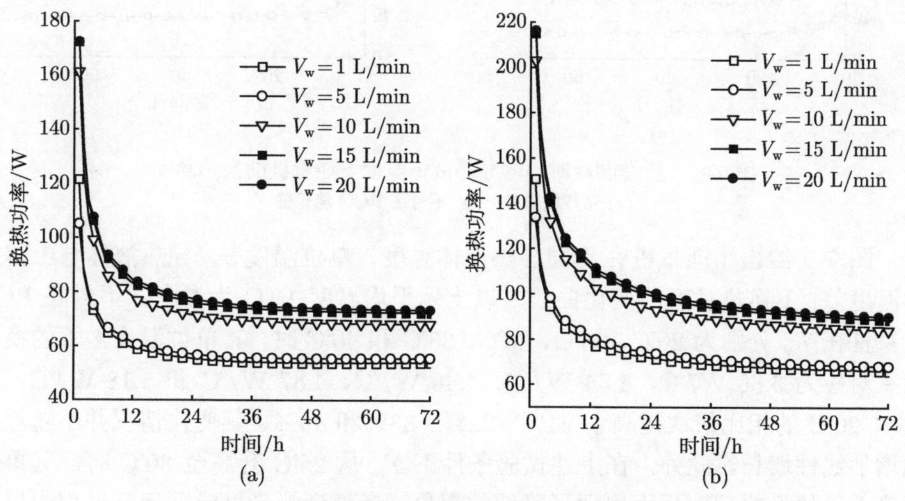

图 7-7 不同循环导热液体流速下能量桩换热功率

(a) 常规能量桩；(b) 不封底 PCC 能量桩 [131]

流速需要额外的电力支出，因而实际工程应用中应当根据设计的功率需求，充分考虑其换热效率的经济性，选择合适的循环流速。

2. 导热液体温度的影响

除了流速外，导热液体的温度对其换热功率也有着较大的影响。对两种能量桩在不同导热液体温度条件下的换热功率进行了对比分析。由图 7-8 可知，随着导热液体温度的升高，其换热功率也随之升高。当 $V_w = 5$ L/min，T_w 分别为 20℃、25℃、30℃、35℃ 和 40℃ 时，不封底 PCC 能量桩稳定时的换热功率分别为 36.64 W、68.09 W、89.30 W、121.97 W 和 155.54 W，其换热功率依次提高了 85%、143%、238%和 324%。常规能量桩对应的热传导功率依次为 30.18 W、55.53 W、81.20 W、112.51 W 和 144.75 W，其换热功率依次提高了 84%、169%、272%和 379%。由此可见，不封底 PCC 能量桩的换热功率受导热液体温度的影响要小于常规能量桩。

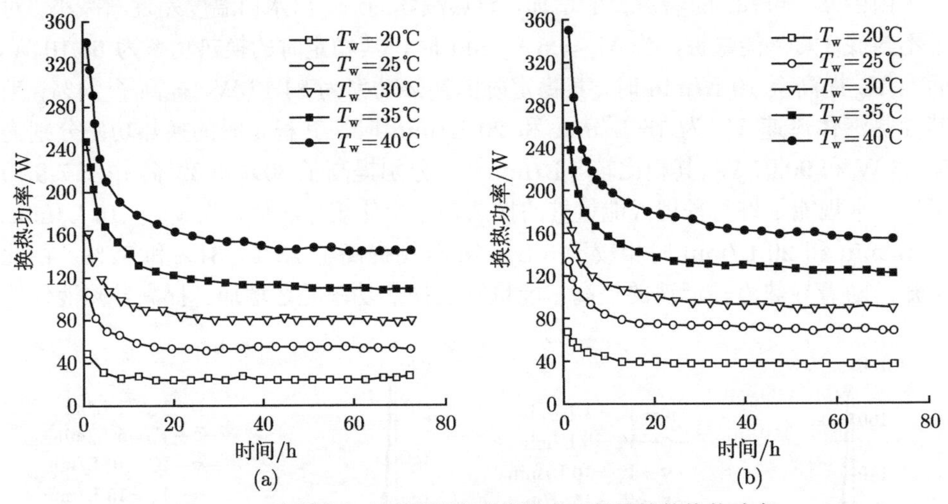

图 7-8　夏季制冷时不同导热液体温度下能量桩的换热功率

(a) 常规能量桩；(b) 不封底 PCC 能量桩

图 7-9 给出了能量桩在不同导热液体温度、单位温度差 (导热液体与土体平均温度差) 下换热功率的变化曲线。以土体平均温度 10℃ 为参考，不封底 PCC 能量桩在 T_w 分别为 20℃、25℃、30℃、35℃ 和 40℃ 时，其单位温度差下的换热功率对应为 3.66 W/℃、4.54 W/℃、4.46 W/℃、4.87 W/℃ 和 5.18 W/℃，与 $T_w = 20$℃ 的相比依次提高了 24%、22%、33%和 40%，其变化情况并不随温度的增加线性增长。此外，在上述试验条件下 T_w 从 25℃ 升高至 30℃ 时，其单位温度差下的换热功率反而出现了降低的现象。考虑到能量桩实际运行过程中提高导热液体温度需要更充分的环境条件或者消耗更多电能在集热器上，因而，在能

量桩设计过程中应当充分考虑其导热液体温度引起的换热功率变化的经济性，在满足建筑物能源需求的情况下，尽可能选择经济性好的导热液体温度进行工作。

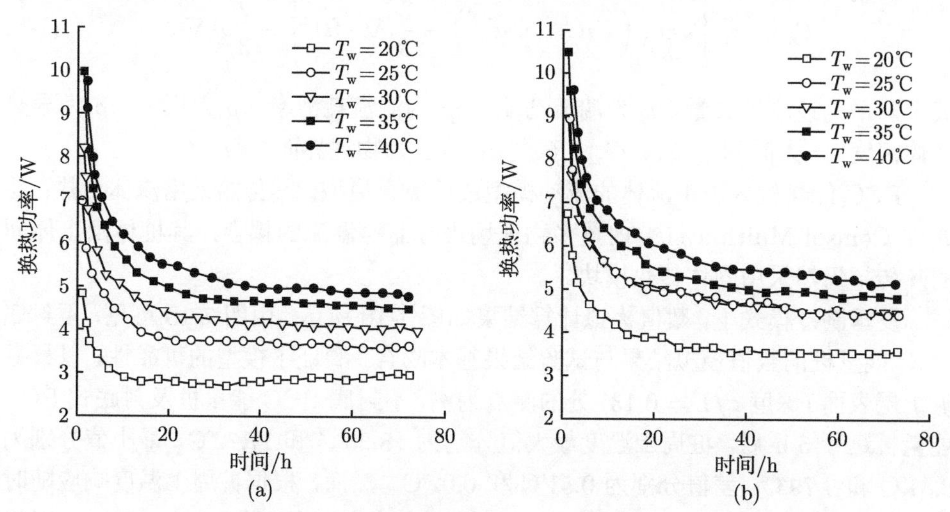

图 7-9 冬季供暖时不同导热液体温度、单位温度差下能量桩换热功率

(a) 常规能量桩；(b) 不封底 PCC 能量桩

在模型试验的基础上建立常规能量桩、不封底 PCC 能量桩及封底式 PCC 能量桩的数值模型，进行对比，通过桩、土温度场的热响应结果及能量桩热交换效率结果的比较，分析封底式 PCC 能量桩开放式循环导热系统的优点，为其工程应用提供理论依据。

PCC 桩内壁空腔内导热液体的流动为湍流。常规湍流模型主要包括 L-VEL 模型 (length-velocities)、代数 y+、Spalart-Allmaras、k-ε、k-ω、低雷诺数 k-ε 以及 SST 模型 (shear stress transport model)。导热液体在内腔中的循环流动采用湍流进行模拟，采用 k-ε 模型进行计算，假设流体为不可压缩流，则其湍流速度场计算公式如下所示：

$$\rho\frac{\partial u}{\partial t}+\rho(\boldsymbol{u}\cdot\nabla)\boldsymbol{u}=\nabla\cdot\left[-\rho+(\mu+\mu_{\mathrm{T}})(\nabla\boldsymbol{u})^{\mathrm{T}}\right]+F \tag{7-3}$$

$$\frac{\partial\rho}{\partial t}+\nabla\cdot(\rho\boldsymbol{u})=0 \tag{7-4}$$

$$\rho\frac{\partial k}{\partial t}+\rho(\boldsymbol{u}\cdot\nabla)k=\nabla\cdot\left[\left(\mu+\frac{\mu_{\mathrm{T}}}{\sigma_{\mathrm{k}}}\right)\nabla k\right]+P_{\mathrm{k}}-\rho\varepsilon \tag{7-5}$$

$$\rho\frac{\partial\varepsilon}{\partial t}+\rho(\boldsymbol{u}\cdot\nabla)\varepsilon=\nabla\cdot\left[\left(\mu+\frac{\mu_{\mathrm{T}}}{\sigma_{\mathrm{e}}}\right)\nabla\varepsilon\right]+C_{\mathrm{e1}}\frac{\varepsilon}{k}P_{\mathrm{k}}-C_{\mathrm{e2}}\rho\frac{\varepsilon^{2}}{k},\quad \varepsilon=ep \tag{7-6}$$

$$\mu_{\mathrm{T}}=\rho C_{\mu}\frac{k^2}{\varepsilon} \tag{7-7}$$

$$P_{\mathrm{k}}=\mu_{\mathrm{T}}\left[\nabla \boldsymbol{u}:\left(\nabla \boldsymbol{u}+(\nabla \boldsymbol{u})^{\mathrm{T}}\right)-\frac{2}{3}(\nabla\cdot \boldsymbol{u})^2\right]-\frac{2}{3}\rho k\nabla\cdot \boldsymbol{u} \tag{7-8}$$

式中，$\boldsymbol{u}$ 为速度场矢量，k 为湍流动能，ep 为湍流耗散率，p 为压力，ρ 为导热液体密度，t 为时间，C_{e1}、C_{e2}、C_{μ}、σ_{k}、σ_{e} 为物理界面参数。

PCC 能量桩内腔中流体的流动模型选用 k-ε 模型，其传热采用流体传热，并通过 Comsol Multiphysics 内置多物理场进行非等温流的耦合，其桩体及土体间的热传导仍然采用固体传热模块。

夏季制冷模式下，数值模拟计算结果如图 7-10 所示。由图 7-10 可见，不封底 PCC 能量桩的数值模拟结果与试验结果基本吻合，验证了模型的可靠性。以最靠近土层表面 (深度 $z/L=0.13$) 处的测点为例，不封底 PCC 能量桩及封底式 PCC 能量桩运行 5 h 后，桩周土温度最大值分别为 18.23℃ 和 17.72℃，最小值分别为 9.81℃ 和 9.79℃，差值分别为 0.51℃ 和 0.02℃。然而，根据桩周土温度响应随时间变化曲线可知，持续运行 5 h 后，能量桩温度响应尚未稳定；在此基础上，对模型桩运行持续 72 h 后的结果进行了模拟和分析。持续运行 72 h 后，距桩侧壁最近 ($d=7.5$ cm) 一组测点 ($z/L=0.13$、0.33、0.53、0.73 和 0.93) 的封底式 PCC 能量桩桩周土温度分别为 19.93℃、22.38℃、22.96℃、23.27℃ 和 22.59℃；相对应的不封底 PCC 能量桩桩周土温度分别为 19.31℃、21.67℃、22.25℃、22.56℃ 和 21.78℃；两者差值分别为 0.62℃、0.71℃、0.71℃、0.71℃ 和 0.81℃。

从上述模拟结果可见，相同初始条件及工作条件下，封底式 PCC 能量桩桩周土温度响应要显著高于不封底 PCC 能量桩，两者的温度响应差值随着深度的增加而略有增加。这是因为靠近地表土层受室内温度影响较大，其桩周土温度变化值相对较小，两者的差值也相对较小，随着深度的增加，两者的差值略有增大，但并不显著，且在桩身中部区域保持不变。在 $z/L=0.93$ 处，两者的差值达到最大，这主要是因为模型中 PCC 能量桩的进水口位置位于 $z/L=0.93$ 处，因而封底式 PCC 能量桩与不封底 PCC 能量桩桩周土温度变化值在该深度达到最大。

冬季供暖模式下 PCC 能量桩及预埋管式能量桩桩周土温度变化曲线如图 7-11 所示。由图 7-11 可见，模型试验结果与模拟结果基本吻合，数值模拟结果具有可靠性。持续工作 72 h 后，在贴近桩体侧表面 ($d=7.5$ cm 处)，不同深度 $z/L=0.13$、0.33、0.53、0.73 和 0.93 处的 PCC 能量桩桩周土温度依次为 8.39℃、9.13℃、9.60℃、10.04℃ 和 11.05℃，预埋管式能量桩桩周土温度依次为 8.99℃、9.81℃、10.29℃、10.74℃ 和 11.64℃，两者差值依次为 0.6℃、0.68℃、0.69℃、0.70℃ 和 0.59℃。PCC 能量桩及预埋管式能量桩桩—土温度响应差值随着深度的增加而

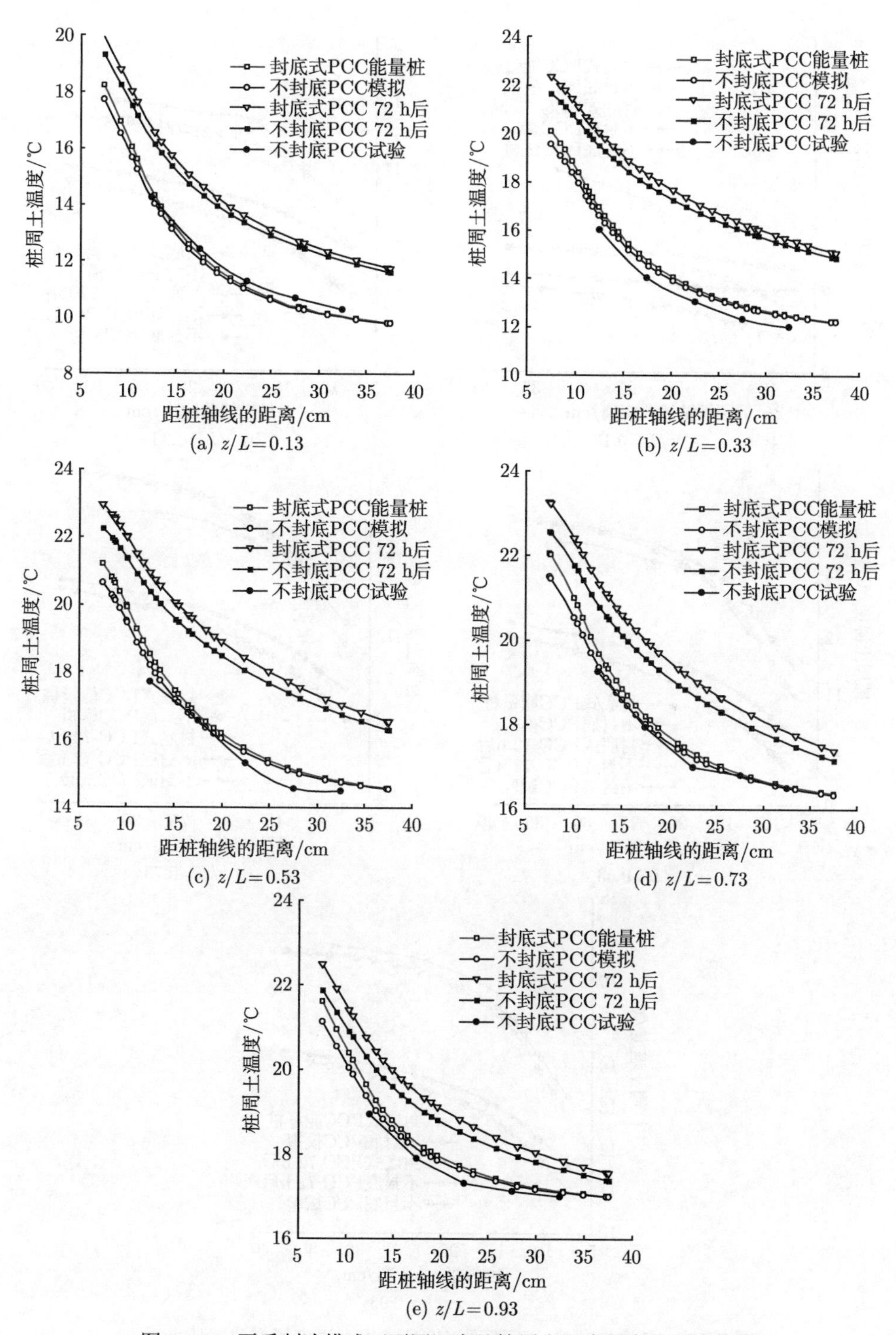

图 7-10 夏季制冷模式下不同深度处桩周土温度场变化对比曲线

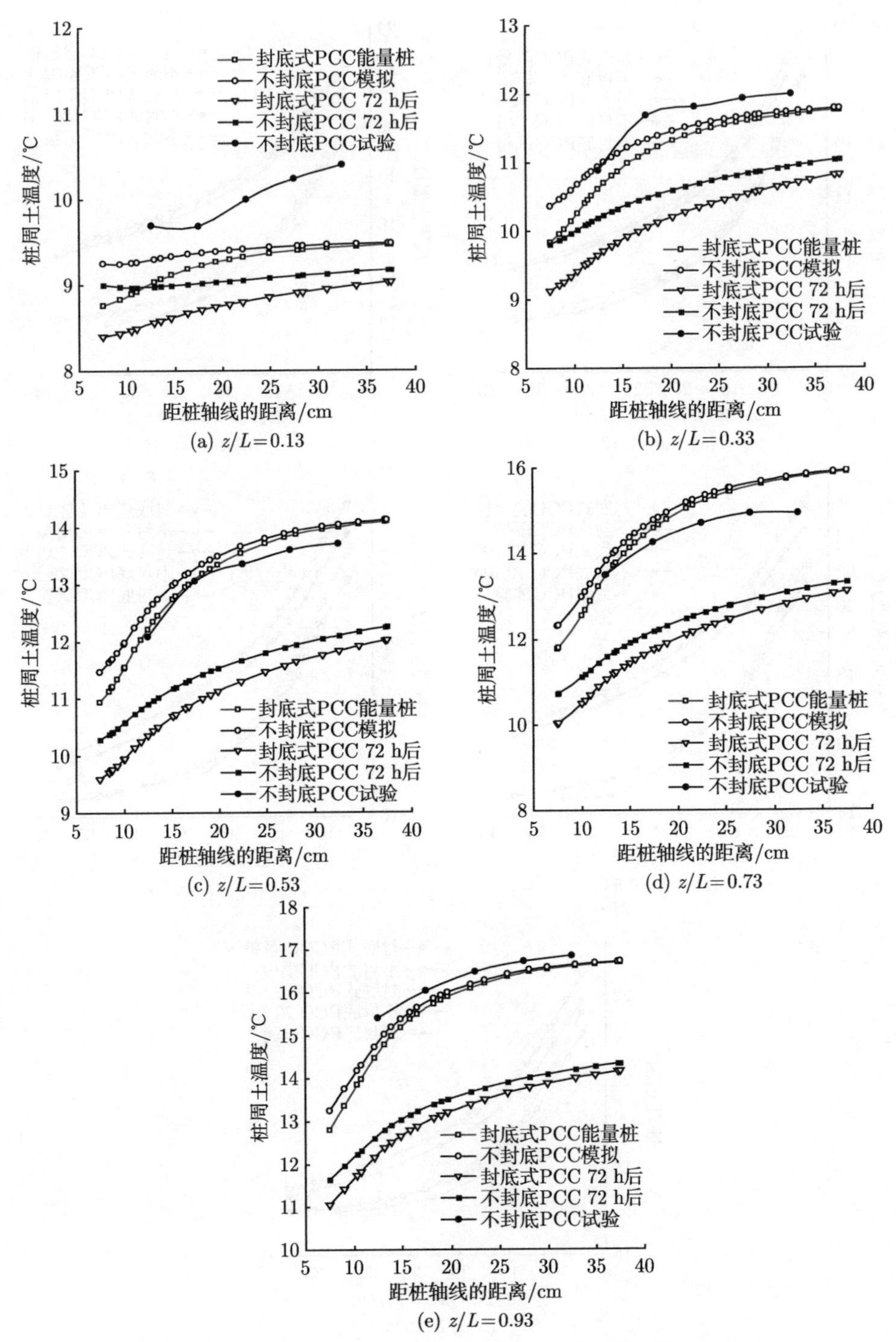

(a) $z/L=0.13$

(b) $z/L=0.33$

(c) $z/L=0.53$

(d) $z/L=0.73$

(e) $z/L=0.93$

图 7-11 冬季供暖模式下不同深度处桩周土温度场变化对比曲线

略有增加，但是该差值在底部相同深度同出水口处却略有减小，这与夏季制冷模式下的结果略有不同。这表明当热量从桩周土向桩体及导热液体传递时，其受湍流流体传热的影响与热量从导热液体向桩体及桩周土传递时相反，在进水口处受湍流影响，导热液体温度略有增加，使得其与预埋管式能量桩相比的差值相对减小。

图 7-12 给出了封底式 PCC 能量桩、不封底 PCC 能量桩及常规能量桩持续工作 72 h 过程中导热液体在出水口处的温度时程曲线图。夏季制冷模式时，进水口温度为 26℃，其出水口温度随着能量桩工作时间的增加而逐渐增加并趋于稳定。本章模型条件下的封底式 PCC 能量桩、不封底 PCC 能量桩及常规能量桩出水口温度依次为 25.79℃、25.81℃ 和 25.83℃，进、出水口的温度差依次 0.21℃、0.19℃ 和 0.17℃。冬季制冷模式下，进水口温度为 9℃，三种能量桩出水口温度都随着系统工作时间的增加而逐渐减小并趋于稳定，在持续工作 72 h 后，封底式 PCC 能量桩、不封底 PCC 能量桩及常规能量桩的出水口温度依次为 9.07℃、9.06℃ 和 9.05℃。这一变化规律主要是因为随着能量桩的运行，桩体和土体的温度逐渐升高，其与循环导热液体间的温度差逐渐减小，导热液体与桩—土之间的热传导量减小，使得单位体积流量的导热液体损失的热量减小，从而使得进、出水口的温度差逐渐减小。

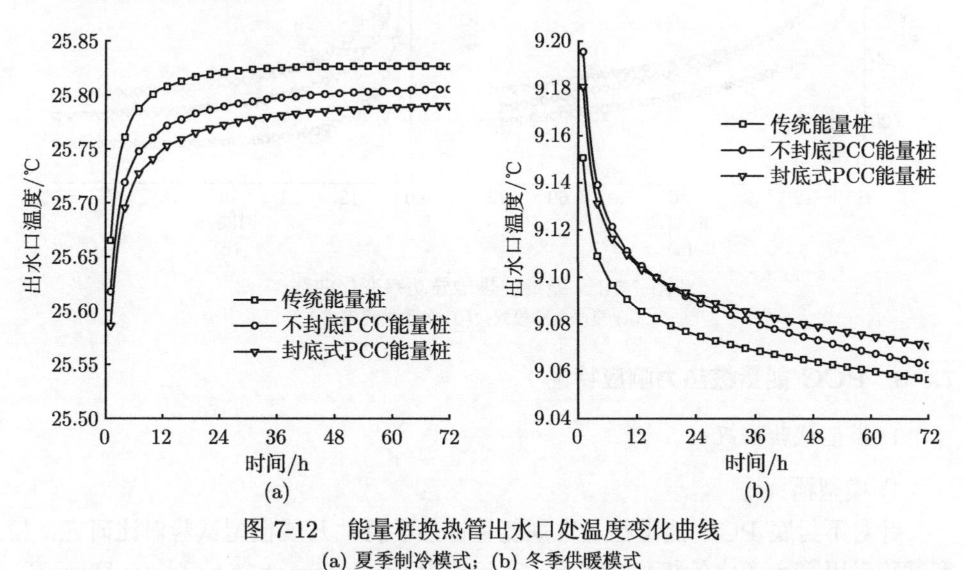

图 7-12 能量桩换热管出水口处温度变化曲线

(a) 夏季制冷模式；(b) 冬季供暖模式

根据进、出水口导热液体温度差，可计算得到三种能量桩的单桩热传导功率，其结果如图 7-13 所示。随着能量桩工作时间的增加，其热传导功率逐渐降低并趋于稳定。这与进、出水口导热液体温度差值的变化规律相一致，随着能量桩持续工作时间的增加，桩体和土体的温度逐渐升高，其与循环导热液体的温度差逐渐减小，使得导热液体与桩—土之间的热量传递减小，热传导功率降低；但是随着时间的进一步增加，能量桩单桩系统与周围土体热量传递及热量损失和循环导热液体传递的热量相平衡，其热传导功率也达到平衡状态。夏季制冷模式下三种能量桩技术的单桩热传导功率变化情况如图 7-13(a) 所示，持续工作 72 h 后，封底式 PCC 能量桩、不封底 PCC 能量桩及常规能量桩的单桩热传导功率值依次为 73.38 W、68.09 W 和 60.66 W，封底式 PCC 能量桩单桩热传导功率较不封底 PCC 能量桩及常规能量桩分别提高了 8%和 21%。冬季供暖模式下三种能量桩技术的单桩热传导功率变化情况如图 7-13(b) 所示，持续工作 72 h 后，封底式 PCC 能量桩、不封底 PCC 能量桩及常规能量桩的单桩热传导功率值依次为：24.90 W、22.01 W 和 19.85 W，封底式 PCC 能量桩单桩热传导功率较不封底 PCC 能量桩及常规能量桩分别提高了 13%和 25%。

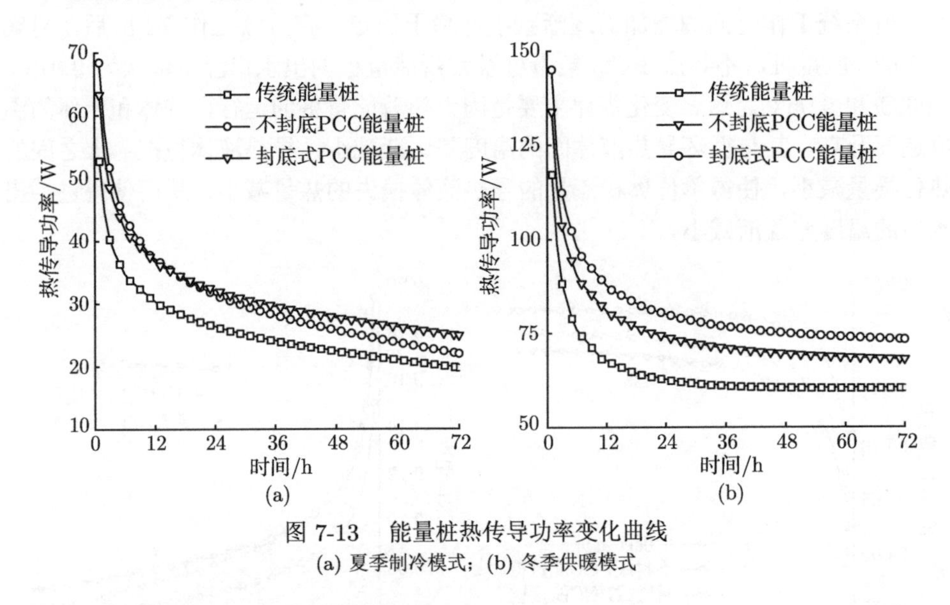

图 7-13　能量桩热传导功率变化曲线

(a) 夏季制冷模式；(b) 冬季供暖模式

7.5.3 PCC 能量桩热力响应特性

1. 模型试验概况

1) 模型槽

针对不封底 PCC 能量桩及常规能量桩热学特性开展模型试验对比研究，模型试验采用第 4 章中的模型槽进行，其尺寸为 3 m×2 m×1.75 m (长 × 宽 × 高)，模型槽系统详情与第 4 章中描述相一致 (图 4-1)。

2) 桩周土体

采用砂土展开研究，与第 5 章砂土相同。模型槽中填筑砂土时采用砂雨法进行，利用移动吊车起吊，填埋时保持漏嘴与已完成填筑土体表面层的距离不变，控制其高度差维持在 50 cm，从而确保砂土填埋过程中压实度一致；最终填筑完成时，实际测量模型槽内的砂土土层压实度为 75%。开展砂土填筑前，先于模型槽底部边角处预留水管，水管一端位于槽底，另一端与水泵相连接，土层填筑完成后，通过水管槽外一端向槽内缓慢注水，从而使砂土自下而上地进行饱和，直到砂土表层被水层浸没且保持 1 h 不变。

3) 测量仪器及其布置

试验设备采用自江苏海岩仪器设备厂，主要包括振弦式混凝土应变计 YXR-4051 (仪器规格 100 mm，温度补偿系数 0.4 Hz/℃)、温度传感器 WDJ-9001 (仪器规格 27 mm×8 mm，温度测量范围 −30~100℃，测量精度 ±0.3℃)、振弦式土压力计 TXR-2020 (测量范围 0~6 MPa)、位移计 (量程 0~50 mm) 及 XP-05 型振弦频率仪等。试验开始前对温度传感器进行标定，确保试验结果精准可靠。

为了减少试验过程中的填土次数，根据模型槽尺寸，可同时安置两组能量桩及测试系统，试验中同时只有一根能量桩进行试验，待其试验结束且桩周土温度场恢复稳定后，再对槽内另一根能量桩展开试验。试验过程中主要测量的数据包括桩顶位移、桩身应变、桩身温度、桩侧土压力及桩端压力等。试验过程中能量桩桩顶布置有加载板，每个加载板上放置有两个位移计，通过位移计的平均度数来测量桩顶位移。桩身 300 mm、700 mm、1100 mm 处埋设有一组混凝土应变计及温度应变传感器，可同时测量桩体应变以及对应位置处的桩体温度变化情况。能量桩桩底布置有土压力盒用以测量桩端阻力变化情况，桩侧与桩身内与混凝土应变计相同深度处各布置有一个土压力盒，土压力盒紧靠桩身侧壁，用以测量桩周土压力变化情况。试验中所有仪器在使用前都经过校准后再埋设进模型槽内，其布置示意图如图 7-14 所示。

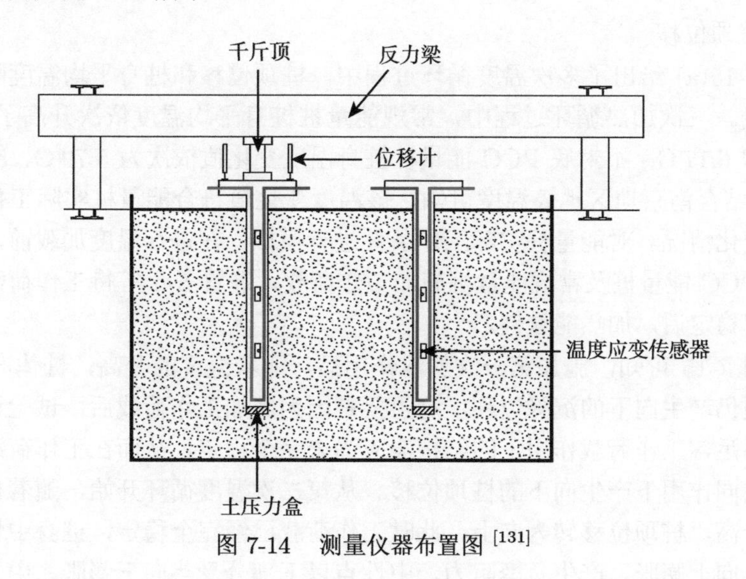

图 7-14 测量仪器布置图 [131]

2. 试验方案与工况设计

开展的模型试验工况见表 7-3 所示，模型试验中能量桩的加热过程简称为 H，静荷载加载过程简称为 L，停止加热后能量桩的自然冷却过程简称为 C，试验模式可通过上述简称进行描述。对不封底 PCC 能量桩进行常规静载试验时，先通过温控循环系统对不封底 PCC 能量桩进行加热，待其桩身平均温度达到目标温度后，进行静载加压，直至其破坏。根据静载试验确定的工作荷载，对不封底 PCC 能量桩和常规能量桩开展多次温度循环试验：在桩顶施加工作荷载，随后等待 5 h，待上部荷载产生的位移沉降稳定后，通过温控循环系统改变两种能量桩温度，持续 5 h，随后停止加热并使能量桩自然冷却，自然冷却过程持续 24 h，重复升温冷却循环三次。

表 7-3 模型试验工况

桩号	桩型	加载情况	温度/°C	试验模式
1	不封底 PCC 能量桩	加载破坏	20 (室温)	H-L
2	不封底 PCC 能量桩	加载破坏	35	H-L
3	不封底 PCC 能量桩	加载破坏	50	H-L
4	不封底 PCC 能量桩	工作荷载	35	L-H-C-H-C-H-C
5	常规能量桩	工作荷载	35	L-H-C-H-C-H-C

根据模型试验结果，可确定工作荷载为 40 kN (极限承载值的 50%)。

3. 多次温度循环下不封底 PCC 能量桩荷载传递机理分析

1) 桩顶位移

图 7-15(a) 给出了多次温度循环过程中，桩顶位移和桩身平均温度随时间的变化曲线。三次加热循环过程中，常规能量桩桩身平均温度依次升高了 5.94℃、6.06℃ 和 6.17℃；不封底 PCC 能量桩桩身温度变化值依次为 5.79℃、5.75℃ 和 5.56℃。结合南京地区地表温度可知，该温度变化值符合能量桩实际工作过程中的温度变化情况。对能量桩实际工作条件进行模拟，在进行温度加载前，首先对不封底 PCC 能量桩及常规能量桩施加工作荷载，静置 5 h 等待工作荷载引起的力学响应稳定后，加热能量桩。

由图 7-15 可知，施加第一次加温作用后，随着温度的升高，桩体产生膨胀，但是桩顶仍产生向下的沉降位移，这主要是因为施加工作荷载后，试验设计的等待时间不足，工作荷载作用下的结构响应尚未完全稳定，从而在工作荷载和温度改变的共同作用下产生向下的桩顶位移。从第二次温度循环开始，随着桩体平均温度的升高，桩顶位移转为向上，此时工作荷载已经完全稳定，桩身中性点以上部分受热向上膨胀，产生负摩阻力，中性点以下部分受热向下膨胀，中性点位置更接近桩底，其向上膨胀量大于向下的位移，因而其桩顶位移表现为上抬。在上述试验条件下，不封底 PCC 能量桩的桩顶位移变化值略小于常规能量桩。

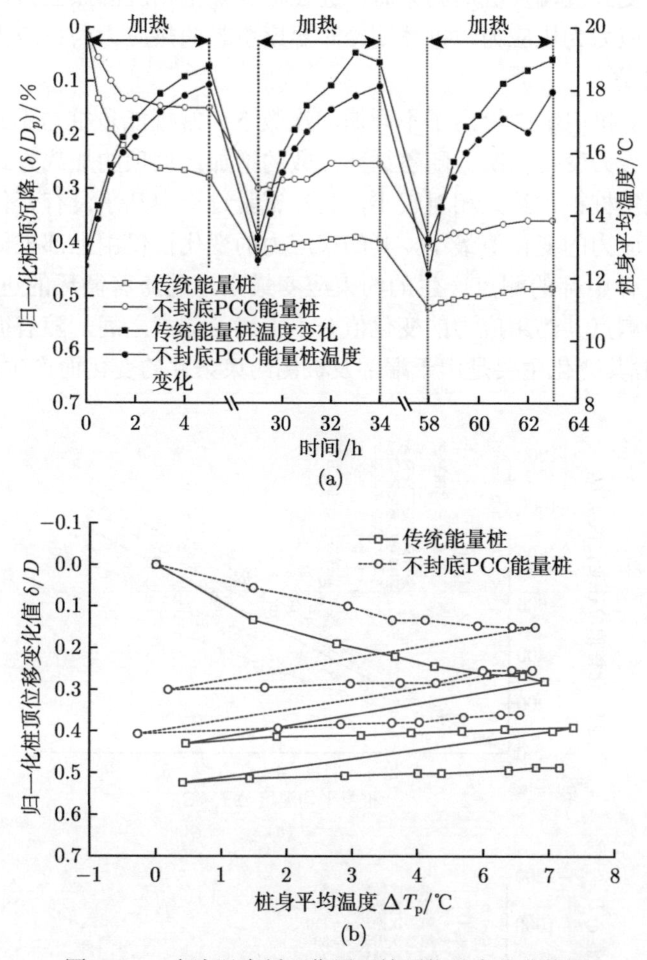

图 7-15 多次温度循环作用下桩顶位移变化曲线图

(a) 桩顶位移随时间的变化；(b) 桩顶位移随桩身平均温度的变化 (持续 63 h)

图 7-15(b) 给出了多次循环作用下，不封底 PCC 能量桩和常规能量桩的桩顶位移随桩身平均温度的变化曲线，图中 y 轴为桩顶位移 (以桩顶向下的沉降为正)，x 轴为桩身的平均温度。为了便于对比，同样对桩顶位移 δ 就桩径 D 进行了归一化处理。根据第二、三次加热循环起点可以看出，每一次加热—冷却温度循环过程结束后，桩顶位移并没有恢复至加热前的位置，进一步，桩顶产生了额外的塑性沉降。同时根据图中不封底 PCC 能量桩的桩顶位移曲线还可看出第一、二次加热循环结束后，自然冷却过程中，桩体收缩时，桩顶位移曲线斜率分别为 0.024

和 0.027，该塑性沉降量随着循环次数增加而逐渐增大，但是其增加率逐渐减小。

2) 桩身热应力

当能量桩受到桩端及桩周约束时，会在桩身产生相应的热应力，桩体加热时温度引起的热应力为压应力，桩体制冷时温度引起的热应力为拉应力，其值可根据式 (4-54) 计算。

图 7-16(a) 和 (b) 中给出了不同循环次数下，常规能量桩与不封底 PCC 能量桩的温度热应力变化情况。随着循环次数的增加，桩顶的加载方式近似于自由堆载，其在能量桩桩顶约束相对较小，且在试验过程中几乎没有变化，最上部测点处桩身约束应力的变化值最小，其约束应力的变化仅仅由上部桩周土的约束变化产生。而桩体中部的测点产生的约束应变最大，且随着循环的进行逐渐增大；靠近桩端处的测点其约束应力的变化值介于上述两测点之间，随着循环次数的增加而逐渐增加，其变化主要是由于端部及桩侧约束条件的变化而产生的。通过结果

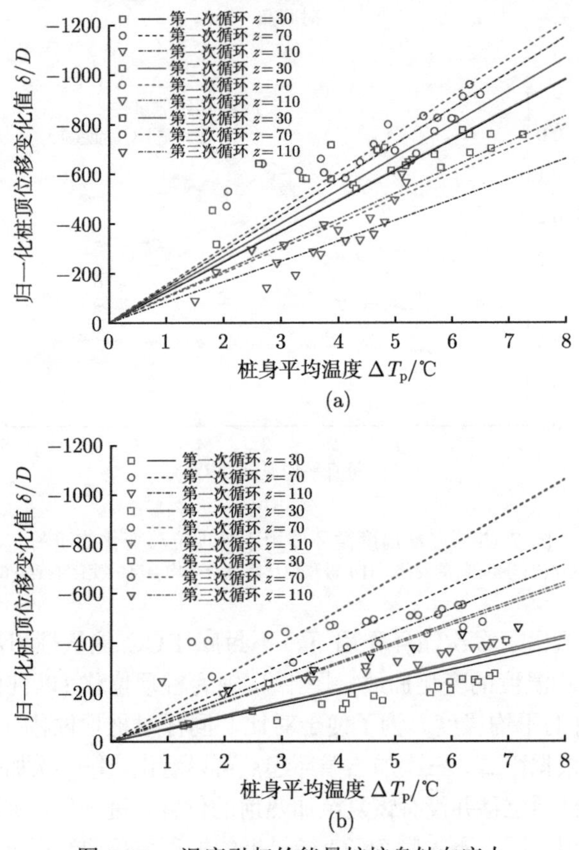

图 7-16 温度引起的能量桩桩身轴向应力

(a) 常规能量桩；(b) 不封底 PCC 能量桩

对比可以发现，不封底 PCC 能量桩桩身约束应力随温度循环次数增加的变化情况较常规能量桩大。

7.6 本 章 小 结

本章基于灌注桩和预应力管桩，提出了新型能量桩埋管技术与工艺，研究了 PCC 能量桩的换热性能及热力响应特性，可以得出如下几点结论：

(1) 提出了 PCC 能量桩技术及其施工方法，通过在纵筋旁绑扎空心螺纹钢管，将换热管埋设在空心钢管内；同时可满足多种桩埋管形式，如单 U 型埋管、双 U 型埋管、3U 型埋管、单 W 型埋管和双 W 型；根据不同的埋管形式，预制桩靴及桩帽，根据不同埋管形式制作钢制空心弯管和换热管接头。可以有效解决换热管与钢筋笼纵筋的相互影响，避免换热管在浇筑及离心过程中受到损坏，同时解决了桩基承载力和耐久性下降等技术难题。

(2) 提出灌注桩钢筋笼内埋管的技术方案，由钢管替代传统的实心钢筋作为钢筋笼主筋，换热管埋设在钢管内，减少换热管与钢筋笼之间的互相影响，有效解决了埋设换热管会降低桩基整体承载力等技术难题。

(3) 提出基于预应力管桩的新型埋管形式，包括热交换空心桩、预埋换热管能量桩、六边形预制能量桩，使预制桩制作工艺和换热管埋设施工有机结合在一起，减少施工工期、节约了地下空间和工程造价。

(4) 基于模型试验和数值模拟方法，开展了常规能量桩、不封底 PCC 能量桩及封底式 PCC 能量桩的热力学特性研究；对比验证了封底式 PCC 能量桩的换热效率高于不封底 PCC 能量桩及常规能量桩，并对其进行了优化设计。

第 8 章　能量桩工程应用

8.1 概　述

本章介绍著者团队近年来完成的部分代表性能量桩工程应用，包括桥面除冰融雪、高海拔地区能量桩桥墩温度全寿命调控，以及建筑供暖/制冷等工程案例，简要介绍其设计、施工及效果；同时提出能量桩综合能源站技术，以期为后续能量桩技术的推广应用提供参考。

8.2 能量桩桥面除冰融雪

8.2.1 工程背景

我国大部分地区冬季雨雪天气时，桥面易结冰导致车辆行驶困难，极易发生交通事故。能量桩桥面除冰融雪技术是将换热管预埋在桥面板和桩基础中，通过换热液在换热管中循环，提取浅层地热能，加热桥面板、除冰融雪的节能减排新技术。夏季高温时期，液体在换热管内循环可降低路面的温度，不仅提高沥青路面的抗车辙性能、延长路面的使用寿命，而且可实现热能存储。能量桩桥面除冰融雪技术，可利用浅层地热能、太阳能等可再生能源，是一种高效清洁的节能减碳技术，是实现国家“碳达峰、碳中和”双碳目标的重要技术之一，具有广阔的发展前景。

观凤桥位于江苏省江阴市观凤路，为市政桥梁。江阴市位于北纬 31°40′34″ 至 31°57′36″，东经 119°59′ 至 120°34′30″ 之间，属亚热带季风气候。年平均气温约 17℃，冬季最低气温约 −7℃，发生在每年 12 月至 1 月；冬季夜间和清晨气温常降至 0℃ 以下，易引起桥/路面结冰；观凤桥照片及示意图如图 8-1 所示。

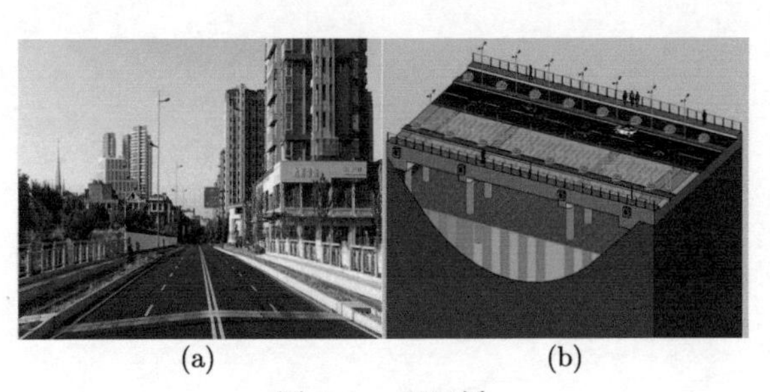

(a)　　　　(b)

图 8-1　观凤桥

(a) 现场照片；(b) 示意图 [132]

8.2.2 桥面除冰融雪能源需求计算

根据 12 h 内的不同雪水深度，可以将降雪等级进行区分见表 8-1。

表 8-1 降雪等级 [132] (单位：mm)

等级	零星小雪	小雪	中雪	大雪	暴雪
降雪量/12 h	<0.1000	0.10～0.25	0.25～3.00	3.0～5.0	5.00
降雪量/h	<0.0083	0.0083～0.0200	0.02～0.25	0.25～0.42	0.42

除冰过程中需将冰层厚度 δ_{ice} 根据除冰时间转化为降雪量计算 [132]：

$$s=\frac{\delta_{\mathrm{ice}}}{t}\frac{\rho_{\mathrm{ice}}}{\rho_{\mathrm{water}}} \tag{8-1}$$

式中，δ_{ice} 为冰层厚度 (mm)；t 为除冰时间 (h)。

ASHRAE 手册 [133] 给出了融雪所需热量的计算公式如式 (8-2) 所示。

$$q_0=q_{\mathrm{s}}+q_{\mathrm{m}}+A_{\mathrm{r}}\left(q_{\mathrm{h}}+q_{\mathrm{z}}\right) \tag{8-2}$$

式中，q_0 为融雪面所需的热流密度 (W/m^2)；q_{s} 为融雪显热 (W/m^2)；q_{m} 为融雪潜热 (W/m^2)；A_{r} 为无积雪面积比；q_{h} 为面对流和辐射热流密度 (W/m^2)；q_{z} 为水蒸发所需的热流密度 (W/m^2)；A_{r} 为无雪面积比，$0\leqslant A_{\mathrm{r}}\leqslant 1$。

由式 (8-2) 可知，$A_{\mathrm{r}}\neq 0$ 状态，面板表面存在对流辐射换热，换热系数与风速有关；风力等级分类与相当风速见表 8-2。

表 8-2 风力等级

风力等级	1	2	3	4	5
风速/(m/s)	0.3～1.5	1.6～3.3	3.4～5.4	5.5～7.9	8.0～10.7
概况	陆地：烟能表示方向，但风向标不能转动；海岸：渔船不动	陆地：人感觉有风，树叶微响，寻常的风向标转动；海岸：渔船张帆时，可随风移动	陆地：树叶及微枝摇动不息，旌旗展开；海岸：渔船渐觉波动	陆地：能吹起地面灰尘和纸张，树的小枝摇动；海岸：船满帆时倾于一方	陆地：小树摇摆；海岸：水面起波

1. 基于热有效率计算

传至面板表面的热流密度为有效热流密度，有效热流密度与换热效率的比值定义为热有效率 θ，其计算公式如式 (8-3) 所示 [132]：

$$\theta=\alpha\frac{hk}{h\delta+k} \tag{8-3}$$

假设下雪期风速为 5 m/s，分析不同环境温度和降雪量条件下，无雪面积比 $A_\mathrm{r}=0$、0.5、1.0 三种情况所需的换热效率。$A_\mathrm{r}=0$，表示桥面存在一层刚好够阻止对流辐射的积雪，桥面的融雪速率与降雪速率相同，融雪热仅存在升温显热和融雪潜热；$A_\mathrm{r}=0.5$，桥面积雪面积 50%，融雪过程中存在升温显热、融雪潜热、对流辐射以及水分蒸发吸热；$A_\mathrm{r}=1.0$，降雪及时被融化，桥梁表面不存在积雪情况，融雪过程中存在升温显热、融雪潜热、对流辐射以及水分蒸发吸热。面板表面融雪热除以桥面板的热有效率可得到所需换热效率。试验得到系统的热有效率在 40%~60%，取热有效率为 50%计算融雪所需桥面板换热效率，表示为式 (8-4)：

$$q=q'/0.5 \tag{8-4}$$

2. 基于面板温度推算

融雪热的计算方法为计算稳定状态下融雪所需热量，没有考虑维持面板温度所需的热量，热有效率是考虑热量损失的估算方法。当环境温度和面板温度低于 0℃ 时，为了达到融雪的目的，面板表面必须维持在 0℃ 以上，用于维持面板温度的热量也需要考虑。

假设初始桥面板温度与环境温度一致，融雪热作为有效热流密度，面板表面的温度为 0℃，则通过一维傅里叶热传导公式推算出埋管层混凝土温度 [132]：

$$T_\mathrm{s}=\frac{q'\delta}{k} \tag{8-5}$$

通过恒定加热功率试验得到了面板埋管层温升幅度为 $0.06q$℃/(W/m^2)，根据相关除冰试验可知，面板在除冰工况下埋管层的温升约为无融冰工况的 0.88 倍，修正得到除冰工况下所需换热效率与埋管层温升之间的关系，表示为式 (8-6)[132]，称这种计算换热效率的方法为热传导推算法。

$$q=\left(T_\mathrm{s}-T_0\right)/0.05 \tag{8-6}$$

基于面板温度推算所需换热效率如图 8-2 所示。

3. 计算结果对比

热有效率和热传导推算法计算所得的换热效率需求如图 8-3 所示。环境温度为 −1~0℃ 时，两种计算方法得到的换热效率需求相近；当环境温度低于 −1℃ 时，两种方法计算结果不同。A_r =0 状态，两种计算方法差别大，环境温度低于 −1℃，热传导计算所得结果远大于热有效率计算结果；温度较低，降雪量较小时，融雪所需的热量较小，加之不计算对流辐射和蒸发散热，通过热有效率计算所得

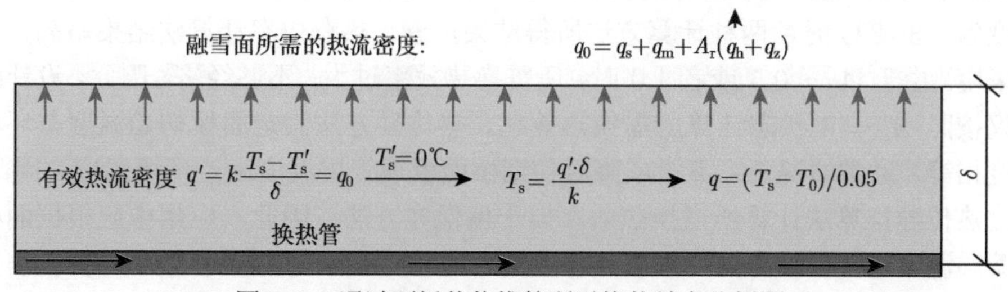

图 8-2 通过面板传热推算所需换热效率分析图

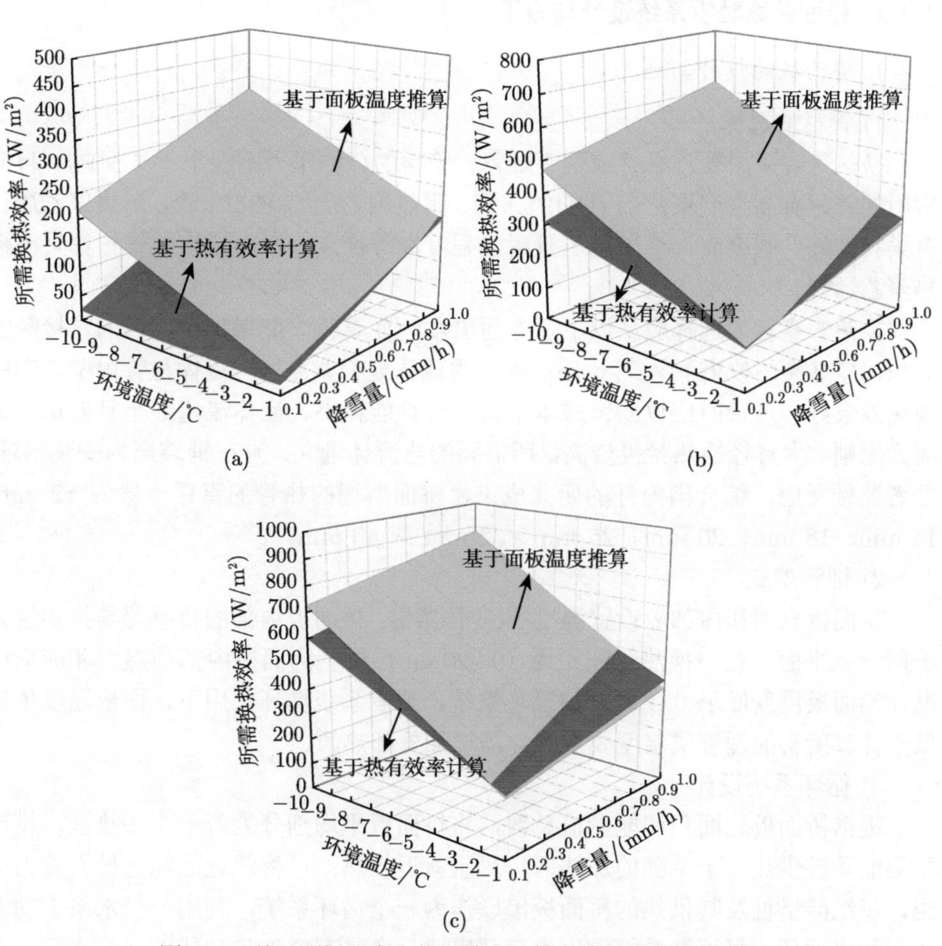

图 8-3 基于面板温度和热有效率计算方法所得的换热效率

(a) $A_r=0$; (b) $A_r=0.5$; (c) $A_r=1.0$

换热效率偏小；因此，$A_r = 0$ 状态，推荐采用热传导法计算。$A_r = 0.5$ 时，两种计算方法的差距比 $A_r = 0$ 的状态小一些；环境温度为 $-2\sim0$℃，降雪量大于 0.3 mm/h 时，热有效率计算所得换热效率略高，推荐采用。$A_r = 1.0$ 状态，环境温度为 $-3\sim0$℃ 时，两种计算方法所得结果接近，热有效率计算法结果略高，推荐采用。由于 $A_r = 0.5$ 或者 1.0 时，所需换热效率过大，不够经济，因此，设计时建议按照 $A_r = 0$ 状态计算所需换热效率。热传导方法假定面板初始温度与环境温度相等，通常情况下，下雪或降温初期桥面板埋管层温度高于环境温度，因此，通过热传导推算法计算所需换热效率属于偏保守方法。因此，应用中应根据面板埋管层温度选择计算方法。埋管层温度为 $-1\sim0$℃ 时，采用热有效率计算；埋管层温度低于 -1℃ 时，推荐采用热传导推算法计算。

8.2.3　桥面除冰融雪系统设计与施工

1. 桥面板的设计与施工

1) 管材的选择

换热管宜采用聚乙烯管或聚丁烯管，管材的公称压力不应小于 1 MPa。目前常用的管材有高强度聚乙烯 (HDPE) 管、耐热聚乙烯 (PERT) 管。耐热聚乙烯具有柔韧性好、强度高、便于施工且耐热强度高等优点，桥面板换热管推荐采用耐热聚乙烯管。

换热管直径的选择应从以下两方面出发：① 管径大能增加桥面内的热接触的面积，提高换热效果；② 管径小能使管内流体处于紊流区，流体与管内壁之间的换热效果好。选管时应以安装成本最低、运行能耗小、流体流量最小且能保持紊流为原则。大直径换热管投资高，所需要的热流体量大，且在铺装层内安装困难。二者兼顾考虑，综合国内外的研究成果，桥面所埋的热管的直径一般为 12 mm、14 mm、18 mm、20 mm、25 mm、32 mm 或 40 mm。

2) 铺管型式

桥面板表面和内部应设置温度-应变传感器，桥面板内部的传感器与换热管处于同一水平面，且与换热管间距为 10~20 cm，以监测面板内部的温度和应变情况。当面板温度低于 0℃ 时开启循环系统，或者系统循环作用下，面板温度依然低于计算所得的埋管层温度要求时，需增加外部热源。

3) 循环系统设计

根据桥面板总面积和能量桩总数，将桥面板平均划分为若干个加热区，设计每根能量桩供热一个单独的加热区，尽量就近供热；可将就近的能量桩设置为一组，每组能量桩及其供热的桥面板串联作为一个循环系统，利用一个水泵驱动液体在管内循环；每根能量桩的出水口都串联一个具有电加热功能的保温水箱，必要时可进一步提升桥面板的入水温度；液体自能量桩流出之后进入保温水箱，之后流入桥面板，与桥面板换热之后流入下一根能量桩。桥面板和能量桩换热管进/出口位置应设置温度传感器，实时监测流体温度。

2. 能量桩的设计与施工

1) 能量桩供热能力的计算

能量桩初始的出水温度与当地年平均气温相当，且随着换热的进行缓慢降低 [15,83]；桥面板的换热效率与能量桩的出水温度 (即桥面板的入水温度) 及环境温度有关。根据桥面板恒定加热功率 (TRT) 试验所得换热效率与流体温度、面板温度及环境温度的关系，可推导出换热效率与桥面板入口流体温度 (即能量桩的出口流体温度) 的关系，从而得到能量桩的供热能力。流体与管周混凝土的温差与换热效率之间的关系可表示为式 (8-7)：

$$q = k_{\mathrm{e}}\left(T_{\mathrm{f}} - T_{\mathrm{S}}\right)/d \tag{8-7}$$

式中，k_{e} 测得为 4.7 W/m，$d = 0.25$ m。

根据式 (8-6) 和式 (8-7)，换热效率可表示为

$$q = 9.8\left(T_{\mathrm{f}} - T_0\right) \tag{8-8}$$

式中，T_{f} 为流体温度，按照平均温度计算，即沿换热管长度中间位置流体的温度。

则入口流体温度可表示为

$$T_{\mathrm{in}} = T_{\mathrm{f}} + 0.5 l_{\mathrm{p}} \frac{qd}{c_{\mathrm{p}} m} \tag{8-9}$$

根据式 (8-8) 和式 (8-9)，换热效率与入水温度和环境温度的关系可表示为 [132]

$$q = \frac{9.8 c_{\mathrm{p}} m}{c_{\mathrm{p}} m + 1.2 l_{\mathrm{p}}}\left(T_{\mathrm{in}} - T_0\right) \tag{8-10}$$

式中，l_{p} 为单个循环管长度。

根据恒定入水温度 (TPT) 试验结果 [134] 拟合得到换热效率与 $T_{\mathrm{in}} - T_0$ (入口流体与周围空气之间的温差) 的线性系数为 8.6 W/(m²·℃)。代入式 (8-10) 可得到换热效率与 $T_{\mathrm{in}} - T_0$ 的线性系数约为 8.9 W/(m²·℃)，结果相近。桥面板的入口流体温度即为能量桩的出口流体温度，因此，能量桩对桥面板的供热能力可表示为 [132]

$$q = \frac{9.8 c_{\mathrm{p}} m}{c_{\mathrm{p}} m + 1.2 l_{\mathrm{p}}}\left(T_{\mathrm{out\,桩}} - T_0\right) \tag{8-11}$$

能量桩的供热能力随着桩身温度的降低而降低，每延米能量桩换热效率约 80~160 W/m。能量桩桥面除冰融雪过程中，能量桩的换热效率并不恒定，与桥面板换热面积、外界环境温度有关。保守起见，能量桩的供热能力设计按照试验值的 0.8 倍取值。

2) 布管设计

研究表明，不同埋管形式的能量桩换热效率存在以下大小关系：单 U 型 <W 型 < 螺旋型 < 5U 型，增大能量桩中换热管长度可提高能量桩的换热效率 [135]。典型的管道间距范围为 250~300 mm，以减少管道间的传热，满足热需求 [136]。因此，可以尽可能多地安装换热管，保持不小于 250 mm 的均匀分布距离。

3) 传感器设置

能量桩内部不同深度处应设置至少 3 个温度—应变传感器。试验结果表明，冬季随着系统的运行，桩身温度下降，桩身约束大的位置将产生一定的拉应力；根据桩周土层分布情况，在桩身约束大的位置设置传感器，以监测系统运行过程中桩身的温度与应变情况，防止因拉应力导致桩体破坏。桩身温度随着系统的运行而降低，但是不得低于设计要求值；当桩身温度降至设计值时，应及时开启外部热源，提升流体温度，防止桩身温度进一步降低导致桩体破坏。当能量桩温度出现随使用年限增加逐渐减小的现象时，系统除冰融雪运行后的夏天应打开循环系统，进行太阳能热存储等浅层地热能热平衡。

常用的循环热流体为城市热水、泉水、自然水源和防冻液水溶液等。桥面埋管内的循环加热流体，必须满足如下要求：

(1) 须具有比当地年最低气温还要低的凝固点，防止管材冻坏。

(2) 不能具有毒性和污染环境，不能对换热管具有腐蚀性。以免换热管遭到破坏，对桥面和桩基结构带来腐蚀，影响桥梁的使用性能。

(3) 所选的流体，应当具有较大的比热。这样，在流量不变时，可以减小单位管长上加热流体的温降，保证桥面温度的均匀性。基于上述要求，目前地源热泵系统的桥面埋管内的循环加热流体主要是添加防冻剂的水溶液。

循环系统的控制包括，水泵和保温水桶电加热的开启与关闭。水泵的开启主要受气候条件的影响，当环境温度低于 0℃，桥面可能发生积雪或者结冰时，应及时开启水泵驱动系统内液体循环。保温水桶电加热的开启受多方面控制，融雪所需热量、桥面入水温度和桩身温度等。开启条件如下：

(1) 桥面板的入水温度不足以加热桥面板至冰点以上，或不能及时融化冰雪。

(2) 桩身温度低于设计允许值时，可能导致桩身拉应力过大，影响桩身安全，需开启保温水箱的电加热功能。桩身温度下降幅度不得大于 6.4℃。

8.2.4 应用效果与分析

观凤桥长 30 m、宽 26 m；机动车道宽 14.0 m、非机动车道宽 2×3.0(m)、人行道 2×1.5(m)、绿化带 2×1.5(m)；机动车道总面积为 420 m^2，非机动车道总面积为 180 m^2，人行道为高出桥面 15 cm 的空心结构，暂不考虑人行道和绿化带的融雪；桥面板需融雪总面积为 600 m^2。桥梁下部基础为四排灌注桩，每排 5 根桩，桩顶通过盖梁承担上部结构和车辆荷载；桩长 20 m、桩径为 1.0 m。循环系统设计埋管间距 25 cm，埋管深度为桥面板以下铺装层 14 cm。能量桩内采用 5U 型埋管，设计循环流体采用掺防冻液的纯净水。

计算得到融雪状态 $A_\mathrm{r} > 0$ 时，通过对流辐射、水分蒸发散热大于融雪本身所需热量，对系统的换热量要求高，经济性差；因此，这里主要讨论 $A_\mathrm{r} = 0$ 状态，根据一维傅里叶热传导公式推算融雪所需的换热效率。桥面板所需的总换热功率可根据式 (8-12) 计算 [132]：

$$Q = 0.001 \times A_{\mathrm{heated}} \left(\frac{q'\delta}{k} - T_0 \right) \Big/ 0.05 \tag{8-12}$$

式中，Q 为桥面除冰融雪所需的总换热功率 (kW)；A_{heated} 为桥面融雪总面积 (m^2)；δ 为铺管深度 (m)；k 为桥面混凝土的导热系数 (W/(m·℃))；q' 为融雪所需热流密度 (W/m^2)；T_0 为环境温度 (℃)。

能量桩的供热总功率可表示为

$$Q_\mathrm{p} = 0.12L \tag{8-13}$$

式中，Q_p 为能量桩供热总功率 (kW)；L 为能量桩总桩长 (m)。

能量桩供热总功率与桥面板融雪所需总换热功率比值称为能量桩的供热比 λ，定义桥面板总面积与能量桩总桩长的比值为板桩比 μ (m^2/m)；不同的桥梁具有不同的板桩比，则能量桩的供热比可表示为 [132]

$$\lambda = \frac{6.0k}{\mu\,(q'\delta - kT_0)} \tag{8-14}$$

观凤桥除冰融雪系统设计中，桥面板总换热面积为 600 m^2，能量桩总长为 400 m，板桩比为 1.5 m^2/m。环境温度 −10～0℃，降雪量 0.1～1.0 mm/h，桥面所需总换热功率 Q 和能量桩供热功率 Q_p 如图 8-4 所示。环境温度为 −1℃ 时，降雪量不大于 0.3 mm/h；环境温度为 −3℃ 时，降雪量不大于 0.1 mm/h；即 $10s - T_0 \leqslant 4$，能量桩供热可满足桥面融雪需求。当环境温度降低或者降雪量增大时，需增加外部热源，以及时融化冰雪。

能量桩供热比见表 8-3。能量桩供热比大于等于 1.0 表示不需要外部热源，仅能量桩供热即可满足融雪需求。环境温度为 −5℃，降雪量为 0.4 mm/h 时，能量桩的供热比可达到 50%。

整个桥面融雪所需外部热源总功率见表 8-4 所示。

桥面单根能量桩的融雪试验效果如图 8-5 所示。试验期间，环境温度约 −3.0℃，平均降雪量约 0.6~0.7 mm/h，能量桩热泵系统虽不能及时清除积雪，但是可有效地加速融雪 [137]。17 h 之后降雪停止，之后的 8 h 内，埋管部分 (温度传感器所测位置) 融化了 7 cm 厚积雪，积雪密度约 200 kg/m^3，则能量桩 8 h 雪量转化为降雪量水当量为 0.13 mm/h，与表 8-3 中能量桩的供热能力相近。

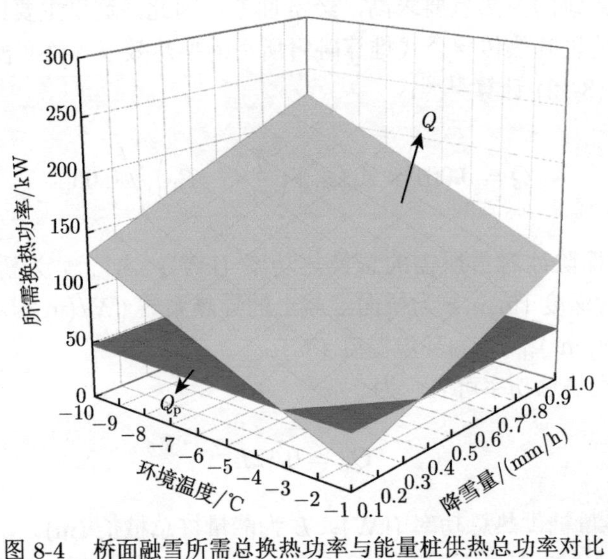

图 8-4　桥面融雪所需总换热功率与能量桩供热总功率对比

表 8-3　观凤桥能量桩供热比 Q_p/Q

降雪量/(mm/h)	环境温度/℃									
	−1	−2	−3	−4	−5	−6	−7	−8	−9	−10
0.1	2.2	1.4	1.0	0.8	0.7	0.6	0.5	0.5	0.4	0.4
0.2	1.5	1.1	0.9	0.7	0.6	0.5	0.5	0.4	0.4	0.3
0.3	1.2	0.9	0.7	0.6	0.5	0.5	0.4	0.4	0.3	0.3
0.4	0.9	0.8	0.6	0.5	0.5	0.4	0.4	0.3	0.3	0.3
0.5	0.8	0.7	0.6	0.5	0.4	0.4	0.4	0.3	0.3	0.3
0.6	0.7	0.6	0.5	0.4	0.4	0.4	0.3	0.3	0.3	0.3
0.7	0.6	0.5	0.5	0.4	0.4	0.3	0.3	0.3	0.3	0.2
0.8	0.5	0.5	0.4	0.4	0.3	0.3	0.3	0.3	0.3	0.2
0.9	0.5	0.4	0.4	0.3	0.3	0.3	0.3	0.3	0.2	0.2
1.0	0.4	0.4	0.4	0.3	0.3	0.3	0.3	0.2	0.2	0.2

表 8-4 观凤桥桥面融雪所需外部热源总功率 (单位：kW)

降雪量/(mm/h)	环境温度/℃									
	−1	−2	−3	−4	−5	−6	−7	−8	−9	−10
0.1	0.0	0.0	0.0	10.1	22.1	34.2	46.3	58.3	70.4	82.5
0.2	0.0	0.0	8.0	20.2	32.3	44.4	56.5	68.7	80.8	92.9
0.3	0.0	5.9	18.1	30.3	42.4	54.6	66.8	79.0	91.2	103.4
0.4	3.6	15.8	28.1	40.3	52.6	64.8	77.1	89.3	101.6	113.8
0.5	13.5	25.8	38.1	50.4	62.7	75.0	87.3	99.6	112.0	124.3
0.6	23.4	35.8	48.1	60.5	72.9	85.2	97.6	110.0	122.3	134.7
0.7	33.3	45.7	58.2	70.6	83.0	95.4	107.9	120.3	132.7	145.2
0.8	43.2	55.7	68.2	80.7	93.2	105.7	118.1	130.6	143.1	155.6
0.9	53.1	65.7	78.2	90.8	103.3	115.9	128.4	141.0	153.5	166.1
1.0	63.0	75.6	88.2	100.8	113.5	126.1	138.7	151.3	163.9	176.5

图 8-5 桥面单根能量桩的融雪试验效果照片

(a) 0 h；(b) 3 h；(c) 7 h；(d) 17 h；(e) 25 h；(f) 27 h[132]

8.3 能量桩桥墩混凝土温度控制

8.3.1 工程背景

在高海拔地区公路/铁路建设中，大体积混凝土应用过程中，水泥产生的水化热会导致混凝土结构收缩变形，造成混凝土开裂。高海拔地区年平均气温较低，昼夜温差较大，恶劣的养护环境极大地加剧了混凝土的塑性收缩。因此，对于高海拔地区的桥墩，桥墩向阳面在太阳的暴晒下温度高于背阳面，桥墩两侧产生的温差导致桥墩混凝土开裂；对桥墩的正常使用造成的威胁，影响桥墩的安全性及耐久性。因此，高海拔地区可以通过主动在桩基、桥墩墩身混凝土内部预先布设温度调控系统，通过控制水温减小桥墩两侧因日照引起的温度差或者混凝土内外部温差，降低峰值温度，最大限度降低温度拉应力，最小化温度变化对混凝土造成的损伤。

四川省甘孜藏族自治州理塘县内的理塘河特大桥，应用能量桩桥墩混凝土温度控制技术，通过在桥墩、承台、桩基础内埋设换热管，形成施工水化热及运维阶段的桥墩混凝土全寿命温度调控系统。工程位置、桥墩施工现场及示意图如图 8-6 所示。

图 8-6　桥墩温控系统

(a) 桥墩位置；(b) 现场施工图；(c) 温控系统布置示意图

8.3.2 桥墩温度调控系统设计与施工

1. 应用环境

桥墩所处的环境为高原型季风气候，复杂多样，冬季干冷漫长，暖季温凉短暂，具体表现为高海拔 (平均海拔高于 3800 m)、昼夜温差大、日照多、辐射强、积温少、大风多。

2. 温度调控系统设计

温度调控系统的设计内容包括桥墩换热系统、能量桩换热系统、水泵控制系统、数据监测与采集系统。桥墩温度调控系统包括以下各个部分：

(1) 桥墩换热系统：采用 25 mm 的 PE 管作为换热管，并于 PE 管外侧外套 40 mm 软管或者波纹管。水管有两个方面的作用，一方面是在桥墩混凝土浇筑完成后，会经历一段时间的水化热释放过程。在此过程中，向预埋于桥墩钢筋笼内的 PE 管内通水，水温的选择根据浇筑季节而定，与混凝土温差不宜过大，由此可以使得混凝土与 PE 管进行换热，水吸收热量后，流出桥墩，从而起到减小混凝土桥墩水化热引起的峰值温度过大的问题，并减少混凝土因温差过大引起的混凝土拉应变问题，减小混凝土在水化热过程产生的开裂风险。另一方面则是改善桥墩因长时间日照和桥墩两侧向阳侧、背阳侧差异引起的桥墩混凝土表面温差过大问题。温差过大往往会导致桥墩混凝土产生开裂，从而影响桥墩的正常使用或者使用年限问题。通过温度传感器的监测，当发现桥墩向阳面和背阳面温差过大时，向 PE 管内通水，通过水流循环的过程，使桥墩两侧温差消除或减小到合适的温差范围内。

(2) 能量桩换热系统：与地面上不断变化的温度相比，桩基和承台所处的岩土体范围内，温度较为稳定，且与地表之上存在一定的温差；因此通过换热管一方面可以提取浅层地热能，另一方面可以将多余的热量存储于岩土体内。因此，将换热管埋于桩基和承台钢筋笼内，将换热管与水泵控制系统相连，并通过水阀控制水流与桥墩墩身换热管的连通。一方面桥墩传递给桥墩内换热管的热量可以通过水阀与桩基和承台内换热管，传递给地下岩土体进行储存；另一方面可以通过水流提取地下岩土体的热量，传递给桥墩混凝土，以平衡因日照引起的温差。

(3) 水泵控制系统：主要包括水泵、流量计、水阀和温度计。水泵的目的是完成桩基和桥墩内换热管内水流的正常循环。通过流量计来观测水流量大小，以此推断换热管内的流速大小。水阀包括总水阀和分水阀，其中总水阀控制着桩基换水水管内水流与桥墩内换热管的连通，分水阀分别设置于桩基换热管入口处和桥墩换热管入口处，分别控制相应换热管内水流的流通。温度计用以观测桩基内换热管、桥墩换热管入水口和出水口的温度大小，通过出、入水口温度的差值可以用来判断换热的情况。通过水泵控制系统，可以实现控制桩基、桥墩内水流换热与否的目的。

(4) 数据监测与采集系统：主要包括数据监测部分和数据采集部分。数据监测部分通过混凝土温度计和应变计，采集桥墩、桩基、承台等结构在混凝土释放过程、后续使用过程中的温度变化和应变变化情况。一方面可以分析大体积混凝土的水化热过程；另一方面可以分析不同季节温度下的桥墩温差大小情况，判断桥墩开裂风险最大的时间段或者季节。除此之外，可以通过应变进一步分析桥墩内混凝土发展情况。数据采集部分主要通过数据自动收发器，实现数据自定义间隔时间自动采集和记录。

3. 能量桩的设计与施工

能量桩的施工以旋挖钻孔灌注桩施工为基础，施工工艺流程如下：

(1) 首先进行换热管的绑扎，包括串联双 U 型和螺旋型两种埋管形式，将换热管绑扎在钢筋笼的纵向钢筋和箍筋上，并通过扎带和铁丝进行固定，绑扎换热管如图 8-7(a) 所示。

(2) 绑扎土压力计、混凝土应变计和温度计、护线管：通过应变计和温度计来观测混凝土初凝及终凝过程的水化热变化情况和桩体变形情况，也可以记录之后换热过程中桩体的温度及变形情况和规律。通过土压力计测量桩—土界面的土压力大小。绑扎护线管：由于桩体内的混凝土应变计和温度计的传感线会和混凝土相接触，在传感线外侧绑扎上一圈 PE 管，防止在灌注混凝土的过程中对传感线造成损伤，从而影响数据的采集和记录，如图 8-7(b) 所示。

(3) 桩孔成孔：安装钻机并根据现场的地质条件选择合适的钻头，在桩孔定位完成后，设置护筒，主要采用下埋式钢筒，之后根据地质条件选择合适的钻进速度进行成孔，钻进过程采用泥浆护壁，即利用钻进过程钻头对泥土的搅拌作用自然造浆，泥浆在循环过程中在孔壁表面形成泥皮，它和泥浆的自重对桩孔孔壁起到保护作用，防止孔壁的坍塌，如图 8-7(c) 所示。此外，现场还设置了泥浆循环系统，主要由泥浆池、泥浆循环槽、沉淀池和泥浆泵等组成。在钻孔成型后，还需要对桩孔进行清孔。

(4) 带有换热管的钢筋笼吊放：在桩孔成型与第一次清孔完成后，进行钢筋笼的吊放与混凝土的浇筑如图 8-7(d) 所示。首先，钢筋笼在吊放入孔时，应对准孔位中心吊放，缓慢下孔。由于桩长较长，钢筋笼设置了两段甚至三段，进行分段吊放，需要进行两端钢筋笼之间的连接。当钢筋笼全部下放完成后，需要吊放导管，待导管全部入孔后，核实导管数量，并进行二次清孔。

(5) 桩体混凝土浇筑：混凝土沿导管从桩底部向上填充，且此过程不可中断，浇筑注一定数量后，应上下提动导管，防止存在桩内混凝土的堵塞和填充空缺

(图 8-7(e))。混凝土浇筑完成后，利用钻机拔起护筒，并将桩体上部未浇筑注混凝土部分利用场内开挖出的泥土、碎渣等进行回填，混凝土浇筑注完成如图 8-7(f) 所示。

(a) (b) (c)

(d) (e) (f)

图 8-7 能量桩施工过程

(a) 绑扎换热管；(b) 传感器布置；(c) 桩孔成孔；(d) 钢筋笼吊放；(e) 混凝土浇筑；(f) 浇筑完成

4. 承台的设计与施工

承台的主要施工流程为基坑处理、管线预埋、垫层铺设、钢筋绑扎、换热管绑扎、模板安装、混凝土浇筑、模板拆除等，现场施工情况如图 8-8 所示。

(1) 首先进行基坑的开挖，需要根据设计要求进行合理的开挖深度和坡度控制，采取挡土墙或支撑结构等支护措施，以确保基坑的稳定。基坑开挖完毕后，进行桩头混凝土的破除，留出规定的钢筋锚固长度，这部分钢筋能够延伸到承台中，与新钢筋交接，共同形成一体，从而提高桩的整体性能和承载力。

(2) 为避免换热管线从承台和桥墩贯穿混凝土表面，减少管线对混凝土性能和外观的影响，所有换热管线和传感器线均从承台下方的垫层进行排线，预留好传感器和管线长度，铺设在垫层下方，然后进行垫层的铺设，确保管线均在垫层下方，不影响后续钢筋的绑扎。

(3) 绑扎承台钢筋、换热管及传感器：在垫层上进行承台钢筋的绑扎，首先进行底层的钢筋铺设和绑扎。然后进行桩基和承台换热管的热熔连接，在钢筋绑扎完成后，进行传感器和换热管的绑扎。应注意对传感器管线的保护，避免混凝土浇筑时对传感器的破坏。

(4) 承台模板安装、承台混凝土浇筑及拆模：在钢筋绑扎结束之后，需在外侧钢筋上绑扎垫块，方便后续模板的安装。通过吊装钢模板，将其固定在承台钢筋外侧，并用螺栓固定。通过混凝土泵车对承台进行混凝土浇筑，并用振动泵使混凝土内部均匀，最后对承台上表面进行找平，并铺设一侧塑料薄膜进行保湿；混凝土拆模时间应在混凝土初始硬化后 24~48 h。

(a)　(b)　(c)　(d)

图 8-8　承台施工过程

(a) 基坑开挖；(b) 基坑处理；(c) 承台钢筋施工；(d) 承台立模、浇筑及拆模

5. 桥墩内换热管的布置与施工

桥墩的主要施工流程为钢筋、换热管及传感器的绑扎；桥墩立模、浇筑及拆模；土工布保温养护等。

(1) 桥墩钢筋、换热管及传感器的绑扎：桥墩需要进行分段绑扎和立模，首先进行底部钢筋的绑扎，在钢筋内侧进行换热管和传感器的绑扎，如图 8-9(a) 和 (b) 所示。

(2) 桥墩立模、浇筑及土工布保护：桥墩下层绑扎完毕后，进行下层模板的安装，接着对扩口处的钢筋进行绑扎，再进行上层模板的安装；之后通过混凝土泵车对墩身进行浇筑，并用振动泵使混凝土内部均匀；最后对承台上表面进行找平。在混凝土上表面铺上一层塑料薄膜，以保证湿度和防止干燥。混凝土拆模时间应在混凝土初始硬化后 24~48 h。对混凝土进行拆模时，应注意边拆边铺设土工布，土工布里面需铺设一层塑料薄膜，以保证湿度，如图 8-9(c) 所示。

(a) (b) (c)

图 8-9 桥墩施工过程

(a) 桥墩钢筋绑扎；(b) 换热管及传感器的绑扎；(c) 桥墩立模、浇筑及土工布保护

8.3.3 应用效果与分析

通过在桩基和承台中埋设的换热管来减小桥墩混凝土阴阳两面的温差，根据桥墩受太阳辐射的影响，设置水泵运行时间为 8 时至 18 时 30 分。本次试验从 2023 年 10 月 1 日零时至 2023 年 10 月 8 日零时对桥墩的阴阳面的混凝土温度、进出口水温和现场温度进行监测。桥墩阴阳面混凝土温度变化、进出口水温及环境温度变化如图 8-10 所示。由图 8-10(a) 可知，桥墩的最低温度一般出现在每日 8 时至 9 时，之后由于太阳辐射的原因，桥墩温度开始升高，阴面混凝土温度一般在每日 16 时左右达到最高，阳面混凝土温度一般在每日 19 时左右达到最高；桥墩的阴面混凝土温度变化较小，且换热系统对其影响较小，最大的温差仅为 0.9℃；处于阳面的桥墩混凝土温度幅度变化较大，换热系统能够起到减小阳面温差的效果，最大能够减少 4.3℃，能够减小阳面桥墩混凝土的温度变化幅度。由图 8-10(b) 可知，进出口水温由于桥墩温度的不断升高而升高。

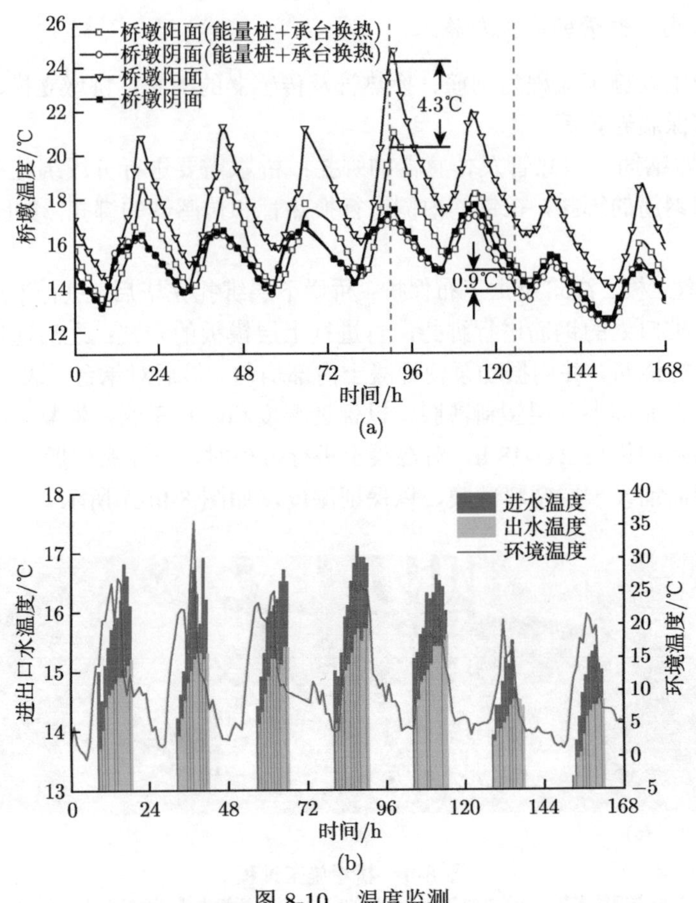

(a)

(b)

图 8-10 温度监测

(a) 桥墩阴阳面温度变化；(b) 进出口水温及环境温度变化

8.4 能量桩建筑供暖/制冷

8.4.1 工程背景

能量桩热泵系统通过输入少量电能从地下土层环境中提取出来浅层地热能，为上部建 (构) 筑物供暖/制冷。著者团队近年来依托多地能量桩热泵系统工程，探讨能量桩为建筑供能的技术可行性，以三峡大学水科学与工程楼、黄河实验室坝道工程医院 (平舆县) 中试基地绿色建筑和重庆大学溧阳智慧城市研究院专家楼为代表，进行相关研究，旨在建立综合、高效、廉价的能够满足建筑物供暖/制冷需求的能源体系，提高能源资源利用效率，推动可再生能源利用、降低建筑碳排放，如图 8-11 所示。

(a)

(b)　　　　(c)

图 8-11　能量桩建筑供暖/制冷

(a) 三峡大学水科学与工程楼；(b) 黄河实验室坝道工程医院 (平舆县) 中试基地绿色建筑；(c) 重庆大学溧阳智慧城市研究院专家楼

8.4.2　建筑能源需求计算

1. 计算参数信息

以重庆大学溧阳智慧城市研究院专家楼为设计对象，该项目位于江苏省常州市溧阳市城西新城龙湫湖公园西岸，其位于北纬 31.80°、东经 120.00°，海拔 5.00 m，属于夏热冬冷 A 地区。

该专家楼设计为地上两层的独立基础框架结构。建筑朝向东偏北 4.06°，建筑总面积 306.89 m^2，建筑功能分区包括餐厅、卧室、办公及会议室等，每个不同的功能分区对应不同的冷热负荷。在进行建筑和围护结构设计时，代表城市的建筑热工设计分区应根据《公共建筑节能设计标准》GB 50189—2015[138] 确定。

2. 耗电量需求计算

根据《建筑节能与可再生能源利用通用规范》GB55015—2021[139]，在进行围护结构热工性能权衡判断时，应选择参照建筑作为比较，参照建筑是计算满足标准要求的全年供暖和空气调节能耗用的基准建筑。居住建筑和公共建筑的设计建筑和参照建筑全年供暖及制冷总耗电量计算应符合下列规定。

(1) 全年供暖和制冷总耗电量应按式 (8-15) 计算：

$$E = E_{\mathrm{H}} + E_{\mathrm{C}} \tag{8-15}$$

式中，E 为建筑物供暖和制冷总耗电量 ($\mathrm{kW\cdot h/m^2}$)；E_{C} 为建筑物制冷耗电量 ($\mathrm{kW\cdot h/m^2}$)；E_{H} 为建筑物供热耗电量 ($\mathrm{kW\cdot h/m^2}$)。

(2) 全年制冷耗电量应按式 (8-16) 计算：

$$E = \frac{Q_{\mathrm{C}}}{A \times \mathrm{COP_C}} \tag{8-16}$$

式中，Q_{C} 为全年累计耗冷量 ($\mathrm{kW\cdot h}$)，通过动态模拟软件计算得到；A 为总建筑面积 ($\mathrm{m^2}$)；$\mathrm{COP_C}$ 为公共建筑制冷系统综合性能系数，取 3.50，寒冷 B 区、夏热冬冷、夏热冬暖地区居住建筑 $\mathrm{COP_C}$ 取 3.60。

(3) 严寒地区和寒冷地区全年供暖耗电量应按式 (8-17) 计算：

$$E_{\mathrm{H}} = \frac{Q_{\mathrm{H}}}{A\eta_1 q_1 q_2} \tag{8-17}$$

式中，Q_{H} 为全年累计耗热量 ($\mathrm{kW\cdot h}$)，通过动态模拟软件计算得到；η_1 为燃煤锅炉作热源的供暖系统综合效率，取 0.81；q_1 为标准煤热值，取 8.14 $\mathrm{kW\cdot h/kgce}$；q_2 为综合发电煤耗 ($\mathrm{kgce/(kW\cdot h)}$)，取 0.330 $\mathrm{kgce/(kW\cdot h)}$。

(4) 夏热冬暖 A 区、夏热冬冷、夏热冬暖及温和地区公共建筑全年供暖耗电量应按式 (8-18) 计算：

$$E_{\mathrm{H}} = \frac{Q_{\mathrm{H}}}{A\eta_2 q_3 q_2}\varphi \tag{8-18}$$

式中，η_2 为热源是燃气锅炉的供暖系统综合效率，取 0.85；q_3 为标准天然气热值，取 9.87 $\mathrm{kW\cdot h/m^3}$；φ 为天然气的折标煤系数，取 1.21 $\mathrm{kgce/m^3}$。

(5) 夏热冬暖 A 区、夏热冬冷及温和地区居住建筑全年供暖耗电量应按式 (8-19) 计算：

$$E_{\mathrm{C}}=\frac{Q_{\mathrm{H}}}{A\times \mathrm{COP}_{\mathrm{H}}} \tag{8-19}$$

式中，Q_{H} 为全年累计耗热量 (kW·h)，通过动态模拟软件得到；A 为建筑总面积 (m^2)；$\mathrm{COP}_{\mathrm{H}}$ 为供暖系统综合性能系数，取 2.60。

(6) 居住建筑应计入全年的供暖能耗；制冷能耗只计入日平均温度高于 26℃ 时的能耗。严寒、寒冷 A、温和 A 区只计入供暖能耗；寒冷 B、夏热冬冷、夏热冬暖 A 区计入供暖和制冷能耗，夏热冬暖 B 区只计入制冷能耗。

对建筑上下两层进行功能分区，并将需要供暖/制冷的房间进行数学模型上的简化。对简化后的建筑各部分的具体功能及面积进行统计整理并参考规范推荐值，可得到建筑初步估算的冷/热负荷值见表 8-5。

表 8-5　12# 专家楼冷/热负荷指标参考值

编号	名称	总面积/m^2	冷负荷指标/($\mathrm{W/m}^2$)	冷负荷值/kW	热负荷指标/($\mathrm{W/m}^2$)	热负荷值/kW
1	卧室	104.88	120~150	12.59~15.73	100~125	10.48~13.11
2	大厅、过厅及卫生间等	100.09	70~100	7.01~10.01	45~70	4.51~7.01
3	中厨及餐厅	28.24	150~250	4.24~7.06	115~140	3.25~3.96
4	活动室	14.44	100~160	1.44~2.31	90~115	1.30~3.25
5	办公及会议室	27.54	120~160	3.30~4.41	60~80	1.66~2.21

由表 8-5 可知，建筑冷负荷需求值为 28.58~39.52 kW，取平均值为 34.05 kW；对应的热负荷需求值为 21.20~29.54 kW，取平均值为 25.37 kW。

采用 PBECA 建筑节能设计分析软件，可以得到建筑的建筑累计负荷结果见表 8-6。

表 8-6　累计负荷计算结果

建筑类别/负荷种类	制冷累计负荷/(kW·h)	供暖累计负荷/(kW·h)
设计建筑	15724.36	8945.08
参照建筑	15665.20	9485.84

依据以上建筑全年累计负荷计算结果与所给参数，计算得到该建筑物的全年制冷和供暖耗电量结果见表 8-7。

表 8-7　全年制冷和供暖耗电量

建筑类别/负荷种类	全年制冷耗电量/(kW·h)	全年供暖耗电量/(kW·h)
设计建筑	4492.67	3909.49
参照建筑	4475.77	4145.83

建筑的单位面积的全年制冷和供暖耗电量结果见表 8-8。

表 8-8　建筑单位面积的全年制冷供暖耗电指标

计算结果	设计建筑单位面积耗电量/$(kW \cdot h/m^2)$	参照建筑单位面积耗电量/$(kW \cdot h/m^2)$
全年耗电量	27.38	28.09

8.4.3　能量桩热泵系统设计与计算

能量桩热泵系统在建筑物供暖/制冷时宜优先采用能量桩获取浅层地热能，当能量桩提取的能量不足以支撑建筑物能源需求时补充一定数量的钻孔埋管换热器。

根据《公共建筑节能设计标准》GB50189—2015[138] 和《建筑节能与可再生能源利用通用规范》GB55015—2021[139]，地源热泵系统的设计应符合以下规定：

(1) 系统方案设计前，应进行工程场地状况调查，对浅层地热能资源进行勘查，确定地源热泵系统实施的可行性与经济性。当地源热泵系统的应用建筑面积大于或等于 5000 m^2 时，应进行现场岩土热响应试验。

(2) 系统设计应进行所负担建筑物全年动态负荷及吸、排热量计算，最小计算周期应不小于 1 年。建筑面积 50000 m^2 以上大规模地埋管地源热泵系统，应进行 10 年以上地源侧热平衡计算。

(3) 公共建筑地源热泵系统设计时，应进行全年动态负荷与系统取热量、释热量计算分析，确定地热能交换系统，并宜采用复合热交换系统。

(4) 地源热泵系统设计应选用高能效水源热泵机组，并宜采取降低循环水泵输送能耗等节能措施，提高地源热泵系统的能效。

(5) 水源热泵机组性能应满足地热能交换系统运行参数的要求，末端供暖/制冷设备选择应与水源热泵机组运行参数相匹配。

(6) 有稳定热水需求的公共建筑，宜根据负荷特点，采用部分或全部热回收型水源热泵机组。全年供热水时，应选用全部热回收型水源热泵机组或水源热水机组。

选用能量桩作为钻孔埋管换热器时，其提供的换热值按式 (8-20) 计算：

$$Q = \frac{qln}{\eta} \tag{8-20}$$

式中，Q 为能量桩群桩提供的总换热效率值 (kW)；q 为能量桩单桩每延米的换热效率值 (W/m)；l 为桩长 (m)；n 为能量桩群桩中单桩的总数；η 为因孔间距而可能产生的热堆积系数，按照经验值取值 1.15。

当能量桩热泵系统提供的换热值不能满足建筑所需耗电量时，可以选择设置其他形式的钻孔埋管换热器作为能源补充。根据《地源热泵系统工程技术规范》GB50366—2005[140]，在设计地源热泵系统时应符合以下规定：

(1) 钻孔埋管换热系统设计应进行全年动态负荷计算，最小计算周期宜为 1 年。计算周期内，地源热泵系统总释热量宜与其总吸热量相平衡。

(2) 钻孔埋管换热器换热量应满足地源热泵系统最大吸热量或释热量的要求。在技术经济合理时，可辅助热源或冷却源与钻孔埋管换热器并用的调峰形式。

(3) 钻孔埋管换热器应根据可使用地面面积、工程勘查结果及挖掘成本等因素确定埋管方式。

(4) 当钻孔埋管地源热泵系统的应用建筑面积在 5000 m^2 以上时，或实施了岩土热响应试验的项目，应利用岩土热响应试验结果进行钻孔埋管换热器的设计，且宜符合下列要求：

(a) 夏季运行期间，钻孔埋管换热器出口最高温度宜低于 33℃；

(b) 冬季运行期间，不添加防冻剂的钻孔埋管换热器进口最低温度宜高于 4℃。

(5) 钻孔埋管换热器设计计算时，环路集管不应包括在钻孔埋管换热器长度内。

(6) 钻孔埋管换热器埋管深度宜大于 20 m，钻孔孔径不宜小于 0.11 m，钻孔间距应满足换热需要，间距宜为 3~6 m。水平连接管的深度应在冻土层以下 0.6 m，且距地面不宜小于 1.5 m。

钻孔埋管换热器设计计算宜根据现场实测岩土体及回填料热物性参数，采用专用软件进行。钻孔埋管换热器的设计也可按下列方法进行计算。

(1) 钻孔埋管换热器的热阻计算宜符合下列要求：

(a) 传热介质与 U 型管内壁的对流换热热阻可按式 (8-21) 计算：

$$R_{\mathrm{f}} = \frac{1}{\pi d_{\mathrm{i}} K} \tag{8-21}$$

式中，R_{f} 为传热介质与 U 型管内壁的对流换热热阻 (m·K/W)；d_{i} 为 U 型管的内径 (m)；K 为传热介质与 U 型管内壁的对流换热系数 (W/(m^2·K))。

(b) U 型管的管壁热阻可按式 (8-22) 和式 (8-23) 计算：

$$R_{\mathrm{pe}} = \frac{1}{2\pi\lambda_{\mathrm{p}}} \ln\left(\frac{d_{\mathrm{e}}}{d_{\mathrm{e}} - (d_{\mathrm{o}} - d_{\mathrm{i}})}\right) \tag{8-22}$$

$$d_{\mathrm{e}} = \sqrt{n} d_{\mathrm{o}} \tag{8-23}$$

式中，R_{pe} 为 U 型管的管壁热阻 (m·K/W)；λ_{p} 为 U 型管导热系数 (W/(m·K))；d_{o} 为 U 型管的外径 (m)；d_{e} 为 U 型管的当量直径 (m)；对于单 U 型管，$n=2$；对于双 U 型管，$n=4$。

(c) 钻孔灌浆回填材料的热阻可按式 (8-24) 计算：

$$R_{\mathrm{b}}=\frac{1}{2\pi\lambda_{\mathrm{b}}}\ln\left(\frac{d_{\mathrm{b}}}{d_{\mathrm{e}}}\right) \tag{8-24}$$

式中，R_{b} 为钻孔灌浆回填材料的热阻 (m·K/W)；λ_{b} 为灌浆材料的导热系数 (W/(m·K))；d_{b} 为钻孔的直径 (m)。

(d) 地层热阻，即从孔壁到无穷远处的热阻可按下列公式计算。

对于单个钻孔：

$$R_{\mathrm{s}}=\frac{1}{2\pi\lambda_{\mathrm{s}}}I\left(\frac{r_{\mathrm{b}}}{2\sqrt{ax}}\right) \tag{8-25}$$

$$I(u)=\frac{1}{2}\int_{u}^{\infty}\frac{\mathrm{e}^{-s}}{s}\mathrm{d}s \tag{8-26}$$

对于多个钻孔：

$$R_{\mathrm{s}}=\frac{1}{2\pi\lambda_{\mathrm{s}}}\left[I\left(\frac{r_{\mathrm{b}}}{2\sqrt{a\tau}}\right)+\sum_{i=1}^{N}I\left(\frac{x_i}{2\sqrt{a\tau}}\right)\right] \tag{8-27}$$

式中，R_{s} 为地层热阻 (m·K/W)；I 为指数积分公式，可按公式 (8-26) 计算；λ_{s} 为岩土体的平均导热系数 (W/(m·K))；a 为岩土体的热扩散率 (m^2/s)；r_{b} 为钻孔的半径 (m)；τ 为运行时间 (s)；x_i 为第 i 个钻孔与所计算钻孔之间的距离 (m)。

(e) 短期连续脉冲负荷引起的附加热阻可按式 (8-28) 计算：

$$R_{\mathrm{sp}}=\frac{1}{2\pi\lambda_{\mathrm{s}}}I\left(\frac{r_{\mathrm{b}}}{2\sqrt{a\tau_{\mathrm{p}}}}\right) \tag{8-28}$$

式中，R_{sp} 为短期连续脉冲负荷引起的附加热阻 (m·K/W)；τ_{p} 为短期脉冲负荷连续运行的时间。

(2) 钻孔埋管换热器钻孔的长度计算宜符合下列要求：

(a) 制冷工况下，钻孔埋管换热器钻孔的长度可按式 (8-29) 和式 (8-30) 计算：

$$L_{\mathrm{c}}=\frac{1000Q_{\mathrm{c}}[R_{\mathrm{f}}+R_{\mathrm{pe}}+R_{\mathrm{b}}+R_{\mathrm{s}}\times F_{\mathrm{c}}+R_{\mathrm{sp}}\times(1-F_{\mathrm{c}})]}{t_{\max}-t_{\infty}}\times\frac{\mathrm{EER}+1}{\mathrm{EER}} \tag{8-29}$$

$$F_{\mathrm{c}}=T_{\mathrm{c1}}/T_{\mathrm{c2}} \tag{8-30}$$

式中，L_c 为制冷工况下，钻孔埋管换热器所需钻孔的总长度 (m)；Q_c 为水源热泵机组的额定冷负荷 (kW)；EER 为水源热泵机组的制冷性能系数；t_{max} 为制冷工况下，钻孔埋管换热器中传热介质的设计平均温度，通常取 33~36℃；t_∞ 为埋管区域岩土体的初始温度 (℃)；F_c 为制冷运行份额；T_{c1} 为一个制冷季中水源热泵机组的运行小时数，当运行时间取一个月时，T_{c1} 为最热月份水源热泵机组的运行小时数；T_{c2} 为一个制冷季中的小时数，当运行时间取一个月时，T_{c2} 为最热月份的小时数。

(b) 供热工况下，钻孔埋管换热器钻孔的长度可按式 (8-31) 和式 (8-32) 计算：

$$L_h = \frac{1000Q_h[R_f + R_{pe} + R_b + R_s \times F_h + R_{sp} \times (1 - F_h)]}{t_\infty - t_{min}} \times \frac{COP - 1}{COP} \tag{8-31}$$

$$F_h = T_{h1}/T_{h2} \tag{8-32}$$

式中，L_h 为供热工况下，钻孔埋管换热器所需钻孔的总长度 (m)；Q_h 为水源热泵机组的额定热负荷 (kW)；COP 为水源热泵机组的供热性能系数；t_{min} 为供热工况下，钻孔埋管换热器中传热介质的设计平均温度，通常取 -2~6℃；F_h 为供热运行份额；T_{h1} 为一个供热季中水源热泵机组的运行小时数，当运行时间取一个月时，T_{h1} 为最冷月份水源热泵机组的运行小时数；T_{h2} 为一个供热季中的小时数，当运行时间取一个月时，T_{h2} 为最冷月份的小时数。

能量桩热泵系统设计时可以确定系统耗电量；除此之外，系统还需配备有水泵，保持换热液的循环流动。水泵选型主要根据其流量和扬程确定，水泵流量在选择时需要和热泵冷凝器水流量相匹配，水泵扬程选择时则遵循水力学中的水头平衡方程，即伯努利方程，可按照式 (8-33) 进行计算：

$$h = \frac{P_2 - P_1}{\rho g} + \frac{v_2^2 - v_1^2}{2g} + z_2 - z_1 \tag{8-33}$$

式中，h 为水泵扬程 (m)；P_2、P_1 对应水泵进/出口的压强 (Pa)；v_2、v_1 对应水泵进/出口的水流速 (m/s)；z_2、z_1 对应不同的楼层高 (m)；ρ 代表流体密度 (kg/m^3)。

建筑物下部一共布置有 20 根能量桩，采用 DN25 双 U 型埋管设计。能量桩每延米的换热量取 60 W/m，桩长 12 m、桩径 0.7 m。另在该建筑物周围布置 6 井深度为 100 m 的钻孔形成竖向钻孔埋管，采用双 U 型埋管形式，钻孔埋管每延米的换热效率值取 40 W/m，埋管间距为 4 m，水平地埋管顶部距地面 1 m。

由式 (8-20) 得能量桩群桩能提供的总换热效率值为

$$Q_1 = \frac{60 \times 12 \times 20}{1.15} = 12.52(\text{kW}) \tag{8-34}$$

钻孔埋管能够提供的负荷值为

$$Q_2 = 24 \text{ kW} \tag{8-35}$$

能量桩和竖向钻孔埋管总负荷值为

$$Q = Q_1 + Q_2 = 36.52 \text{ kW} \tag{8-36}$$

对热泵系统的耗电需求进行估算，12# 专家楼以冷负荷需求值 34.05 kW 进行设计。在进行相应的机组选型时，需考虑逐时负荷调节系数或者季节负荷调节系数 (仅考虑单个系数)，按经验值取值 0.8；两层楼不同功能分区的房间共同使用时，还存在着同时使用系数，按经验取值为 0.75。若仅考虑利用浅层地热能实现房间的供暖/制冷，则整个系统需配备的机组的冷负荷值为

$$34.05 \times 0.8 \times 0.75 = 20.43(\text{kW}) \tag{8-37}$$

进行如下选型设计：选用 MWSC050DRP 型分体式热泵机组三台 (两用一备)，相对应的室内机型号为 MWK050VP，分别嵌入于不同楼层 (类似于中央空调安装)，修建不同的风道，各房间系统独立控制。该机组对应的额定制冷量为 12.20 kW，制冷工况下的 COP 为 3.93；相应的额定制热量为 14.60 kW，制热工况下 COP 为 3.84。

在进行热泵机组及水泵选型后，建筑对应的在夏/冬季输入的电功率见表 8-9。

表 8-9　不同运行季节对应输入电功率

选型	输入电功率/kW	
	夏季	冬季
热泵机组：MWSC050DRP	3.10×2	3.80×2
用户侧水泵：ISW32-100	0.55×1	0.55×1
用户侧水泵：ISW32-160	1.50×1	1.50×1
地源侧水泵：ISW40-160	2.20×1	2.20×1
合计	10.45	11.85

8.4.4 应用效果与分析

以湖北宜昌地区 25 m^2 的建筑房间作为能源需求侧，以两根串联的能量桩为能源供给侧，构建能量桩热泵系统为既有建筑房间供暖/制冷。建筑主楼 15 层、副楼 5 层及架空层 4 层；以一间位于 2 楼的实验室为热负荷需求端，房间面积约为 25 m^2、层高 4.0 m。由于层高相对更高，因此单位面积的热负荷需求指数相应偏大。参考《民用建筑供暖通风与空气调节设计规范》(GB 50736—2012)，设

计阶段热负荷指标约为 200 W/m^2。在冬季工况下，开展能量桩热泵系统 24 h 不关机持续运行 (H-24)、16 h 运行-8 h 停机 (H-16)、12 h 运行-12 h 停机 (H-12) 试验。

建筑选用 McQuay 生产的分体式热泵机组，外机型号为 MWSC015DRP，内机型号为 MCC015WP，机组内的制冷剂为 A410a，额定制冷/热量分别为 3.60 kW 和 4.05 kW。外机作用相当于压缩机、蒸发器和冷凝器的集成，内机类似于风机作用；膨胀罐等配套设备主要是为了消除管道受热膨胀可能引起的潜在风险。

能量桩热泵系统持续运行与间歇运行条件下，室内温度随时间变化如图 8-12 所示。三组试验工况对应不同的环境温度，为了消除环境温度因素的干扰，引入温度改变率将其进行归一化处理，计算公式如式 (8-38)[141] 所示：

$$T_{\text{r-r}} = \frac{T_{\text{r}} - T_{\text{a}}}{T_{\text{a}}} \tag{8-38}$$

式中，$T_{\text{r-r}}$ 为温度改变率；T_{r}、T_{a} 分别为室内温度及环境温度 (℃)。

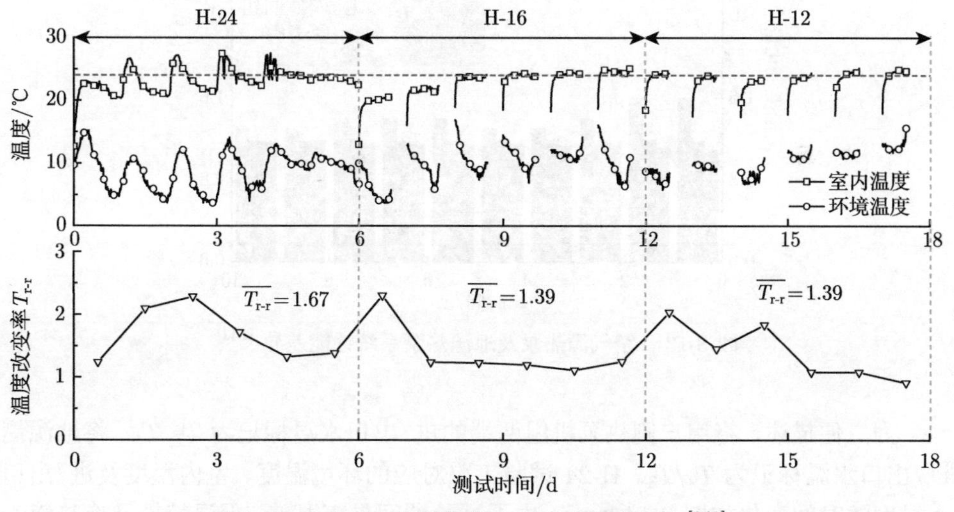

图 8-12 持续及间歇运行工况室内温度比较 [141]

由图 8-12 可知，H-16 和 H-12 试验条件下的平均 $T_{\text{r-r}}$ 相当，均约为 1.40，略小于 H-24 试验对应值 1.67。主要是因为 H-24 试验开展于冬季，H-16 及 H-12 试验开展于春季，H-24 试验条件下温度调节范围相对更大。同时，机组持续运行可频繁达到甚至超出预设温度值，间歇运行工况开启时间受到人为控制，在有限运行时间内机组可能还未达到预设温度，二者共同作用使得更大的平均 $T_{\text{r-r}}$ 对应出现于持续运行 H-24 工况。

H-24、BH-10 及 AC-10 等试验工况对应的室内温度变化如图 8-13 所示。选用的空气源热泵额定制热量为 4.07 kW，与热泵机组额定制热量相当，且悬挂高度均为离地 3.20 m；热泵机组对应连接 18.0 m 深度的两井钻孔，换热管类型同样也为 U 型和 W 型。在试验进行 2 h 左右，H-24 和 BH-10 试验工况对应的室内温度均达到了预设温度值，且逐渐趋向于稳定；AC-10 工况的对应值在试验 4.5 h 左右才达到相同的既定目标温度，表明 GSHP 相较于空气源热泵有着更快的启动速度。H-24 及 BH-10 试验工况下，耗电量均为 1.18 kW·h，较 AC-10 工况对应值 1.40 kW·h 减少约 15.7%。能量桩和钻孔埋管不同连接方式下，机组启动速度和每小时耗电量相当，但能量桩不需要额外的钻孔费用，能减少工期，一定程度上更体现出能量桩的经济性优势。

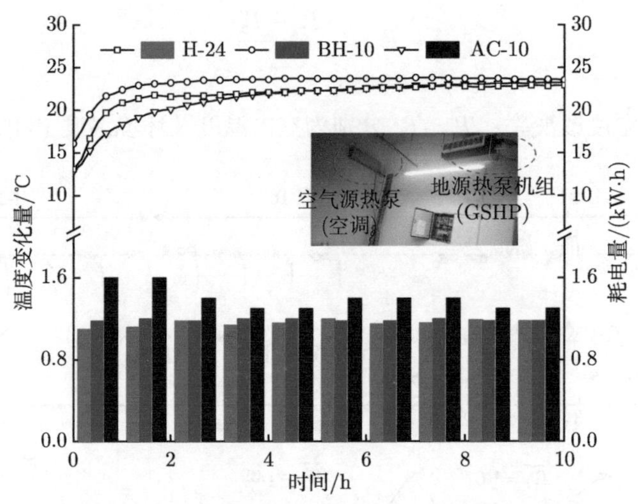

图 8-13　空气源热泵及地源热泵系统性能差异 [141]

为方便描述，将用户侧热泵机组两端的进/出口水温标记为 T_1/T_4；将地源侧进/出口水温标记为 T_2/T_3。H-24 试验工况对应的环境温度、室内温度及进/出口水温度随时间变化如图 8-14 所示：由于试验期间昼夜温差、保温特性及换热液为湍流流动等影响，温度变化曲线呈现一定的波动。为了更好地节省电能，系统中选定的热泵机组存在着启停效应，即当室内温度达到预设温度时，机组将停止运行，至室温再次升高超过预设温度时将再次启动。

由图 8-14 可知，冬季工况下，T_1 平均高出 T_2 约 0.90℃，T_3 平均高出 T_4 约 0.30℃。忽略系统传递过程中的热损失，热泵机组改变的室内热量约等于能量桩热泵系统运行过程中与桩周土体交换的热量；以能量桩进、出口侧的水温作为计算基准值，来评测整个系统的换热效率及能效比。能量桩热泵系统运行能效比为换热效率与系统总耗电量的比值，如式 (8-39) 计算：

$$
\mathrm{COP}=\frac{Q}{W_{\mathrm{sys}}} \tag{8-39}
$$

式中，Q 为能量桩换热效率 (kW)；W_{sys} 为系统的总耗电量，包括热泵机组和循环水泵。

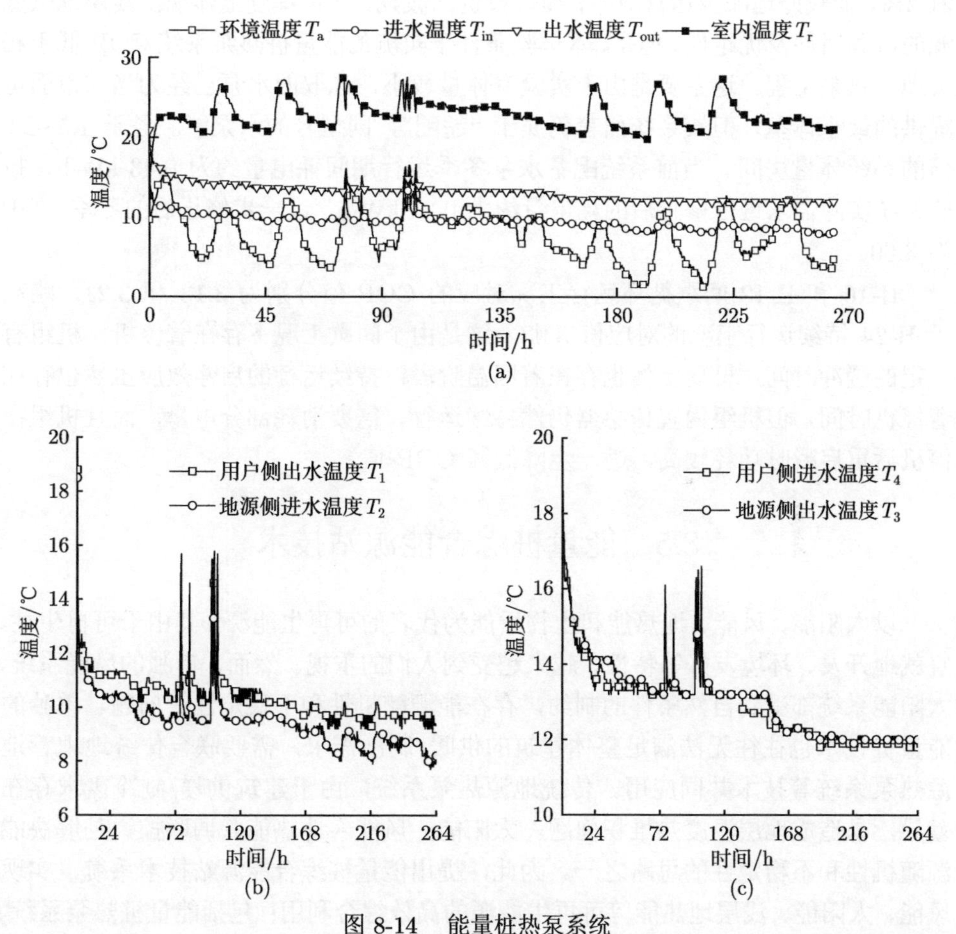

图 8-14　能量桩热泵系统

(a) 运行环境温度、室内温度及进/出口水温度；(b) 用户侧出水温度及地源侧进水温度；(c) 用户侧进水温度及地源侧出水温度

由式 (8-39) 计算可得，能量桩热泵系统在冬季 H-24 工况下的 COP 为 3.03，小于制造商给定值 4.71。一方面，制造商测试过程也为模拟试验，仅考虑进/出口水温差及对应耗电量；系统在实际运行过程中，热泵机组内机在供暖工况下首先释放冷风，待发动机完全工作后才会逐渐转为暖风，这部分耗电量偏大；且机组

在停机后重启瞬间，为了克服启动压缩机的扭力，瞬时功耗较高，进一步降低其 COP 值。另一方面，制造商对应的进口水温边界条件为 20℃，而系统真实运行环境下的对应值为 13.08℃；在热泵机组允许进口水温阈值内，冬季更高的进口水温能带走室内更多的冷量，进一步加大了实际运行与额定值间的差别。

《房间空气调节器》(GB/T 7725—2022)[142] 给定的空气源热泵相关 COP 规范值为 2.50~2.70，实测能量桩热泵系统冬季运行 COP 值 3.03 较之提升 12.2%~21.2%，能较好地减少运营成本，缩短投资回收期，一定程度上体现出浅层地热能源的可利用性及优越性。但是，本试验条件下实测的能量桩热泵系统 COP 低于相关地源热泵工程。这主要是由于实验室体量较小，选取的水泵已经为当前市面可提供的最小体型，但较系统而言仍属于“超配”，同型号的水泵能服务于 1.5~2.0 倍的系统体量房间。当前系统配备水泵冬季运行期间耗电量约为 0.43 kW·h，按照系统实际需求进行修正后的耗电量约为 0.24 kW·h，进一步修正后的冬季 COP 为 3.60。

H-16 和 H-12 间歇循环运行工况对应的 COP 值分别为 3.13 和 3.21，略高于 H-24 持续运行工况的对应值 3.03。这是由于间歇工况下存在着停机，机组有一定的缓冲时间，桩周土体也存在着回温阶段；持续运行的启停效应虽然也存在着停机时间，但机组内置传感器仍然持续运行，需要消耗部分电量，而且机组在停机后重启瞬时功耗较高，进一步降低其 COP 值。

8.5 能量桩综合能源站技术

以太阳能、风能、地热能和生物质能为代表的可再生能源，其由于可再生性、宜就地开发、环境友好等特性，越来越受到人们的重视。然而，单独的风能系统、太阳能系统都受到自然条件的制约，存在能源随机性和不稳定性等问题。单独的能量桩技术也往往无法满足整体建筑的供暖/制冷需求，需要联合传统地埋管地源热泵系统等技术共同应用。传统地源热泵系统，由于建筑供暖/制冷需求存在差异，易造成地层温度热堆积问题。太阳能—风能—地热能联调联控，是解决能源随机性和不稳定性的思路之一。为此，提出能量桩综合能源站技术系统，实现风能、太阳能、浅层地热能等可再生能源的高效综合利用；包括能量桩热泵系统、风—光互补发电系统，以及地下热能存储系统等部分 (图 8-15)，旨在为超低能耗或零碳建筑物提供技术支撑。

(1) 能量桩热泵系统：能量桩作为浅层地热能利用的媒介，与热泵机组配合使用，形成能量桩热泵系统；包括地下换热器回路、制冷剂回路和室内环境回路三部分，具有运行成本低、四季运行稳定、效果好等优点。

(2) 风—光互补发电系统：该系统为能量桩热泵系统提供较为稳定的电力需

求。风能和太阳能在季节和日夜上又有着很好的互补性；全年角度看，太阳能夏天比较充裕，风能则冬天丰富，全天角度看，太阳能充裕的晴朗日子，风力通常较差；阴雨天和夜晚，太阳能辐射弱和没有太阳辐射的日子，风速一般比较大。

(3) 地下储能系统 (太阳能跨季节储热)：结合水箱储热和埋管储热，构建地下储能系统。水箱储热作为短期储热系统、埋管储热作为长期储热系统媒介，埋管储热还要用作建筑物冷/热负荷的媒介，以提取利用浅层地热；从而可以有效解决太阳能在时间、空间上的供需不匹配，地层热堆积等问题，是提高太阳能利用率、建筑节能效益的关键技术之一。未来，随着技术的不断发展和优化，地下热能存储系统将在全球范围内发挥更大的作用，为解决能源供需不匹配、减少碳排放、降低能源成本等问题提供有效途径。

图 8-15 能量桩综合能源站技术原理图

8.6 本 章 小 结

本章介绍了著者团队近年来完成的典型能量桩工程应用，包括桥面除冰融雪、高海拔地区桥墩混凝土温度调控，以及建筑供暖/制冷等工程应用，并提出了能量桩综合能源站技术，可以得出如下几点结论：

(1) 依托于江阴市观凤路市政桥梁，开展了能量桩桥面除冰融雪现场试验，揭示了换热管位置对埋管式液体循环换热桥面板热力响应的影响机制，建立了桥面除冰融雪的能源需求计算方法，提出了能量桩桥面除冰融雪技术系统的设计方法。

(2) 高海拔地区的桥墩混凝土温控，可以通过在桩基、桥墩墩身混凝土内部预埋换热管，控制水温减小桥墩两侧因日照引起的温度差或者混凝土内外部温度差，降低峰值温度，最大限度降低温度拉应力，最小化温度变化对混凝土造成的损伤。

(3) 依托重庆大学溧阳智慧城市研究院建筑项目，通过能量桩和地埋管地源热泵系统提供建筑供暖/制冷能源，利用能源信息系统用以数据观测和系统运行维护，提出适用于超低能耗或零碳建筑的能量桩综合能源站技术方案：能量桩热泵系统、风—光互补发电系统、地下储能系统等多功能一体能源服务站，能量桩热泵系统兼具上部结构承载和热交换器双重功能；风—光互补发电系统为能量桩热泵系统提供电力需求，实现整体建筑能源的自给自足；地下储能系统能够实现多种可再生能源的协调互补，解决地层热平衡及建筑错峰能源需求问题。

主要参考文献

[1] 中华人民共和国国民经济和社会发展第十四个五年规划和 2035 年远景目标纲要 [N]. 人民日报, 2021-03-13.

[2] 国务院发展研究中心资源与环境政策研究所. 中国能源革命进展报告：能源消费革命 (2023)[R]. 北京, 2023.

[3] 中国石化经济技术研究院. 中国能源展望 2060[R]. 北京, 2022.

[4] 刘汉龙, 孔纲强, 吴宏伟. 能量桩工程应用研究进展及 PCC 能量桩技术开发 [J]. 岩土工程学报, 2014, 36(1): 176-181.

[5] 刘汉龙. 岩土工程技术创新方法与实践 [J]. 岩土工程学报, 2013, 35(1): 34-58.

[6] 桂树强, 程晓辉, 张志鹏. 地源热泵桩基与钻孔埋管换热器换热性能比较 [J]. 土木建筑与环境工程, 2013, 35(3): 151-156.

[7] Demars K R. Soil volume changes induced by temperature cycling[J]. Canadian Geotechnical Journal, 1982, 19(2): 188-194.

[8] Ng C W W, Wang S H, Zhou C. Volume change behaviour of saturated sand under thermal cycles[J]. Geotechnique Letters, 2016, 6: 1-8.

[9] Cekerevac C, Laloui L. Experimental study of thermal effects on the mechanical behaviour of a clay[J]. International Journal for Numerical and Analytical Methods in Geomechanics, 2004, 28(3): 209-228.

[10] Abuel-Naga H M, Bouazza A. Thermomechanical behavior of saturated geosynthetic clay liners[J]. Journal of Geotechnical and Geoenvironmental Engineering, 2013, 139(4): 539-547.

[11] Hueckel T, Pellegrini R, Del Olmo C. A constitutive study of thermo-elasto-plasticity of deep carbonatic clays[J]. International Journal for Numerical and Analytical Methods in Geomechanics, 1998, 22(7): 549-574.

[12] Laloui L, François B. ACMEG-T: Soil thermoplasticity model[J]. Journal of Engineering Mechanics, 2009, 135(9): 932-944.

[13] Laloui L, Cekerevac C. Thermo-plasticity of clays: An isotropic yield mechanism[J]. Computers and Geotechnics, 2003, 30(8): 649-660.

[14] Abuel-Naga H M, Bergado D T, Bouazza A, et al. Thermomechanical model for saturated clays[J]. Geotechnique, 2009, 59(3): 273-278.

[15] 姚仰平, 牛雷, 杨一帆, 等. 考虑温度影响的非饱和土本构模型 [J]. 岩土力学, 2011, 32(10): 2881-2888.

[16] Zhou C, Ng C W W. A thermomechanical model for saturated soil at small and large strains[J]. Canadian Geotechnical Journal, 2015, 52(8): 1101-1110.

[17] Xiao S G, Suleiman M T, McCartney J S. Shear behavior of silty soil and soil-structure interface under temperature effects[C]. Geo-Congress, 2014.

[18] Li C H, Kong G Q, Liu H L, et al. Effect of temperature on behaviour of red clay-structure interface[J]. Canadian Geotechnical Journal, 2019, 56(1): 126-134.

[19] Di Donna A, Ferrari A, Laloui L. Experimental investigations of the soil-concrete interface: physical mechanisms, cyclic mobilization and behaviour at different temperatures[J]. Canadian Geotechnical Journal, 2016, 53(4): 659-672.

[20] Maghsoodi S, Cuisinier O, Masrouri F. Thermal effects on the mechanical behaviour of the soil-structure interface[J]. Canadian Geotechnical Journal, 2019, 57(1): 32-47.

[21] Vasilescu R, Yin K, Fauchille A L, et al. Influence of thermal cycles on the deformation of soil-pile interface in energy piles[C]. E3S Web of Conferences, EDP Sciences, 2019, 92: 13004.

[22] Yavari N, Tang A, Pereira J, et al. Effect of temperature on the shear strength of soils and the soil-structure interface[J]. Canadian Geotechnical Journal, 2016, 53(7): 1186-1194.

[23] Yazdani S, Helwany S, Olgun G. Influence of temperature on soil-pile interface shear strength[J]. Geomechanics for Energy and the Environment, 2018, 18: 69-78.

[24] 王子阳, 邵卫云, 张仪萍. 考虑土壤分层的地源热泵圆柱面热源模型 [J]. 浙江大学学报 (工学版), 2013, 47(8): 1338-1345.

[25] Man Y, Yang H, Diao N, et al. A new model and analytical solutions for borehole and pile ground heat exchangers[J]. International Journal of Heat and Mass Transfer, 2010, 53(13): 2593-2601.

[26] Diao N R, Li Q Y, Fang Z H. Heat transfer in ground heat exchangers with groundwater advection[J]. International Journal of Thermal Sciences, 2004, 43(12): 1203-1211.

[27] Rivera J A, Blum P, Bayer P. Analytical simulation of groundwater flow and land surface effects on thermal plumes of borehole heat exchangers[J]. Applied Energy, 2015, 146: 421-433.

[28] Zhang W K, Zhang L H, Cui P, et al. The influence of groundwater seepage on the performance of ground source heat pump system with energy pile[J]. Applied Thermal Engineering, 2019, 162: 114217.

[29] Gao J, Zhang X, Liu J, et al. Numerical and experimental assessment of thermal performance of vertical energy piles: An application[J]. Applied Energy, 2008, 85(10): 901-910.

[30] Lee C K, Lam H N. A simplified model of energy pile for ground-source heat pump systems[J]. Energy, 2013, 55: 838-845.

[31] Loveridge F, Olgun C G, Brettmann T, et al. The thermal behaviour of three different auger pressure grouted piles used as heat exchangers[J]. Geotechnical and Geological Engineering, 2015, 33(2): 273-289.

[32] Kramer C A, Ghasemi-Fare O, Basu P. Laboratory thermal performance tests on a model heat exchanger pile in sand[J]. Geotechnical and Geological Engineering, 2015,

33(2): 253-271.

[33] Qu B, Liu T L, Gong C, et al. Investigation of microencapsulate phase change material-based energy pile group: Energy analysis and optimization design[J]. Journal of Cleaner Production, 2022, 381: 135204.

[34] Faizal M, Bouazza A, Singh R M. An experimental investigation of the influence of intermittent and continuous operating modes on the thermal behaviour of a full scale geothermal energy pile[J]. Geomechanics for Energy and the Environment, 2016, 8: 8-29.

[35] You S, Cheng X, Guo H, et al. In-situ experimental study of heat exchange capacity of CFG pile geothermal exchangers[J]. Energy and Buildings, 2014, 79: 23-31.

[36] Li S, Yang W, Zhang X. Soil temperature distribution around a U-tube heat exchanger in a multi-function ground source heat pump system[J]. Applied Thermal Engineering, 2009, 29(17-18): 3679-3686.

[37] Loveridge F, Powrie W. G-Functions for multiple interacting pile heat exchangers[J]. Energy, 2014, 64: 747-757.

[38] 王成龙. 砂土中能量桩单桩竖向荷载传递机理与承载特性研究 [D]. 重庆：重庆大学, 2018.

[39] Brandl H. Energy foundations and other thermo-active ground structures[J]. Géotechnique, 2006, 56(2): 81-122.

[40] Laloui L, Nuth M, Vulliet L. Experimental and numerical investigations of the behaviour of a heat exchanger pile[J]. International Journal for Numerical and Analytical Methods in Geomechanics, 2006, 30(8): 763-781.

[41] Bourne-Webb P J, Amatya B, Soga K, et al. Energy pile test at Lambeth College, London: Geotechnical and thermodynamic aspects of pile response to heat cycles[J]. Géotechnique, 2009, 59(3): 237-248.

[42] 桂树强, 程晓辉. 能源桩换热过程中结构响应原位试验研究 [J]. 岩土工程学报, 2014, 36(6): 1087-1094.

[43] 路宏伟, 蒋刚, 王昊, 等. 摩擦型能源桩荷载—温度现场联合测试与承载性状分析 [J]. 岩土工程学报, 2017, 39(2): 334-342.

[44] Goode III J C, McCartney J S. Centrifuge modeling of end-restraint effects in energy foundations[J]. Journal of Geotechnical and Geoenvironmental Engineering, 2015, 141(8): 04015034.

[45] Ng C W W, Shi C, Gunawan A, et al. Centrifuge modelling of heating effects on energy pile performance in saturated sand[J]. Canadian Geotechnical Journal, 2015, 52(8): 1045-1057.

[46] Olgun C G, Ozudogru T Y, Arson C F. Thermo-mechanical radial expansion of heat exchanger piles and possible effects on contact pressures at pile-soil interface[J]. Géotechnique Letters, 2014, 4(3): 170-178.

[47] Rotta Loria A F, Gunawan A, Shi C, et al. Numerical modelling of energy piles in saturated sand subjected to thermo mechanical loads[J]. Geomechanics for Energy and the Environment, 2015, 1: 1-15.

[48] Bourne-Webb P J, Bodas Freitas T M, Freitas Assunção R M. Soil-pile thermal interactions in energy foundations[J]. Géotechnique, 2015, 66(2): 167-171.

[49] Faizal M, Bouazza A, Singh R M. An experimental investigation of the influence of intermittent and continuous operating modes on the thermal behaviour of a full scale geothermal energy pile[J]. Geomechanics for Energy and the Environment, 2016, 8: 8-29.

[50] Ng C W W, Shi C, Gunawan A, et al. Centrifuge modelling of energy piles subjected to heating and cooling cycles in clay[J]. Geotechnique Letters, 2014, 4(4): 310-331.

[51] Saggu R, Chakraborty T. Cyclic thermo-mechanical analysis of energy piles in sand[J]. Geotechnical and Geological Engineering, 2015, 33(2): 321-342.

[52] Murphy K D, McCartney J S, Henry K S. Evaluation of thermo-mechanical and thermal behavior of full-scale energy foundations[J]. Acta Geotechnica, 2015, 10(2): 179-195.

[53] Mimouni T, Laloui L. Behaviour of a group of energy piles[J]. Canadian Geotechnical Journal, 2015, 52(12): 1913-1929.

[54] Rotta Loria A F, Laloui L. Thermally induced group effects among energy piles[J]. Géotechnique, 2017, 67(5): 374-393.

[55] Rotta Loria A F, Laloui L. Group action effects caused by various operating energy piles[J]. Géotechnique, 2018, 68(9): 834-841.

[56] Di Donna A, Rotta Loria A F, Laloui L. Numerical study of the response of a group of energy piles under different combinations of thermo-mechanical loads[J]. Computers and Geotechnics, 2016, 72: 126-142.

[57] Olgun C G, Ozudogru T Y, Abdelaziz S L, et al. Long-term performance of heat exchanger piles[J]. Acta Geotechnica, 2015, 10(5): 553-569.

[58] Wu D, Liu H L, Kong G Q, et al. Displacement response of an energy pile in saturated clay[J]. Proceedings of the Institution of Civil Engineers-Geotechnical Engineering, 2018, 171(4): 285-294.

[59] Ng C W W, Ma Q J. Energy pile group subjected to non-symmetrical cyclic thermal loading in centrifuge[J]. Géotechnique Letters, 2019, 9(3): 173-177.

[60] Liu H, Liu H L, Xiao Y, et al. Influence of temperature on the volume change behavior of saturated sand[J]. Geotechnical Testing Journal, 2018, 40(4): 747-758.

[61] 刘红. 热力耦合作用下饱和砂土应力变形特性试验与数值模拟研究 [D]. 重庆：重庆大学, 2019.

[62] Liu H, Liu H L, Xiao Y, et al. Effects of temperature on the shear strength of saturated sand[J]. Soils and Foundations, 2018, 58(6): 1326-1338.

[63] Charles J A, Watts K S. The influence of confining pressure on the shear strength of compacted rockfill[J]. Géotechnique, 1980, 30(4): 353-367.

[64] Chu J, Sik-Cheung R L. On the measurement of critical state parameters of dense granular soils[J]. Geotechnical Testing Journal, 1993, 16(1): 27-35.

[65] Chu J. An experimental examination of the critical state and other similar concepts for granular soils[J]. Canadian Geotechnical Journal, 1995, 32(6): 1065-1075.

[66] Rahman M M, Lo S R. Undrained behavior of sand-fines mixtures and their state parameter[J]. Journal of Geotechnical and Geoenvironmental Engineering, 2014, 140(7): 04014036.

[67] Ng C W W, Zhao X, Zhang S, et al. An elasto-plastic numerical analysis of THM responses of floating energy pile foundations subjected to asymmetrical thermal cycles[J]. Géotechnique, 2024, 74(7): 600-619.

[68] 刘红, 陈琴梅, 卢黎, 等. 考虑温度影响的非关联弹塑性饱和黏土本构模型 [J]. 土木与环境工程学报 (中英文), 2020, 42(4): 53-59.

[69] Abuel-Naga H M, Bergado D T, Bouazza A, et al. Volume change behaviour of saturated clays under drained heating conditions: Experimental results and constitutive modeling[J]. Canadian Geotechnical Journal, 2007, 44(8): 942-956.

[70] Uchaipichat A, Khalili N. Experimental investigation of thermo-hydro-mechanical behaviour of an unsaturated silt[J]. Géotechnique, 2009, 59(4): 339-353.

[71] Yao Y P, Zhou A N. Non-isothermal unified hardening model: A thermo-elasto-plastic model for clays [J]. Géotechnique, 2013, 63(15): 1328-1345.

[72] Hamidi A, Tourchi S, Khazaei C. Thermomechanical constitutive model for saturated clays based on critical state theory[J]. International Journal of Geomechanics, 2015, 15(1): 04014038.

[73] 李春红. 考虑温度作用的温控桩—土界面特性试验研究 [D]. 南京：河海大学, 2020.

[74] 蔡国庆, 赵成刚, 白冰, 等. 温控非饱和土三轴试验装置的研制及其应用 [J]. 岩土工程学报, 2012, 34(6): 1013-1019.

[75] 李春红, 孔纲强, 张鑫蕊, 等. 温控桩—土接触面三轴试验系统研制与验证 [J]. 岩土力学, 2019, 40(12): 4955-4962.

[76] 中华人民共和国水利部. SL237-1999 土工试验规程 [S]. 北京: 中国水利水电出版社, 1999.

[77] Bourne-Webb P J, Amatya B, Soga K. A framework for understanding energy pile behaviour[J]. Proceedings of the Institution of Civil Engineers-Geotechnical Engineering, 2013, 166(2): 170-177.

[78] Li C H, Kong G Q, Zhang X R, et al. Thermomechanical properties of sand-structure interface using a temperature-controlled triaxial instrument[J]. Canadian Geotechnical Journal, 2021, 58(2): 248-260.

[79] Paikowsky S G, Player C M, Connors P J. A dual interface apparatus for testing unrestricted friction of soil along solid surfaces[J]. Geotechnical Testing Journal, 1995, 18(2): 168-193.

[80] Martinez A, Frost J D. The influence of surface roughness form on the strength of sand-structure interfaces[J]. Géotechnique Letters, 2017, 7(1): 104-111.

[81] Campanella R G, Mitchell J K. Influence of temperature variations on soil behavior[J]. Journal of the Soil Mechanics and Foundations Division, 1968, 94(3): 709-734.

[82] Liu H, Liu H L, Xiao Y, et al. Influence of temperature on the volume change behavior of saturated sand[J]. Geotechnical Testing Journal, 2018, 41(4): 747-758.

[83] Mortara G, Mangiola A, Ghionna V N. Cyclic shear stress degradation and post-cyclic

behaviour from sand-steel interface direct shear tests[J]. Canadian Geotechnical Journal, 2007, 44(7): 739-752.

[84] Wang C L, Liu H L, Kong G Q, et al. Different types of energy piles with heating-cooling cycles[J]. Proceedings of the Institution of Civil Engineers-Geotechnical Engineering, 2017, 170(3): 220-231.

[85] Wang C L, Liu H L, Kong G Q, et al. Model tests of energy piles with and without a vertical load[J]. Environmental Geotechnics, 2016, 3(4): 203-213.

[86] Kalantidou A, Tang A M, Pereira J M, et al. Preliminary study on the mechanical behaviour of heat exchanger pile in physical model[J]. Géotechnique, 2012, 62(11): 1047-1051.

[87] 王成龙, 刘汉龙, 孔纲强, 等. 不同刚度约束对能量桩应力和位移的影响研究 [J]. 岩土力学, 2018, 39(11): 4261-4268.

[88] Ng C W W, Gunawan A, Shi C, et al. Centrifuge modelling of displacement and replacement energy piles constructed in saturated sand: A comparative study[J]. Géotech. Lett., 2016, 6(1): 34-38.

[89] 吴迪. 能量桩排桩热-力响应特性与机理研究 [D]. 重庆：重庆大学, 2019.

[90] Faizal M, Bouazza A, Haberfield C, et al. Axial and radial thermal responses of a field-scale energy pile under monotonic and cyclic temperature changes[J]. Journal of Geotechnical and Geoenvironmental Engineering, 2018, 144(10): 4018072.

[91] Stewart M A, Mccartney J S. Centrifuge modeling of soil-structure interaction in energy foundations[J]. Journal of Geotechnical and Geoenvironmental Engineering, 2013, 140(4): 4013044.

[92] Nguyen V T, Tang A M, Pereira J M. Long-term thermo-mechanical behavior of energy pile in dry sand[J]. Acta Geotechnica, 2017, 12(4): 729-737.

[93] 陆浩杰. 温度循环作用下饱和黏土地基中能量桩热-力特性研究 [D]. 重庆：重庆大学, 2020.

[94] Zeng L L, Hong Z S, et al. Change of hydraulic conductivity during compression of undisturbed and remolded clays[J]. Applied Clay Science, 2011, 51(1-2): 86-93.

[95] Ghasemi-Fare O, Basu P. Numerical modeling of thermally induced pore water flow in saturated soil surrounding geothermal piles[J]. Geotechnical Special Publication, 2015: 1668-1677.

[96] Batini N, Loria A F R, Conti P, et al. Energy and geotechnical behaviour of energy piles for different design solutions[J]. Applied Thermal Engineering, 2015, 86: 199-213.

[97] Gashti E H N, Malaska M, Kujala K. Analysis of thermo-active pile structures and their performance under groundwater flow conditions[J]. Energy and Buildings, 2015, 105: 1-8.

[98] Gashti E H N, Malaska M, Kujala K. Evaluation of thermo-mechanical behaviour of composite energy piles during heating/cooling operations[J]. Engineering Structures, 2014, 75: 363-373.

[99] 姚仰平, 冯兴, 黄祥, 等. UH 模型在有限元分析中的应用 [J]. 岩土力学, 2010, 31(1): 237-245.

[100] 姚仰平, 杨一帆, 牛雷. 考虑温度影响的 UH 模型 [J]. 中国科学: 技术科学, 2011, 41(2): 158-169.

[101] 费康, 刘汉龙, 孔纲强, 等. 热力耦合边界面模型在 COMSOL 中的开发应用 [J]. 岩土力学, 2017, 38(6): 1819-1826.

[102] von Wolffersdorff P A. A hypoplastic relation for granular materials with a predefined limit state surface[J]. Mechanics of Cohesive-Frictional Materials, 1996, 1(3): 251-271.

[103] Baldi G, Hueckel T, Peano A, et al. Developments in modelling of thermo-hydro-mechanical behaviour of Boom clay and clay-based buffer materials[C]. Vols. 1 and 2, EUR13365/1 and 13365/2. Commission of European Communities, Luxembourg, 1991.

[104] Abuel-Naga H M, Bergado D T, Ramana G V, et al. Experimental evaluation of engineering behavior of soft Bangkok clay under elevated temperature[J]. Journal of Geotechnical and Geoenvironmental Engineering, 2006, 132(7): 902-910.

[105] Cui P, Li X, Man Y, et al. Heat transfer analysis of pile geothermal heat exchangers with spiral coils[J]. Applied Energy, 2011, 88(11): 4113-4119.

[106] You S, Cheng X, Guo H, et al. Experimental study on structural response of CFG energy piles[J]. Applied Thermal Engineering, 2016, 96: 640-651.

[107] Abuel-Naga H M, Bergado D T, Bouazza A. Thermally induced volume change and excess pore water pressure of soft Bangkok clay[J]. Engineering Geology, 2007, 89(1-2): 144-154.

[108] Lei H, Xu Y, Li X, et al. Effects of polyacrylamide on the consolidation behavior of dredged clay[J]. Journal of Materials in Civil Engineering, 2018, 30(3): 04018022.

[109] Ng C W W, Gouw T L, Gunawan A. Energy piles: Challenges and opportunities[C]. Proceeding of Pile 2017, Bali-Indonesia, 2017.

[110] Ng C W W, Farivar A, Gomaa S M M H, et al. Performance of elevated energy pile groups with different pile spacing in clay subjected to cyclic non-symmetrical thermal loading[J]. Renewable Energy, 2021, 172: 998-1012.

[111] Ng C W W, Farivar A, Gomaa S M M H, et al. Centrifuge modeling of cyclic non-symmetrical thermally loaded energy pile groups in clay[J]. Journal of Geotechnical and Geoenvironmental Engineering, 2021, 147(12): 04021146.

[112] CEN (Comité Européen de Normalisation). Eurocode 7: Geotechnical Design - Part 1: General Rules. EN 1997-1: 2004[S]. Brussels: CEN, 2004.

[113] 彭怀风. 砂土地基中能量桩群桩荷载传递机理研究 [D]. 南京：河海大学, 2019.

[114] 王言然. 黏性土中能量桩排桩热力学响应特性现场试验 [D]. 南京：河海大学, 2021.

[115] McCartney J S, Murphy K D. Strain distributions in full-scale energy foundations (DFI Young Professor Paper Competition 2012)[J]. DFI Journal-The Journal of the Deep Foundations Institute, 2012, 6(2): 26-38.

[116] Fang J C, Kong G Q, Meng Y D, et al. Thermomechanical behavior of energy piles and interactions within energy pile-raft foundations[J]. Journal of Geotechnical and Geoenvironmental Engineering, 2020, 146(9): 4020079.

[117] Amatya B L, Soga K, Bourne-webb P J, et al. Thermo-mechanical behaviour of energy

piles[J]. Géotechnique, 2012, 62(6): 503-519.

[118] 孔纲强, 吕志祥, 孙智文, 等. 黏性土地基中摩擦型能量桩现场热响应试验 [J]. 中国公路学报, 2021, 34(3): 95-102.

[119] 方金城. 能量桩—筏基础热力学特性现场试验研究 [D]. 南京：河海大学, 2020.

[120] Loria A F R, Laloui L. The interaction factor method for energy pile groups[J]. Computers and Geotechnics, 2016, 80: 121-137.

[121] 陈玉, 孔纲强, 孟永东, 等. 埋深条件下含承台能量桩基础换热效率及热力响应现场试验 [J]. 建筑科学与工程学报, 2021, 38(5): 91-98.

[122] 中华人民共和国住房和城乡建设部. GB50010—2010 混凝土结构设计规范 [S]. 北京, 2010.

[123] 中华人民共和国住房和城乡建设部. JGJ/T438—2018 桩基地热能利用技术标准 [S]. 北京, 2018.

[124] 李任融, 孔纲强, 杨庆, 等. 流速对桩—筏基础中能量桩换热效率与热力耦合特性影响研究 [J]. 岩土力学, 2020, 41(S1): 264-270.

[125] Gashti E H N, Uotinen V M, Kujala K. Numerical modelling of thermal regimes in steel energy pile foundations: A case study[J]. Energy and Buildings, 2014, 69: 165-174.

[126] Gao J, Zhang X, Liu J, et al. Thermal performance and ground temperature of vertical pile- foundation heat exchangers: A case study[J]. Applied Thermal Engineering, 2008, 28(17): 2295-2304.

[127] 刘汉龙, 丁选明, 孔纲强, 等. 一种 PCC 能量桩及制作方法 [P]. CN102808405B, 2014-11-19.

[128] 孔纲强, 彭怀风, 吴宏伟, 等. 一种地源热泵灌注桩钢筋笼内埋管的施工方法 [P]. CN103383018B, 2015-03-11.

[129] 孔纲强, 黄旭, 丁选明, 等. 一种六边形预制能量桩及其制作方法 [P]. CN103498470A, 2014-01-08.

[130] 孔纲强, 周杨, 彭怀风, 等. 一种热交换空心桩及其施工方法 [P]. CN104846808B, 2016-08-31.

[131] 黄旭. PCC 能量桩热力学特性与传递机理研究 [D]. 南京：河海大学, 2017.

[132] 陈鑫. 能量桩桥面工程主动式除冰融雪技术研究 [D]. 南京：河海大学, 2021.

[133] ASHRAE. HVAC Applications (SI ed.)[Z]. Atlanta, GA: ASHRAE, 2007.

[134] 陈鑫, 孔纲强, 刘汉龙, 等. 桥面融雪除冰能量桩热泵系统换热效率现场试验 [J]. 中国公路学报, 2022, 35(11): 107-115.

[135] Park S, Sung C, Jung K, et al. Constructability and heat exchange efficiency of large diameter cast-in-place energy piles with various configurations of heat exchange pipe [J]. Applied Thermal Engineering, 2015, 90: 1061-1067.

[136] Loveridge F, Powrie W. Temperature response functions (G functions) for single pile heat exchangers[J]. Energy, 2013, 57: 554-564.

[137] Kong G Q, Wu D, Liu H L, et al. Performance of a geothermal energy deicing system for bridge deck using a pile heat exchanger[J]. International Journal of Energy Research, 2019, 43(1): 596-603.

[138] 中华人民共和国住房和城乡建设部. GB50189—2015, 公共建筑节能设计标准 [S]. 2015.

[139] 中华人民共和国住房和城乡建设部. GB55015—2021, 建筑节能与可再生能源利用通用规范 [S]. 2021.

[140] 中华人民共和国住房和城乡建设部. GB50366—2005, 地源热泵系统工程技术规范 (2009 年版)[S]. 2009.

[141] 孔纲强, 陈玉, 杨庆. 冬季运行能量桩热力响应及系统性能监测与评价 [J]. 岩土工程学报, 2023: 1-9.

[142] 中华人民共和国住房和城乡建设部. GB/T 7725—2004, 房间空气调节器性能标准 [S]. 2004.